高等学校信息技术
人才能力培养系列教材

Advanced Office Application Cases Tutorial (2nd Edition)

高级办公应用案例教程 第2版

沈玮 黄蔚 凌云 ◉ 编著

人民邮电出版社
北京

图书在版编目（CIP）数据

高级办公应用案例教程 / 沈玮，黄蔚，凌云编著
. -- 2版. -- 北京 : 人民邮电出版社，2021.9（2022.8重印）
高等学校信息技术人才能力培养系列教材
ISBN 978-7-115-57278-3

Ⅰ. ①高… Ⅱ. ①沈… ②黄… ③凌… Ⅲ. ①办公自动化－应用软件－高等学校－教材 Ⅳ. ①TP317.1

中国版本图书馆CIP数据核字(2021)第177738号

内 容 提 要

本书主要以案例的形式，具体介绍 Windows 操作系统以及 Word、Excel、PowerPoint 软件的使用方法。案例的选取由浅入深，涵盖常用操作技巧及高级操作技巧，适合不同层次的读者参考和学习。

本书第 1～4 章为案例分析和讲解部分，分别介绍 Windows 10、Word 2016、Excel 2016 及 PowerPoint 2016。每个案例详细介绍操作步骤，后面附有对应的练习题，供读者自行练习，以便更好地理解知识点。本书第 5～6 章为全国计算机等级考试一级和二级的 MS Office 相关内容，分为考试大纲、模拟试卷和参考答案。

本书主要适合高等院校非计算机专业本科生，尤其文科专业的本科生使用。同时，本书也可作为计算机等级考试一级（MS Office）、计算机等级考试二级（MS Office）的参考书。

◆ 编　　著　沈　玮　黄　蔚　凌　云
责任编辑　李　召
责任印制　王　郁　马振武
◆ 人民邮电出版社出版发行　　北京市丰台区成寿寺路 11 号
邮编　100164　　电子邮件　315@ptpress.com.cn
网址　https://www.ptpress.com.cn
北京市艺辉印刷有限公司印刷
◆ 开本：787×1092　1/16
印张：16.75　　2021 年 9 月第 2 版
字数：426 千字　　2022 年 8 月北京第 4 次印刷

定价：56.00 元

读者服务热线：(010)81055256　印装质量热线：(010)81055316
反盗版热线：(010)81055315
广告经营许可证：京东市监广登字 20170147 号

编 委 会

前 言

随着信息技术的推广和发展，计算机及相关技术在人们的工作和生活中发挥着越来越重要的作用。面对这样的社会需求，高校的计算机普及教育也与时俱进，不断探索与改革。大学计算机基础课程主要由理论部分和实践部分构成，理论部分主要介绍计算机软件和硬件工作原理、网络与信息安全、人工智能等，实践部分主要介绍 Office 系列软件的基本使用方法。

本书主要为大学计算机基础课程的实践部分而编写。为了更好地培养读者的实际操作能力，本书在 Office 软件基本操作的基础上，进一步介绍了实用的高级操作技巧。全书内容共分 6 章。第 1 章为 Windows 10 操作系统，通过两个案例介绍 Windows 操作系统的常用操作技巧，主要针对计算机基础较薄弱的读者，帮助这部分读者快速掌握操作系统的基本使用方法。第 2 章为 Word 2016 文字处理软件，通过 4 个案例分别介绍 Word 基本操作、表格设计、长文档排版、邮件合并，帮助读者掌握工作和生活中文字处理软件的使用方法。第 3 章为 Excel 2016 电子表格软件，通过 5 个案例分别介绍了 Excel 基本操作、基本计算与数据管理、高级编辑、高级函数、高级数据分析，涵盖了电子表格软件的基本操作方法和高级操作方法。第 4 章为 PowerPoint 2016 演示文稿软件，通过 2 个案例分别介绍 PowerPoint 基本操作、动画设置及美化，以帮助读者制作出更加美观的演示文稿。第 5 章为全国计算机等级考试一级（MS Office）相关内容，包括考试大纲和 5 套模拟试卷。第 6 章为全国计算机等级考试二级（MS Office）相关内容，包括考试大纲和 3 套模拟试卷。

本书的出版得到了全国高等院校计算机基础教育研究会研究项目《面向实践的学练考评一体化平台的研究与开发》（项目号：2021-AFCEC-079）、2021 年苏州大学课程思政示范项目《计算机信息技术（计算思维）》资助。全书由沈玮统稿，黄蔚、凌云参与编写，张志强、熊福松、李小航等对本书的编写也给予了很多指导性意见。本书的编写得到了苏州大学东吴学院大学计算机系的全体老师的大力支持，在此一并表示衷心的感谢。

本书在选取案例时力求做到生动、新颖、实用，在编写操作步骤时也尽力做到层次分明、通俗易懂。但是由于编者水平有限，书中难免存在不足之处，敬请广大读者和同行不吝指正。

编 者

2021 年 8 月

目　录

第 1 章 Windows 10 操作系统

1.1 管理文件和文件夹

1.1.1 案例概述

1. 案例目标

掌握使用文件资源管理器，实现创建、复制、移动、删除、重命名、查找文件和文件夹等操作。

2. 知识点

本案例涉及的主要知识点如下。

① 创建文件夹。

② 删除文件及文件夹。

③ 复制文件及文件夹。

④ 移动文件及文件夹。

⑤ 重命名文件及文件夹。

⑥ 查找文件及文件夹。

⑦ 创建快捷方式。

⑧ 压缩、解压缩文件。

1.1.2 知识点总结

2015 年 7 月，微软公司发布 Windows 10 操作系统。Windows 10 是微软公司首个跨平台操作系统，支持 PC、平板电脑、智能手机、游戏主机等多类装置。

1. Windows 10 的桌面

Windows 10 的工作界面也称“桌面”，其包含诸多项目，如图 1-1 所示。下面着重介绍桌面图标、任务栏、“开始”菜单及常用快捷键。

（1）桌面图标

桌面图标主要包括系统图标和快捷方式图标。系统图标是操作系统自带的图标，如“此电脑”、“回收站”等。系统图标可以根据需要添加。快捷方式图标是应用程序或文件（夹）的快速链接，主要特征是图标的左下角有一个小箭头。双击快捷方式图标可以打开相应的应用程序或文件（夹）。桌面图标的操作方法如表 1-1 所示。

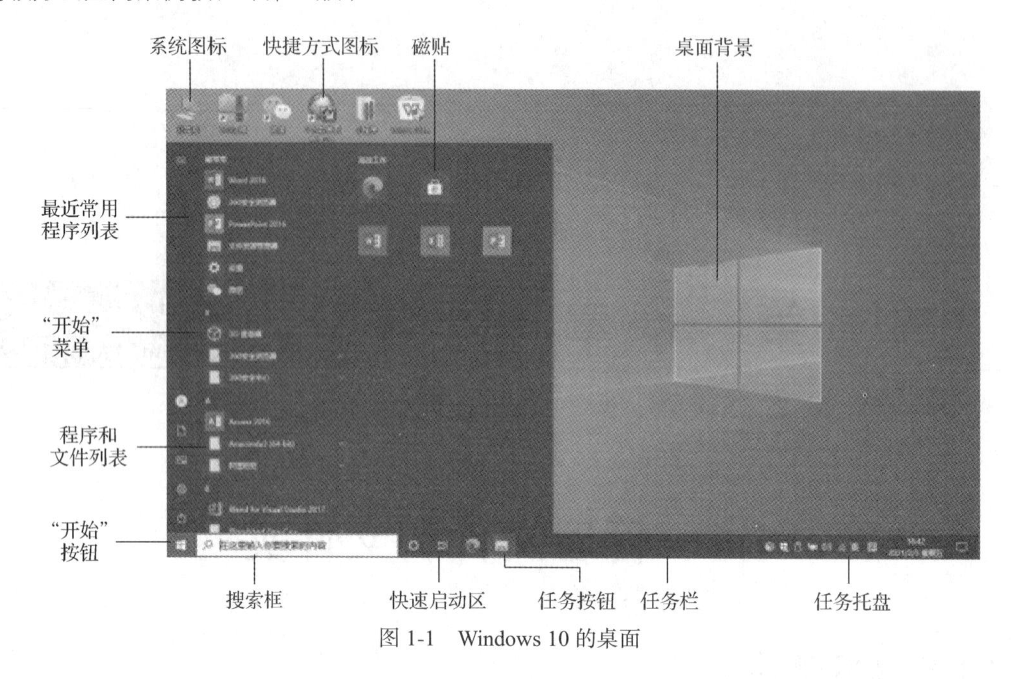

图 1-1　Windows 10 的桌面

表 1-1　　桌面图标的操作方法

操作	位置或方法	概要描述
添加系统图标到桌面	快捷菜单	在桌面空白处右击鼠标→选择“个性化”→打开“个性化”窗口→选择“主题”→单击右侧的“桌面图标设置”按钮→打开“桌面图标设置”对话框→选中需要添加的图标→单击“确定”按钮
添加快捷方式图标到桌面	快捷菜单	选中目标文件或程序→右击鼠标→选择“发送到”→“桌面快捷方式”
改变桌面图标的显示方式	快捷菜单	在桌面空白处右击鼠标→选择“查看”或“排序方式”，再选择相应命令修改桌面图标的显示方式

（2）任务栏和“开始”菜单

任务栏的组成如表 1-2 所示。

表 1-2　　任务栏的组成

组件	概要描述
“开始”按钮和菜单	单击“开始”按钮→打开“开始”菜单。“开始”菜单由程序和文件列表、最近常用程序列表、磁贴等组成
快速启动区	存放的是最常用程序的快速启动按钮。拖曳要添加的应用程序图标到快速启动区，即可将其快速启动按钮添加到快速启动区。如果要删除快速启动按钮，则在其上右击鼠标，在弹出的快捷菜单中选择“从任务栏取消固定”
任务按钮	显示正在运行的应用程序
语言区	显示当前的输入法。按【Ctrl】+【Space】键在中英文之间切换，按【Ctrl】+【Shift】键在不同的中文输入法之间切换
任务托盘	通过各种小图标形象地显示计算机软硬件的重要信息

任务栏默认在桌面底部，可以将其移动到桌面的左侧、右侧或顶部。在任务栏空白处右击鼠

标，选择“任务栏设置”，在“任务栏设置”对话框中进行设置。

（3）常用快捷键

常用快捷键如表 1-3 所示。

表 1-3 常用快捷键

常用快捷键	功能	常用快捷键	功能
【F1】	打开帮助页面	【F3】	进入搜索状态
【F2】	重命名选中的对象	【F5】	刷新文件资源管理器
【PrintScreen】	复制当前屏幕图像到剪贴板	【Alt】+【PrintScreen】	复制当前窗口图像到剪贴板
【Ctrl】+【Space】	中/英文输入法切换	【Ctrl】+【Shift】	在所有输入法间切换
【Shift】+【Space】	全角/半角切换	【Ctrl】+【.】	全角/半角标点转换
【Ctrl】+【A】	选中当前文件夹中的所有对象	【Ctrl】+【C】	将选中的对象复制到剪贴板
【Ctrl】+【V】	从剪贴板粘贴最近一次剪切或复制的对象	【Ctrl】+【X】	将选中的对象剪切到剪贴板
【Ctrl】+【Z】	撤销最近一次操作	【Ctrl】+【Esc】	打开“开始”菜单
【Win】	打开或关闭“开始”菜单	【Win】+【D】	显示桌面
【Win】+【E】	打开“计算机”窗口	【Win】+【F】	打开“搜索”窗口

2. 文件资源管理器

借助文件资源管理器，可以实现创建、复制、移动、删除、重命名、查找文件和文件夹等操作，文件资源管理器如图 1-2 所示。启动文件资源管理器的方法如表 1-4 所示。

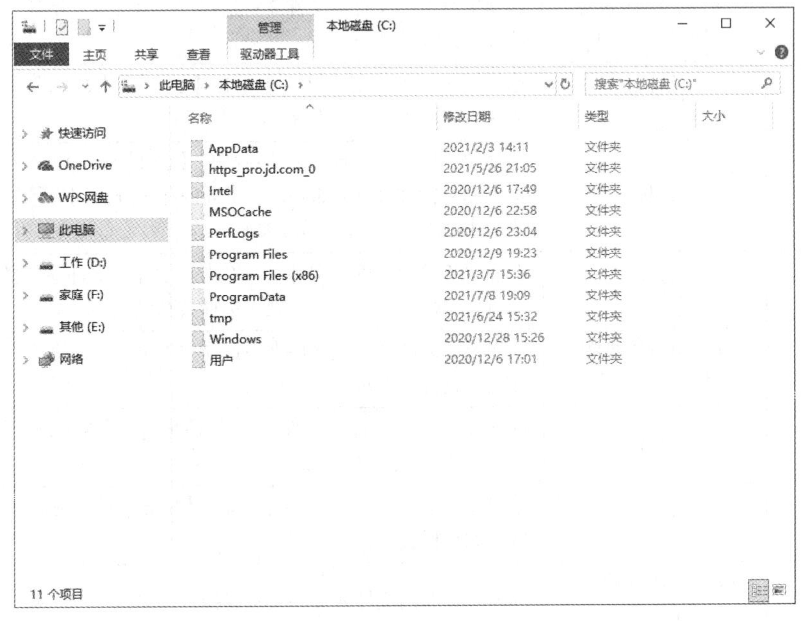

图 1-2 文件资源管理器

表 1-4 启动文件资源管理器的方法

操作	位置或方法	概要描述
启动文件资源管理器	快捷菜单	右击任务栏上的“开始”按钮→选择“文件资源管理器”
	系统图标	双击桌面上的“此电脑”系统图标
	“开始”菜单	单击“开始”按钮→选择“Windows 系统→“文件资源管理器”
	快捷键	按【Win】+【E】键

3. 文件及文件夹的操作

文件（夹）操作方法如表 1-5 所示。

表 1-5 文件（夹）操作方法

操作	位置或方法	概要描述
创建文件夹	文件资源管理器菜单栏	选择“主页”→“新建文件夹”
	快捷菜单	右击文件资源管理器右窗格空白处→选择“新建”→“文件夹”
选定文件或文件夹	选定单个文件（夹）	单击要选定的对象
	选定多个连续的文件（夹）	单击第一个文件或文件夹→按住【Shift】键，再单击最后一个文件或文件夹→松开【Shift】键
	选定多个不连续的文件（夹）	单击第一个文件或文件夹→按住【Ctrl】键，再依次单击要选定的其他文件或文件夹→选取结束后，松开【Ctrl】键
	选定所有文件（夹）	选择“主页”→“全部选择”，或按【Ctrl】+【A】键
	取消选定	在空白处单击
复制文件或文件夹	快捷菜单	选择要复制的文件或文件夹→右击其中任一文件→选择“复制”→打开目标文件夹→右击空白处→选择“粘贴”
	文件资源管理器“主页”菜单	选择要复制的文件或文件夹→选择“主页”→“复制”→打开目标文件夹→选择“主页”→“粘贴”
	快捷键	选择要复制的文件或文件夹→按【Ctrl】+【C】键→打开目标文件夹→按【Ctrl】+【V】键
	鼠标	选择要复制的文件或文件夹→按住【Ctrl】键→用鼠标将选定的对象拖曳到目标文件夹。如果是在不同的磁盘分区间进行复制，则不需要按住【Ctrl】键，直接拖曳即可
移动文件或文件夹	快捷菜单	选择要移动的文件或文件夹→右击其中任一文件→选择“剪切”→打开目标文件夹→右击空白处→选择“粘贴”
	文件资源管理器“主页”菜单	选择要移动的文件或文件夹→选择“主页”→“剪切”→打开目标文件夹→选择“主页”→“粘贴”
	快捷键	选择要移动的文件或文件夹→按【Ctrl】+【X】键→打开目标文件夹→按【Ctrl】+【V】键
	鼠标	选择要移动的文件或文件夹→按住【Shift】键，用鼠标将选定的对象拖曳到目标文件夹
临时删除文件或文件夹	文件资源管理器“主页”菜单	选择要删除的文件或文件夹→选择“主页”→“删除”
	键盘	选择要删除的文件或文件夹→按【Delete】键

续表

操作	位置或方法	概要描述
临时删除文件或文件夹	快捷菜单	选择要删除的文件或文件夹→右击鼠标→选择“删除”
	鼠标	直接将要删除的文件或文件夹拖曳至“回收站”
永久删除文件或文件夹	键盘	选择要删除的文件或文件夹→按【Shift】+【Delete】键
重命名文件或文件夹	鼠标	选择要重命名的文件或文件夹→再次单击该文件或文件夹，然后输入新的文件名并按【Enter】键
	文件资源管理器“主页”菜单	选择要重命名的文件或文件夹→选择“主页”→“重命名”→输入新的文件名并按【Enter】键
	快捷菜单	选择要重命名的文件或文件夹→右击鼠标→选择“重命名”→输入新的文件名并按【Enter】键
创建快捷方式	快捷菜单	右击要创建快捷方式的文件或文件夹→选择“创建快捷方式”
查找文件和文件夹	“搜索”文本框	选择要搜索的磁盘分区或文件夹→在“搜索”文本框中输入要查找的文件名并按【Enter】键
改变文件显示方式	“查看”菜单	选择“查看”→“布局”，然后选择“超大图标”“大图标”“中图标”“小图标”“列表”“详细信息”“平铺”“内容”之一
改变文件排序方式	“查看”菜单	选择“查看”→“排序方式”，然后选择按名称、日期、类型、大小或标记进行递增或递减排序
设置“文件夹选项”属性	“查看”菜单	选择“查看”→“选项”→打开“文件夹选项”对话框→单击“查看”选项卡→在“高级设置”中选中需要项→单击“确定”按钮

4．压缩和解压缩文件

压缩和解压缩文件的操作方法如表1-6所示。

表1-6　压缩和解压缩文件的操作方法

操作	位置或方法	概要描述
WinRAR的安装	鼠标	双击下载的安装文件→单击“浏览”按钮，选择好安装路径→单击“安装”按钮
压缩文件	快捷菜单	选择要压缩的文件或文件夹→右击鼠标，在弹出的快捷菜单中选择相应的压缩类型 ● 选择“添加到×××.rar”（×××表示文件或文件夹名称）表示产生的压缩文件和原文件名称相同，并且保存在同一文件夹中 ● 选择“添加到压缩文件”，打开“压缩文件名和参数”对话框。单击“浏览”按钮，选择生成的压缩文件保存在磁盘上的具体位置，在“压缩文件名”文本框中输入压缩文件的名称，单击“确定”按钮。需要时，可以单击“设置密码”按钮，在弹出的“输入密码”对话框中输入密码，单击“确定”按钮退出
解压缩文件	快捷菜单	选择要解压的压缩文件→右击鼠标→在快捷菜单中选择“解压文件”→打开“解压路径和选项”对话框，设置各选项后单击“确定”按钮
	鼠标	双击压缩文件→单击工具栏中的“解压到”按钮，设置各选项后单击“确定”按钮

WinRAR快捷菜单如图1-3所示。“压缩文件名和参数”对话框如图1-4所示。

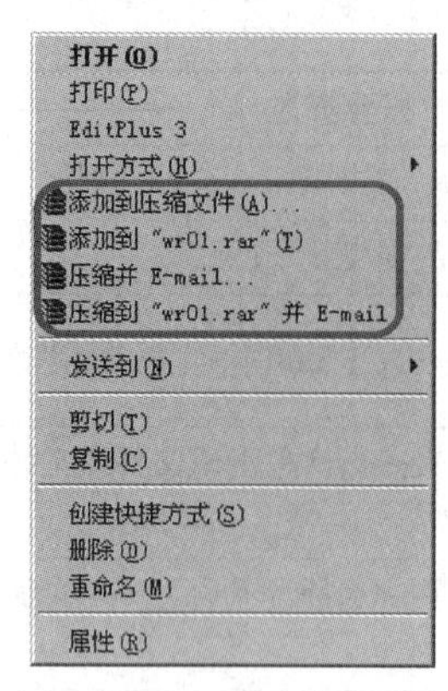

图 1-3 WinRAR 快捷菜单

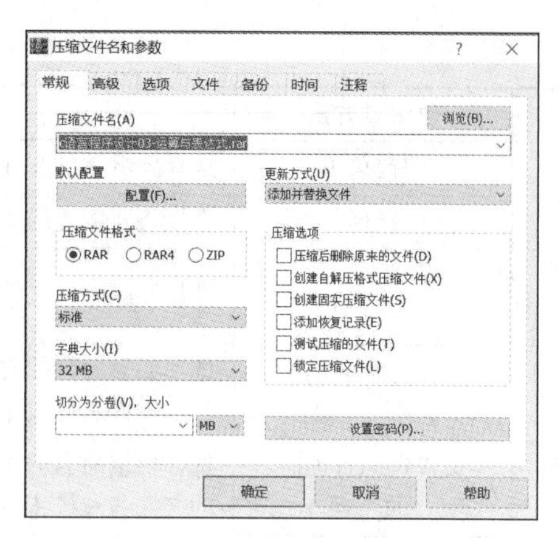

图 1-4 “压缩文件名和参数”对话框

1.1.3 应用案例：管理文件和文件夹

1. 新建实验文件夹

双击桌面上的“此电脑”，启动文件资源管理器，双击打开 D 盘。

在文件资源管理器右窗格空白处右击鼠标，在弹出的快捷菜单中选择“新建”→“文件夹”，创建一个默认名称为“新建文件夹”的文件夹。

选中“新建文件夹”名称，输入学号、名称、日期（如 1812301001 张三 2018 年 9 月 27 日）作为实验文件夹名称，按【Enter】键确认改名。

2. 下载素材并解压

（1）下载素材

单击教学辅助网站主页上的“教学资源”→“其他资源”→“应用案例 1-管理文件和文件夹.rar”，在弹出的“文件下载”对话框中，选择保存路径为实验文件夹，单击“下载”按钮。

（2）解压

切换到文件资源管理器，打开实验文件夹，选择刚下载的压缩文件，右击鼠标，在弹出的快捷菜单中选择“解压到当前文件夹”，效果如图 1-5 所示。

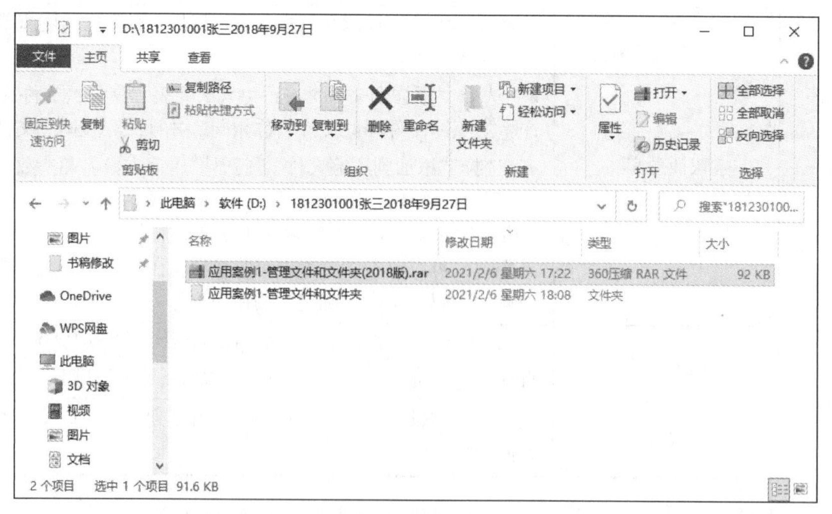

图 1-5 下载素材并解压后的效果

3. 新建子文件夹

双击打开素材文件夹“应用案例 1-管理文件和文件夹”，参照新建实验文件夹的方法，在该文件夹下新建 3 个子文件夹，分别命名为“文字”“花朵”“图标”。

4. 重命名文件

（1）显示文件扩展名

如果计算机没有显示文件的扩展名，单击“查看”选项卡中的“选项”按钮，弹出“文件夹选项”对话框，单击“查看”选项卡，在“高级设置”框中将复选框“隐藏已知文件类型的扩展名”前的“√”去掉，如图 1-6 所示，单击“确定”按钮，文件扩展名将被显示出来。

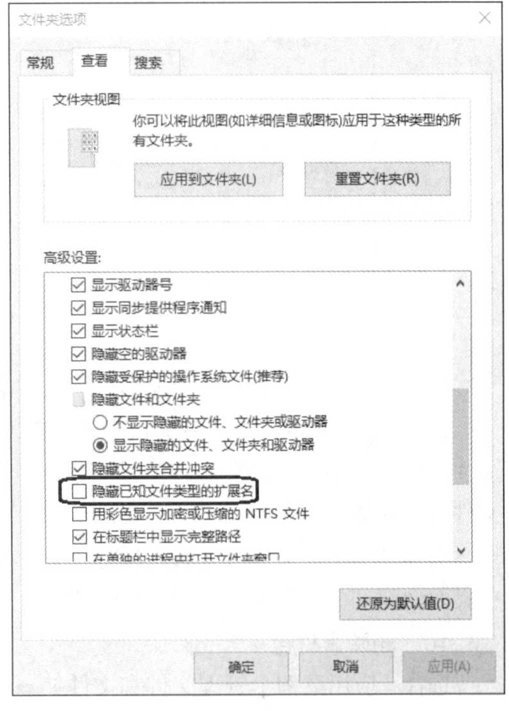

图 1-6 “文件夹选项”对话框

（2）重命名文件

选中素材文件夹下的“1.jpg”，右击鼠标，在弹出的快捷菜单中选择“重命名”，输入“rose”，按“Enter”键，将“1.jpg”重命名为“rose.jpg”。

5. 复制文件

（1）修改文件显示方式

单击“查看”选项卡“布局”组中的“详细信息”按钮，以“详细信息”方式显示文件。单击“排序方式”按钮，选择“类型”，将文件按类型排序。

（2）复制文件

单击 TXT 文件中排在第一个的文件，按住【Shift】键，再单击排在最后的 TXT 文件，在选中的文件上右击鼠标，在弹出的快捷菜单中选择“复制”（或按【Ctrl】+【C】键）。

（3）粘贴文件

打开“文字”文件夹，在空白处右击鼠标，在弹出的快捷菜单中选择“粘贴”（或按【Ctrl】+【V】键），将素材文件夹下所有扩展名为.txt 的文件复制到“文字”文件夹。

6. 移动文件

选择素材文件夹下所有扩展名为.jpg 的文件，右击鼠标，在弹出的快捷菜单中选择“剪切”（或按【Ctrl】+【X】键）。

打开“花朵”文件夹，在空白处右击鼠标，在弹出的快捷菜单中选择“粘贴”，将素材文件夹下所有扩展名为.jpg 的文件移动到“花朵”文件夹。

7. 删除文件

选中素材文件夹中的所有 TXT 文件，右击鼠标，在弹出的快捷菜单中选择“删除”（或直接按【Delete】键）。

8. 查找及复制 C 盘中扩展名为.ico 的两个文件到“图标”文件夹

打开 C 盘，在“搜索”文本框中输入“*.ico”并按【Enter】键，右窗格列出搜索结果，如图 1-7 所示，选择前面的两个文件，按【Ctrl】+【C】键复制文件。

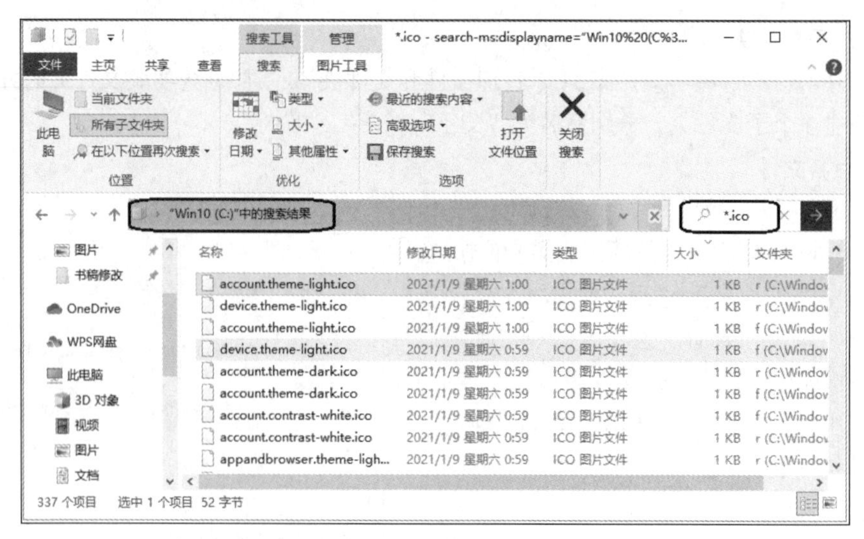

图 1-7　查找文件

打开“图标”文件夹，按【Ctrl】+【V】键完成复制。

9. 创建“文字”文件夹的快捷方式并发送到桌面

选择“文字”文件夹，右击鼠标，在弹出的快捷菜单中选择“创建快捷方式”，创建“文字”文件夹的快捷方式。

选择“文字”文件夹，右击鼠标，在弹出的快捷菜单中选择“发送到”→“桌面快捷方式”，在桌面创建“文字”文件夹的快捷方式。

10. 删除素材包

选择“应用案例 1-管理文件和文件夹.rar”，右击鼠标，在弹出的快捷菜单中选择“删除”，在打开的对话框中单击“是”按钮。

11. 压缩打包实验文件夹

打开实验文件夹所在磁盘分区（如 D 盘），选择实验文件夹，右击鼠标，在弹出的快捷菜单中选择“添加到×××.rar”，其中×××表示实验文件夹名称，如“1812301001 张三 2018 年 9 月 27 日”。

1.1.4　练习

1. 实验准备工作。

（1）复制素材。从教学辅助网站下载素材文件“练习 1-Windows 练习 1.rar”至本地计算机。

（2）创建实验结果文件夹。在 D 盘或 E 盘上新建一个“Windows 练习 1-实验结果”文件夹，用于存放结果文件。

2. 在“Windows 练习 1-实验结果”文件夹下新建子文件夹“动物”“植物”“下载”。

3. 将下载的“练习 1-Windows 练习 1.rar”解压到“Windows 练习 1-实验结果”文件夹，将其中“aa.jpg”重命名为“cat.jpg”。

4. 将素材文件中的动物图片移动到“动物”文件夹中。

5. 将素材文件中的植物图片复制到“植物”文件夹中。

6. 将“Windows 练习 1-实验结果”文件夹中的植物图片删除，再从回收站恢复，然后彻底删除。

7. 在 C 盘搜索文件 calc.exe，将其复制到“下载”文件夹。

8. 在 C 盘搜索所有第 1 个字母为 n、扩展名为.exe 的文件，将其中最小的两个文件复制到“下载”文件夹。（提示：在“搜索”文本框中输入“n*.exe”，将文件显示方式改为按“详细资料”显示，排序方式选择“大小”，按文件大小排序。）

9. 创建“动物”文件夹的快捷方式并发送到桌面。

10. 压缩打包“Windows 练习 1-实验结果”文件夹。

1.2 Windows 综合运用

1.2.1 案例概述

1. 案例目标

熟练使用【Alt】+【PrintScreen】键截取整个屏幕图像和当前活动窗口图像；熟练使用常用的 Windows 应用程序；学会使用控制面板查看和设置计算机。

2. 知识点

本案例涉及的主要知识点如下。

① 控制面板。

② 画笔。

③ 写字板。

④ 截图工具。

⑤ 命令提示符。

⑥【Alt】+【PrintScreen】键的使用。

1.2.2 知识点总结

1. 控制面板

控制面板操作方法如表 1-7 所示。

表 1-7 控制面板操作方法

<table>
<tr><th>操作</th><th>位置或方法</th><th colspan="2">概要描述</th></tr>
<tr><td rowspan="2">打开“控制面板”</td><td>“开始”菜单</td><td colspan="2">单击“开始”按钮→单击“Windows 系统”→单击“控制面板”</td></tr>
<tr><td>“搜索框”</td><td colspan="2">在任务栏的“搜索框”中直接输入“控制面板”，在搜索结果中打开</td></tr>
<tr><td rowspan="3">“控制面板”显示方式</td><td rowspan="3">按“类别”</td><td>“系统和安全”项</td><td>有关 Windows 的系统与安全的设置，包括“安全和维护”“Windows Defender 防火墙”“系统”“电源选项”“文件历史记录”“备份和还原”“BitLocker 驱动器加密”“存储空间”“工作文件夹”“管理工具”等子项</td></tr>
<tr><td>“网络和 Internet”项</td><td>有关网络和 Internet 方面的设置，包括“网络和共享中心”“Internet 选项”“家庭组”子项</td></tr>
<tr><td>“硬件和声音”项</td><td>查看、设置打印机等硬件设备及声音选项等，包括“设备和打印机”“自动播放”“声音”“电源选项”“Display”“Windows 移动中心”“定位设置”“Biometrics”等子项</td></tr>
</table>

续表

操作	位置或方法	概要描述	
“控制面板”显示方式	按“类别”	“程序”项	查看、卸载程序，包括“程序和功能”“默认程序”子项
		“用户账户”项	查看、设置、删除用户账户、邮件等，包括“用户账户”“凭据管理器”“邮件”子项
		“外观和个性化”项	个性化设置任务栏、文件资源管理器、字体等，包括“任务栏和导航”“轻松使用设置中心”“文件资源管理器选项”“字体”等子项
		“时钟和区域”项	设置日期、时间、区域，包括“日期和时间”“区域”子项
		“轻松使用”项	使用 Windows 建议的设置，启动语音识别等，包括“轻松使用设置中心”“语音识别”子项
	按“小图标”	以小图标显示全部项目	
	按“大图标”	以大图标显示全部项目	

2. 常用程序

常用程序操作方法如表 1-8 所示。

表 1-8 常用程序操作方法

程序	操作方法	概要描述
记事本	单击“开始”按钮→选择“Windows 附件”→“记事本”	一个简单的纯文本编辑器，可以方便地记录日常事务，默认扩展名是.txt
写字板	单击“开始”按钮→选择“Windows 附件”→“写字板”	在写字板中可以对文字进行格式编排，如设置字体、字形、字号、段落缩进、插入图片等，文件可保存为 TXT 格式、RTF 格式、DOC 格式
计算器	在任务栏的“搜索框”中直接输入“计算器”，在搜索结果中打开	Windows 自带的计算器，有标准型、科学型、程序员和绘图类型
画图	单击“开始”按钮→选择“Windows 附件”→“画图”	画图是 Windows 自带的一个绘图软件，可绘制直线、矩形、箭头等简单图形，可以对图片进行剪裁、复制、移动、旋转等操作，同时还提供了工具箱（包括铅笔、颜料桶、刷子、橡皮擦等工具），图片的保存格式可以为 BMP、JPG、PNG 等 ● 绘制圆或正方形时，单击“椭圆形”按钮或“矩形”按钮，再按住【Shift】键，按住鼠标左键拖动鼠标，至合适位置松开鼠标即可 ● 按【PrintScreen】键，可将整个屏幕图像复制到剪贴板上 ● 按【Alt】+【PrintScreen】键，将当前活动窗口图像复制到剪贴板上
命令提示符	单击“开始”按钮→选择“Windows 系统”→“命令提示符”	Windows 2000 及其后版本不支持直接运行 MS-DOS 程序，可以通过“命令提示符”执行 DOS 命令
截图工具 Snipping Tool	单击“开始”按钮→选择“Windows 附件”→“Snipping Tool(1)”	Snipping Tool 是 Windows 10 自带的截图软件，比大部分截图软件方便、简洁
磁盘清理	单击“开始”按钮→选择“Windows 管理工具”→“磁盘清理”	搜索并删除计算机中的临时文件、Internet 缓存文件及其他不需要的文件
碎片整理和优化驱动器	单击“开始”按钮→选择“Windows 管理工具”→“碎片整理和优化驱动器”	对磁盘碎片文件进行搬运整理，以释放更多的磁盘空间和提高磁盘的响应速度

3. IE 浏览器的使用

随着信息技术的迅猛发展，网络应用已经深入人们日常生活的每一个角落。利用 IE 浏览器可以进行网页浏览。IE 浏览器工作界面如图 1-8 所示。IE 浏览器操作方法如表 1-9 所示。

图 1-8 IE 浏览器工作界面

表 1-9 IE 浏览器操作方法

操作	位置或方法	概要描述
浏览网页	地址栏	在地址栏输入主页地址
保存网页	“文件”按钮	单击“工具”按钮→选择“文件”→“另存为”→打开“保存网页”对话框，选择保存类型，输入文件名→单击“保存”按钮
收藏网页	“收藏夹”按钮	单击“收藏夹”按钮→选择“添加到收藏夹”→打开“添加收藏”对话框，输入名称→单击“添加”按钮
设为主页	“工具”按钮	单击“工具”按钮→选择“Internet 选项”→打开“Internet 选项”对话框，在地址栏中输入主页地址→单击“确定”按钮
清理浏览记录	“工具”按钮	单击“工具”按钮→选择“Internet 选项”→打开“Internet 选项”对话框，在“浏览历史记录”栏中设置→单击“确定”按钮

4. 使用 Outlook 收发电子邮件

Microsoft Office Outlook 是微软办公软件套装的组件之一，它对 Windows 自带的 Outlook Express 的功能进行了扩充。Outlook 的功能很多，用户可以用它来收发电子邮件、管理联系人信息、记日记、安排日程、分配任务。Outlook 2016 工作界面如图 1-9 所示，操作方法如表 1-10 所示。

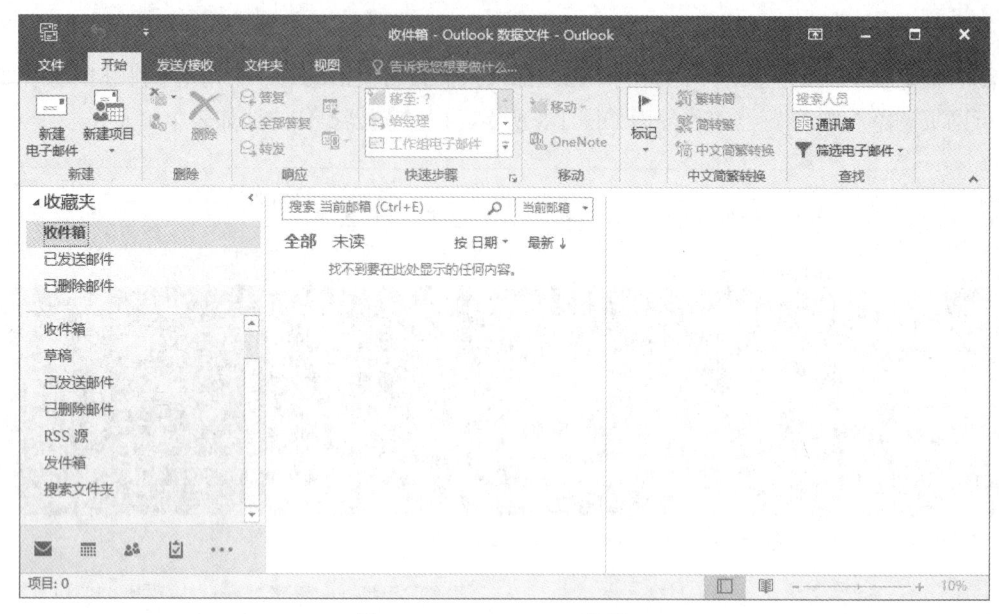

图 1-9　Outlook 2016 工作界面

表 1-10　　Outlook 2016 操作方法

操作	位置或方法	概要描述
收邮件并下载附件	“收件箱”	单击“收件箱”→双击打开邮件→查看邮件内容→选中附件→右击鼠标→选择“另存为”→选择保存位置，输入文件名→单击“保存”按钮
回复邮件	“收件箱”	单击“收件箱”→双击打开要回复的邮件→单击“答复”按钮→在“主题”处输入邮件主题，在“正文”处输入正文内容→单击“发送”按钮
发送邮件	“新建电子邮件”按钮	单击“新建电子邮件”按钮→弹出“写邮件”对话框→在“收件人”处输入收件人的邮件地址，在“抄送”处输入抄送人的邮件地址，在“主题”处输入邮件主题，单击“附加文件”按钮，选择要添加的附加文件，在“正文”处输入正文内容→单击“发送”按钮

1.2.3　应用案例：Windows 综合运用

1. 实验准备工作

（1）创建实验结果文件夹

在 D 盘新建一个以“学号+名称+日期”（如 1812301001 张三 2018 年 9 月 27 日）作为名称的实验文件夹。

（2）复制素材

从教学辅助网站下载素材文件“应用案例 2- Windows 综合运用”至实验文件夹，并将该压缩文件解压缩。本案例素材均来自该文件夹。

2. 在桌面添加“控制面板”图标

在桌面空白处右击鼠标，在弹出的快捷菜单中选择“个性化”，打开“设置”窗口，单击左窗格中的“主题”按钮，再在右窗格中滚动鼠标，找到“相关的设置”栏，单击“桌面图标设置”超链接，如图 1-10 所示。

打开“桌面图标设置”对话框，将“桌面图标”栏中的“控制面板”复选框选中，如图 1-11 所示，单击“确定”按钮。

图 1-10　主题设置

图 1-11　“桌面图标设置”对话框

3. 以“大图标”方式显示桌面图标

在桌面空白处右击鼠标，在弹出的快捷菜单中选择“查看”→“大图标”。

4. 修改桌面背景

在桌面空白处右击鼠标，在弹出的快捷菜单中选择“个性化”，打开“设置”窗口，单击左窗格中的“背景”按钮，在右窗格中单击“选择图片”下的第二张图片作为桌面背景，如图 1-12 所示。

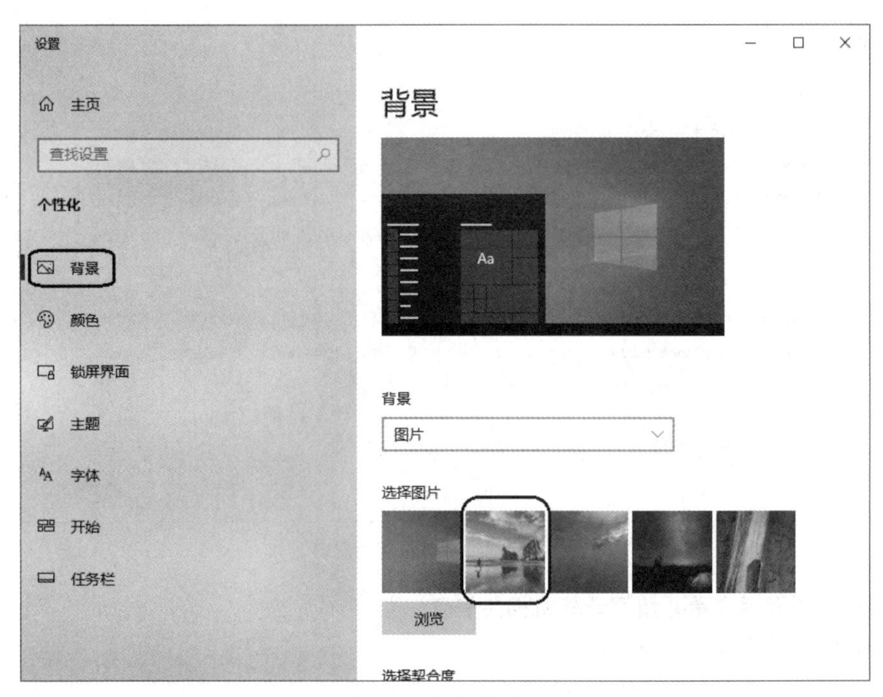

图 1-12　修改桌面背景

5. 截屏桌面

按【Win】+【D】键显示桌面，再按【PrintScreen】键，将整个屏幕图像复制到剪贴板。

选择“Windows 附件”→“画图”，按【Ctrl】+【V】键将剪贴板上的内容复制到“画图”中，此时可以看到整个屏幕以图片形式呈现出来。

单击“保存”按钮，弹出“另存为”对话框，保存类型选择“24 位位图”，保存路径为“D:\1812301001 张三 2018 年 9 月 27 日\应用案例 2- Windows 综合运用”，文件名为“我的桌面.bmp”，单击“保存”按钮。

关闭“画图”。

6. 截屏“任务管理器”窗口

在任务栏空白处右击鼠标，在弹出的快捷菜单中选择“任务管理器”，打开“任务管理器”窗口。

按【Alt】+【PrintScreen】键（先按住【Alt】键不放，然后按【PrintScreen】键，最后一起松开）复制当前窗口图像到剪贴板。

启动“画图”，按【Ctrl】+【V】键将剪贴板内容复制到“画图”中，此时可以看到“Windows 任务管理器”窗口以图片形式呈现出来，如图 1-13 所示。

单击“保存”按钮，弹出“另存为”对话框，保存类型选择“24 位位图”，保存路径为“D:\1812301001 张三 2018 年 9 月 27 日\应用案例 2- Windows 综合运用”，文件名为“我的任务管理器.bmp”，单击“保存”按钮将图片保存。

关闭“画图”程序。

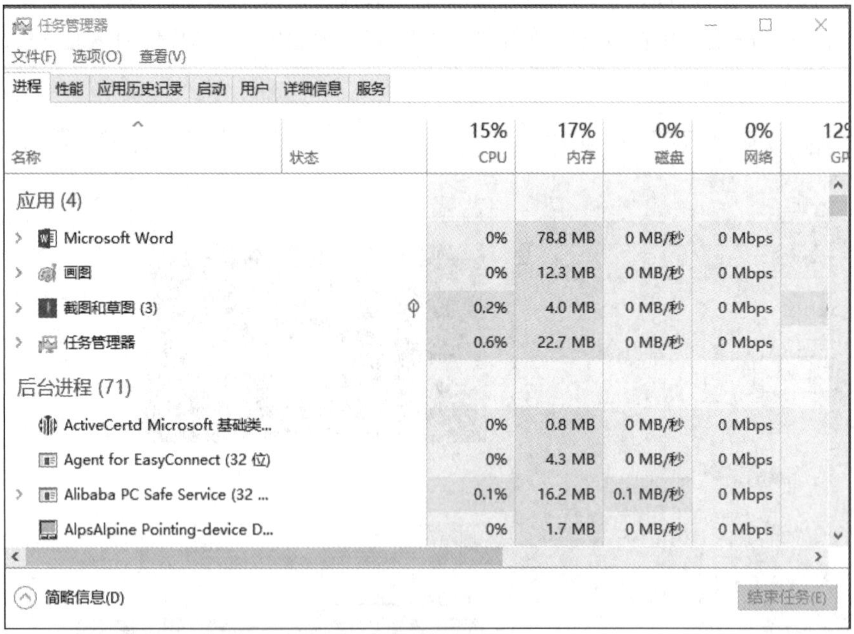

图 1-13　截屏当前活动窗口

7. 通过控制面板查看并填写计算机相关信息

（1）用“写字板”打开“我的计算机.rtf”

单击“开始”按钮→选择“Windows 附件”→“写字板”，启动“写字板”，打开“D:\1812301001

张三 2018 年 9 月 27 日\应用案例 2- Windows 综合运用\我的计算机.rtf”。

（2）查看计算机名、CPU 信息、内存信息

单击“开始”按钮→选择“Windows 系统”→“控制面板”，打开控制面板，单击控制面板中的“系统和安全”超链接，在打开的“控制面板\系统和安全”窗口中单击右侧的“系统”，如图 1-14 所示。

图 1-14 “控制面板\系统和安全”窗口

弹出“控制面板\系统和安全\系统”窗口，显示当前系统的基本信息，包括操作系统版本、CPU 信息、内存信息，如图 1-15 所示，将这些信息输入“我的计算机.rtf”相应位置。

图 1-15 “控制面板\系统和安全\系统”窗口

（3）查看磁盘驱动器信息

单击控制面板左侧的“设备管理器”超链接，如图 1-15 所示，打开“设备管理器”窗口，如图 1-16 所示，将磁盘驱动器相关信息输入“我的计算机.rtf”文件中。

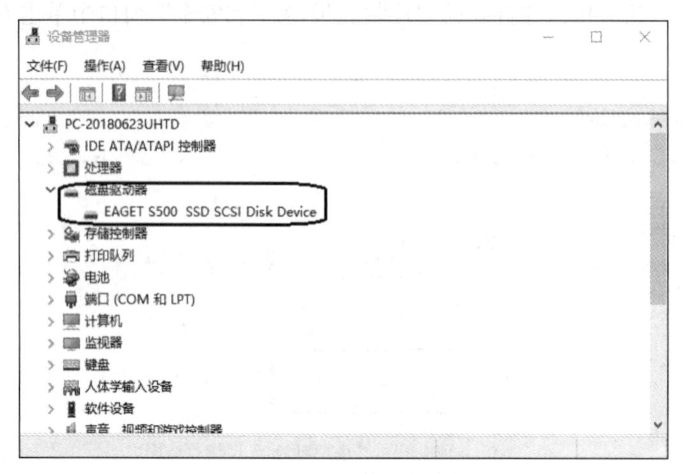

图 1-16 “设备管理器”窗口

（4）查看显示分辨率信息

在桌面空白处右击鼠标，弹出快捷菜单，选择“显示设置”。如图 1-17 所示，滚动鼠标，找到“显示分辨率”，将相关信息输入“我的计算机.rtf”文件中。

图 1-17 “显示”界面

（5）查看网卡物理地址信息

在任务栏的“搜索框”中输入“命令提示符”进行搜索，打开“命令提示符”窗口，输入“ipconfig/all”命令，这条命令用于查询本地计算机的网络连接详细情况，包括 IP 子网掩码、网关、MAC 地址等信息，“以太网适配器 以太网：”中的“物理地址”就是网卡的物理地址，如图 1-18 所示，将其输入“我的计算机.rtf”文件中。

```
命令提示符
以太网适配器 以太网:

   媒体状态  . . . . . . . . . . . . : 媒体已断开连接
   连接特定的 DNS 后缀 . . . . . . . :
   描述. . . . . . . . . . . . . . . : Sangfor SSL VPN CS Support System VNIC
   物理地址. . . . . . . . . . . . . : 00-FF-09-24-26-71
   DHCP 已启用 . . . . . . . . . . . : 否
   自动配置已启用. . . . . . . . . . : 是

无线局域网适配器 无线网络连接:

   连接特定的 DNS 后缀 . . . . . . . :
   描述. . . . . . . . . . . . . . . : Dell Wireless 1506 802.11b/g/n (2.4GHz)
   物理地址. . . . . . . . . . . . . : 40-F0-2F-0F-64-AB
   DHCP 已启用 . . . . . . . . . . . : 是
   自动配置已启用. . . . . . . . . . : 是
   IPv4 地址 . . . . . . . . . . . . : 192.168.0.107(首选)
   子网掩码  . . . . . . . . . . . . : 255.255.255.0
   获得租约的时间  . . . . . . . . . : 2021年2月7日 星期日 14:52:17
   租约过期的时间  . . . . . . . . . : 2021年2月7日 星期日 21:10:16
   默认网关. . . . . . . . . . . . . : 192.168.0.1
   DHCP 服务器 . . . . . . . . . . . : 192.168.0.1
   DNS 服务器  . . . . . . . . . . . : 192.168.0.1
   TCPIP 上的 NetBIOS  . . . . . . . : 已启用

C:\Users\Administrator>
```

图 1-18　“命令提示符”对话框

（6）保存文件

单击“写字板”的“保存”按钮，保存文件。

8. 格式设置

参照图 1-19，设置“我的计算机.rtf”内容格式。

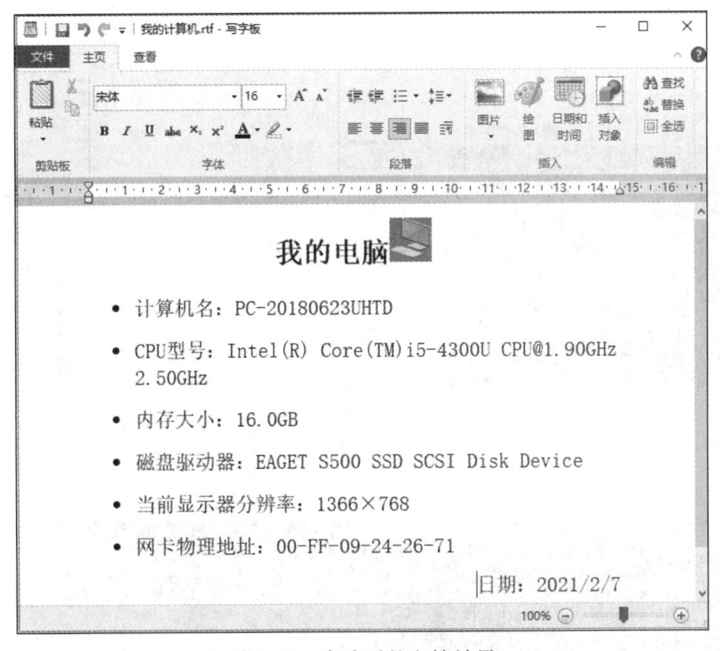

图 1-19　完成后的文档效果

（1）设置标题格式

选中标题文字“我的电脑”，使用“主页”选项卡上的相应按钮将文字设为“居中”“宋体”“加粗”“22”号；设置正文部分文字为“宋体”“16”号。

（2）设置正文格式

选中正文部分文字，单击“主页”选项卡“段落”组中的“列表”按钮☰▾，将正文设置成

“项目符号”列表样式；单击“行距”按钮，选择“1.0”。

（3）截图“此电脑”图标

切换到桌面，单击“开始”按钮→选择“Windows 附件”→“Snipping Tool(1)”，打开“截图工具”窗口，单击“模式”按钮右边的小三角，选择“矩形截图”，然后单击“新建”按钮，桌面变淡，进入截图状态，拖动鼠标指针选择“此电脑”图标，截图之后会返回“截图工具”窗口，单击“文件”菜单→选择“另存为”，打开“另存为”对话框，选择保存位置为实验文件夹，保存类型为“JPEG 文件”，文件名为“此电脑截图.jpg”，单击“保存”按钮。

切换回“我的计算机.rtf”，将光标定位在“我的电脑”后，单击“主页”选项卡“插入”组中的“图片”按钮，插入刚才保存的图片“此电脑截图.jpg”，拖动图片到适当位置。

（4）插入当前日期

将光标定位在“日期:”后，单击“主页”选项卡“插入”组中的“日期和时间”按钮，插入当前计算机的日期，单击“段落”组中的“向右对齐文本”按钮。

（5）保存文件

保存并关闭“我的计算机.rtf”文件。

9. 使用 IE 浏览器浏览网页并保存为“文本文件”

启动 IE 浏览器，在地址栏输入苏州大学官网地址，按【Enter】键。

打开页面，单击“工具”按钮，弹出下拉列表，选择“文件”，弹出次级列表，选择“另存为”，如图 1-20 所示。

图 1-20　选择“另存为”

打开“保存网页”对话框，选择保存位置为实验文件夹，保存类型为“文本文件”，文件名为“==欢迎访问苏州大学网站==.txt”，如图 1-21 所示。

单击“保存”按钮。

10. 将苏州大学官网设为 IE 浏览器主页

启动 IE 浏览器，单击“工具”按钮，弹出下拉列表，选择“Internet 选项”。

打开“Internet 选项”对话框，单击“常规”选项卡，在“主页”框中输入苏州大学官网地址，如图 1-22 所示。

单击“确定”按钮。

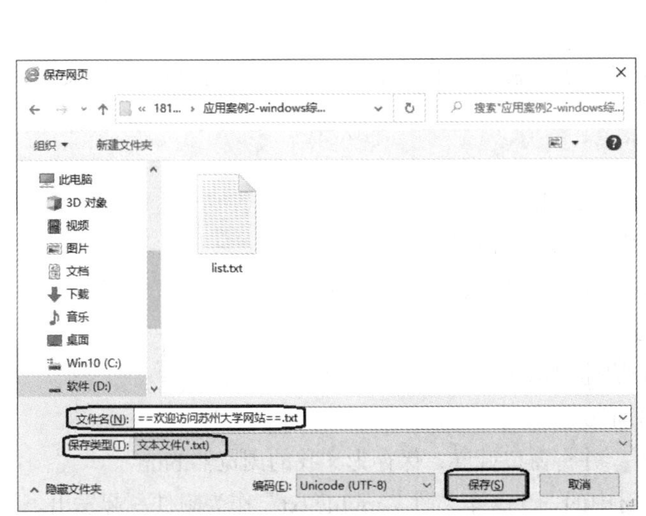

图 1-21 保存网页

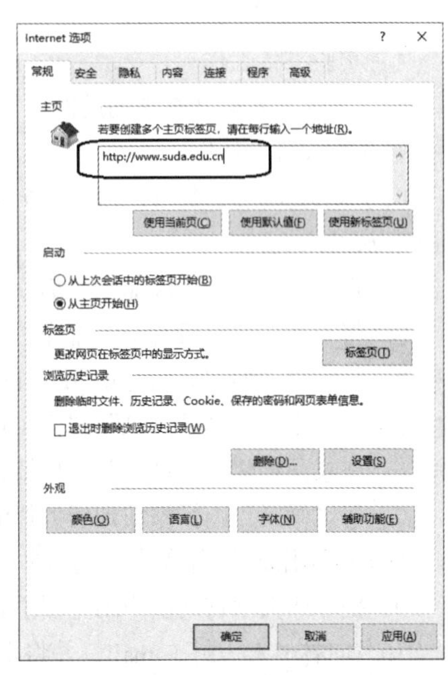

图 1-22 “Internet 选项”对话框

11. 使用 Outlook 写邮件

启动 Outlook，单击“新建电子邮件”按钮。

弹出图 1-23 所示的窗口，在“收件人”处输入收件人的邮件地址“wangling@mail.pchome.com.cn”，在“抄送”处输入抄送人的邮件地址“liuwf@mail. pchome.com.cn”，在“主题”处输入邮件主题“报告生产情况”。

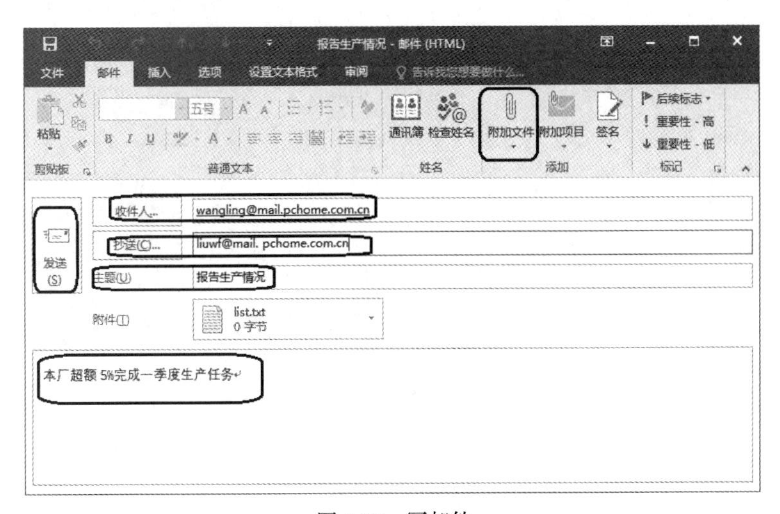

图 1-23 写邮件

单击“附加文件”按钮，选择要添加的附加文件“list.txt”，在“正文”处输入正文内容“本厂超额 5%完成一季度生产任务”。

将此窗口截屏保存为“写邮件.jpg”，保存在实验文件夹中。

单击“发送”按钮。

1.2.4 练习

1. 实验准备工作。

（1）复制素材。从教学辅助网站下载素材文件“练习 2-Windows 练习 2.rar”至本地计算机，并将该压缩文件解压缩。

（2）创建实验结果文件夹。在 D 盘或 E 盘上新建一个“Windows 练习 2-实验结果”文件夹，用于存放结果文件。

2. 将“网络”图标添加到桌面。

3. 将桌面按“项目类型”排序，以大图标显示。

4. 将素材中的“桌面背景.jpg”图片设置为桌面背景。

5. 更改桌面的“计算机”图标（可在列表中任意选择一个图标）。

6. 在桌面创建“计算器”的快捷方式。

7. 将“画图”图标添加到任务栏的快速启动区。

8. 将桌面截屏，保存为“我的桌面.bmp”。

9. 把苏州大学官网设为浏览器主页，并将窗口截屏，保存为“我的浏览器.bmp”。

10. 向林枫发一封 E-mail，并将素材中的一个文本文件“myfile.txt”作为附件一起发出。具体内容如下。

【收件人】linf@bj163.com

【抄送】

【主题】投稿

【函件内容】林编辑，你好，我要发一篇文稿（见附件），请审阅。

第 2 章 Word 2016 文字处理软件

2.1 Word 文档中的图文混排

2.1.1 案例概述

1. 案例目标

Word 的主要功能是文档排版，处理文字、图形、图像等多种对象。本案例通过制作一份校园小报，帮助读者掌握 Word 的基本操作方法，如输入文字、插入图片、设置边框和底纹、控制页面布局等。

制作精美的校园小报，可以给校园生活留下一份美好的回忆。校园小报应具有自己的独特风格，有较强的青春气息，以生动活泼为主要特点。编辑人员应灵活运用图文混排方法，以合理的版式布局为文档增色。

2. 知识点

本案例涉及的主要知识点如下。

① 文档的创建与保存。

② 文本的输入与编辑。

③ 字体、段落、页面的格式设置。

④ 分隔符的使用。

⑤ 插入艺术字和文本框。

⑥ 插入图片。

⑦ 绘制图形。

⑧ 边框和底纹设置。

⑨ 添加项目符号和编号。

⑩ 分栏。

⑪ 格式刷的使用。

⑫ 查找和替换。

⑬ 设置页面背景。

⑭ 制作水印。

2.1.2 知识点总结

1. Word 2016 的工作界面

启动 Word 2016 后会出现一个文档选择界面，选择“空白文档”后将自动默认打开名为“文档 1”的空白文档，工作界面如图 2-1 所示。Word 2016 的工作界面主要由快速访问工具栏、标题栏、窗口操作按钮、“文件”选项卡、功能选项卡、功能区、导航区、编辑区、状态栏、视图切换区以及比例缩放区等组成。

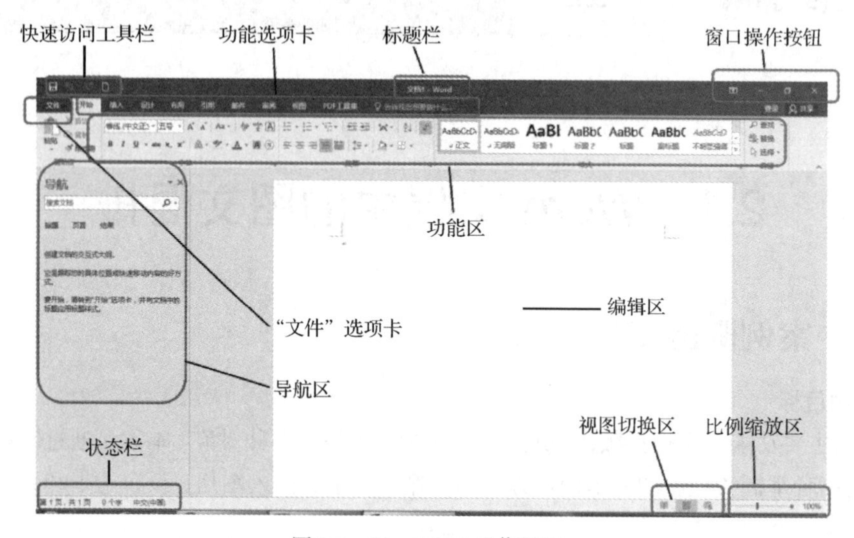

图 2-1　Word 2016 工作界面

2. 文档操作

Word 2016 文档操作方法如表 2-1 所示。

表 2-1　Word 2016 文档操作方法

操作	位置或方法	概要描述
新建文档	“文件”选项卡	选择“新建”→选择模板
	快速访问工具栏	单击“新建”按钮。如果没有该按钮，可添加按钮：单击快速访问工具栏右侧的按钮→选择“新建”→单击“新建”按钮
	快捷键	按【Ctrl】+【N】键
打开文档	“文件”选项卡	选择“打开”→单击“浏览”按钮→在“打开”对话框中选择位置和文件名→单击“打开”按钮
	快速访问工具栏	单击“打开”按钮。如果没有该按钮，可添加按钮：单击快速访问工具栏右侧的按钮→选择“打开”→单击“打开”按钮
	快捷键	按【Ctrl】+【O】键
	资源管理器	双击文件图标。如果默认打开的是其他程序，则进行设置：右击文件图标→选择“打开方式”→选择“Word 2016”
	最近使用的文档	单击“文件”选项卡→选择最近使用的文档
保存文档	“文件”选项卡	选择“保存” 选择“另存为”（或文件从未保存过的前提下选择“保存”）→单击“浏览”按钮→在“另存为”对话框中选择文件存放的位置，输入文件名→单击“保存”按钮

续表

操作	位置或方法	概要描述
保存文档	快速访问工具栏	单击“保存”按钮
	快捷键	按【Ctrl】+【S】键
关闭文档	“文件”选项卡	选择“关闭”
	标题栏	单击“关闭”按钮×
合并文档	“插入”选项卡	单击“对象”按钮→选择“文件中的文字”→在“插入文件”对话框中选取需要的文件
	剪贴板	选中内容→单击“复制”按钮→单击“粘贴”按钮

3. 文档内容编辑

文档内容编辑方法如表 2-2 所示。

表 2-2 文档内容编辑方法

操作		位置或方法	概要描述
输入文本	普通字符	键盘	光标定位到目标位置，直接用键盘输入字符
	插入特殊符号	“插入”选项卡	单击“符号”按钮→选择所需符号。如果符号列表中没有需要的符号，单击“其他符号”→在“符号”对话框中选择更多符号
	插入日期和时间	“插入”选项卡	单击“日期和时间”按钮→在“日期和时间”对话框中选择一种格式→单击“确定”按钮
	插入与改写状态切换	键盘	按【Insert】键
移动文本		鼠标拖曳	选定文本→直接拖曳至目标位置
		“开始”选项卡	选定文本→单击“剪切”按钮→光标定位到目标位置→单击“粘贴”按钮
		快捷菜单	鼠标右击选定的文本→选择“剪切”→光标定位到目标位置→鼠标右击→选择“粘贴”
		快捷键	选定文本→按【Ctrl】+【X】键→光标定位到目标位置→按【Ctrl】+【V】键
复制文本		鼠标拖曳	选定文本→按住【Ctrl】键拖曳鼠标指针至目标位置
		“开始”选项卡	选定文本→单击“复制”按钮→光标定位到目标位置→单击“粘贴”按钮
		快捷菜单	鼠标右击选定的文本→选择“复制”→光标定位到目标位置→鼠标右击→选择“粘贴”
		快捷键	选定文本→按【Ctrl】+【C】键→光标定位到目标位置→按【Ctrl】+【V】键
粘贴功能		“开始”选项卡	单击“剪贴板”组中的“粘贴”按钮（粘贴选项取决于复制或剪切的内容）
		快捷菜单	在粘贴位置右击鼠标（快捷菜单根据剪贴板的内容有不同的粘贴选项）
		“选择性粘贴”对话框	两种粘贴方式的区别如下 ● 粘贴：被粘贴内容嵌入当前文档后立即断开与源文件的联系 ● 粘贴链接：被粘贴内容嵌入当前文档后仍保持与源文件的联系

续表

操作		位置或方法	概要描述
撤销		快速访问工具栏	单击“撤销”按钮（如果要撤销多步，可单击撤销按钮右侧的▼）
恢复与重复		快速访问工具栏	“重复/恢复”按钮会随当前操作状态的不同而自动切换 ● “重复”按钮：重复做最后执行的操作 ● “恢复”按钮：恢复最近一次撤销的操作
查找	简单查找	“开始”选项卡	单击“查找”按钮→打开“导航”窗格→在“搜索文档”文本框中输入需查找的字或词
	高级查找	“查找和替换”对话框	单击“查找”按钮右侧的▼→选择“高级查找”→在“查找和替换”对话框中单击“更多”按钮 单击“格式”按钮可对查找的文字限定字体、字号、颜色等格式 单击“不限定格式”按钮可取消已设好的查找格式
替换	简单替换	“开始”选项卡	单击“替换”按钮→在“查找和替换”对话框中单击“替换”选项卡→在相应文本框中输入字或词
	高级替换	“查找和替换”对话框	单击“更多”按钮，可设置搜索选项
定位		键盘	按【↑】、【↓】、【←】、【→】方向键
		鼠标	单击插入点
		“查找和替换”对话框	单击“查找”按钮右侧的▼→选择“转到”→在“查找和替换”对话框中单击“定位”选项卡→选择定位目标

4. 格式设置

常用格式设置方法如表 2-3 所示。

表 2-3 常用格式设置方法

操作		位置或方法	概要描述
字符格式	设置字体、字号、颜色等属性	“开始”选项卡	单击“字体”组的按钮，设置字体、字号、颜色等
		“字体”对话框	单击“字体”组右下角的或者鼠标右击选中的文本→选择“字体”→单击“字体”对话框中的“字体”选项卡
	设置字符缩放、间距和位置	“字体”对话框	单击“高级”选项卡，可设置以下选项 ● 缩放：用于按文字当前尺寸的百分比横向扩展或压缩文字 ● 间距：用于加大或缩小字符间的距离 ● 位置：用于将文字相对于基准点升高或降低指定的磅值
	设置文本效果	“开始”选项卡	单击“字体”组中的“文本效果”按钮，在下拉列表中进行相关设置
段落格式	设置对齐方式	“开始”选项卡	单击“对齐”按钮
		“段落”对话框	单击“段落”组右下角的→在“段落”对话框中单击“缩进和间距”选项卡
	设置缩进方式	标尺	拖动滑块调整缩进量 ● ：上部是悬挂缩进滑块，下部是左缩进滑块 ● ：首行缩进滑块 ● ：右缩进滑块
		“段落”对话框	在“缩进和间距”选项卡中设置

续表

操作		位置或方法	概要描述
段落格式	设置行间距	“开始”选项卡	单击“行距”按钮
		“段落”对话框	在“缩进和间距”选项卡中设置
	设置段落的换行和分页控制	“段落”对话框	在“换行和分页”选项卡中选中需要的选项 ● 孤行控制：使段落最后一行文本不单独显示在下一页的顶部，或者段落首行文本不单独显示在上一页的底部 ● 段中不分页：防止在选定段落中产生分页 ● 与下段同页：防止在选定段落与其后继段落之间产生分页 ● 段前分页：在段落前插入分页符
	设置中文版式	“段落”对话框	在“中文版式”选项卡中设置
首字下沉		“插入”选项卡	光标定位→单击“首字下沉”按钮→选择下沉方式
		“首字下沉”对话框	选择“首字下沉”下拉菜单中的“首字下沉选项”
项目符号	使用默认项目符号	“开始”选项卡	单击“项目符号”按钮
	选择项目符号	“开始”选项卡	单击“项目符号”按钮右侧的▼，在“项目符号库”中选择合适的符号
	定义新项目符号	“定义新项目符号”对话框	选择“定义新项目符号”→在“定义新项目符号”对话框中选择合适的符号或图片，同时可以设置项目符号的字体、对齐方式等属性
编号	使用默认编号	“开始”选项卡	单击“编号”按钮
	选择编号形式	“开始”选项卡	单击“编号”按钮右侧的▼，在“编号库”中选择编号形式
	定义新编号格式	“定义新编号格式”对话框	选择“定义新编号格式”→在“定义新编号格式”对话框中设置编号的样式、格式、对齐方式、字体等属性
多级列表	输入内容时创建多级编号	“开始”选项卡	单击“多级编号”按钮→选择需要的编号 输完某一级编号的内容后：按【Enter】键进入同级的下一个编号；按【Tab】键降为下一级编号；按【Shift】+【Tab】键返回上一级编号
	定义新的多级编号形式	“定义新多级列表”对话框	选择“定义新的多级列表”→在“定义新多级列表”对话框中指定编号的格式、样式、对齐方式、缩进量等属性
边框和底纹	设置段落边框	“开始”选项卡	选中段落→单击“边框”按钮（该按钮随上次所做选择的不同而变化）
		“边框和底纹”对话框	选中段落→单击“边框”按钮右侧的▼→选择“边框和底纹”→打开“边框和底纹”对话框→在“边框”选项卡中选择边框类型、框线的线型、颜色、粗细等→选择“应用于”段落
	设置字符边框	“开始”选项卡	选中文字→单击“字符边框”按钮
		“开始”选项卡	选中文字→单击“边框”按钮（该按钮随上次所做选择的不同而变化）
		“边框和底纹”对话框	选中文字→单击“边框”按钮右侧的▼→选择“边框和底纹”→打开“边框和底纹”对话框→在“边框”选项卡中选择边框类型、框线的线型、颜色、粗细等→选择“应用于”文字
	设置页面边框	“边框和底纹”对话框	在“页面边框”选项卡中设置

续表

操作		位置或方法	概要描述
边框和底纹	设置底纹	“开始”选项卡	选中文字或段落→单击“底纹”按钮（该按钮随上次选择颜色的不同而变化）
		“边框和底纹”对话框	在“底纹”选项卡中设置 ● “填充”：用于设置底纹颜色 ● “图案”：用于设置不同深浅比例的纯色或带图案底纹
分栏		“布局”选项卡	单击“分栏”按钮→选择分栏方式
		“分栏”对话框	选择“更多分栏”→在“分栏”对话框中指定栏数、栏宽、栏间距及分隔线等
复制格式		“开始”选项卡	选定源文本→单击或双击“格式刷”按钮→选定目标文本 ● 单击“格式刷”只复制一次 ● 双击“格式刷”可以复制多次，如需停止复制格式则再单击“格式刷”按钮
页面设置		“布局”选项卡	单击“页面设置”组中的按钮
		“页面设置”对话框	单击“页面设置”组右下角的→在打开的“页面设置”对话框中可设置“页边距”“纸张”“版式”“文档网格”
页面背景		“设计”选项卡	单击“页面颜色”按钮，在下拉颜色面板中选择预置的颜色 ● 选择“其他颜色”可以指定标准色或自定义颜色 ● 选择“填充效果”可以为页面指定渐变色、纹理、图案和图片等
插入分隔符	分页符	“插入”选项卡	单击“分页”按钮
		“布局”选项卡	单击“分隔符”按钮→在“分页符”中选择
	分节符	“布局”选项卡	单击“分隔符”按钮→在“分节符”中选择（默认一个文档为一节，当需要在同一文档不同部分做不同的页面设置时，必须插入分节符将文档分成多节）
添加水印	使用内置水印	“设计”选项卡	单击“水印”按钮→选择水印样式。水印是 Word 文档中的半透明标志，如“机密”“严禁复制”等文字
	自定义水印	“水印”对话框	单击“水印”按钮，选择“自定义水印”→在“水印”对话框中设置水印的文字内容和字体格式，或者指定图片作为水印

5. 图文混排

图文混排的基本操作方法如表 2-4 所示。

表 2-4　　图文混排的基本操作方法

操作		位置或方法	概要描述
插入图片		“插入图片”对话框	单击“插入”选项卡中的“图片”按钮→在“插入图片”对话框中设置文件搜索路径→选中搜索到的文件→单击“插入”按钮
设置图片格式	调整图片大小	鼠标拖曳	选定图片→拖曳任意一个控点，若按住【Ctrl】键拖曳控点，则以中心点为基准点成比例缩放
		“图片工具”	“格式”选项卡→单击“高度”框或“宽度”框右侧的
		快捷菜单	选择“大小和位置”→在“布局”对话框中调节图片的高度和宽度
	设置环绕方式	“图片工具”	单击“环绕文字”按钮→选择环绕方式
		“布局”对话框	单击“环绕文字”按钮→选择“其他布局选项”→打开“布局”对话框→在“文字环绕”选项卡中选择合适的环绕方式

续表

操作		位置或方法	概要描述
文本框	插入文本框	“插入”选项卡	单击“文本框”按钮→拖出一个矩形。在文本框中插入的图片只能是嵌入式的，无法跟文本框中的文字进行图文混排
	转换横排与竖排文本框	“页面布局”选项卡	选中文本框，单击“文字方向”按钮
	设置框内文字的边距	快捷菜单	右击文本框→选择“设置形状格式”→打开“设置形状格式”窗格→单击“布局属性”按钮→在“文本框”选项中可以设置内部边距
艺术字	插入艺术字	“开始”选项卡	插入文本框→输入文字→单击“文本效果”按钮→选择文字样式
		“插入”选项卡	单击“艺术字”按钮→选择“艺术字样式”→删除“请在此放置您的文字”后输入文字
	修改艺术字格式	“开始”选项卡	使用“字体”组中的各个按钮
			使用“文本效果”中的样式和命令
		“绘图工具”	使用“艺术字样式”组中的各个按钮
绘制图形	绘制自选图形	“插入”选项卡	单击“形状”按钮→选择形状→拖动鼠标可创建自选图形。拖动鼠标时按住【Shift】键可建立规则图形，如圆形、正方形等
	图形中插入文字	快捷菜单	右击图形→选择“添加文字”→输入文字
	选定图形对象	鼠标加键盘	● 选定单个对象：单击对象 ● 选定多个对象：按住【Shift】键或【Ctrl】键分别单击对象 如果要选定的对象被其他对象遮挡了，可单击任意一个对象后按【Tab】键或【Shift】+【Tab】键，按照创建对象的次序正向或反向依次切换对象，直到找到所需对象
	改变叠放次序	“绘图工具”或快捷菜单	选定对象→单击按钮或选择“上移一层”“下移一层”
	组合对象	“绘图工具”或快捷菜单	选中多个对象→单击“组合”按钮。选择“取消组合”可以取消已经存在的图形组合关系
	设置图形格式	“绘图工具”	使用“形状样式”组中的“形状填充”按钮和“形状轮廓”按钮可设置图形的填充颜色和边框线

2.1.3 应用案例：校园小报

1. 案例效果图

本案例为一份校园小报。小报的首页是校园风光，精美的图片配上抒情的文字，美好的校园生活气息扑面而来；次页转载了一篇《人民日报》的报道，文章对苏州大学等地方高校的发展予以肯定。小报完成后的效果如图 2-2 所示。

2. 实验准备工作

（1）下载素材

从教学辅助网站下载素材文件“应用案例 3-校园小报.rar”至本地计算机，并将该压缩文件解压缩。本案例素材均来自该文件夹。

（2）创建实验结果文件夹

在 D 盘或 E 盘上新建一个“校园小报-实验结果”文件夹，用于存放结果文件。

图 2-2　小报设计效果图

3. Word 2016 应用案例

（1）新建文档并保存

① 启动 Word 2016，新建一个空白文档。

② 单击快速访问工具栏中的“保存”按钮，展开“另存为”页面，单击“浏览”按钮后打开“另存为”对话框。

③ 选择保存位置为“校园小报-实验结果”文件夹，文件名为“校园小报”，保存类型为“Word 文档（*.docx）”。单击“保存”按钮。

（2）页面设置

① 单击“布局”选项卡“页面设置”组右下角的，打开“页面设置”对话框。

② 单击“纸张”选项卡，将宽度设为“30 厘米”，高度设为“40 厘米”，如图 2-3 所示。单击“确定”按钮，完成页面设置。

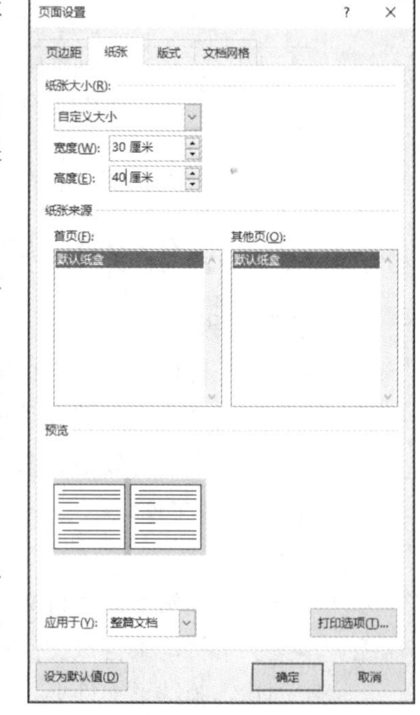

图 2-3　页面设置

（3）为小报增加 1 页

① 单击“插入”选项卡“页面”组中的“分页”按钮，也可以单击“布局”选项卡“页面设置”组中的“分隔符”按钮。

② 返回第 1 页。

（4）制作第 1 个标题

① 单击“插入”选项卡“文本”组中的“艺术字”按钮，

在下拉列表中选择第 2 行第 3 列的艺术字类型。

② 在“请在此放置您的文字”输入框中输入文字“早春，在苏大看梅花暗香”。

③ 设置文字“早春，在苏大看梅花暗香”的字体为“华文行楷”，字号为“48”。

④ 选中艺术字，单击“绘图工具”的“格式”选项卡，在“艺术字样式”组中选择“文本填充”按钮，单击“标准色”中的黄色。

⑤ 选中艺术字，在“绘图工具”的“格式”选项卡中，单击“排列”组中的“对齐”按钮，选择下拉列表中的“水平居中”。

（5）编辑第 1 个竖排文本框

① 在不选中任何内容的情况下，单击“插入”选项卡“文本”组中的“文本框”按钮，在“文本框”下拉菜单中选择“绘制竖排文本框”，参考图 2-2，在文档的适当位置拖出一个矩形。

② 在文本框中输入下面方框内的文字。

看得见你欢快的跃动
听得到你欣喜的笑声
只因为你身在苏大
身在冬天里的春天
你是一首古老的诗
又是一首不老的诗
从诗经走进唐诗宋词
走向现代，迈向未来
就在这古风的墙壁上
你用你的风韵
证明着你的不老

③ 选中文本框中的文字，设置字体为“隶书”，颜色为“黑色”，字号为“二号”。

④ 选中文本框中的全部段落，单击“开始”选项卡中的行距按钮，选择行距为“2.5”，如图 2-4 所示。

⑤ 选中文本框，在“绘图工具”的“格式”选项卡中，单击“形状样式”组右下角的，打开“设置形状格式”窗格，单击“线条”展开其具体选项，选中“无线条”单选项，如图 2-5 所示。

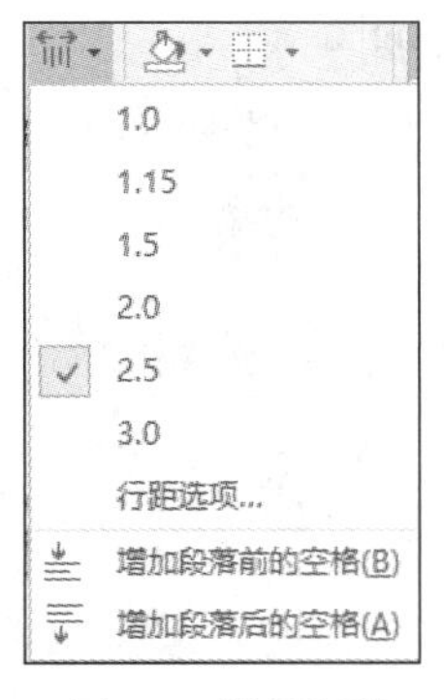

图 2-4　设置行距

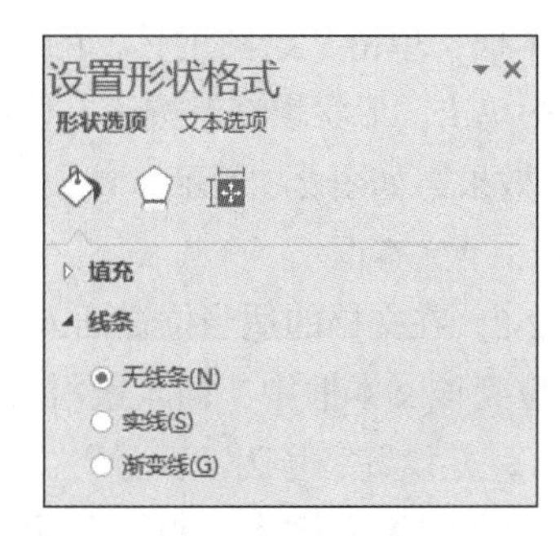

图 2-5　设置文本框的线条样式

（6）在竖排文本框右侧插入图片

① 不选中文本框，将光标定位在文本框外，单击“插入”选项卡中的“图片”按钮，插入素材文件夹中的“图书馆.png”文件。

② 单击插入的图片，在“图片工具”的“格式”选项卡中，修改“大小”组中的高度为“5厘米”。

③ 选中图片，在“图片工具”的“格式”选项卡中，单击“排列”组中的“位置”按钮，在下拉菜单中选择“其他布局选项”，打开“布局”对话框，在“文字环绕”选项卡中选择“四周型”，单击“确定”按钮。

④ 参考图 2-2，将图片拖至适当位置。

（7）制作第 2 个标题

① 参考图 2-2，在适当位置插入第 1 个自选图形。方法是单击“插入”选项卡中的“形状”按钮，选择“星与旗帜”中的“爆炸形 1”自选图形。

② 继续插入第 2 个自选图形“爆炸形 2”。

③ 同时选中两个自选图形，方法是按住【Ctrl】键分别单击两个自选图形。

④ 复制并粘贴选中的两个自选图形。

⑤ 参考图 2-2，合理调整 4 个自选图形的位置。

⑥ 右击第 1 个自选图形，选择快捷菜单中的“添加文字”，在自选图形中输入“梅”，并设置格式为“楷体”“三号”“加粗”。

⑦ 分别为第 2～4 个自选图形添加文字“雪”“争”“春”。

⑧ 用格式刷把第 1 个自选图形中的字体格式复制给第 2～4 个自选图形。

⑨ 选中自选图形，单击“绘图工具”中的“格式”选项卡，在“形状样式”组中单击“形状填充”按钮，分别把第 1～4 个自选图形的填充色设置为“红”“橙”“浅绿”和“浅蓝”。

（8）编辑第 2 个文本框

① 参考图 2-2，在文档的适当位置插入一个横排文本框。

② 光标定位到该文本框中，单击“插入”选项卡中的“对象”按钮右侧的▼，选择下拉菜单中的“文件中的文字”，弹出“插入文件”对话框，切换文件类型为“所有文件（*.*）”，选择素材文件夹中的“雪梅.txt”，在“文件转换”对话框中将“Windows（默认）”的文本编码选择为“简体中文（GB2312）”后，单击“确定”按钮。

③ 设置插入的文本字号为“四号”。

④ 在插入的文字后面，插入素材文件夹中的图片“雪梅.png”。

⑤ 选中文本框，单击“绘图工具”的“格式”选项卡，在“形状样式”组中单击“形状填充”按钮右侧的▼，选择“渐变”中第 1 行第 1 列效果，如图 2-6 所示。

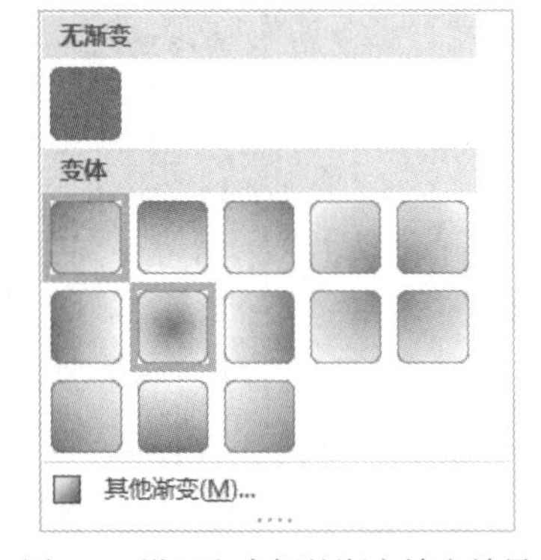

图 2-6　设置文本框的渐变填充效果

（9）编辑第 3 个文本框

① 参考图 2-2，在文档的适当位置插入一个横排文本框。

② 光标定位到该文本框中，插入素材文件夹中的“东吴雪景.txt”中的文字，并设置字号为“四号”。

③ 在插入的文字后面插入素材文件夹中的图片“东吴雪景.png”。

④ 设置该文本框的填充色为第 3 行第 1 列的渐变效果。

（10）在第 2 页转载《人民日报》报道

① 光标定位到第 2 页的段落中，插入素材文件夹中的“人民日报报道.txt”中的文字。

② 添加标题。光标定位到正文之前，按【Enter】键在正文前插入一个空行。

③ 在空行上输入标题：地方高校，怎样办成“精品店”。

④ 选中标题，设置其格式为“黑体”“小一”“居中对齐”。

⑤ 单击“开始”选项卡中“段落”组右下角的，打开“段落”对话框，在“缩进和间距”选项卡中设置标题的段前、段后间距均为“0.5 行”。

⑥ 除标题文字外，所有正文文本均设为“宋体”“小四”，首行缩进 2 字符，固定行距 16 磅。

⑦ 将光标定位到正文第 1 段，单击“插入”选项卡“文本”组的“首字下沉”按钮，在下拉列表中选择“首字下沉选项”，弹出“首字下沉”对话框，如图 2-7 所示。选择“下沉”，设置下沉行数为 2，单击“确定”按钮。

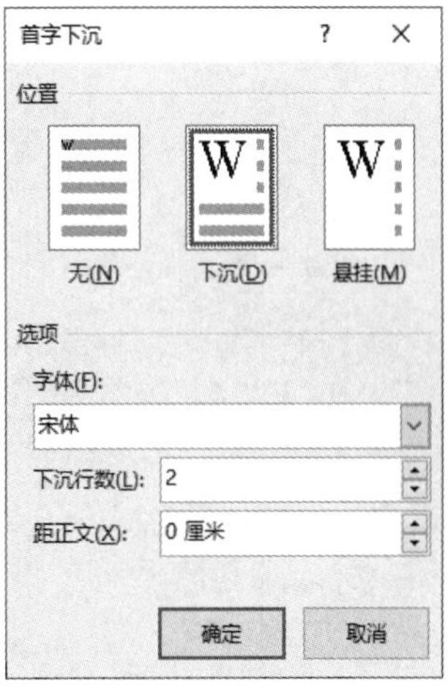

图 2-7　设置首字下沉

⑧ 选中第 4 段“理念：从规模扩张到内涵提升转变，做精做强”，设置字体为“黑体”，并单击“开始”选项卡“段落”组的“项目符号”按钮，设置项目符号格式。

⑨ 选中第 4 段，双击“格式刷”按钮，用鼠标拖曳方式刷过整个第 11 段、第 18 段（即“路径：……”和“未来：……”两段），为这两段设置与第 4 段相同的字体和项目符号。

⑩ 完成格式复制以后，单击“格式刷”按钮。

⑪ 将除首字和最后的段落标记的全部正文选中后，单击“布局”选项卡“页面设置”组中的“分栏”按钮，选择“更多分栏”，打开“分栏”对话框，设置栏数为 2，栏间距为 3 个字符，并加分隔线，如图 2-8 所示。单击“确定”按钮即可。

⑫ 正文最后一段设为右对齐。

⑬ 参考图 2-2，在正文适当位置插入素材文件夹中的图片“最好的苏大.png”，设置图片环绕方式为“四周型”，大小为“20%”，如图 2-9 所示。

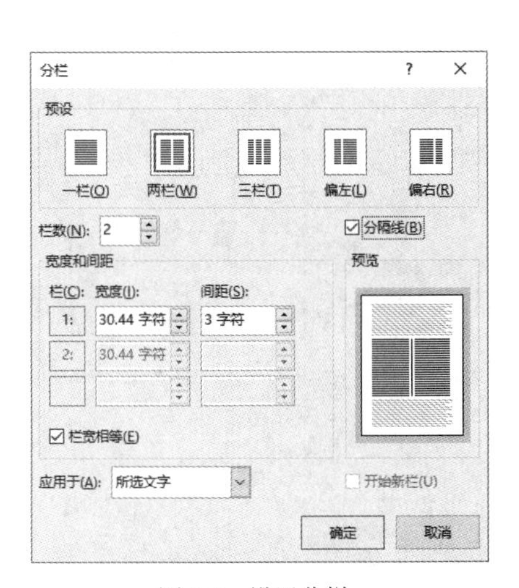

图 2-8　设置分栏

图 2-9　设置图片大小

（11）突出重点内容

① 在正文中，单击“开始”选项卡中的“替换”按钮，弹出“查找和替换”对话框。在“替换”选项卡的“查找内容”文本框中输入“苏州大学”，单击“更多”按钮，如图 2-10 所示。

图 2-10 “查找和替换”对话框

② 将光标定位到“替换为”文本框中，不用输任何文字即单击“格式”按钮，在下拉菜单中选择“字体”，在弹出的“替换字体”对话框的“字体”选项卡中设置字体颜色为红色、加粗、带着重号，单击“确定”按钮。

③ 单击“全部替换”按钮，弹出询问是否从头搜索的对话框，单击“否”按钮后关闭“查找和替换”对话框。

④ 选中查找到的“苏州大学”，单击“开始”选项卡中的“边框”按钮右侧的▼，在下拉菜单中选择“边框和底纹”，打开“边框和底纹”对话框，单击“底纹”选项卡，选择填充色为黄色，应用于“文字”，如图 2-11 所示。单击“确定”按钮。

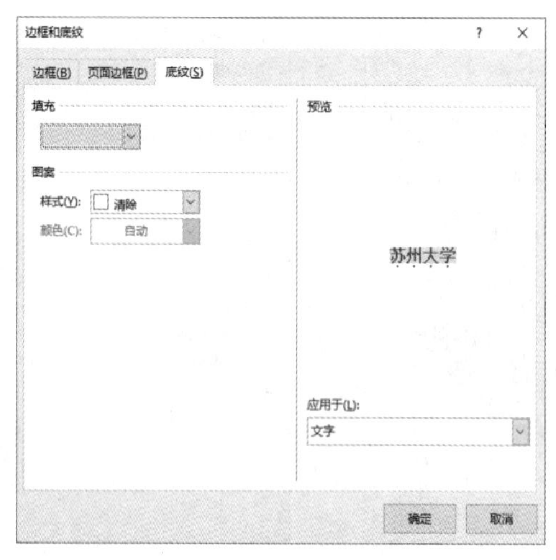

图 2-11 设置文字底纹

⑤ 选中第 2 段（即含有“苏州大学”的段落），打开“边框和底纹”对话框，在“边框”选项卡中设置 1.5 磅红色长短点虚线（第 5 种样式）方框，应用于“段落”，如图 2-12 所示。单击“确定”按钮。

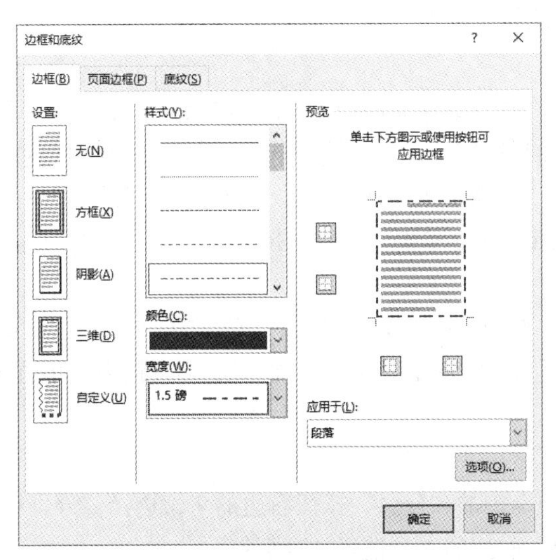

图 2-12 设置段落边框

（12）设置页面背景

在“设计”选项卡中，单击“页面背景”组中的“页面颜色”按钮，选择下拉菜单中的“填充效果”，打开“填充效果”对话框，单击“纹理”选项卡，选择“羊皮纸”纹理，如图 2-13 所示。单击“确定”按钮。

（13）添加水印

① 在“设计”选项卡中，单击“页面背景”组中的“水印”按钮，在下拉菜单中选择“自定义水印”，弹出“水印”对话框。

② 选中“文字水印”单选项，在“文字”文本框中输入“苏州大学”，字体为“楷体”，取消选中“半透明”复选框，设为“水平”版式，如图 2-14 所示。单击“确定”按钮。

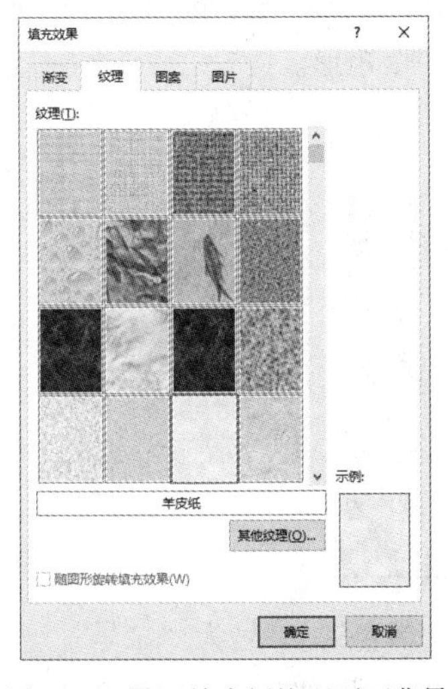

图 2-13 设置羊皮纸纹理页面背景

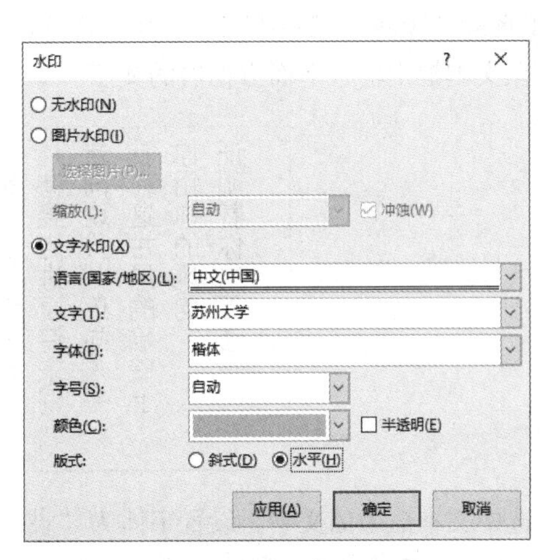

图 2-14 设置水印

（14）保存文件

单击快速访问工具栏中的“保存”按钮，或单击“文件”选项卡，选择“保存”，保存操作结果。

4. WPS 文字 2019 应用案例

（1）新建文档并保存

① 启动 WPS 2019，选择“新建”，在“文字”模板中选择“新建空白文档”。

② 单击快速访问工具栏中的“保存”按钮，打开“另存为”对话框。

③ 选择保存位置为“校园小报-实验结果”文件夹，文件名为“校园小报”，保存类型为“Microsoft Word 文件（*.docx）”。单击“保存”按钮。

（2）页面设置

① 单击“页面布局”选项卡中部下方的 ⌟，打开“页面设置”对话框。

② 单击“纸张”选项卡，将宽度设为“30 厘米”，高度设为“40 厘米”，单击“确定”按钮，完成页面设置。

（3）为小报增加 1 页

① 单击“插入”选项卡中的“分页”按钮右边的▼，选择“分页符”；也可以单击“页面布局”选项卡中的“分隔符”右边的▼，选择“分页符”。

② 返回第 1 页。

（4）制作第 1 个标题

① 单击“插入”选项卡中的“艺术字”按钮，在下拉列表中选择第 1 行第 3 列的艺术字类型。

② 在“请在此放置您的文字”输入框中输入文字“早春，在苏大看梅花暗香”。

③ 设置文字“早春，在苏大看梅花暗香”的字体为“华文行楷”，字号为“48”。

④ 选中艺术字，在“文本工具”选项卡中单击“文本填充”按钮右边的▼，单击“标准色”中的黄色。

⑤ 选中艺术字，在“绘图工具”选项卡中单击“对齐”按钮，选择下拉列表中的“水平居中”。

（5）编辑第 1 个竖排文本框

① 在不选中任何内容的情况下，单击“插入”选项卡中的“文本框”按钮右边的▼，在下拉菜单中选择“竖向”，参考图 2-2，在文档的适当位置拖出一个矩形。

② 在文本框中输入下面方框内的文字。

看得见你欢快的跃动
听得到你欣喜的笑声
只因为你身在苏大
身在冬天里的春天
你是一首古老的诗
又是一首不老的诗
从诗经走进唐诗宋词
走向现代，迈向未来
就在这古风的墙壁上
你用你的风韵
证明着你的不老

③ 选中文本框中的文字，设置字体为“隶书”，颜色为“黑色”，字号为“二号”。

④ 选中文本框中的全部段落，单击“开始”选项卡中的“行距”按钮，选择行距为“2.5”。

⑤ 选中文本框，在“绘图工具”选项卡中，单击中部下方的 ，打开“属性”窗格，在其“形状选项”选项卡的“填充与线条”选项中设置“线条”为“无”。

（6）在竖排文本框右侧插入图片

① 不选中文本框，将光标定位在文本框外，单击“插入”选项卡中的“图片”按钮，插入素材文件夹中的“图书馆.png”文件。

② 单击插入的图片，在“图片工具”选项卡中修改高度为“5 厘米”。

③ 选中图片，在“图片工具”选项卡中单击“环绕”按钮，在下拉菜单中选择“四周型环绕”。

④ 参考图 2-2，将图片拖至适当位置。

（7）制作第 2 个标题

① 参考图 2-2，在适当位置插入第 1 个自选图形。方法是单击“插入”选项卡中的“形状”按钮，选择“星与旗帜”中的“爆炸形 1”自选图形。

② 继续插入第 2 个自选图形“爆炸形 2”。

③ 同时选中两个自选图形，方法是按住【Ctrl】键分别单击两个自选图形。

④ 复制并粘贴选中的两个自选图形。

⑤ 参考图 2-2，合理调整 4 个自选图形的位置。

⑥ 右击第 1 个自选图形，选择快捷菜单中的“添加文字”，在自选图形中输入“梅”，并设置格式为“楷体”“三号”“加粗”。

⑦ 分别为第 2～4 个自选图形添加文字“雪”“争”“春”。

⑧ 用格式刷把第 1 个自选图形中的字体格式复制给第 2～4 个自选图形。

⑨ 选中自选图形，在“绘图工具”选项卡中单击“填充”按钮右边的▼，分别把第 1～4 个自选图形的填充色设置为“红”“橙”“浅绿”“浅蓝”。

（8）编辑第 2 个文本框

① 参考图 2-2，在文档的适当位置插入一个横排文本框。

② 光标定位在该文本框中，单击“插入”选项卡中的“对象”按钮右侧的▼，选择下拉菜单中的“文件中的文字”，弹出“插入文件”对话框，切换文件类型为“所有文件（*.*）”，选择素材文件夹中的“雪梅.txt”，单击“打开”按钮。

③ 设置插入的文本字号为“四号”。

④ 在插入的文字后面，插入素材文件夹中的图片“雪梅.png”。

⑤ 选中文本框，在“绘图工具”选项卡中单击“填充”按钮右侧的▼，选择“渐变”命令，打开“属性”窗格，在“形状选项”选项卡中设置“填充与线条”选项的“填充”为“渐变填充”，选择“渐变样式”为第 1 个样式，选择其中第 1 行第 1 列的效果。

（9）编辑第 3 个文本框

① 参考效果图，在文档的适当位置插入一个横排文本框。

② 光标定位到该文本框中，插入素材文件夹中的“东吴雪景.txt”中的文字，并设置字号为“四号”。

③ 在插入文字的后面插入素材文件夹中的图片“东吴雪景.png”。

④ 设置该文本框的填充色为第 1 个“渐变样式”的第 1 行第 3 列的效果。

（10）在第 2 页转载《人民日报》报道

① 光标定位到第 2 页的段落中，插入素材文件夹中的“人民日报报道.txt”中的文字。

② 添加标题。光标定位到正文之前，按【Enter】键在正文前插入一个空行。

③ 在空行上输入标题：地方高校，怎样办成“精品店”。

④ 选中标题，设置其格式为“黑体”“小一”“居中对齐”。

⑤ 单击“开始”选项卡中部下方的 ⌟，打开“段落”对话框，在“缩进和间距”选项卡中设置标题的段前、段后间距均为“0.5 行”。

⑥ 除标题文字外，所有正文文本均设为“宋体”“小四”，首行缩进 2 字符，固定行距 16 磅。

⑦ 将光标定位到正文第 1 段，单击“插入”选项卡中的“首字下沉”按钮，打开“首字下沉”对话框。选择“下沉”，设置下沉行数为 2，单击“确定”按钮。

⑧ 选中第 4 段“理念：从规模扩张到内涵提升转变，做精做强”，设置字体为“黑体”，并单击“开始”选项卡“段落”组的“项目符号”按钮，设置项目符号格式。

⑨ 在选中第 4 段的同时，双击“格式刷”按钮，用鼠标拖曳方式刷过整个第 11 段、第 18 段（即“路径：……”和“未来：……”两段），为这两段设置相同的字体和项目符号。

⑩ 完成格式复制以后，单击“格式刷”按钮。

⑪ 将除首字和最后的段落标记的全部正文选中后，单击“页面布局”选项卡中的“分栏”按钮，在下拉菜单中选择“更多分栏”，打开“分栏”对话框，设置栏数为 2，栏间距为 3 个字符，并加分隔线。单击“确定”按钮即可。

⑫ 正文最后一段设为右对齐。

⑬ 参考图 2-2，在正文适当位置插入素材文件夹中的图片“最好的苏大.png”，设置图片环绕方式为“四周型环绕”，大小为“20%”。

（11）突出重点内容

① 在正文中，单击“开始”选项卡中“替换”按钮右侧的▼，选择“替换”，弹出“查找和替换”对话框。在“替换”选项卡的“查找内容”文本框中输入“苏州大学”。

② 将光标定位到“替换为”文本框中，不用输任何文字即单击“格式”按钮，在下拉菜单中选择“字体”，在弹出的“替换字体”对话框的“字体”选项卡中设置字体颜色为红色、加粗、带圆点着重号，单击“确定”按钮。

③ 单击“全部替换”按钮，在弹出的对话框中单击“确定”按钮后关闭“查找和替换”对话框。

④ 选中查找到的“苏州大学”，单击“开始”选项卡中的“边框和底纹”按钮⊞右侧的▼，在下拉菜单中选择“边框和底纹”命令，打开“边框和底纹”对话框，单击“底纹”选项卡，选择填充色为黄色，应用于“文字”。单击“确定”按钮。

⑤ 选中第 2 段（即含有“苏州大学”的段落），打开“边框和底纹”对话框，在“边框”选项卡中设置 1.5 磅红色长短点虚线（第 5 种样式）方框，应用于“段落”。单击“确定”按钮。

（12）设置页面背景

单击“页面布局”选项卡中的“背景”按钮，选择下拉菜单中的“其他背景”，在级联菜单中选择“纹理”，打开“填充效果”对话框，在“纹理”选项卡中选择“纸纹 2”。单击“确定”按钮。

（13）添加水印

① 单击“页面布局”选项卡中的“背景”按钮，选择下拉菜单中的“水印”，在级联菜单中选择“插入水印”，弹出“水印”对话框。

② 选中“文字水印”复选框，在“内容”文本框中输入“苏州大学”，字体为“楷体”，版式为“水平”，如图 2-15 所示。单击“确定”按钮。

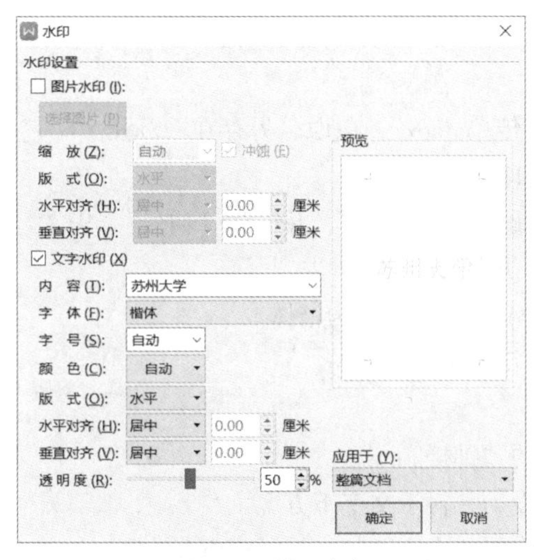

图 2-15　设置水印

（14）保存文件

单击快速访问工具栏中的“保存”按钮，或单击“文件”选项卡，选择“保存”，保存操作结果。

2.1.4　练习

1. 制作苏州大学宣传单。

本练习的效果图如图 2-16 所示。

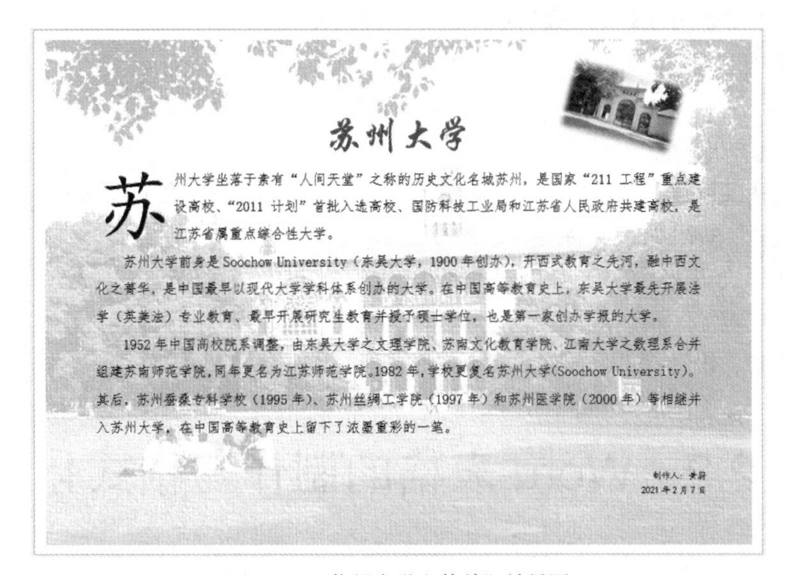

图 2-16　“苏州大学宣传单”效果图

具体要求如下。

（1）实验准备工作。

① 下载素材。从教学辅助网站下载素材文件“练习 3-苏州大学宣传单.rar”至本地计算机，并将该压缩文件解压缩。

② 创建实验结果文件夹。在 D 盘或 E 盘上新建一个“苏州大学宣传单-实验结果”文件夹，用于存放结果文件。

（2）打开“苏州大学宣传单.docx”，以原名另存在“苏州大学宣传单-实验结果”文件夹中。

（3）纸张设置为横向打印。

（4）在正文首部添加标题“苏州大学”，并设为“初号”“华文行楷”“蓝色”“居中对齐”。

（5）设置所有正文为“仿宋”，字号为“二号”。

（6）第 1 段设为首字下沉 3 行，首字为楷体。

（7）正文其余段落均首行缩进两个字符。

（8）制作背景图片。

① 插入素材文件夹中的“钟楼.png”。

② 将图片的环绕方式设为“衬于文字下方”。

③ 用鼠标拖曳图片，将图片大小调整为接近于纸张大小。

④ 设置图片格式，将图片的“颜色”重新着色为“冲蚀”效果，并将“艺术效果”设为“纹理化”。（WPS 中无艺术效果设置。）

（9）插入图片。

① 插入素材文件夹中的图片“东吴门.png”，并设置图片的宽度为 5 厘米，环绕方式为“浮于文字上方”。

② 选中图片，参考效果图，将图片拖移至适当位置，并拖曳图片上方的旋转柄，旋转一定角度。

③ 保持选中图片，在“图片工具”的“格式”选项卡中，选择“图片样式”为“柔化边缘矩形”。（WPS 中需要选择柔化边缘的宽度，此处可选为 10。）

（10）在文档右下角插入一个横排文本框。

① 参考图 2-16，文本框中第 1 行输入制作人及其姓名。（要求输入本人姓名。）

② 第 2 行输入日期。

③ 文本框内文字设为“楷体”“五号”“右对齐”，文本效果为第 1 行第 5 个。（WPS 中选择艺术字的第 1 行第 5 个。）

④ 将文本框设置为无填充色和无边框线。

（11）保存文档。

2. 自由发挥，设计一份宣传你的家乡的宣传海报。

2.2 Word 表格的制作与格式化

2.2.1 案例概述

1. 案例目标

在日常生活中，为了说明人员信息、日程安排、工资收入等，人们通常会制作表格，以便方便地浏览和对比数据。虽然人们会更多地使用 Excel 来制作表格，但其实 Word 也提供了表格功能。

本案例将在 Word 中创建两张表格，第 1 张表格是“2021 年科技特长班课程表”，第 2 张表格是“学生成绩表”。通过制作这两张表格，读者可掌握在 Word 中创建表格及对表格进行编辑和美化的方法，如合并单元格、设置边框和底纹、简单计算等。

2. 知识点

本案例涉及的主要知识点如下。

① 表格的创建与编辑。

② 合并、拆分单元格。

③ 设置单元格边框和底纹。

④ 设置表格属性。

⑤ 表格与文字的互相转换。

⑥ 表格的数据计算。

2.2.2 知识点总结

1. 表格基本操作

表格基本操作方法如表 2-5 所示。

表 2-5 表格基本操作方法

操作	位置或方法	概要描述
创建表格	“表格”网格	在“插入”选项卡中单击“表格”按钮，根据需要的行列数在下拉列表的网格中拖动鼠标
	“插入表格”对话框	单击“表格”按钮→选择“插入表格”→在“插入表格”对话框中调整表格尺寸并选择“自动调整”→单击“确定”按钮
	手工绘制表格	单击“表格”按钮→选择“绘制表格”→在需要绘制表格的地方拖动鼠标（绘制表格主要用于创建不规则表格）
	快速表格	单击“表格”按钮→选择“快速表格”→选择所需的表格样式
选定表格	鼠标加键盘	• 选定整个表格：鼠标指针移至表格任意位置，表格左上角出现⊞时单击该标记 • 选择行：鼠标指针移至表格所在行左侧文档选定区，鼠标指针变成一个指向右上方的空心箭头时单击鼠标左键。要选定连续多行，则在选定区上下拖动鼠标 • 选择列：鼠标指针移至表格所在列的上方，鼠标指针变成一个向下垂直的黑色实心箭头时单击鼠标左键。要选定连续多列，则在表格上方左右拖动鼠标 • 选择单元格：鼠标指针移至待选定单元格的左边线，鼠标指针变成一个指向右上方的实心箭头时单击鼠标左键 • 选择不连续区域：选定一个区域后，按住【Ctrl】键继续选择下一个区域 • 选定单元格中的内容：与正文的选定方法相同，可按住鼠标左键并拖动鼠标
插入行、列、单元格	“表格工具”的“布局”选项卡	定位表格→单击“行和列”组中的按钮

续表

操作	位置或方法	概要描述
插入行、列、单元格	“插入单元格”对话框	单击“表格工具”的“布局”选项卡中“行和列”组右下角的→在“插入单元格”对话框中选择插入方式→单击“确定”按钮
	快捷菜单	定位插入点→右击鼠标→选择“插入”→选择某种插入方式
删除行、列、单元格	“表格工具”的“布局”选项卡	选定行、列或单元格→单击“删除”按钮→选择某种删除方式
	快捷菜单	选定行、列或单元格→右击鼠标→选择“删除行”“删除列”或“删除单元格”
合并与拆分单元格	“表格工具”的“布局”选项卡	选定单元格→单击“合并”组中的相应按钮
	快捷菜单	选定单元格区域→右击鼠标→选择“合并单元格”或“拆分单元格”

2. 修饰表格

修饰表格操作方法如表 2-6 所示。

表 2-6　修饰表格操作方法

操作	位置或方法	概要描述
自动套用表格样式	“表格工具”的“表设计”选项卡	将光标定位在表格中→单击“表格样式”组中的表格样式
设置行高和列宽	鼠标拖曳	鼠标指针移至表格边框线上，鼠标指针变为双向箭头时拖动鼠标
	“表格工具”的“布局”选项卡	在表格中定位光标→在“单元格大小”组中调整行高和列宽
	“表格属性”对话框	单击表格工具“布局”选项卡“单元格大小”组右下角的→在“表格属性”对话框的“行”“列”选项卡中设置行高和列宽
设置表格对齐和环绕方式	“表格属性”对话框	在“表格”选项卡中指定整个表格的对齐方式和文字环绕方式
设置表格的边框和底纹	“表格工具”的“表设计”选项卡	单击“表格样式”组中的“边框”按钮和“底纹”按钮
	“绘制表格”工具	选定线形、粗细和颜色后，直接在原有边框线上拖曳鼠标指针，可改变或设置边框线
	快捷菜单	选定表格→右击鼠标→选择“边框和底纹”→打开“边框和底纹”对话框 ● 在“边框”选项卡中可以选择线形、颜色和宽度，在预览区可以设置表格的上、下及中间框线 ● 在“底纹”选项卡中可以设置填充色和图案

3. 管理表格数据

管理表格数据操作方法如表 2-7 所示。

表 2-7 管理表格数据操作方法

操作	位置或方法	概要描述
表格转换成文本	“表格工具”的“布局”选项卡	选中表格→单击“数据”组中的“转换为文本”按钮→在“表格转换成文本”对话框中指定文字分隔符→单击“确定”按钮
文本转换成表格	“插入”选项卡	在表格的数据项间设置统一的分隔符→选中数据→单击“表格”按钮→选择“文本转换成表格”→在“将文字转换成表格”对话框中指定表格的尺寸和文字分隔符位置→单击“确定”按钮
表格中数据的计算	“表格工具”的“布局”选项卡	定位单元格→单击“数据”组中的“公式”按钮→打开“公式”对话框→在公式文本框中输入公式→单击“确定”按钮

4. 域

域操作方法如表 2-8 所示。

表 2-8 域操作方法

操作	位置或方法	概要描述
插入域	快捷键	按【Ctrl】+【F9】键→输入域代码
更新域	快捷键	选中域→按【F9】键
	快捷菜单	选中域→右击鼠标→选择“更新域”
切换域代码	快捷键	• 切换单个域代码：选中域→按【Shift】+【F9】键 • 切换文档中所有域代码：按【Alt】+【F9】键
	快捷菜单	选中域→右击鼠标→选择“切换域代码”
锁定域	快捷键	选中域→按【Ctrl】+【F11】键
解锁域	快捷键	选中域→按【Ctrl】+【Shift】+【F11】键
解除域的链接	快捷键	选中域→按【Ctrl】+【Shift】+【F9】键

2.2.3 应用案例：课程与成绩表

1. 案例效果图

本案例共完成两张表格，分别为“2021 年科技特长班课程表”和“学生成绩表”，完成后的效果分别如图 2-17 和图 2-18 所示。

2021 年科技特长班课程表

星期 课程 节次			星期一	星期二	星期三	星期四	星期五
上午	1	8：00-8：50	矩阵论		C++程序设计	大学物理	C++程序设计
	2	9：00-9：50					
	3	10：00-11：00	英语阅读	概率统计		法律常识	
	4	11：10-12：00					
下午	5	13：30-14：20	科技论文写作技巧	体育		英语口语	物理实验
	6	14：30-15：20					
	7	15：40-16：30					
	8	16：40-17：30					

图 2-17 “2021 年科技特长班课程表”效果图

学生成绩表

学号	姓名	物理	C++	矩阵	概率	英语	法律	平均分
170401001	李艳烯	93	80	88	56	65	77	76.5
170401008	范欣怡	76	93	78	65	71	81	77.33
170401019	王怡萱	96	85	72	73	83	78	81.17
170401024	吴子茵	82	82	78	63	95	73	78.83
170401025	高秋萍	88	77	81	63	95	89	82.17
170401027	吕圣云	89	82	92	72	96	80	85.17
170401036	徐鑫	91	87	89	72	93	92	87.33
170402010	张钦云	77	73	89	62	89	88	79.67
170402014	温莉莉	73	90	90	75	92	79	83.17
170402017	陈婉婷	88	81	94	74	94	96	87.83
170402020	宋艺欣	80	83	92	71	95	80	83.5
170402021	姚雨欣	80	78	88	55	94	60	75.83
170402026	孙美成	79	94	81	73	90	86	83.83
170403022	王虎	90	93	68	73	76	88	81.33
170403025	潘玺	85	83	95	76	94	84	86.17
170403028	陈皓迪	94	77	84	71	92	81	83.17
170404010	李珊	70	92	65	92	81	75	79.17

图 2-18 “学生成绩表”效果图

2. 实验准备工作

（1）下载素材

从教学辅助网站下载素材文件“应用案例 4-课程与成绩表.rar”至本地计算机，并将该压缩文件解压缩。本案例素材均来自该文件夹。

（2）创建实验结果文件夹

在 D 盘或 E 盘上新建一个“课程与成绩表-实验结果”文件夹，用于存放结果文件。

3. Word 2016 应用案例

（1）新建文档并保存

① 启动 Word 2016，新建一个空白文档。

② 单击快速访问工具栏中的“保存”按钮，展开“另存为”页面，单击“浏览”按钮后打开“另存为”对话框。

③ 选择保存位置为“课程与成绩表-实验结果”文件夹，文件名为“课程与成绩表”，保存类型为“Word 文档（*.docx）”。单击“保存”按钮。

（2）为文档增加 1 页

① 在文档首部按 3 次【Enter】键，增加 3 个空行。

② 光标定位在第 3 行处，单击“插入”选项卡“页面”组中的“分页”按钮，或者选择“布局”选项卡中“分隔符”下拉菜单中的“分页符”。

③ 返回第 1 页首部。

（3）制作“2021 年科技特长班课程表”的表格标题

① 在第 1 页第 1 行输入表格标题文字“2021 年科技特长班课程表”。

② 设置标题格式为“楷体”“二号”“居中对齐”。

（4）制作“2021 年科技特长班课程表”的基本结构

① 光标定位到第 2 行，在“插入”选项卡中单击“表格”按钮，选择下拉菜单中的“插入表格”，弹出“插入表格”对话框，设置表格尺寸为 7 列 9 行，如图 2-19 所示。单击“确定”按钮。

② 选中第 1 行的第 1 个和第 2 个单元格，在“表格工具”的“布局”选项卡中单击“合并

单元格”按钮。

③ 合并第2～5行的第1列单元格。

④ 合并第6～9行的第1列单元格。

⑤ 选中第2～9行的第2列单元格，在“表格工具”的“布局”选项卡中单击“拆分单元格”按钮，打开“拆分单元格”对话框，将表格拆分成8行2列，如图2-20所示。单击“确定”按钮。

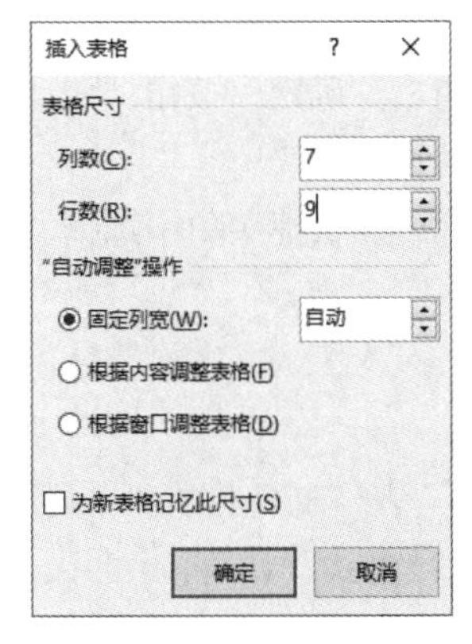

图2-19　插入表格

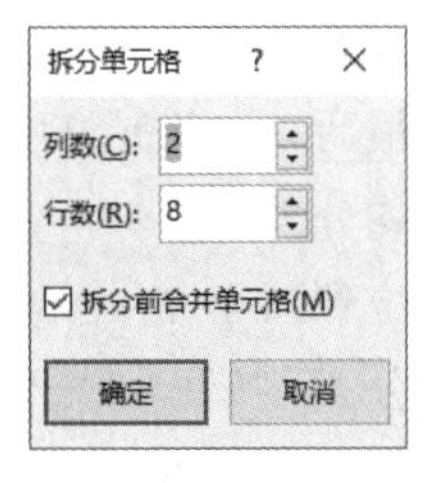

图2-20　拆分单元格

⑥ 其余单元格的合并与拆分参考图2-17设置。

（5）输入表格内容

参考图2-17，输入表格内的文字。

（6）设置文字排列方向

选中“上午”和“下午”单元格，在“布局”选项卡的“页面设置”组中单击“文字方向”按钮，在下拉菜单中选择“垂直”。

（7）设置单元格对齐方式

① 选中整个表格，在“表格工具”的“布局”选项卡中，单击“对齐方式”组中的“水平居中”按钮。

② 将第1个单元格中的第1行文字“星期”右对齐，将第3行文字“节次”左对齐。

（8）调整表格单元格的大小

参考图2-17，将表格单元格的宽度与高度调整到合适的大小。

（9）设置表格边框

① 选中整个表格，单击“表格工具”的“表设计”选项卡，在“边框”组中选择1.5磅单实线，然后单击“边框”按钮右侧的▼，选择“外侧框线”。

② 继续在“边框”组中选择0.5磅双线，再到“表格工具”的“布局”选项卡中单击“绘制表格”按钮，按照图2-17在表格的合适位置拖曳鼠标指针，设置双线边框。

③ 绘制完成后再次单击“绘制表格”按钮，退出绘制状态。

④ 单击“插入”选项卡中的“形状”按钮，在第1个单元格中绘制直线自选图形作为两条斜线边框，设置线条颜色为黑色，并将两条直线组合起来。

（10）设置单元格底纹

选中第1行单元格，在“表格工具”的“表设计”选项卡中，单击“表格样式”组中“底纹”按钮下方的▼，选择“白色，背景1，深色15%”（第2行第1列）。

（11）制作“学生成绩表”的表格标题

① 光标定位到第 2 页的第 1 行，输入文字“学生成绩表”。

② 用格式刷把第 1 个表格的标题的格式复制给第 2 个表格的标题。

（12）制作“学生成绩表”

光标定位在第 2 页的第 2 行，将素材文件夹中的“成绩.txt”中的内容合并到本文档中（可以插入对象，也可以复制粘贴）。选中合并的文本内容，在“插入”选项卡中单击“表格”按钮，选择下拉菜单中的“文本转换成表格”，弹出对话框后，单击“确定”按钮。

（13）在表格最右边增加 1 列

① 光标定位到最右边的任意一个单元格，右击鼠标，在快捷菜单中选择“插入”，选择级联菜单中的“在右侧插入列”。

② 在第 1 行最后一个单元格中输入“平均分”。

（14）计算平均分

① 将光标定位到第 2 行的最后一个单元格，单击“表格工具”的“布局”选项卡，在“数据”组中单击“*fx* 公式”按钮，弹出“公式”对话框，编辑“公式”文本框中的内容为“=AVERAGE (LEFT)”，如图 2-21 所示。单击“确定”按钮。

② 选中表格单元格中计算好的公式，按【Ctrl】+【C】键，再选中最右一列的所有空单元格，按【Ctrl】+【V】键，计算出每一行数据的平均分（此时数据全部相同）。

③ 保持选中所有的平均分单元格，按【F9】键更新域。

（15）修饰表格

① 选中整个表格，单击“表格工具”的“表设计”选项卡，在“表格样式”组中单击“表格样式”列表右侧的▾，在展开的“表格样式”列表中单击“网格表”的第 4 行第 1 个内置样式，如图 2-22 所示。

图 2-21 “公式”对话框

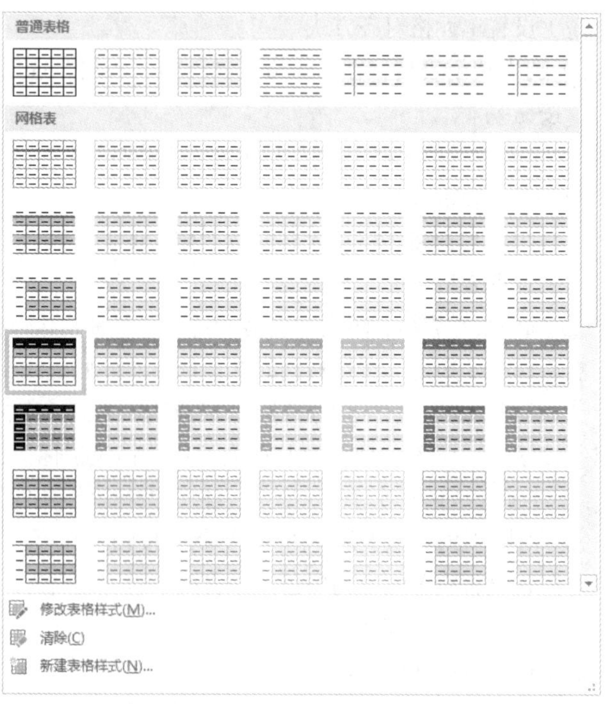

图 2-22 单击“表格样式”列表中的内置样式

② 选中第 1 列，单击“表格工具”的“布局”选项卡，在“单元格大小”组中设置宽度为“2.5 厘米”。

③ 设置第 2 列的宽度为“1.8 厘米”。

④ 选中第 3～9 列，单击“表格工具”的“布局”选项卡，在“单元格大小”组中单击“分布列”按钮，使这几列的列宽均匀分布。

（16）设置表格文字居中对齐

选中整个表格，单击表格工具“布局”选项卡“对齐方式”组中的“水平居中”按钮。

（17）保存文件

单击快速访问工具栏中的“保存”按钮，或单击“文件”选项卡，选择“保存”，保存操作结果。

4. WPS 文字 2019 应用案例

（1）新建文档并保存

① 启动 WPS 2019，选择“新建”，在“文字”模板中选择“新建空白文档”。

② 单击快速访问工具栏中的“保存”按钮，打开“另存为”对话框。

③ 选择保存位置为“课程与成绩表-实验结果”文件夹，文件名为“课程与成绩表”，保存类型为“Word 文档（*.docx）”。单击“保存”按钮。

（2）为文档增加 1 页

① 在文档首部按 3 次【Enter】键，增加 3 个空行。

② 光标定位在第 3 行处，单击“插入”选项卡中的“分页”按钮，或者选择“页面布局”选项卡中“分隔符”中的“分页符”。

③ 返回第 1 页首部。

（3）制作“2021 年科技特长班课程表”的表格标题

① 在第 1 页第 1 行输入表格标题文字“2021 年科技特长班课程表”。

② 设置标题格式为“楷体”“二号”“居中对齐”。

（4）制作“2021 年科技特长班课程表”的基本结构

① 光标定位到第 2 行，在“插入”选项卡中单击“表格”按钮，选择下拉菜单中的“插入表格”，弹出“插入表格”对话框，设置表格尺寸为 7 列 9 行。单击“确定”按钮。

② 选中第 1 行的第 1 个和第 2 个单元格，在“表格工具”选项卡中单击“合并单元格”按钮。

③ 合并第 2～5 行的第 1 列单元格。

④ 合并第 6～9 行的第 1 列单元格。

⑤ 选中第 2～9 行的第 2 列单元格，在“表格工具”选项卡中单击“拆分单元格”，打开“拆分单元格”对话框，将表格拆分成 8 行 2 列。单击“确定”按钮。

⑥ 其余单元格的合并与拆分参考图 2-17 设置。

（5）输入表格内容

参考图 2-17，输入表格内的文字。

（6）设置文字排列方向

选中“上午”和“下午”单元格，在“页面布局”选项卡中单击“文字方向”按钮，选择“垂直方向从右往左”。

（7）设置单元格对齐方式

① 选中整个表格，在“表格工具”选项卡中单击“对齐方式”按钮右侧的▼，选择“水平居中”。

② 将第 1 个单元格中的第 1 行文字“星期”右对齐，将第 3 行文字“节次”左对齐。

（8）调整表格单元格的大小

参考图 2-17，将表格单元格的宽度与高度调整到合适的大小。

（9）设置表格边框

① 选中整个表格，在“表格样式”选项卡中选择 1.5 磅单实线，单击“边框”按钮右侧的▼，选择“外侧框线”。

② 继续选择 0.5 磅双线，此时默认为绘制表格状态，按照图 2-17 在表格的合适位置拖曳鼠标指针，设置双线边框。

③ 绘制完成后再次单击“绘制表格”按钮，退出绘制状态。

④ 单击“插入”选项卡中的“形状”按钮，在第 1 个单元格中绘制直线自选图形作为两条斜线边框，设置线条颜色为黑色，并将两条直线组合起来。

（10）设置单元格底纹

选中第 1 行单元格，在“表格样式”选项卡中单击“底纹”按钮右侧的▼，选择“白色，背景 1，深色 15%”（第 2 行第 1 列）。

（11）制作“学生成绩表”的表格标题

① 光标定位到第 2 页的第 1 行，输入文字“学生成绩表”。

② 用格式刷把第 1 个表格的标题的格式复制给第 2 个表格的标题。

（12）制作“学生成绩表”

光标定位在第 2 页的第 2 行，将素材文件夹中的“成绩.txt”中的内容合并到本文档中（可以插入对象，也可以复制粘贴）。选中合并的文本内容，在“插入”选项卡中单击“表格”按钮，选择下拉菜单中的“文本转换成表格”，弹出对话框后，单击“确定”按钮。

（13）在表格最右边增加 1 列

① 光标定位到最右边的任意一个单元格，右击鼠标，在快捷菜单中选择“插入”，选择级联菜单中的“在右侧插入列”。

② 在第 1 行最后一个单元格中输入“平均分”。

（14）计算平均分

① 将光标定位到第 2 行的最后一个单元格，在“表格工具”选项卡中单击“*fx* 公式”按钮，弹出“公式”对话框，在“粘贴函数”下拉列表中选择“AVERAGE”，编辑“公式”文本框中的内容为“=AVERAGE(LEFT)”。单击“确定”按钮。

② 选中表格单元格中计算好的公式，按【Ctrl】+【C】键，再选中最右一列的所有空单元格，按【Ctrl】+【V】键，计算出每一行数据的平均分（此时数据全部相同）。

③ 保持选中所有的平均分单元格，按【F9】键更新域。

上述平均值计算结果是错误的，因为学号也被当作数值参与了计算，这是 WPS 在模仿 Word 这一功能时的一个缺陷，因此不建议使用 WPS 在 Word 表格中进行公式计算。

（15）修饰表格

① 选中整个表格，在“表格样式”选项卡中单击“表格样式”列表右侧的▾，在展开的“表格样式”列表中选择“中色系”的第 1 行第 1 个样式，如图 2-23 所示。

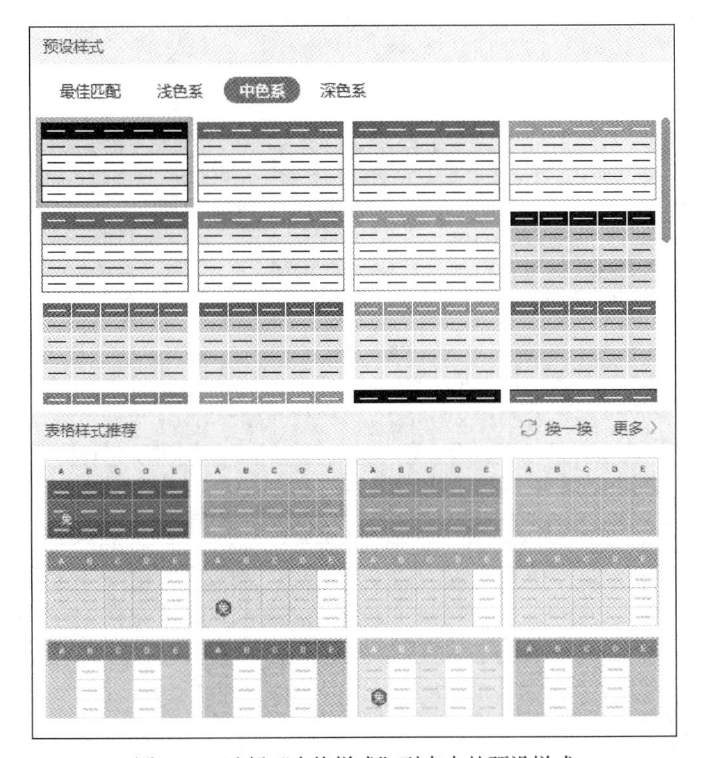

图 2-23 选择“表格样式”列表中的预设样式

② 选中第 1 列，在“表格工具”选项卡中设置宽度为“2.5 厘米”。

③ 设置第 2 列的宽度为“1.8 厘米”。

④ 选中第 3～9 列，在“表格工具”选项卡中单击“自动调整”按钮，选择“平均分布各列”，使这几列的列宽均匀分布。

（16）设置表格文字居中对齐

选中整个表格，单击“表格工具”选项卡中“对齐方式”按钮右侧的▼，选择“水平居中”。

（17）保存文件

单击快速访问工具栏中的“保存”按钮，或单击“文件”选项卡，选择“保存”，保存操作结果。

2.2.4 练习

1. 制作公开招聘报名表。

本练习的效果图如图 2-24 所示。

具体要求如下。

（1）实验准备工作。

在 D 盘或 E 盘上新建一个“公开招聘报名表-实验结果”文件夹，用于存放结果文件。

（2）新建文档，并以“公开招聘报名表.docx”为文件名保存在“公开招聘报名表-实验结果”

文件夹中。

（3）制作表格标题。

① 在文档首部输入标题“公开招聘报名表”，按【Enter】键换行。

② 设置标题格式为“黑体”“三号”“居中对齐”，段后间距设为“0.5”行。

（4）制作表格。

① 参考图 2-24 的表格结构，制作表格。

公开招聘报名表

<table>
<tr><td>姓　名</td><td></td><td>性　别</td><td></td><td>出生年月</td><td>年　月</td><td rowspan="5">照片</td></tr>
<tr><td>出生地</td><td></td><td>政治面貌</td><td></td><td>婚姻状况</td><td></td></tr>
<tr><td>身份证号码</td><td colspan="3"></td><td>健康状况</td><td></td></tr>
<tr><td>最终学历毕业学校</td><td colspan="3"></td><td>毕业时间</td><td></td></tr>
<tr><td>所学专业</td><td colspan="2"></td><td>（拟）取得学历和学位</td><td colspan="2"></td></tr>
<tr><td>第一学历是否为本科</td><td></td><td>本科是否为独立或民办学院</td><td></td><td>有无工作经历</td><td colspan="2"></td></tr>
<tr><td>英语水平</td><td>取得CAT___级证书
或CAT___级___分</td><td>计算机
等　级</td><td colspan="4">国家___级或省___级
（计算机相关专业可不填）</td></tr>
<tr><td>联系电话</td><td colspan="2"></td><td>E-mail</td><td colspan="3"></td></tr>
<tr><td>应聘岗位名称</td><td colspan="6"></td></tr>
</table>

<table>
<tr><td rowspan="7">主要学习工作经历</td><td>起止时间</td><td colspan="2">学习（工作）单位</td><td>任职</td><td>证明人</td></tr>
<tr><td></td><td colspan="2"></td><td></td><td></td></tr>
<tr><td></td><td colspan="2"></td><td></td><td></td></tr>
<tr><td></td><td colspan="2"></td><td></td><td></td></tr>
<tr><td></td><td colspan="2"></td><td></td><td></td></tr>
<tr><td></td><td colspan="2"></td><td></td><td></td></tr>
<tr><td></td><td colspan="2"></td><td></td><td></td></tr>
<tr><td>学生干部经历及论文科研项目情况</td><td colspan="5"></td></tr>
<tr><td>奖惩情况</td><td colspan="5"></td></tr>
<tr><td>自我评价</td><td colspan="5"></td></tr>
<tr><td rowspan="5">主要社会关系</td><td>关系</td><td>姓名</td><td>政治面貌</td><td>工作单位</td><td>任职</td></tr>
<tr><td></td><td></td><td></td><td></td><td></td></tr>
<tr><td></td><td></td><td></td><td></td><td></td></tr>
<tr><td></td><td></td><td></td><td></td><td></td></tr>
<tr><td></td><td></td><td></td><td></td><td></td></tr>
</table>

本人郑重承诺：本人所填写的所有信息均真实。如有虚假，本人愿承担一切后果。

图 2-24 “公开招聘报名表”效果图

② 设置表格的外框为 2.25 磅实线，内部边框为 1 磅实线。

③ 将“应聘岗位名称”下面的内部边框设置为 0.5 磅双线。

④ 参考图 2-24，在对应位置设置底纹为“白色，背景 1，深色 15%”。

（5）保存文件。

2. 自由发挥，设计一张简洁、美观、大方的个人简历表。

2.3 Word 长文档排版

2.3.1 案例概述

1. 案例目标

在日常工作中，我们经常会遇到编辑、撰写的文档篇幅很长、字数很多的情况，如撰写论文、报告、小说等，文字往往数以万计。这类文档对文章结构和文字格式有着严格和清晰的要求，一般要求包含封面、目录、正文等部分，正文又分为多个章节，每页还要标注页码、添加页眉等。这些设置如果全都手工去做的话，操作将相当烦琐。

本案例中，我们将按照苏州大学本科毕业论文的规范，对“毕业论文.docx”进行排版。通过对这篇论文的排版，读者可掌握 Word 中长文档的一些排版技巧，如创建样式、分节、添加页眉页脚、创建目录、题注、交叉引用等技术。

2. 知识点

本案例涉及的主要知识点如下。

① 创建、使用和修改样式。

② 大纲视图、导航窗格的灵活应用。

③ 节的设置。

④ 页眉和页脚的设置。

⑤ 目录编制。

⑥ 题注和交叉引用。

⑦ 脚注和尾注。

2.3.2 长文档排版的一般步骤

Word 中长文档的排版是有技巧的，通过几步简单的设置，就可以使文档格式有统一的风格，并且图、表的标题编号统一，大大提升工作效率。通常来说，长文档排版有如下步骤。

1. 页面设置

如果写完所有文字之后发现文档页边距不对，再去调整文档版式，你就会发现文档格式全都乱了。所以撰写长文档最关键的一点是先排版，再打字！排版的第一步就是页面设置，如调整上下页边距、纸张的大小、装订线的位置等。

2. 设置样式

排版的第二步是设置样式，也就是规定各个部分的格式。

（1）设置正文样式

正文样式是 Word 最基本的样式，建议不要轻易修改默认的正文样式，因为一旦修改，整篇文档都会发生改变。通常设置正文样式的方法是创建一个新的正文样式。

（2）设置各级标题样式

与正文样式不同，标题样式可以直接修改并使用默认的样式，因为标题很容易被识别。当然，也可以创建新的标题样式。

3. 通过自定义多级列表给每个标题编上序号

多级列表的设置分如下两种情况。

（1）文档正文尚未输入完成

此时可以在样式设置完成后进行多级列表的设置。在进行多级列表设置时，要在“级别链接到样式”栏中确定链接。这种方法对于文章编辑、调整章节是非常有利的。设置好后，可以根据章节的增减变化自动调整编号。

（2）文档正文已经输入完成

此时没有必要再进行多级列表设置了，当章、节变化时，可通过手动修改的方法改变编号。

4. 分节

给长篇文字排版时，对文档结构中的不同组成部分往往有不同的设置要求。例如，正文之前的页码用大写罗马数字单独编排，正文页码则用阿拉伯数字连续编排等。对于这种情况，文档分节是必不可少的。

5. 页眉和页脚的设置

页眉和页脚是文档中的常见元素，对于文档的美观、结构的清晰和阅读的方便都有很大帮助。长文档排版对页眉和页脚的格式往往都有明确的要求，如首页页眉不同、奇偶页页眉不同、不同章节需要设置不同的页眉等。这些复杂的设置通常也要用到分节。

6. 题注、交叉引用的使用

题注是对图片、表格、公式一类的对象进行注释的带编号的说明段落，例如，每幅图片下方的“图 1.1　本文的研究思路”等文字，就是插图的题注，又称图注。为图片编号后，还要在正文中给出引用说明，如“如图 1.1 所示”。引用说明文字与图片是相互对应的，我们称这一引用关系为“交叉引用”。

7. 目录的生成

对于论文、报告、说明书等大型文档，目录是必不可少的组成要素。目录的设置要在文档大体排版完成后进行。要充分发挥 Word 的目录自动生成功能，必须先对文档进行样式设置，否则用户只能通过手动方式编写目录，这样不但工作量大，而且不利于修改。在样式设置的基础上使用目录自动生成功能，效率非常高。

2.3.3　知识点总结

1. 样式

样式操作方法如表 2-9 所示。

表 2-9　样式操作方法

操作	位置或方法	概要描述
打开“样式”窗格	“开始”选项卡	单击“样式”组右下角的
使用内置样式	“开始”选项卡	选择文本或段落→单击“样式”列表右下角的→展开“样式”列表→选择样式
	“样式”窗格	选择文本或段落→单击“样式”窗格中的样式

续表

操作	位置或方法	概要描述
创建新样式	“根据格式设置创建新样式”对话框	在“样式”窗格中单击“新建样式”按钮→打开“根据格式设置创建新样式”对话框→完成设定后单击“确定”按钮
修改样式	快捷菜单	在“样式”窗格中右击需要更改的样式→选择“修改”→打开“修改样式”对话框→完成设定后单击“确定”按钮
删除样式	快捷菜单	在“样式”窗格中右击需要删除的样式→选择“从样式库中删除”

2. 长文档排版

长文档一般由封面、目录、标题、正文、辅文（前言、后记、引文、注文、附录、索引、参考文献）等组成。要自动生成目录，必须设置文档的大纲级别。大纲级别分标题和正文，标题可以带序号，如书稿的各个章节，也可以不带序号，如前言、附录、参考文献等。长文档排版操作方法如表 2-10 所示。

表 2-10 长文档排版操作方法

<table>
<tr><th colspan="2">操作</th><th>位置或方法</th><th>概要描述</th></tr>
<tr><td colspan="2" rowspan="2">快速浏览长文档</td><td>大纲视图</td><td>在“视图”选项卡中单击“大纲视图”按钮</td></tr>
<tr><td>导航窗格</td><td>在“视图”选项卡的“显示”组中选中“导航窗格”复选框</td></tr>
<tr><td colspan="2" rowspan="4">调整大纲级别</td><td>“段落”对话框</td><td>打开“段落”对话框→在“缩进和间距”选项卡中选择合适的“大纲级别”→单击“确定”按钮</td></tr>
<tr><td>样式</td><td>内置样式本身已含有大纲级别的信息</td></tr>
<tr><td>多级列表</td><td>单击“开始”选项卡中的“多级列表”按钮→选择“定义新的多级列表”→在“定义新多级列表”对话框中选择大纲级别→单击“确定”按钮。其实多级编号本身是基于大纲级别的</td></tr>
<tr><td>大纲视图</td><td>切换到大纲视图→在“显示级别”下拉列表中设置大纲级别。也可以单击相应按钮，为升级，为降级，为升顶，为降底</td></tr>
<tr><td rowspan="6">编制目录</td><td>插入目录</td><td>“引用”选项卡</td><td>光标定位→单击“目录”组中的“目录”按钮→选择适合的目录
● 手动目录：需用户输入目录条目的文字和页码
● 内置目录：根据预置的目录样式按标题级别自动生成目录条目和页码
● 自定义目录：允许通过设置不同参数来控制自动生成目录的条目和页码</td></tr>
<tr><td>修改目录样式</td><td>“引用”选项卡</td><td>选中目录→单击“目录”按钮→选择“自定义目录”→在“目录”对话框中改变目录显示的级别和制表符前导符等→单击“修改”按钮</td></tr>
<tr><td rowspan="3">更新目录</td><td>“引用”选项卡</td><td>选中目录→单击“更新目录”按钮</td></tr>
<tr><td>快捷菜单</td><td>右击目录，在弹出的快捷菜单中选择“更新域”</td></tr>
<tr><td>快捷键</td><td>选中目录→按【F9】键</td></tr>
<tr><td>页码控制</td><td>分节</td><td>第 1 步：正文前插入一个“正文”格式的空行
第 2 步：空行处插入一个分隔符，分隔符类型选择“分节符→下一页”
第 3 步：光标定位在正文第 1 页，单击“插入”选项卡中的“页码”按钮→选择“设置页码格式”→在“页码格式”对话框中设置“页码编号”为“起始页码”，并设置为“1”</td></tr>
</table>

续表

操作	位置或方法	概要描述
插入题注	“引用”选项卡	选中图片或表格→单击“题注”组中的“插入题注”按钮
	快捷菜单	选中图片或表格→右击鼠标→选择“插入题注”→在“题注”对话框中设置标签、位置和题注。在“题注”对话框中单击“新建标签”按钮可以添加自定义的标签
交叉引用	“引用”选项卡	光标定位→选择“题注”组中的“交叉引用”按钮→在“交叉引用”对话框中选择引用类型和引用内容
插入封面	“插入”选项卡	单击“页”组中的“封面”按钮→选择封面版式

3. 审阅文档

审阅文档操作方法如表 2-11 所示。

表 2-11　　审阅文档操作方法

操作		位置或方法	概要描述
使用批注	添加批注	“审阅”选项卡	选择要插入批注的文字→单击“批注”组中的“新建批注”按钮→输入批注内容
	查看批注	“审阅”选项卡	单击“批注”组中的“上一条”或“下一条”按钮在批注间跳转
	删除批注	快捷菜单	右击批注→选择“删除批注”
		“审阅”选项卡	光标置于批注中→单击“批注”组中的“删除”按钮。单击“删除”按钮下的▼，可选择删除单个批注或全部批注
修订文档		“审阅”选项卡	单击“修订”组中的“修订”按钮。要退出修订状态，可再次单击“修订”按钮
接受修订		“审阅”选项卡	光标置于修订位置→单击“更改”组中“接受”按钮下方的▼→选择接受修订的方式
拒绝修订		“审阅”选项卡	光标置于修订位置→单击“更改”组中“拒绝”按钮下方的▼→选择拒绝修订的方式

2.3.4　应用案例：本科毕业论文

1. 案例效果图

本案例要求按照苏州大学的本科毕业论文的格式规范完成一篇本科毕业论文的排版工作，完成后的效果如图 2-25～图 2-28 所示。

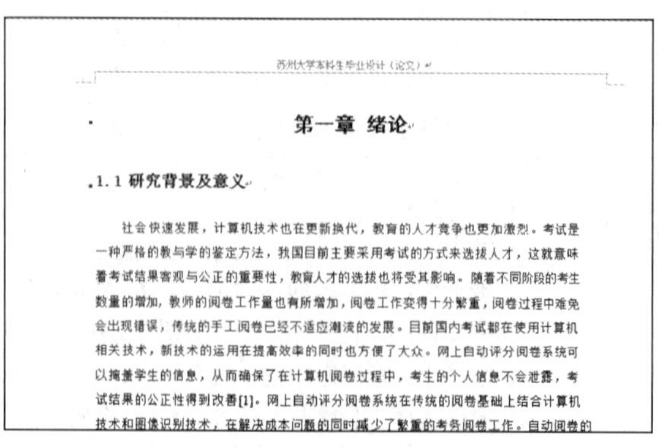

苏州大学本科生毕业设计（论文）

第一章 绪论

1.1 研究背景及意义

社会快速发展，计算机技术也在更新换代，教育的人才竞争也更加激烈。考试是一种严格的教与学的鉴定方法，我国目前主要采用考试的方式来选拔人才，这就意味着考试结果客观与公正的重要性，教育人才的选拔也将受其影响。随着不同阶段的考生数量的增加，教师的阅卷工作量也有所增加，阅卷工作变得十分繁重，阅卷过程中难免会出现错误，传统的手工阅卷已经不适应潮流的发展。目前国内考试都在使用计算机相关技术，新技术的运用在提高效率的同时也方便了大众。网上自动评分阅卷系统可以掩盖学生的信息，从而确保了在计算机阅卷过程中，考生的个人信息不会泄露，考试结果的公正性得到改善[1]。网上自动评分阅卷系统在传统的阅卷基础上结合计算机技术和图像识别技术，在解决成本问题的同时减少了繁重的考务阅卷工作。自动阅卷的

图 2-25　论文的章节标题与正文效果图

Open CV是一种计算机视觉类库，里面包含有开放源代码，一些主流的操作系统都可以运行该软件。Open CV提供不同的计算机语言的接口，在图像处理技术方面和计算机视觉方面，一些实用的算法都是通用的，具有高效而且轻量的特点[3]。

1

图 2-26　正文页码效果图

Answer card digital template parameter settings: The answer card for this sample has four areas, such as test area, name and class area, individual selection topics area, multiple selection topics area. It uses this information to set the standard template. Design how to replace the sample card with a simple and easy to identify

III

图 2-27　正文前罗马数字页码效果图

苏州大学本科生毕业设计（论文）

目录

I

图 2-28　目录页效果图

2. 苏州大学本科毕业论文的排版格式说明

（1）论文组成

① 目录。

② 中英文摘要、关键词。

③ 前言。

④ 论文正文（从本处开始编页码）。

⑤ 结论（也可为“总结与展望”或“结束语”等）。

⑥ 参考文献。

⑦ 致谢。

⑧ 附录（可选，包括符号说明、原始材料等）。

（2）页面设置

纸张使用 A4 复印纸；页边距为上 2 厘米，下 2 厘米，左 2.5 厘米，右 1.5 厘米，装订线 0.5 厘米，页眉 1.2 厘米，页脚 1.5 厘米；页眉居中，以小五号宋体字键入“苏州大学本科生毕业设计（论文）”；页脚插入页码，居中。

（3）目录

论文分章节，目录中每章标题用四号黑体字，每节标题用四号宋体字，并注明各章节起始页码，题目和页码用“……”相连。

（4）中文摘要、关键词

采用小四号宋体字。

（5）外文摘要、关键词

采用四号 Times New Roman。

（6）章标题

中文采用黑体字，外文采用 Times New Roman，小二号，居中。

（7）节标题

中文采用宋体字，外文采用 Times New Roman，小三号；章节标题间、每节标题与正文间空一行。

（8）正文

中文采用小四号宋体字，外文采用四号 Times New Roman。段落格式为固定值 22 磅，段前、段后均为 0 磅。

（9）参考文献

正文引用参考文献处应以方括号标注。例如，“……效率可提高 25%[1]。”表示此数据援引自文献 1。参考文献的编写格式如下。

- 期刊文献的格式：[编号] 作者. 文章题目[J]. 期刊名，年份，卷号（期数）：页码.
- 图书文献的格式：[编号] 作者. 书名[M]. 出版单位所在地：出版单位，年份.

3. 实验准备工作

（1）下载素材

从教学辅助网站下载素材文件“应用案例 5-本科毕业论文.rar”至本地计算机，并将该压缩文件解压缩。本案例素材均来自该文件夹。

（2）创建实验结果文件夹

在 D 盘或 E 盘上新建一个“本科毕业论文-实验结果”文件夹，用于存放结果文件。

4. Word 2016 应用案例

（1）新建文档并保存

① 启动 Word 2016，新建一个空白文档。

② 单击快速访问工具栏中的“保存”按钮，展开“另存为”页面，单击“浏览”按钮后打开“另存为”对话框。

③ 选择保存位置为“本科毕业论文-实验结果”文件夹，文件名为“本科毕业论文”，保存类型为“Word 文档（*.docx）”。单击“保存”按钮。

（2）页面设置

① 单击“布局”选项卡“页面设置”组右下角的，打开“页面设置”对话框。在“页边距”选项卡中设置上、下 2 厘米，左 2.5 厘米，右 1.5 厘米，装订线 0.5 厘米；在“版式”选项卡中设置页眉 1.2 厘米，页脚 1.5 厘米，如图 2-29 所示。单击“确定”按钮。

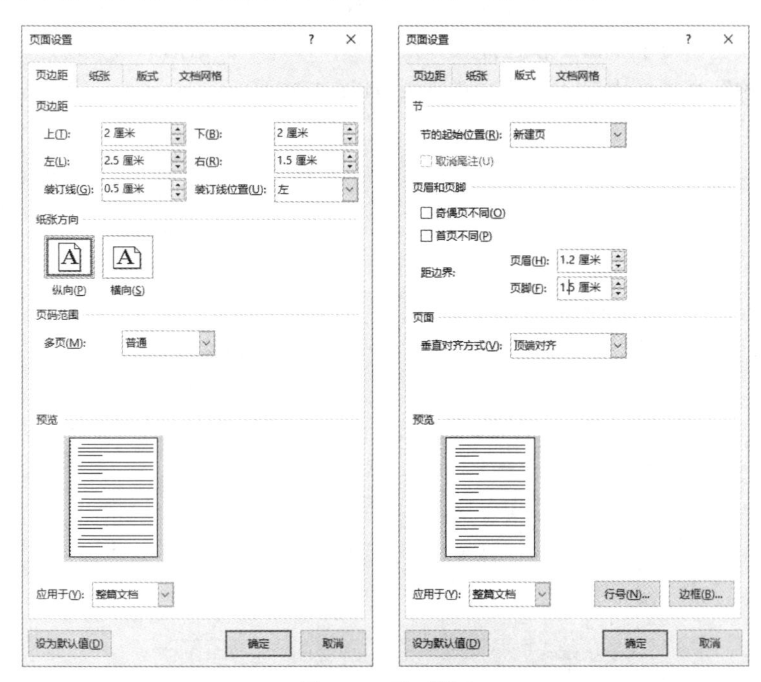

图 2-29 页面设置

② 单击“插入”选项卡“页眉和页脚”组中的“页眉”按钮，选择“编辑页眉”，在页眉区键入“苏州大学本科生毕业设计（论文）”，并设置为“小五”“宋体”“居中”。

③ 在“页眉和页脚工具”的“设计”选项卡中，单击“导航”组中的“转至页脚”按钮，将光标定位到页脚区，然后单击“页眉和页脚”组中的“页码”按钮，选择“当前位置”中的“普通数字”，并设置为“居中”。

④ 在“页眉和页脚工具”的“设计”选项卡中，单击“关闭”组中的“关闭页眉和页脚”按钮，返回正文编辑区。

（3）合并生成论文内容

① 在正文处输入“目录”，按两次【Enter】键增加两行，并在第 2 个空行处插入一个分页符。

② 在正文最后一页输入“摘要”，按两次【Enter】键增加两行，并在第 1 个空行处插入“中文摘要.txt”中的全部内容，在最后一行处插入一个分页符。

③ 在正文最后一页输入“Abstract”，按两次【Enter】键增加两行，并在第 1 个空行处插入“英文摘要.txt”中的全部内容，在最后一行处插入一个**分节符（下一页）**。

④ 在正文最后一页输入“前言”，按两次【Enter】键增加两行，并在第 1 个空行处插入“前言.txt”中的全部内容，在最后一行处插入一个**分节符（下一页）**。

⑤ 在正文最后一页插入“正文.docx”中的全部内容，在最后一行处插入一个分页符。

⑥ 在正文最后一页输入“参考文献”，按两次【Enter】键增加两行，并在第 1 个空行处插入“参考文献.txt”中的全部内容，在最后一行处插入一个分页符。

⑦ 在正文最后一页输入“致谢”，按两次【Enter】键增加两行，并在第 1 个空行处插入“致谢.txt”中的全部内容。

（4）创建正文样式

① 在“开始”选项卡中单击“样式”组右下角的，打开“样式”窗格。

② 在“样式”窗格中单击“新建样式”按钮，打开“根据格式设置创建新样式”对话框。

③ 在“名称”文本框中输入“论文正文”，如图 2-30 所示。

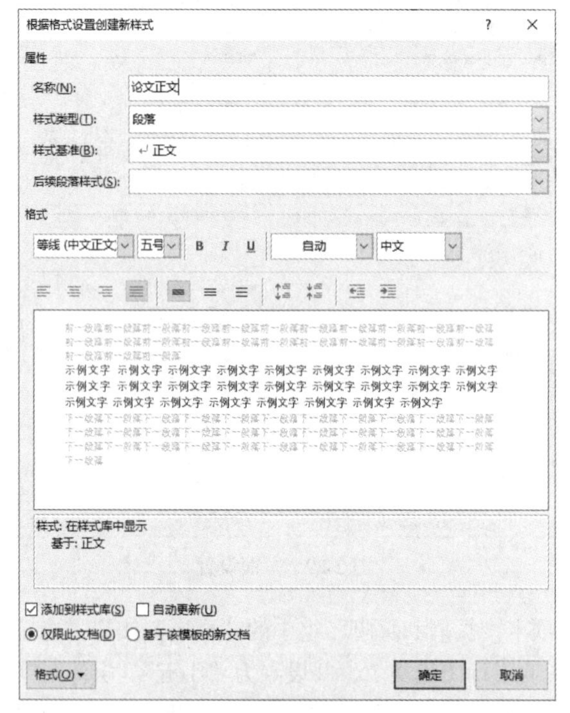

图 2-30　创建正文新样式

④ 单击“格式”按钮，选择“字体”，打开“字体”对话框，在“字体”选项卡中选择“中文字体”为“宋体”“小四”，“西文字体”为“Times New Roman”。设置完成后，单击“确定”按钮。

⑤ 单击“格式”按钮，选择“段落”，打开“段落”对话框。在“缩进和间距”选项卡中设置首行缩进 2 字符，“段前”“段后”间距 0 行，行距为“固定值”22 磅。设置完成后单击“确定”

按钮。

⑥ 单击“根据格式设置创建新样式”对话框中的“确定”按钮后，选中全文，单击“样式”窗格中的“论文正文”样式。

（5）处理正文的西文字符格式

① 在“开始”选项卡中，单击“编辑”组中的“替换”按钮，打开“查找和替换”对话框，单击“替换”选项卡中的“更多”按钮。

② 将光标定位到“查找内容”文本框中，单击“特殊格式”按钮，选择“任意字母”。

③ 将光标定位到“替换为”文本框中，单击“格式”按钮，选择“字体”，在弹出的“替换字体”对话框的“字体”选项卡中设置“西文字体”为“Times New Roman”“四号”，设置好后的“查找和替换”对话框如图 2-31 所示。

图 2-31 用替换功能设置英文字母的格式

④ 单击“全部替换”按钮，将所有英文字母设置为“四号”“Times New Roman”。

⑤ 按同样的方法，用替换功能将所有数字设置为“四号”“Times New Roman”。

（6）设置“章标题”样式

① 将光标定位到文首的“目录”一段，选中该段落，单击“样式”窗格中的“标题 1”样式。

② 修改格式为“黑体”“小二”“居中”。

③ 在“开始”选项卡的“样式”组中，单击“样式”列表右侧的 ，在展开的列表中选择“创建样式”，在弹出的对话框中将“名称”设置为“章标题”，如图 2-32 所示。单击“确定”按钮。

④ 对“摘要”“Abstract”“前言”“参考文献”“致谢”及每一章的标题应用“章标题”样式。

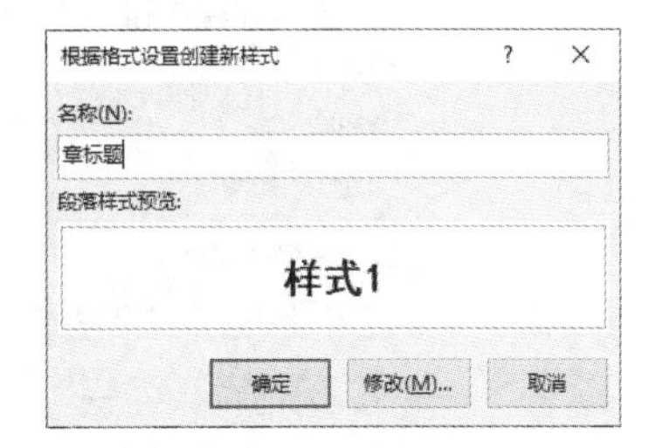

图 2-32 设置“章标题”格式

（7）设置“节标题”样式

① 将光标定位到第一章的 1.1 节标题处，选中该标题段落，单击“样式”窗格中的“标题 2”样式。

② 修改格式为“宋体”“小三”“加粗”。

③ 以 1.1 节标题的样式为基础创建新样式“节标题”。

④ 对论文的所有同级标题应用“节标题”样式。

（8）设置“图片”格式

① 将光标定位到第三章的 3.3 节的 3.3.2 小节，找到第 1 张图片，将光标定位到图片后的段落标记处。

② 设置图片所在段的行距为“单倍行距”，以免图片被文字遮挡，并取消首行缩进。

③ 选中该图片所在的段落，以此段落的格式为基础创建新样式“图片”。

④ 对文中的所有图片应用“图片”样式。

（9）为第 1 张图片添加题注并交叉引用该图片

① 光标定位到第 1 张图片下面的段落，在“引用”选项卡中，单击“题注”组中的“插入题注”按钮，弹出“题注”对话框。

② 单击“新建标签”按钮，在弹出的“新建标签”对话框中输入标签“图 3-”后单击“确定”按钮。

③ 返回“题注”对话框，在“题注”文本框中输入相应内容，如图 2-33 所示。单击“确定”按钮。

④ 删除图片下原有的图注，并设置新图注的格式为“宋体”“五号”“居中对齐”。

⑤ 选中新图注段落，将此格式为基础创建新样式“图注”。

⑥ 找到图片上方段落中的文字“如图 3.3.2 所示”，删除“图 3.3.2”，并将光标定位到“如”的后面。

⑦ 在“引用”选项卡中，单击“题注”组中的“交叉引用”按钮，弹出“交叉引用”对话框，将“引用类型”设置为“图 3-”，“引用内容”设置为“只有标签和编号”，如图 2-34 所示。单击“插入”按钮后单击“关闭”按钮 ×。

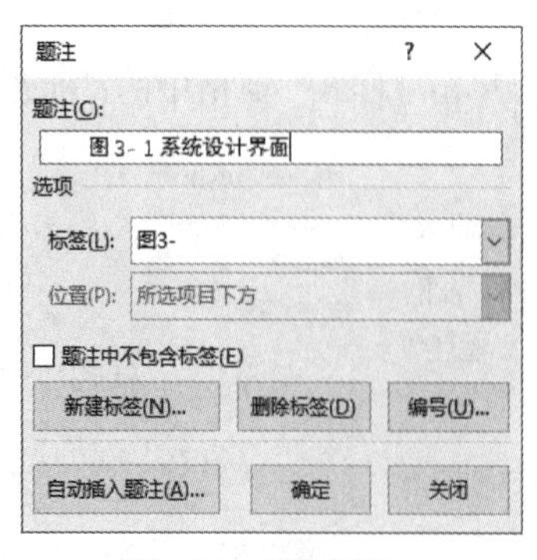

图 2-33　添加题注

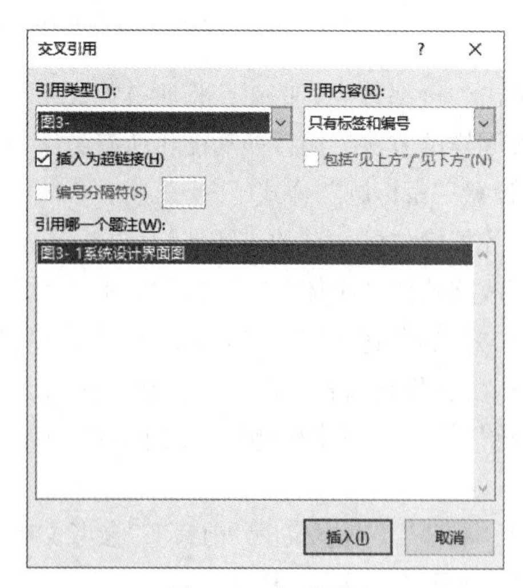

图 2-34　交叉引用

（10）为第四章的图片添加题注和应用样式

① 光标定位到第四章的第 1 张图片下方的段落中，打开“题注”对话框。

② 新建标签“图 4-”，在“题注”文本框中按照图片下方的图注输入题注内容，单击“确定”按钮。

③ 删除原图注，并设置新图注的样式为“图注”。

④ 为第四章的第 2 张图片也建立题注，并设置样式为“图注”。

（11）设置页码格式

① 将光标定位到第 1 页，在“插入”选项卡的“页眉和页脚”组中，单击“页码”按钮，选择“设置页码格式”，弹出“页码格式”对话框，在“编号格式”下拉列表中选择“Ⅰ,Ⅱ,Ⅲ,...”，如图 2-35 所示。单击“确定”按钮。

② 将光标定位到“前言”中，双击页脚区的页码数字，切换到页脚编辑区，单击“页眉和页脚工具”，在“设计”选项卡中单击“链接到前一条页眉”按钮，取消链接。

③ 光标移到论文的正文节中，单击“链接到前一条页眉”按钮，取消跟上一节的链接。

④ 光标定位到正文第一章的第 1 页，在“页眉和页脚工具”的“设计”选项卡中，单击“页眉和页脚”组中的“页码”按钮，选择“设置页码格式”，打开“页码格式”对话框，在“页码编号”下方选中“起始页码”单选项，并设置为“1”，如图 2-36 所示。单击“确定”按钮。

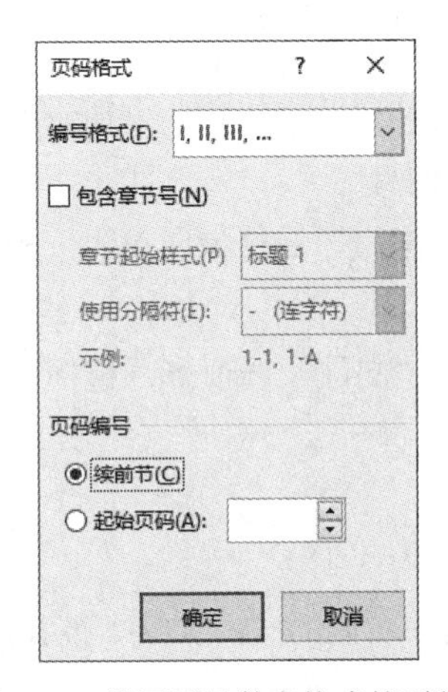

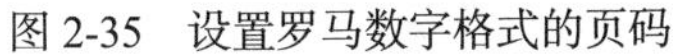
图 2-35　设置罗马数字格式的页码

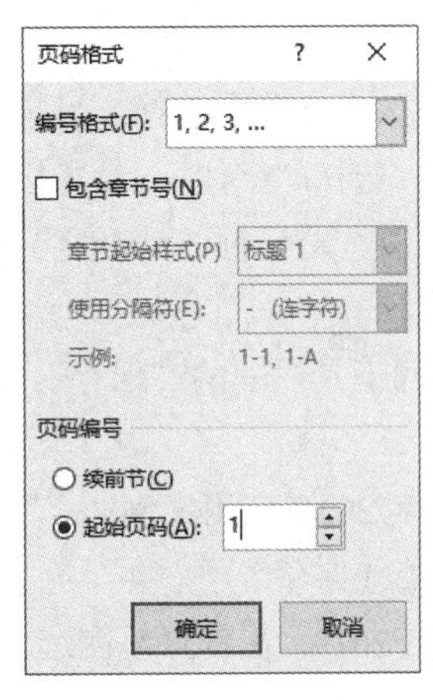

图 2-36　设置正文起始页码

⑤ 设置“前言”节中的“起始页码”为 0，并删除页码。

⑥ 单击“页眉和页脚工具”中的“关闭页眉和页脚”按钮，返回正文编辑区。

（12）优化论文版面

通览全文，删除不必要的空页和空行。

（13）编制目录

① 将光标定位到目录页的正文第 1 行，单击“引用”选项卡，在“目录”组中单击“目录”按钮，选择“自定义目录”，打开“目录”对话框，如图 2-37 所示。

② 单击“修改”按钮，打开“样式”对话框。

③ 在“样式”对话框中选择“目录 1”，单击“修改”按钮，打开“修改样式”对话框，单击“格式”按钮，选择“字体”，设置格式为“黑体”“四号”，然后单击“修改样式”对话框中的“确定”按钮。

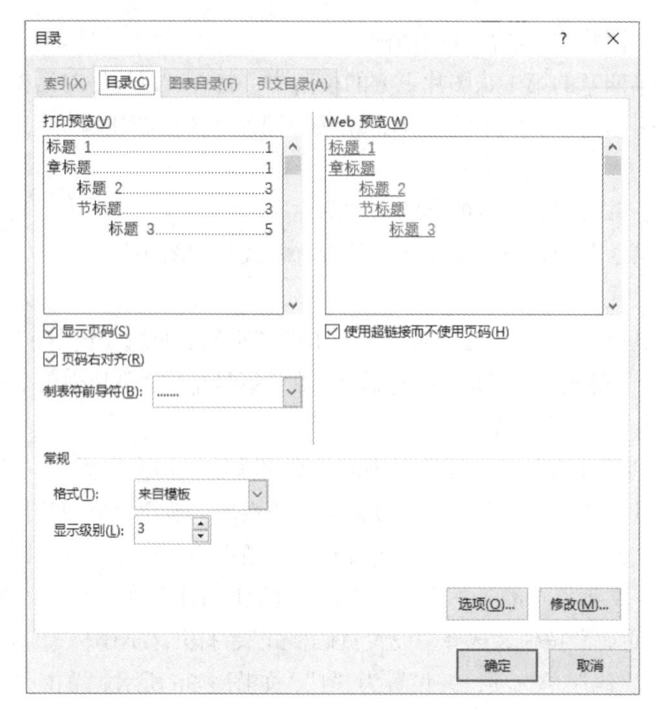

图 2-37 “目录”对话框

④ 在“样式”对话框中选择“目录 2”，单击“修改”按钮，打开“修改样式”对话框，单击“格式”按钮，选择“字体”，设置格式为“宋体”“四号”。

⑤ 单击“样式”对话框的“确定”按钮后，返回“目录”对话框，单击“确定”按钮。

（14）保存文档

单击快速访问工具栏中的“保存”按钮，或单击“文件”选项卡，选择“保存”，保存操作结果。

5. WPS 文字 2019 应用案例

（1）新建文档并保存

① 启动 WPS 2019，在首页左侧选择“新建”，然后在右侧的“W 文字”推荐模板中选择“新建空白文档”。

② 单击快速访问工具栏中的“保存”按钮，打开“另存为”对话框。

③ 选择保存位置为“本科毕业论文-实验结果”文件夹，文件名为“本科毕业论文”，保存类型为“Word 文档（*.docx）”。单击“保存”按钮。

（2）页面设置

① 单击“页面布局”选项卡中部右下角的 ，打开“页面设置”对话框。在“页边距”选项卡中设置上、下 2 厘米，左 2.5 厘米，右 1.5 厘米，装订线 0.5 厘米；在“版式”选项卡中设置页眉 1.2 厘米，页脚 1.5 厘米。

② 单击“插入”选项卡中的“页眉页脚”按钮，在页眉区键入“苏州大学本科生毕业设计（论文）”，并设置为“小五”“宋体”“居中”。

③ 移动鼠标，将光标定位到页脚区，单击“页码”按钮，选择“页脚中间”。

④ 单击“页眉页脚选项”按钮，在“页眉/页脚设置”对话框中勾选“显示奇数页页眉横线”

复选框。

⑤ 单击“页眉页脚”选项卡中的“关闭”按钮，返回正文编辑区。

（3）合并生成论文内容

① 在正文处输入“目录”，按两次【Enter】键增加两行，并在第二个空行处插入一个分页符。

② 在正文最后一页输入“摘要”，按两次【Enter】键增加两行，并在第一个空行处插入“中文摘要.txt”中的全部内容，在最后一行处插入一个分页符。

③ 在正文最后一页输入“Abstract”，按两次【Enter】键增加两行，并在第一个空行处插入“英文摘要.txt”中的全部内容，在最后一行处插入**下一页分节符**。

④ 在正文最后一页输入“前言”，按两次【Enter】键增加两行，并在第一个空行处插入“前言.txt”中的全部内容，在最后一行处插入**下一页分节符**。

⑤ 在正文最后一页插入“正文.docx”中的全部内容，在最后一行处插入一个分页符。

⑥ 在正文最后一页输入“参考文献”，按两次【Enter】键增加两行，并在第一个空行处插入“参考文献.txt”中的全部内容，在最后一行处插入一个分页符。

⑦ 在正文最后一页输入“致谢”，按两次【Enter】键增加两行，并在第一个空行处插入“致谢.txt”中的全部内容。

（4）创建正文样式

① 在“开始”选项卡中单击“样式”列表右下角的，展开“样式”下拉列表框。

② 单击下拉列表框中的“新建样式”，打开“新建样式”对话框。

③ 在“名称”文本框中输入“论文正文”。

④ 单击“格式”按钮，选择“字体”，打开“字体”对话框，在“字体”选项卡中选择“中文字体”为“宋体”“小四”，“西文字体”为“Times New Roman”。设置完成后单击“确定”按钮。

⑤ 单击“格式”按钮，选择“段落”，打开“段落”对话框。在“缩进和间距”选项卡中设置首行缩进2字符，“段前”“段后”间距0行，行距为“固定值”22磅。设置完成后单击“确定”按钮。

⑥ 单击“新建样式”对话框中的“确定”按钮后，选中全文，单击“样式”下拉列表框中的“论文正文”样式。

（5）处理正文的西文字符格式

① 在“开始”选项卡中，单击“查找替换”按钮右侧的▼，选择“替换”，打开“查找和替换”对话框。

② 将光标定位到“查找内容”文本框中，单击“特殊格式”按钮，选择“任意字母”。

③ 将光标定位到“替换为”文本框中，单击“格式”按钮，选择“字体”，在弹出的“替换字体”对话框的“字体”选项卡中设置“西文字体”为“Times New Roman”“四号”，单击“全部替换”按钮。

④ 按同样的方法，用替换功能将所有“任意数字”设置为“四号”“Times New Roman”。

（6）设置“章标题”样式

① 将光标定位到文首的“目录”一段，选中该段落，单击“样式”列表框中的“标题1”样式。

② 在“开始”选项卡中单击“样式”列表右侧的▾，选择“新建样式”，在弹出的对话框中将“名称”设置为“章标题”，修改格式为“黑体”“小二”“居中”。单击“确定”按钮。

③ 对“目录”“摘要”“Abstract”“前言”“参考文献”“致谢”及每一章的标题应用“章标题”样式。

（7）设置“节标题”样式

① 将光标定位到第一章的 1.1 节标题处，选中该标题段落，单击“样式”列表框中的“标题 2”样式。

② 新建样式“节标题”，设置格式为“宋体”“小三”“加粗”。

③ 对论文所有与 1.1 节同级的标题应用“节标题”样式。

（8）设置“图片”格式

① 将光标定位到第三章的 3.3 节的 3.3.2 小节，找到第 1 张图片，将光标定位到图片后的段落标记处。

② 新建“图片”样式，设置段落行距为“单倍行距”，以免图片被文字遮挡，并取消首行缩进。

③ 对文中的所有图片应用“图片”样式。

（9）为第 1 张图片添加题注并交叉引用该图片

① 将光标定位到第 1 张图片下面的段落，在“引用”选项卡中单击“题注”按钮，弹出“题注”对话框。

② 单击“新建标签”按钮，在弹出的“新建标签”对话框中输入标签“图 3-”后单击“确定”按钮。

③ 返回“题注”对话框，在“题注”文本框中输入原图注内容，单击“确定”按钮。

④ 删除图片下的原图注。

⑤ 新建样式“图注”，设置新图注的格式为“宋体”“五号”“居中对齐”。

⑥ 找到图片上方段落中的文字“如图 3.3.2 所示”，删除“图 3.3.2”，并将光标定位到“如”的后面。

⑦ 在“引用”选项卡中单击“交叉引用”按钮，弹出“交叉引用”对话框，将“引用类型”设置为“图 3-”，“引用内容”设置为“只有标签和编号”。单击“插入”按钮后单击“关闭”按钮×。

（10）为第四章的图片添加题注和应用样式

① 将光标定位到第四章的第 1 张图片下方的段落中，打开“题注”对话框。

② 新建标签“图 4-”，在“题注”文本框中按照图片下方的图注输入题注内容，单击“确定”按钮。

③ 删除原图注，并设置新图注的样式为“图注”。

④ 为第四章的第 2 张图片也建立题注，并设置样式为“图注”。

（11）设置页码格式

① 将光标定位到第 1 页，在“插入”选项卡中单击“页码”按钮右侧的▼，选择“页码”，弹出“页码”对话框，在“样式”下拉列表中选择“Ⅰ,Ⅱ,Ⅲ...”，如图 2-38 所示。单击“确定”按钮。

② 将光标定位到“前言”中，双击页脚区的页码数字，切换到页脚编辑区，选择“页眉页

脚”选项卡，定位到页脚的段落标记处后单击“同前节”按钮，取消链接。

③ 将光标移到论文的正文节页脚处，单击“同前节”按钮，取消跟上一节的链接。

④ 将光标定位到正文第一章的第 1 页，在“页眉页脚”选项卡中单击“页码”按钮右侧的▼，选择“页码”，打开“页码”对话框，将“样式”设置为“1,2,3...”，在“页码编号”下方设置“起始页码”为“1”，“应用范围”为“本节及之后”，如图 2-39 所示。单击“确定”按钮。

⑤ 设置“前言”节中的页码格式，“起始页码”为 0，“应用范围”为“本节”，并删除页码。

⑥ 单击“页眉页脚”选项卡中的“关闭”按钮，返回正文编辑区。

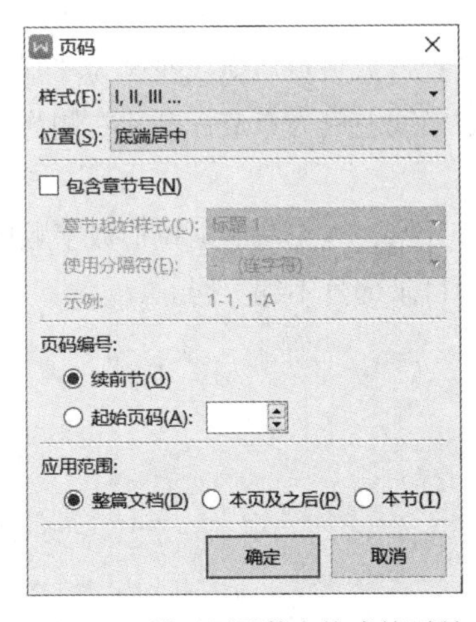

图 2-38　设置罗马数字格式的页码

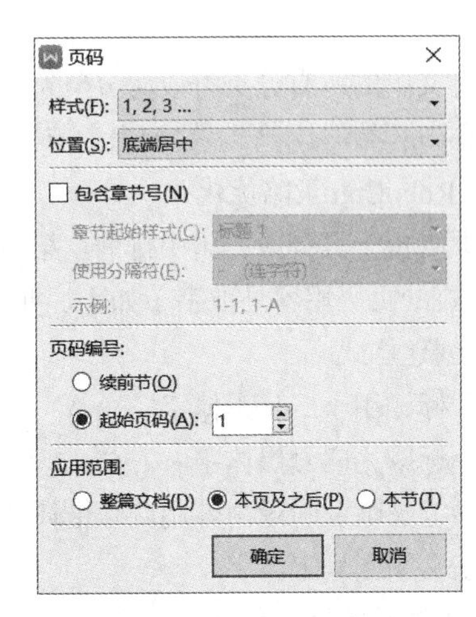

图 2-39　设置正文起始页码

（12）优化论文版面

通览全文，删除不必要的空页和空行。

（13）编制目录

① 将光标定位到目录页的第 1 行，单击“引用”选项卡中“目录”按钮右侧的▼，选择“自定义目录”，打开“目录”对话框，如图 2-40 所示。

② 在“开始”选项卡中，右击“样式”列表框中的“目录 1”样式，选择“修改样式”，打开“修改样式”对话框，设置字体格式为“黑体”“四号”。单击“确定”按钮。

③ 继续修改“目录 2”样式，在“修改样式”对话框中设置字体格式为“宋体”“四号”。

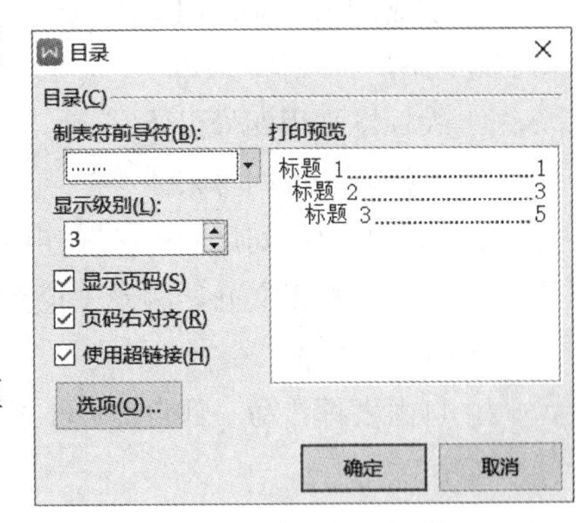

图 2-40　“目录”对话框

（14）保存文档

单击快速访问工具栏中的“保存”按钮，或单击“文件”选项卡，选择“保存”，保存操作结果。

2.3.5　练习

1. 硕士毕业论文排版。

具体要求如下。

（1）实验准备工作。

① 下载素材。从教学辅助网站下载素材文件“练习 5-硕士论文.rar”至本地计算机，并将该压缩文件解压缩。

② 创建实验结果文件夹。在 D 盘或 E 盘上新建一个“硕士论文-实验结果”文件夹，用于存放结果文件。

（2）用 Word 2016 打开“硕士论文.docx”，另存在“硕士论文-实验结果”文件夹中。

（3）设置页面、页眉和页脚。

① 采用 A4 纸，上、下页边距为 2.35 厘米，左边距 2 厘米，右边距 2.5 厘米，装订线在左侧 1 厘米处。

② 将文中的所有分页符改为分节符（下一页），并设置奇数页页眉横线左侧为“基于强化学习的 RoboCup 策略优化”，右侧为章节标题；偶数页页眉横线左侧为章节标题，右侧为“基于强化学习的 RoboCup 策略优化”。

③ 页码位于页脚区，居中排列。第 1 页自引言部分开始，以小写的阿拉伯数字顺序编排。中英文摘要的页码用罗马数字（如Ⅰ、Ⅱ、Ⅲ等）编号，目录部分不编页码。

（4）创建样式。

① 大标题用小二号黑体字。

② 小标题用四号黑体字。

③ 参考文献及附录内容用四号楷体字。

④ 正文用四号宋体字。

（5）题注及编号。

① 参考文献按文中引用的顺序附于文末，采用阿拉伯数字连续编号。

② 图序及图名置于图的下方，分章编号，如“图 1-1”。

③ 表序及表名置于表的上方，分章编号，如“表 1-1”。

④ 题注的引用应使用交叉引用。

（6）添加目录。

① 大标题采用四号黑体字。

② 小标题采用四号宋体字。

③ 标题与页码间用“……”连接。

④ 目录仅从正文开始编录（正文之前的标题大纲级别应设为正文）。

（7）保存文件。

2. 自由发挥，写一部自传体小说，要求排版格式规范、整齐、美观。

2.4 Word 的邮件合并

2.4.1 案例概述

1. 案例目标

邀请函是商务礼仪活动主办方郑重邀请投资人、材料供应方、营销渠道商、运输服务合作者、政府部门负责人等参加活动而制发的书面函件。邀请函形式要美观大方，内容要简洁扼要。

本案例将创建一份邀请函，包括邀请函的信件及信封，帮助读者熟练掌握在 Word 中使用邮件合并功能的方法，使读者能够批量处理多份大部分内容相同而仅有少量内容不同的文档。

2. 知识点

本案例涉及的主要知识点如下。

① 图文混排。

② 邮件合并。

2.4.2　知识点总结

邮件合并涉及两个文档，即主文档和数据源文件。

① 主文档包含内容固定不变的文档主体部分，创建方法与普通文档类似，可以对字体、段落、页面等进行格式设置。

② 数据源文件是用于保存数据的文档，其形式有多种，如 Access 数据库中的表、Excel 工作表，或 Word 文档中的表格数据等。

邮件合并操作方法如表 2-12 所示。

表 2-12　邮件合并操作方法

位置或方法	概要描述
邮件合并向导	单击“邮件”选项卡“开始邮件合并”组中的“开始邮件合并”按钮→选择“邮件合并分步向导”→在“邮件合并”窗格中按指示操作 第 1 步：选择文档类型 第 2 步：选择主文档 第 3 步：选择数据源文件 第 4 步：撰写信函（把数据源中的多个字段分别插到主文档中的合适位置） 第 5 步：预览信函 第 6 步：完成合并
“邮件”选项卡	“邮件”选项卡中的多个按钮与邮件合并向导中的步骤对应 “开始邮件合并”按钮对应邮件合并向导的第 1 步 “选择收件人”按钮对应邮件合并向导的第 2 步 “编辑收件人列表”按钮对应邮件合并向导的第 3 步 “编写和插入域”组对应邮件合并向导的第 4 步 “预览结果”组对应邮件合并向导的第 5 步 “完成并合并”按钮对应邮件合并向导的第 6 步

2.4.3　应用案例：邀请函

1. 案例效果图

本案例完成邀请函主文档和信封的制作，完成后的效果分别如图 2-41 和图 2-42 所示。

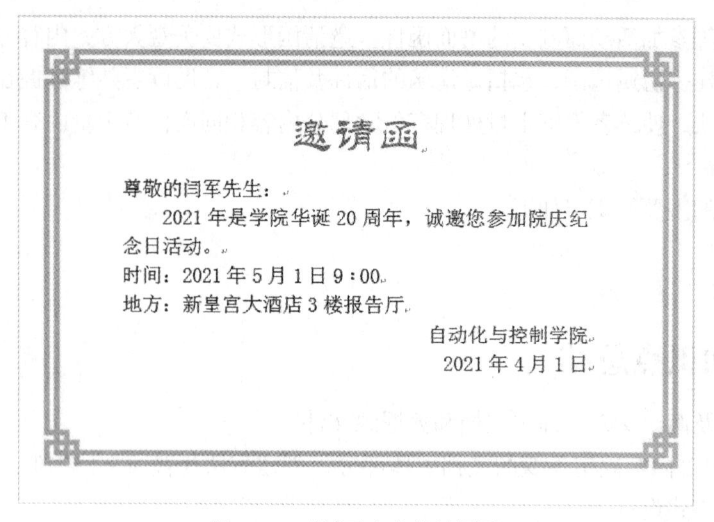
邀请函

尊敬的闫军先生：

2021 年是学院华诞 20 周年，诚邀您参加院庆纪念日活动。

时间：2021 年 5 月 1 日 9：00

地方：新皇宫大酒店 3 楼报告厅

自动化与控制学院

2021 年 4 月 1 日

图 2-41　邀请函主文档效果图

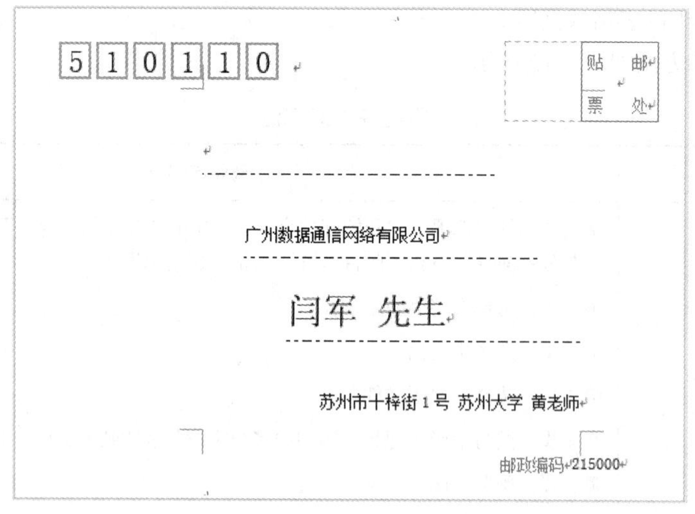

图 2-42　信封效果图

2．实验准备工作

（1）下载素材

从教学辅助网站下载素材文件“应用案例 6-邮件合并.rar”至本地计算机，并将该压缩文件解压缩。本案例素材均来自“邀请函”文件夹。

（2）创建实验结果文件夹

在 D 盘或 E 盘上新建一个“邀请函-实验结果”文件夹，用于存放结果文件。

3．Word 2016 应用案例

（1）新建文档并保存

① 启动 Word 2016，新建一个空白文档。

② 单击快速访问工具栏中的“保存”按钮，打开“另存为”页面，单击“浏览”按钮，打开“另存为”对话框。

③ 设置保存位置为“邀请函-实验结果”文件夹，文件名为“邀请函主文件”，保存类型为“Word

文档 (*.docx)”。单击“保存”按钮。

（2）制作邀请函主文档

① 在“布局”选项卡中将纸张大小设置为“16开”，纸张方向为“横向”。

② 参考图2-41，在首行键入“邀请函”，字体设置为“华文隶书”“48磅”“红色”“居中”。

③ 在标题文字下方键入如下正文文字。

尊敬的： 　　2021年是学院华诞20周年，诚邀您参加院庆纪念日活动。 时间：2021年5月1日 9:00 地点：新皇宫大酒店3楼报告厅 自动化与控制学院 2021年4月1日

④ 设置所有正文字体为“宋体”“二号”，左、右各缩进4字符。

⑤ 正文第2段首行缩进2字符，最后两段右对齐。

⑥ 插入图片“Background.jpg”，设置高度为16厘米，“衬于文字下方”，调整图片至合适位置。

（3）邀请函邮件合并

① 将光标定位到“尊敬的”后面，在“邮件”选项卡“开始邮件合并”组中单击“开始邮件合并”按钮，在下拉菜单中选择“邮件合并分步向导”，打开“邮件合并”窗格，如图2-43所示。

② 在“邮件合并”窗格的“选择文档类型”栏中选中“信函”单选项，单击下方的“下一步：开始文档”超链接，进入第2步，如图2-44所示。

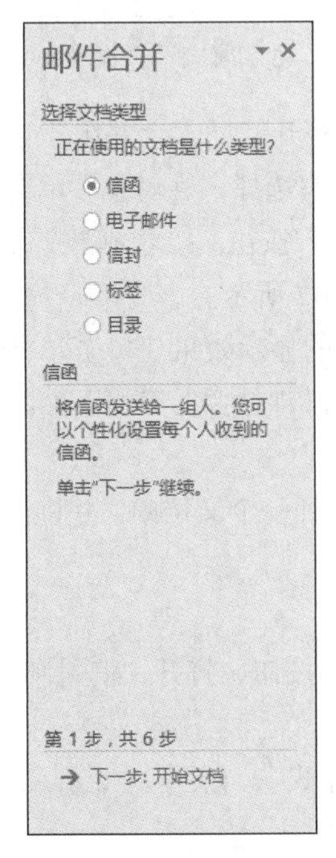

图2-43 “邮件合并向导”第1步

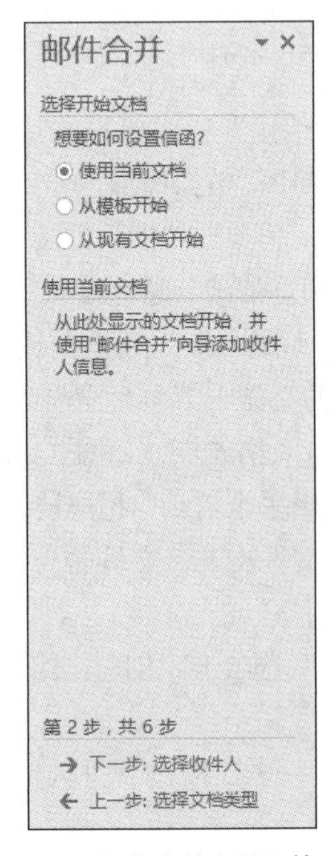

图2-44 “邮件合并向导”第2步

③ 在“选择开始文档”栏中选中“使用当前文档”单选项，单击下方的“下一步：选择收件人”超链接，进入第 3 步，如图 2-45 所示。

④ 在“选择收件人”栏中选中“使用现有列表”单选项，在“使用现有列表”栏中单击“浏览”超链接，在打开的“选取数据源”对话框中选择“通信录.xlsx”并打开，通过一系列操作选择“Sheet1$”工作表并单击“确定”按钮，然后在“邮件合并”窗格下方单击“下一步：撰写信函”超链接，进入第 4 步，如图 2-46 所示。

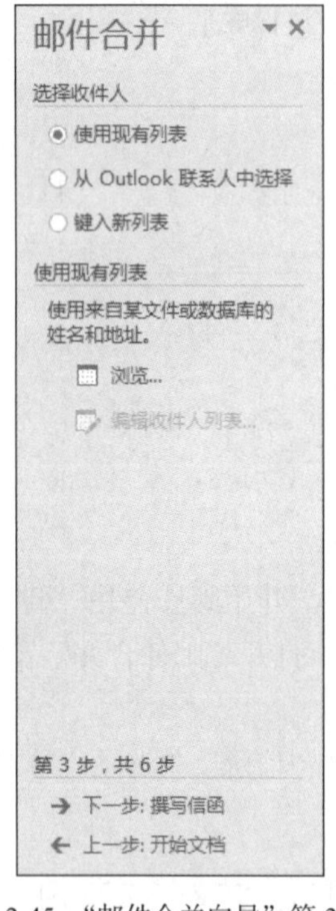

图 2-45 “邮件合并向导”第 3 步

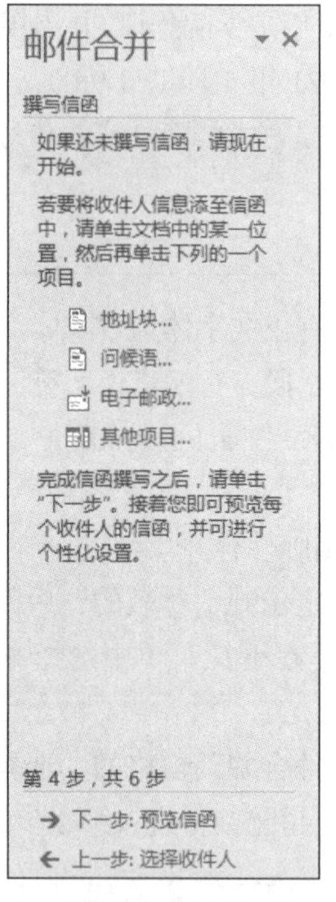

图 2-46 “邮件合并向导”第 4 步

⑤ 在“撰写信函”栏中单击“其他项目”超链接，打开“插入合并域”对话框。系统默认在“插入”栏中选中“数据库域”单选项，在“域”列表中选择“姓名”后单击“插入”按钮，继续选择“性别”，再单击“插入”按钮，然后单击“关闭”按钮。接着单击“邮件合并”窗格下方的“下一步：预览信函”超链接，进入第 5 步，如图 2-47 所示。

⑥ 单击“<<”或“>>”可向前或向后查看不同数据的显示效果。单击“排除此收件人”按钮可令最终生成的文档中不包含当前收件人。然后单击“邮件合并”窗格下方的“下一步：完成合并”超链接，进入第 6 步，如图 2-48 所示。

⑦ 单击“编辑单个信函”超链接，将所有记录都合并到一个文档中，并将该文档保存在“邀请函-实验结果”文件夹下，文件名为“邀请函.docx”。

（4）制作信封

① 在“邮件”选项卡“创建”组中单击“中文信封”按钮，打开“信封制作向导”对话框，如图 2-49 所示。

② 单击“下一步”按钮，进入第 2 步“选择信封样式”，如图 2-50 所示。选中需要的复选框。

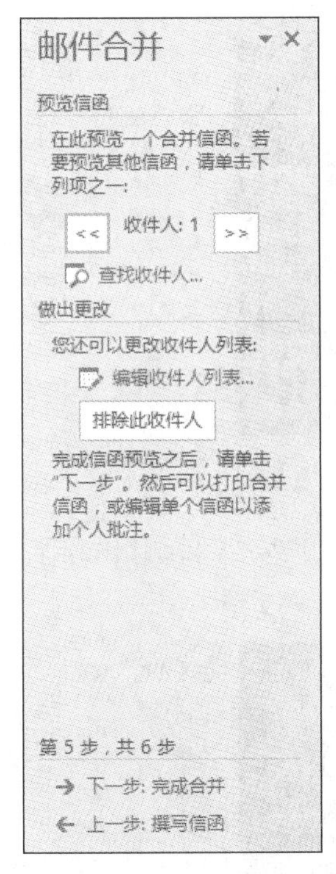

图 2-47　“邮件合并向导”第 5 步

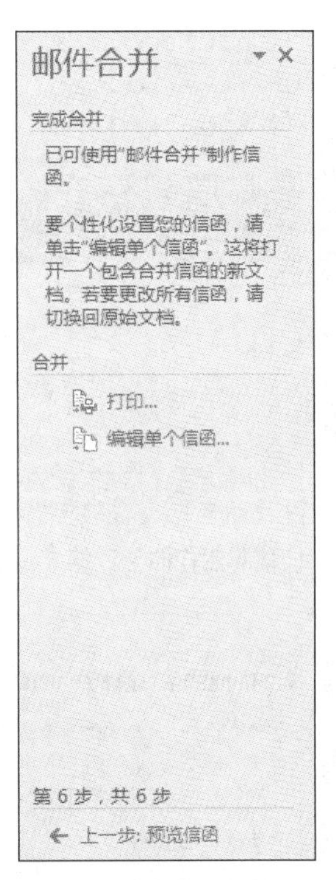

图 2-48　“邮件合并向导”第 6 步

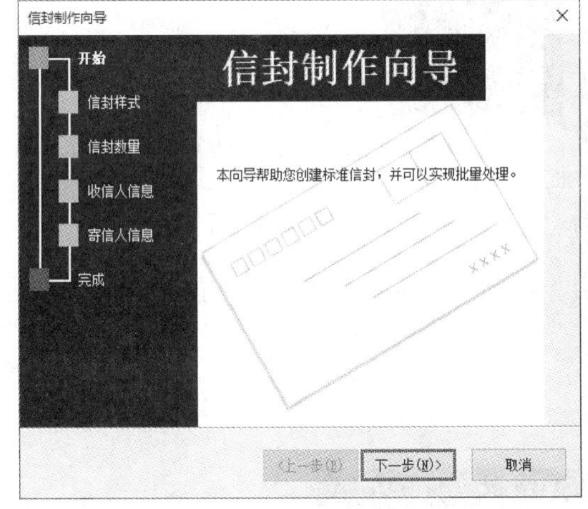

图 2-49　“信封制作向导”第 1 步

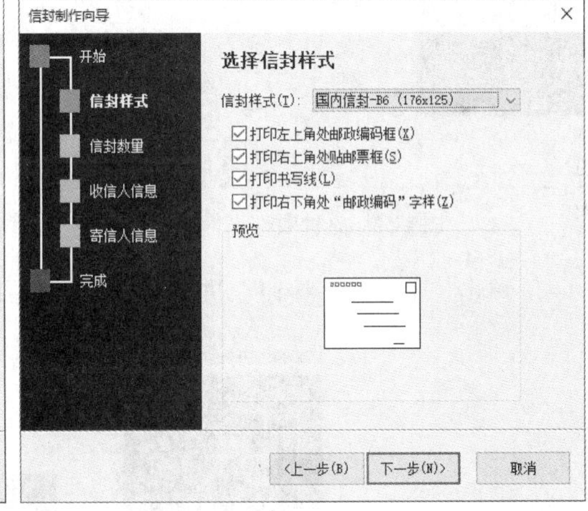

图 2-50　“信封制作向导”第 2 步

③ 单击“下一步”按钮，进入第 3 步“选择生成信封的方式和数量”，选中“基于地址簿文件，生成批量信封”单选项，如图 2-51 所示。

④ 单击“下一步”按钮，进入第 4 步，如图 2-52 所示。单击“选择地址簿”按钮，在弹出的对话框中选择“通信录.xlsx”作为地址簿（注意将文件类型由“Text”切换为“Excel”）。

⑤ 在“信封制作向导”第 4 步中，选择收件人的各项信息，如图 2-53 所示。

⑥ 单击“下一步”按钮，进入第 5 步，在文本框中输入寄件人的信息，如图 2-54 所示。本案例中使用事先选好的数据。

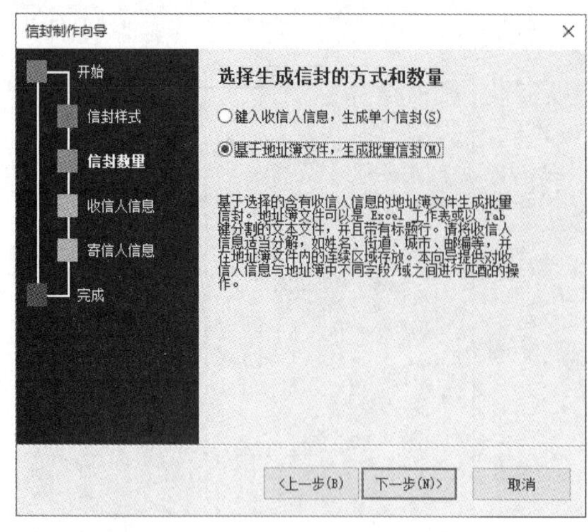

图 2-51 “信封制作向导”第 3 步

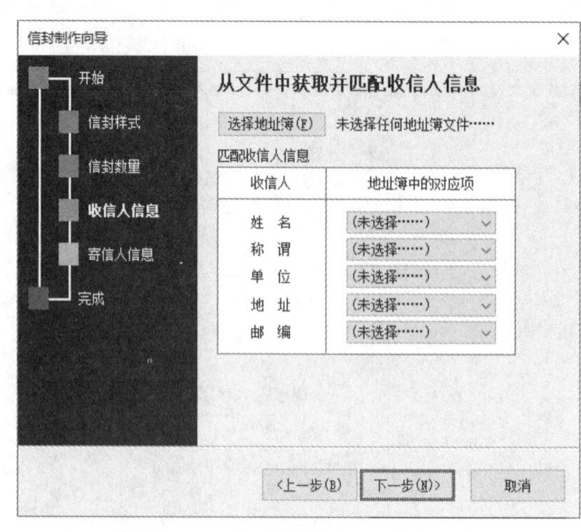

图 2-52 “信封制作向导”第 4 步

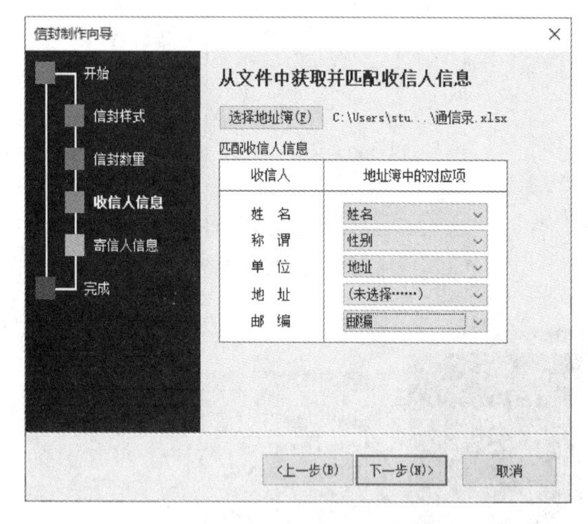

图 2-53 选择收件人信息

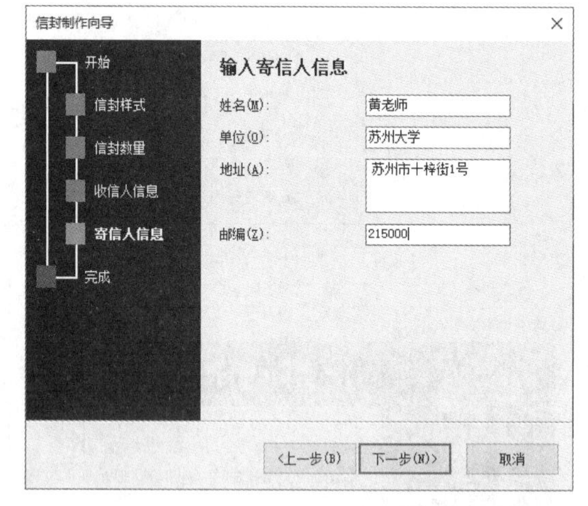

图 2-54 “信封制作向导”第 5 步

⑦ 单击“下一步”按钮，进入第 6 步，如图 2-55 所示，单击“完成”按钮。

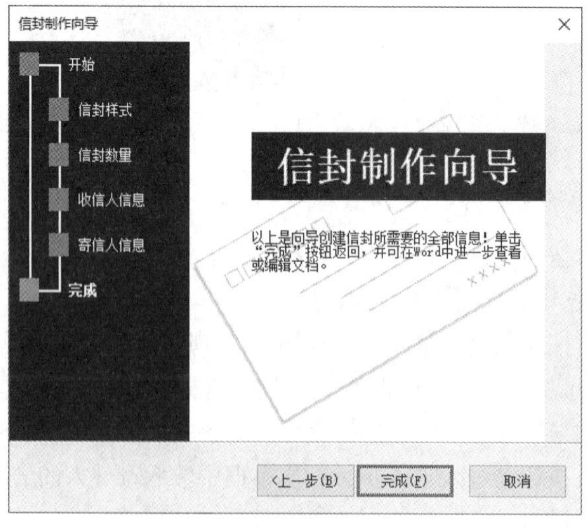

图 2-55 “信封制作向导”第 6 步

（5）保存信封

单击快速访问工具栏中的“保存”按钮，或单击“文件”选项卡，选择“保存”或“另存为”，切换到“另存为”页面，在“邀请函-实验结果”文件夹中将文件保存为“信封.docx”。

4. WPS 文字 2019 应用案例

（1）新建文档并保存

① 启动 WPS 2019，选择“新建”，在“文字”模板中选择“新建空白文档”。

② 单击快速访问工具栏中的“保存”按钮，打开“另存为”对话框。

③ 设置保存位置为“邀请函-实验结果”文件夹，文件名为“邀请函主文件”，保存类型为“Microsoft Word 文件 (*.docx)”。单击“保存”按钮。

（2）制作邀请函主文档

① 在“页面布局”选项卡中将纸张大小设置为“16 开”，纸张方向为“横向”。

② 参考图 2-41，在首行键入“邀请函”，字体设置为“华文隶书”“48 磅”“红色”“居中”。

③ 在标题文字下方键入如下正文文字。

尊敬的：

2021 年是学院华诞 20 周年，诚邀您参加院庆纪念日活动。

时间：2021 年 5 月 1 日 9:00

地点：新皇宫大酒店 3 楼报告厅

自动化与控制学院

2021 年 4 月 1 日

④ 设置所有正文字体为“宋体”“二号”，左、右各缩进 4 字符。

⑤ 正文第 2 段首行缩进 2 字符，最后两段右对齐。

⑥ 插入图片“Background.jpg”，设置高度为 16 厘米，“衬于文字下方”，调整图片至合适位置。

（3）邀请函邮件合并

① 将光标定位到“尊敬的”后面，在“引用”选项卡中单击“邮件”按钮，切换到“邮件合并”选项卡，如图 2-56 所示。

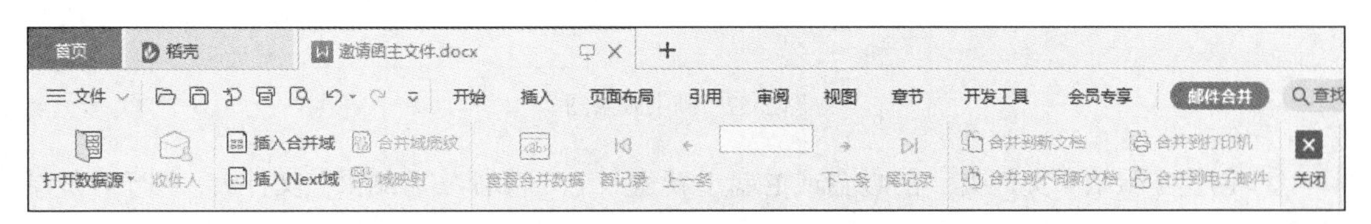

图 2-56 WPS 文字 2019 中的“邮件合并”选项卡

② 单击“打开数据源”按钮，通过一系列操作选中并打开“通信录.xlsx”，选择表格“Sheet1$”后，单击“确定”按钮。（注意，如果出现“WPS 文字无法打开数据源”错误，可能是因为缺少 AccessDatabaseEngine 而不支持.xlsx 文件，可以将“通信录.xlsx”另存为“通信录.xls”后作为数据源使用。）

③ 单击“插入合并域”按钮，打开“插入合并域”对话框，系统默认选中“数据库域”单选项，选择“姓名”域后单击“插入”按钮，继续选择“性别”域后单击“插入”按钮，接着单

击“关闭”按钮。

④ 单击“合并到新文档”按钮，将全部记录合并到一个文档中，并将该文档保存在“邀请函-实验结果”文件夹下，文件名为“邀请函.docx”。

（4）制作信封

WPS 文字没有像 Word 那样预置信封模板，我们只能通过插入红色和灰色的矩形以及线条等形状，手工设计信封的主文档，然后利用“邮件合并”功能，将“通信录.xlsx”数据源合并进来。由于操作较为麻烦，故此处省略这一步。

2.4.4 练习

1. 制作岗位聘书。

本练习的效果图如图 2-57 所示。

具体要求如下。

（1）实验准备工作。

① 下载素材。从教学辅助网站下载素材文件“练习 6-聘书.rar”至本地计算机，并将该压缩文件解压缩。

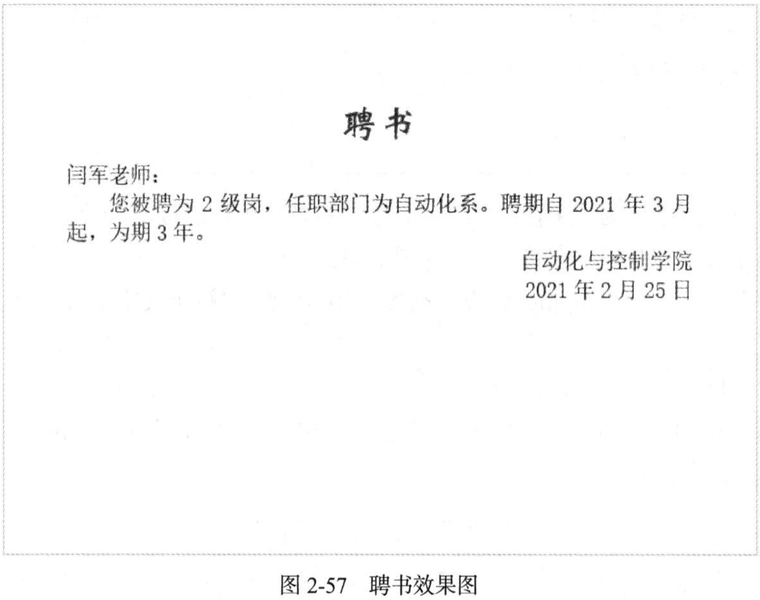

聘书

闫军老师：

您被聘为 2 级岗，任职部门为自动化系。聘期自 2021 年 3 月起，为期 3 年。

自动化与控制学院

2021 年 2 月 25 日

图 2-57　聘书效果图

② 创建实验结果文件夹。在 D 盘或 E 盘上新建一个“聘书-实验结果”文件夹，用于存放结果文件。

（2）新建文档，在“聘书-实验结果”文件夹中保存为“聘书主文档.docx”。

（3）纸张设置为横向打印。

（4）在首行添加标题“聘书”，并设为“初号”“华文新魏”“红色”“居中对齐”，段前、段后各 0.5 行。

（5）设置所有正文为宋体小一。

（6）在正文处键入如下文字。

老师：

您被聘为岗，任职部门为。聘期自2021年3月起，为期3年。

自动化与控制学院

2021年2月25日

（7）正文第1段无特殊对齐方式，第2段首行缩进2字符，最后两段右对齐。

（8）按照图2-57，在适当位置合并“聘用名单.xlsx”中的人员信息。

（9）将所有信息合并到文档“聘书.docx”中。

（10）保存主文档文件。

2. 自由发挥，设计一张喜庆、美观、大方的婚宴请柬。

第3章 Excel 2016 电子表格软件

3.1 Excel 表格的基本编辑与美化

3.1.1 案例概述

1. 案例目标

各个企业和事业单位都有大量的人员信息需要维护，随着企业和事业单位规模的扩大，人员信息会越来越多。使用 Excel 来管理人员信息很方便，可以减轻统计人员的工作负担，提高工作效率。

本案例中，我们需要创建一个工作簿文件“员工信息表.xlsx”，其中有 3 张工作表，分别为“员工信息登记表”“员工统计表”和“值班表”。本案例通过制作这 3 张工作表，帮助读者熟练掌握 Excel 的一些基本操作，如输入数据、合并单元格、设置边框等。

2. 知识点

本案例涉及的主要知识点如下。

① 工作簿的创建与保存。

② 数据的输入与导入。

③ 合并单元格。

④ 使用填充柄填充数据。

⑤ 设置单元格字体、颜色及对齐方式。

⑥ 设置单元格边框和底纹。

⑦ 复制、删除工作表。

⑧ 冻结工作簿。

⑨ 修改工作表名称。

⑩ 设置工作表标签颜色。

⑪ 插入批注。

⑫ 使用格式刷。

3.1.2　知识点总结

1. Excel 基本概念

Excel 基本概念如表 3-1 所示。

表 3-1　Excel 基本概念

名称	含义	说明
工作簿	扩展名为.xlsx 的 Excel 文件	启动 Excel 后，选择“空白工作簿”，系统会自动创建一个名为“工作簿 1”的工作簿
工作表	用于存储数据、处理数据	一个工作簿可以包含很多张工作表，用户在某一时间只能对一张工作表进行操作，正处于操作状态的工作表叫作当前工作表
单元格	行与列交叉形成的若干小格	Excel 的基本元素，用户可以在单元格中输入数字、文字、日期、公式等数据。每个单元格都有一个地址，由“行号”与“列标”组成

2. Excel 2016 的工作界面

启动 Excel 2016 后，用户可以选择创建空白工作簿，也可以选择合适的模板创建新的工作簿。在选择创建空白工作簿后，系统将创建一个默认名为“工作簿 1”的新工作簿，工作界面如图 3-1 所示。Excel 2016 的工作界面主要由快速访问工具栏、标题栏、控制按钮栏、功能区、名称框、编辑栏、工作区、工作表标签和状态栏等部分组成。其中常用部分介绍如下。

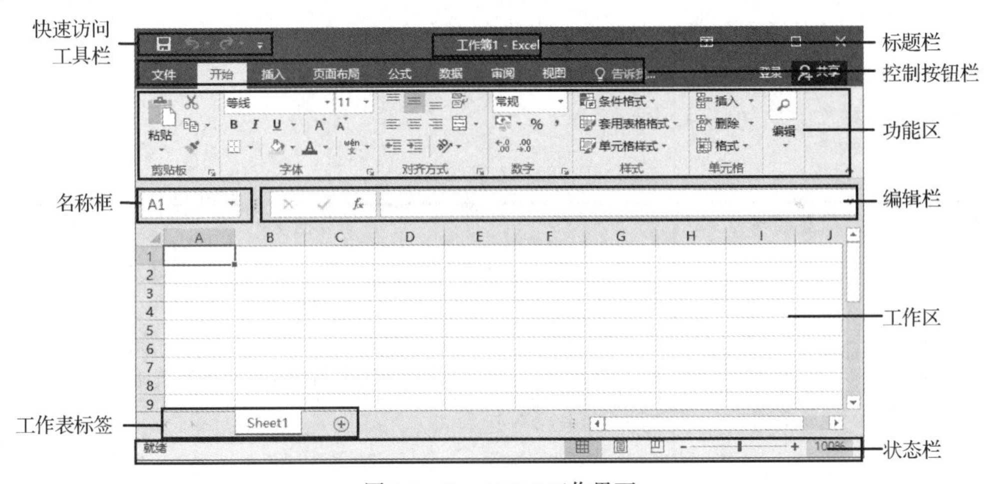

图 3-1　Excel 2016 工作界面

（1）快速访问工具栏

该工具栏位于工作界面的左上角，包含一组用户使用频率较高的工具，类似于 Excel 先前版本的“常用”工具栏，有“新建”“保存”“撤销”“恢复”等按钮。

（2）标题栏

该栏位于工作界面的顶端，显示当前正在编辑的工作簿名称。

（3）控制按钮栏

该栏位于标题栏的下方，由多个选项卡组成，用于切换功能区中显示的内容。常用的选项卡有“文件”“开始”“插入”“页面布局”“公式”“数据”“审阅”“视图”。

（4）功能区

该区位于控制按钮栏的下方，是根据不同的选项卡显示对应功能按钮的区域。功能区可以设置为显示或隐藏，具体方法有 4 种。

① 单击功能区右下角的“折叠功能区”按钮，即可将功能区隐藏起来。

② 单击功能区右上方的“功能区显示选项”按钮，在弹出的菜单中选择“显示选项卡”，可将功能区隐藏，选择“显示选项卡和命令”选项，可将功能区显示出来。

③ 在任一选项卡上双击鼠标，即可隐藏或显示功能区。

④ 使用快捷键【Ctrl】+【F1】，可隐藏或显示功能区。

（5）名称框

名称框显示选中单元格的地址。

（6）编辑栏

编辑栏主要用于显示、输入和修改活动单元格中的数据或公式。

（7）工作区

工作区位于工作界面的中央区域，由行号、列标和网格线构成。行与列的相交处构成一个单元格。

（8）工作表标签

工作表标签位于工作界面的左下角，新建工作表时默认名称为“Sheet1”“Sheet2”“Sheet3”等。单击不同的工作表标签可在工作表间进行切换。

（9）状态栏

状态栏位于工作界面的底部，用于显示当前的相关状态信息。

3. 工作簿基本操作

工作簿基本操作方法如表 3-2 所示。

表 3-2 工作簿基本操作方法

操作	位置或方法	概要描述
创建工作簿	“文件”选项卡	单击“文件”选项卡→选择“新建”→在窗口中间选择“可用模板”中的“空白工作簿”→单击“创建”按钮
	快速访问工具栏	单击快速访问工具栏右侧的按钮→出现下拉菜单→选择“新建”，即可向快速访问工具栏中添加“新建”按钮→单击该按钮
	快捷键	按【Ctrl】+【N】键
打开工作簿	“文件”选项卡	单击“文件”选项卡→选择“打开”→单击“浏览”按钮→在“打开”对话框中选择工作簿文件所在的位置和文件名→单击“打开”按钮
	快速访问工具栏	单击快速访问工具栏右侧的按钮→出现下拉菜单→选择“打开”，即可向快速访问工具栏中添加“打开”按钮→单击该按钮后再单击“浏览”按钮→选择工作簿文件所在的位置和文件名→单击“打开”按钮
	快捷键	按【Ctrl】+【O】键
	资源管理器	在资源管理器中选中需要打开的工作簿文件后，直接双击鼠标左键
	最近使用过的工作簿	单击“文件”选项卡→选择“打开”→选择“最近”即可在右侧选择最近使用过的工作簿
保存工作簿	“文件”选项卡	单击“文件”选项卡→选择“保存”。若当前工作簿文件从未保存过，则将进入“另存为”→单击“浏览”按钮→在对话框中选择工作簿文件所要存放的位置→输入文件名→单击“保存”按钮。若当前工作簿文件已经保存过，则直接以原来的文件名保存

续表

操作	位置或方法	概要描述
保存工作簿	快速访问工具栏	单击快速访问工具栏中的“保存”按钮
	快捷键	按【Ctrl】+【S】键
关闭工作簿	“文件”选项卡	单击“文件”选项卡→选择“关闭”，将关闭当前工作簿文件，若工作簿尚未保存，则会出现询问是否需要保存的对话框
	标题栏	单击工作簿窗口右上角“关闭”按钮，关闭当前工作簿

4. 工作表基本操作

工作表基本操作方法如表 3-3 所示。

表 3-3　　工作表基本操作方法

操作		位置或方法	概要描述
选择工作表	单个工作表	鼠标单击	单击工作簿底部的工作表标签即可选择相应的工作表
	相邻的多个工作表	鼠标单击	单击要选择的第一个工作表标签→按住【Shift】键→单击要选择的最后一个工作表标签
	不相邻的多个工作表	鼠标单击	单击要选择的第一个工作表标签→按住【Ctrl】键→单击要选择的其他工作表标签 （当同时选择了多个工作表时，当前工作簿的标题栏将出现“工作组”字样。单击任意一个工作表标签可取消工作组，标题栏的“工作组”字样也同时消失）
重命名工作表		鼠标双击	双击要重命名的工作表标签→直接输入新的名字→输入完成后按【Enter】键
		快捷菜单	右击要重命名的工作表标签→在弹出的快捷菜单中选择“重命名”→输入新的名字→输入完成后按【Enter】键
		“开始”选项卡	单击“开始”选项卡“单元格”组中的“格式”按钮→在下拉菜单中选择“重命名工作表”
插入新工作表		工作表标签	单击工作表标签右侧的“新工作表”按钮
		快捷菜单	右击工作表标签→在弹出的快捷菜单中选择“插入”→在打开的对话框中单击“常用”选项卡→单击“工作表”图标→单击“确定”按钮
		“开始”选项卡	单击“开始”选项卡→单击“单元格”组中的“插入”按钮→在弹出的下拉菜单中选择“插入工作表”
删除工作表		“开始”选项卡	选择要删除的工作表→单击“开始”选项卡“单元格”组中的“删除”按钮→在下拉菜单中选择“删除工作表”。删除的工作表被永久删除，不能恢复
		快捷菜单	选择要删除的工作表→右击工作表标签→在弹出的快捷菜单中选择“删除”。删除的工作表被永久删除，不能恢复
移动或复制工作表		使用菜单	选中要移动或复制的工作表→单击“开始”选项卡“单元格”组中的“格式”按钮→在下拉菜单中选择“移动或复制工作表”→弹出“复制或移动工作表”对话框→在该对话框中选择工作表要移动或复制到的位置→根据需要选择是否建立副本→单击“确定”按钮

续表

<table>
<tr><th colspan="2">操作</th><th>位置或方法</th><th>概要描述</th></tr>
<tr><td colspan="2" rowspan="2">移动或复制工作表</td><td>鼠标右击</td><td>右击选中的工作表标签→在弹出的快捷菜单中选择“移动或复制…”→弹出“复制或移动工作表”对话框→在该对话框中选择工作表要移动或复制到的位置→根据需要选择是否建立副本→单击“确定”按钮</td></tr>
<tr><td>鼠标拖曳</td><td>打开目标工作簿→选中要移动或复制的工作表→按住鼠标左键→沿着标签栏拖动鼠标→当小黑三角形移到目标位置时，松开鼠标左键。若要复制工作表，则要在拖动工作表的过程中按住【Ctrl】键</td></tr>
<tr><td colspan="2">拆分工作表</td><td>“视图”选项卡</td><td>单击要进行拆分的单元格→单击“视图”选项卡“窗口”组中的“拆分”按钮 拆分</td></tr>
<tr><td colspan="2">取消工作表拆分</td><td>“视图”选项卡</td><td>在工作表处于拆分状态时，再次单击“视图”选项卡“窗口”组中的“拆分”按钮，将取消拆分</td></tr>
<tr><td rowspan="4">冻结工作表</td><td>冻结首行</td><td>“视图”选项卡</td><td>单击“视图”选项卡“窗口”组中的“冻结窗格”按钮→在下拉列表中选择“冻结首行”</td></tr>
<tr><td>冻结首列</td><td>“视图”选项卡</td><td>单击“视图”选项卡“窗口”组中的“冻结窗格”按钮→在下拉列表中选择“冻结首列”</td></tr>
<tr><td>基于单元格冻结</td><td>“视图”选项卡</td><td>单击工作表中某单元格→单击“视图”选项卡“窗口”组中的“冻结窗格”按钮→在下拉列表中选择“冻结拆分窗格”</td></tr>
<tr><td>取消冻结</td><td>“视图”选项卡</td><td>单击“视图”选项卡“窗口”组中的“冻结窗格”按钮→在下拉列表中选择“取消冻结窗格”</td></tr>
</table>

5. 单元格基本操作

单元格基本操作方法如表 3-4 所示。

表 3-4　　单元格基本操作方法

<table>
<tr><th colspan="2">操作</th><th>位置或方法</th><th>概要描述</th></tr>
<tr><td rowspan="12">选择单元格</td><td>单个单元格</td><td>鼠标单击</td><td>用鼠标直接单击所要选择的单元格</td></tr>
<tr><td rowspan="2">连续单元格</td><td>鼠标拖曳</td><td>按住鼠标左键并拖动鼠标→到适当位置后松开</td></tr>
<tr><td>【Shift】键</td><td>单击要选择区域的第一个单元格→按住【Shift】键的同时单击最后一个单元格</td></tr>
<tr><td>不连续单元格</td><td>【Ctrl】键</td><td>单击任意一个要选择的单元格→按住【Ctrl】键的同时单击其他需要选择的单元格</td></tr>
<tr><td>一行或一列</td><td>鼠标单击</td><td>单击需要选择的行号或列标</td></tr>
<tr><td rowspan="2">连续的多行或多列</td><td>鼠标拖曳</td><td>选中第一行或第一列→按住鼠标左键并拖动</td></tr>
<tr><td>【Shift】键</td><td>选中第一行或第一列→按住【Shift】键的同时选中最后一行或一列</td></tr>
<tr><td>不连续的多行或多列</td><td>【Ctrl】键</td><td>选中第一行或第一列→按住【Ctrl】键的同时选中其他需要选择的行或列</td></tr>
<tr><td rowspan="2">全选</td><td>快捷键</td><td>按【Ctrl】+【A】键</td></tr>
<tr><td>全选按钮</td><td>单击工作表左上角的全选按钮</td></tr>
</table>

续表

操作	位置或方法	概要描述
合并单元格	“合并后居中”按钮	选中要进行合并操作的单元格区域→单击“开始”选项卡“对齐方式”组中的“合并后居中”按钮。也可单击其右侧下拉按钮，在下拉列表中选择“合并后居中”
	“开始”选项卡	选中要进行合并操作的单元格区域→单击“开始”选项卡“对齐方式”组右下角的 →打开“设置单元格格式”对话框→单击“对齐”选项卡→选中“合并单元格”复选框→单击“确定”按钮
取消合并单元格	“合并后居中”按钮	选中已经合并的单元格→单击“开始”选项卡“对齐方式”组中的“合并后居中”按钮。也可单击“合并后居中”按钮右侧下拉按钮→在下拉列表中选择“取消单元格合并”
	“开始”选项卡	选中已经合并的单元格→单击“开始”选项卡“对齐方式”组右下角的 →打开“设置单元格格式”对话框→单击对话框的“对齐”选项卡→取消选中“合并单元格”复选框→单击“确定”按钮
插入单元格	“开始”选项卡	选择要插入单元格的位置→单击“开始”选项卡中“单元格”组中的“插入”按钮→在下拉列表中选择“插入单元格”
	快捷菜单	右击要插入单元格的位置→在弹出的快捷菜单中选择“插入”→在“插入”对话框中选择一种插入方式→单击“确定”按钮
插入行或列	“开始”选项卡	单击某单元格→单击“开始”选项卡“单元格”组中的“插入”按钮→在下拉列表中选择“插入工作表行”或“插入工作表列”
删除单元格、行与列	“开始”选项卡	选中要删除的单元格、行或列→单击“开始”选项卡“单元格”组中的“删除”按钮→选择“删除单元格”“删除工作表行”或“删除工作表列”
	快捷菜单	右击要删除的一个单元格→在弹出的快捷菜单中选择“删除”→在“删除”单元格对话框中选择一种删除方式→单击“确定”按钮

6. 撤销和恢复

撤销和恢复操作方法如表 3-5 所示。

表 3-5　　撤销和恢复操作方法

操作	位置或方法	概要描述
撤销	快速访问工具栏	单击快速访问工具栏的“撤销”按钮
	快捷键	按【Ctrl】+【Z】键
恢复	快速访问工具栏	单击快速访问工具栏的“恢复”按钮
	快捷键	按【Ctrl】+【Y】键

7. 输入数据

输入数据操作方法如表 3-6 所示。

表 3-6 输入数据操作方法

操作		位置或方法	概要描述
直接输入	文本类型	直接输入	● 一般文本直接输入即可 ● 按【Alt】+【Enter】键实现在单元格内换行 ● 如果文本由纯数字组成，如学生的学号、手机号、身份证号码、邮政编码等，在输入时应该在数字前加一个英文的单引号作为纯数字文本的前导符
	数值类型	直接输入	默认的对齐方式为右对齐。若要输入一个分数“2/3”，方法是先输入一个“0”，然后输入一个空格，再输入“2/3”，即“0 2/3”
	日期类型	直接输入	日期的一般格式为“年-月-日”或“月-日”或“日-月”。如果日期中没有给定年份，则系统默认使用当前的年份（以计算机系统的时间为准）
		快捷键	按【Ctrl】+【;】键可以输入当时系统的日期
	时间类型	直接输入	时间的一般格式为“时:分:秒”，如果要同时输入日期与时间，需要在日期与时间之间输入一个空格
		快捷键	按【Ctrl】+【Shift】+【;】键可以输入当前系统时间
	逻辑类型	直接输入	只有两个值，即 TRUE 与 FALSE，分别表示“真”与“假”
填充柄填充数据	相同数据	填充柄	在第一个单元格中输入数据，然后向上、下、左或右拖动填充柄即可
	等差序列	填充柄	在第一个单元格中输入序列的第一个数值→在第二个单元格中输入序列的第二个数值→将这两个单元格选中→拖动右下角的填充柄进行填充
	等比序列	“填充”按钮	输入第一个数据→单击“开始”选项卡“编辑”组中的“填充”按钮→在下拉菜单中选择“系列”→打开“序列”对话框→选择类型为“等比序列”→输入“步长值”和“终止值”→单击“确定”按钮
	自定义序列，如“赵”“钱”“孙”“李”“周”“吴”“郑”“王”	“Excel 选项”对话框	● 单击“文件”选项卡中的“选项”按钮，打开“Excel 选项”对话框 ● 在左栏中选择“高级”，在右栏中单击“常规”组中的“编辑自定义列表”按钮，打开“自定义序列”对话框 ● 在“输入序列”列表框中，输入自定义序列。每个数据项一行，或用英文逗号分隔 ● 单击“添加”按钮，将该序列添加到自定义序列列表中 ● 添加了自定义序列后，在 A1 单元格中输入“赵”，拖动 A1 单元格的填充柄即可生成该序列
导入数据	从文本文件导入	“数据”选项卡	单击“数据”选项卡“获取外部数据”组中的“自文本”按钮，打开“导入文本文件”对话框，选中文本文件后单击“打开”按钮
	从网站导入	“数据”选项卡	单击“数据”选项卡“获取外部数据”组中的“自网站”按钮→打开“新建 Web 查询”对话框→将 URL 地址粘贴到对话框中的“地址”栏→单击“转到”按钮→在网页的左侧有若干，单击某个箭头后，箭头符号变为，此时，网站中对应的区域被选中，该区域的内容即为需要导入 Excel 中的数据
	从 Access 导入	“数据”选项卡	单击“数据”选项卡“获取外部数据”组中的“自 Access”按钮→在打开的对话框中选中文件后单击“打开”按钮

8. 插入批注

插入批注操作方法如表 3-7 所示。

表 3-7 插入批注操作方法

操作	位置或方法	概要描述
添加批注	“审阅”选项卡	选中单元格→选择“审阅”选项卡“批注”组中的“新建批注”按钮→在出现的批注区域中输入批注内容
	快捷菜单	右击单元格→在弹出的快捷菜单中选择“插入批注”→在出现的批注区域中输入批注内容
编辑批注	“审阅”选项卡	选中有批注的单元格→单击“审阅”选项卡中“批注”组里的“编辑批注”按钮→打开批注框→编辑其中的内容
	快捷菜单	右击单元格→在弹出的快捷菜单中选择“编辑批注”→打开批注框→编辑其中的内容
删除批注	“审阅”选项卡	选中有批注的单元格→单击“审阅”选项卡“批注”组中的“删除”按钮
	快捷菜单	右击有批注的单元格→在弹出的快捷菜单中选择“删除批注”
	【Delete】键	编辑批注时单击批注框的边框→按【Delete】键删除批注

9. 格式设置

格式设置操作方法如表 3-8 所示。

表 3-8 格式设置操作方法

操作	位置或方法	概要描述
套用表格格式	“开始”选项卡	单击“开始”选项卡“样式”组中的“套用表格格式”按钮
设置单元格格式	“开始”选项卡中的按钮	使用“字体”组、“数字”组、“对齐方式”组中的按钮可以完成对应的格式设置
	“设置单元格格式”对话框	通过“设置单元格格式”对话框可以进行更为全面的格式设置。单击上述任意一组右下角的时，将打开“设置单元格格式”对话框
设置行高或列宽	鼠标拖曳	将鼠标指针移到某行行号的下框线或某列列标的右框线处→当鼠标指针变为或时→按住鼠标左键进行上下或左右移动→至合适位置后释放鼠标左键即可。当鼠标指针变为或时，双击鼠标可将行高和列宽设置为最适合的行高或列宽
	利用菜单设置	单击“开始”选项卡“单元格”组中的“格式”按钮→在下拉菜单中选择“行高”或“列宽”→打开“行高”或“列宽”对话框→输入数据
行或列的隐藏	设置行高或列宽	将要隐藏的若干行的行高或若干列的列宽设置为数值 0
	“开始”选项卡	单击“开始”选项卡“单元格”组中的“格式”按钮→在下拉菜单中选择“隐藏和取消隐藏”→在子菜单中选择“隐藏行”或“隐藏列”
	鼠标右击	选择好需要隐藏的若干行或若干列→在行号或列标上单击鼠标右键→在弹出的快捷菜单中选择“隐藏”
取消隐藏	鼠标拖曳	将鼠标指针移到隐藏行下方的行框线或隐藏列右边的列框线附近，当鼠标指针变为时，按住鼠标左键向下或向右拖动即可
	“开始”选项卡	选中包含隐藏行或隐藏列在内的若干行或列，例如，第 3 行被隐藏，则选中第 2 行到第 4 行→单击“开始”选项卡“单元格”组中的“格式”按钮→在下拉菜单中选择“隐藏和取消隐藏”→在子菜单中选择“取消隐藏行”或“取消隐藏列”

续表

操作	位置或方法	概要描述
取消隐藏	鼠标右击	选中包含隐藏行或隐藏列在内的若干行或列→在行号或列标上单击鼠标右键→在弹出的快捷菜单中选择“取消隐藏”
格式的复制	格式刷	● 单击“格式刷”按钮 格式刷 可以复制一次格式 ● 双击“格式刷”按钮可以将复制好的格式多次应用到新的单元格中
删除单元格格式	“开始”选项卡	单击“开始”选项卡“编辑”组中的“清除”按钮→在下拉列表中选择“清除格式”
	格式刷	选中一个未编辑过的空白单元格→单击“格式刷”按钮→拖动鼠标去选中要删除格式的单元格区域

3.1.3 应用案例：员工信息表

1. 案例效果图

本案例中共完成 3 张工作表，分别为“员工统计表”“员工信息登记表”和“值班表”，完成后的效果分别如图 3-2～图 3-4 所示。

2021年度企业员工统计表

员工编号	姓名	性别	部门	身份证号	出生日期	毕业院校	专业	联系电话
4	王传	男	生产部	210302198607160938	1986年7月16日	南京大学	电子	18173717372
5	吴晓丽	女	售后部	210303198412082729	1984年12月8日	复旦大学	电子	18036382638
6	张晓军	男	销售部	130133197310132131	1973年10月13日	常熟理工大学	计算机	15738436238
7	朱强	男	销售部	622723198602013432	1986年2月1日	南京大学	电子	13826473624
8	朱晓晓	女	生产部	32058419701107020X	1970年11月7日	南京理工大学	工商管理	14729471294
9	包晓燕	女	行政部	21030319841208272X	1984年12月8日	苏州科技大学	财会	13972748264
10	顾志刚	男	销售部	210303196508131212	1965年8月13日	同济大学	计算机	13927251749
11	李冰	男	销售部	152123198510030654	1985年10月3日	浙江大学	金融	18036342834
12	任卫杰	男	研发部	120117198507020614	1985年7月2日	苏州大学	电子	18353826492
13	王刚	男	研发部	210303198105153618	1981年5月15日	苏州大学	计算机	18836254935
14	吴英	女	行政部	210304198503040065	1985年3月4日	南京理工大学	文秘	13976351832
15	李志	女	售后部	370212197910054747	1979年10月5日	苏州大学	物流	18027352813
16	刘畅	女	销售部	37010219780709298X	1978年7月9日	南京大学	计算机	13372648251

说明：
1. 2021年度已经离职人员不列入本次统计范围。
2. 2021年度连续请假超过三个月的人员不列入本次统计范围。

图 3-2 “员工统计表”工作表效果图

新员工信息登记表

姓名		性别		身高(cm)	
出生日期		籍贯		学历	
毕业院校			专业		
身份证号			联系电话		
所属部门			职位		
教育经历					
工作经历					
特长爱好					
备注					

员工统计表 | 员工信息登记表 | 值班表

图 3-3 “员工信息登记表”工作表效果图

值班表

时间 \ 人员 \ 部门		行政部	销售部	生产部	售后部
周一	上午	王志强			
	下午		张晓军		
周二	上午	王志强			
	下午		张晓军		
周三	上午			朱晓晓	
	下午				李志
周四	上午	王志强			
	下午		张晓军		
周五	上午			朱晓晓	
	下午				李志

员工统计表 | 员工信息登记表 | 值班表

图 3-4 “值班表”工作表效果图

2. 实验准备工作

（1）复制素材

从教学辅助网站下载素材文件“应用案例 7-员工信息.rar”至本地计算机，并将该压缩文件解压缩。本案例素材均来自该文件夹。

（2）创建实验结果文件夹

在 D 盘或 E 盘上新建一个“员工信息表-实验结果”文件夹用于存放结果文件。

3. Excel 2016 应用案例

（1）新建工作簿和工作表

① 新建一个 Excel 工作簿，保存至本次的实验结果文件夹中，文件名为“员工信息表.xlsx”。

② 在工作表标签上单击鼠标右键，在弹出的快捷菜单中选择“重命名”，将工作簿中的 3 张默认工作表的名称分别修改为“员工统计表”“员工信息登记表”和“值班表”。

（2）在“员工统计表”中输入标题并设置格式

① 在 A1 单元格中输入“2021 年度企业员工统计表”。

② 选中 A1:I1 区域，单击“开始”选项卡“对齐方式”组中的“合并后居中”按钮，将标题文字合并居中。

③ 设置 A1 单元格的字体为“楷体”、字号为“24”、字体颜色为“深蓝，文字 2，淡色 40%”。

（3）输入“员工统计表”的表头数据并设置格式

① 在 A3:I3 区域中输入表头文字，如图 3-5 所示。

② 设置 A3:I3 区域的字体为“宋体”、字号为“15”。

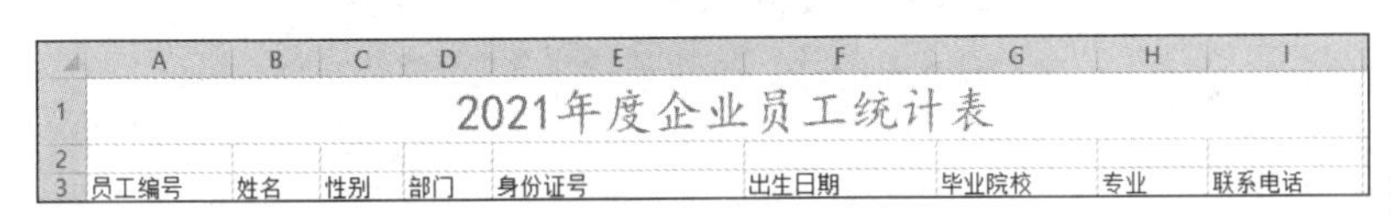

图 3-5 “员工统计表”的表头文字

③ 将 A 列至 I 列的列宽设置为最适合的列宽，具体方法：选中 A 列至 I 列，鼠标指针移至列标中列的相交处，当鼠标指针变为✛时，双击鼠标左键即可将 A 列至 I 列设置为最合适列宽。

（4）在“员工统计表”中导入员工数据

① 选中 B4 单元格后，在“数据”选项卡“获取外部数据”组中单击“自文本”按钮。

② 在“导入文本文件”对话框中，选择素材文件夹里的“员工数据.txt”文件。

③ 在“文本导入向导-第 1 步，共 3 步”对话框中，设置原始数据类型为“分隔符号”，导入起始行为“2”，文件原始格式为“936:简体中文(GB2312)”，如图 3-6 所示。设置完成后单击“下一步”按钮。

④ 在“文本导入向导-第 2 步，共 3 步”对话框中，设置分隔符号为“逗号”，此时在下方的“数据预览”区域中，可以发现原始数据已经分为若干列数据，如图 3-7 所示。设置完成后，单击“下一步”按钮。

⑤ 在“文本导入向导-第 3 步，共 3 步”对话框中，可以设置各列数据的数据类型。在“数据预览”区域选中“身份证号”列数据，再将其列数据格式设置为“文本”，如图 3-8 所示。设置完成后单击“完成”按钮。

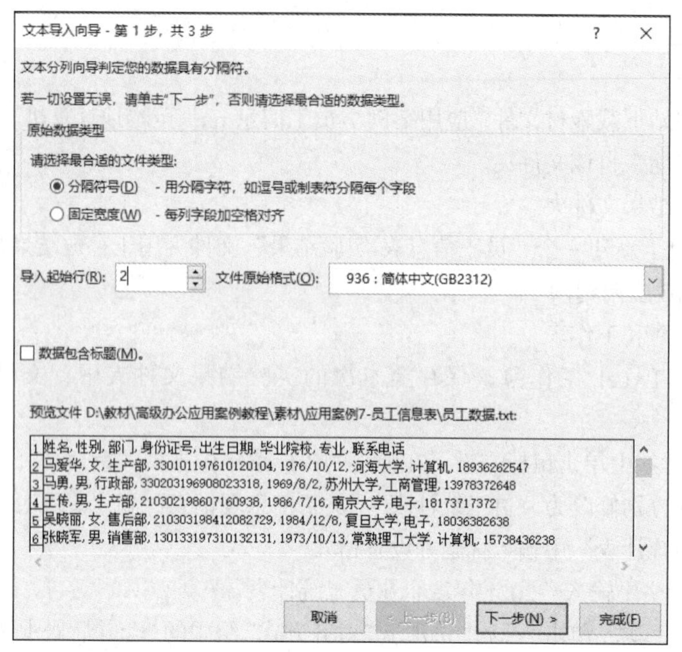

图 3-6 “文本导入向导-第 1 步，共 3 步”对话框

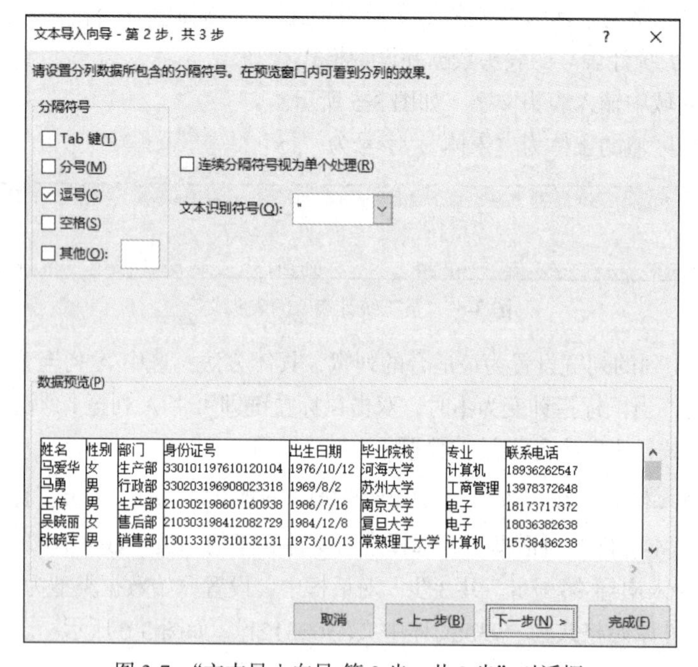

图 3-7 “文本导入向导-第 2 步，共 3 步”对话框

⑥ 在“导入数据”对话框中，可以指定导入的数据存放的起始位置。本案例中我们使用已经事先选好的单元格 B4，如图 3-9 所示。

⑦ 单击“确定”按钮导入相应的数据。

（5）在“员工统计表”中插入一行数据

① 在行号“4”上单击鼠标右键，在弹出的快捷菜单中选择“插入”，向表格中插入一个新的空白行。

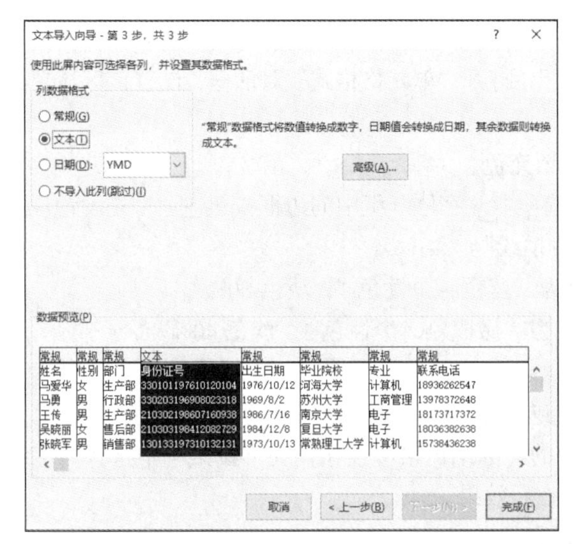

图 3-8 “文本导入向导-第 3 步，共 3 步”对话框

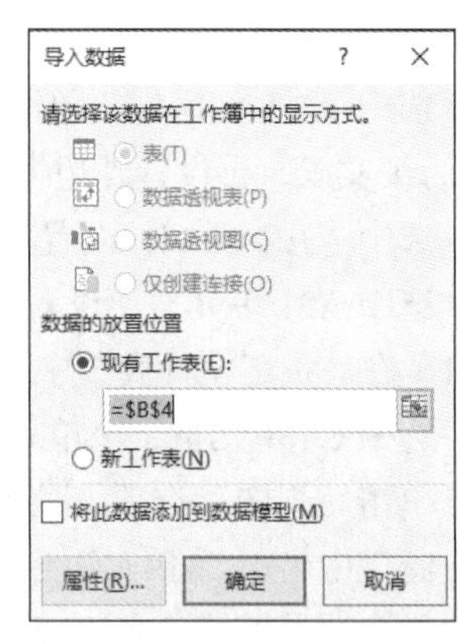

图 3-9 “导入数据”对话框

② 在增加的空白行的 B4:I4 区域中，输入如下数据。

王志强	男	行政部	322920197903021932	1979/3/2	苏州大学	金融	13782638273

需要注意的是，在 E5 单元格中不能直接输入数字“322920197903021932”，而要先输入一个英文的单引号再输入数字，因此在 E5 单元格中输入的内容为“'322920197903021932”，这样身份证号码才不会被作为数值型数据来处理。

（6）在“员工统计表”中使用填充柄生成“员工编号”列数据

① 在 A4 单元格中输入数字“1”，在 A5 单元格中输入数字“2”。

② 拖动鼠标选中 A4:A5 区域后，将鼠标指针移动至单元格区域黑框的右下角，当鼠标指针由空心十字形✚变为实心十字形+时，拖动鼠标指针至 A19 单元格，填充一个等差序列。

（7）在“员工统计表”中设置行高

① 在行号处选中 4～19 行，单击鼠标右键，在弹出的快捷菜单中选择“行高”。

② 在“行高”对话框中，设置行高为“16”。

（8）在“员工统计表”中增加“说明”数据

① 在单元格 A21 中输入“说明:”。

② 按【Alt】+【Enter】键，在单元格中输入多行数据，内容如下。

1. 2021 年度已经离职人员不列入本次统计范围。 2. 2021 年度连续请假超过三个月的人员不列入本次统计范围。

③ 选中 A21:I21 区域，单击“开始”选项卡“对齐方式”组中“合并后居中”按钮右侧的小三角，在弹出的菜单中选择“跨越合并”，如图 3-10 所示。

④ 设置本行的行高为“50”，方法同上。

（9）在“员工统计表”中设置对齐方式和数据显示格式

① 选中 A3:I19 区域，单击“开始”选项卡“对齐方式”组中的“居中”按钮≡。

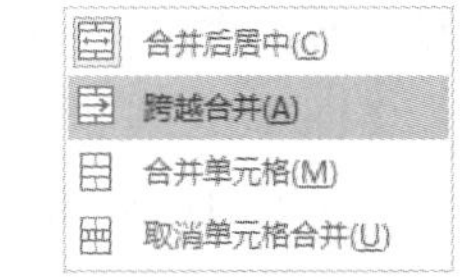

图 3-10 “合并后居中”按钮的菜单

② 选中 F4:F19 区域，单击“开始”选项卡“数字”组中“数字格式”组合框右侧的下拉按钮箭头，在下拉菜单中选择“其他数字格式”，打开“单元格格式”对话框，设置该区域单元格数据格式为“××××年××月××日”。

（10）在“员工统计表”中设置边框和填充色

① 选中 A3:I19 区域，单击“开始”选项卡“字体”组中的边框按钮 ，先设置该区域所有边框为细实线，再设置外边框为“粗外侧框线”。

② 选中 A3:I3 区域，设置其填充颜色为“蓝色，个性色 1，淡色 80%”。

③ 选中 A21 单元格，设置其填充颜色为“橄榄色，个性色 3，淡色 40%”。

（11）在“员工统计表”中冻结窗格

① 选中 C4 单元格，该单元格的上方与左侧是即将冻结的部分。

② 单击“视图”选项卡“窗口”组中的“冻结窗格”按钮，在下拉菜单中选择“冻结拆分窗格”，窗口中出现两条细实线，滚动鼠标查看效果。

（12）在“员工信息登记表”中设置标题

① 在单元格 A1 中输入“新员工信息登记表”，设置字体为“华文行楷”，字号为“25”，字体颜色为“橙色，个性色 6，深色 25%”。

② 将标题文字设置为在 A1:G1 区域内“合并后居中”。

（13）在“员工信息登记表”中输入数据并合并单元格

① 参考图 3-3，分别在相应的单元格中输入内容。

② 选中 B5:C5 区域，单击“开始”选项卡“对齐”组中的“合并后居中”按钮，或者打开“设置单元格格式”对话框，在“对齐”选项卡中，选中“合并单元格”复选框。

③ 分别将 E5:F5、B6:C6、E6:F6、B7:C7、E7:F7、G3:G7、B8:G8、B9:G9、B10:G10、B11:G11 区域合并。

（14）在“员工信息登记表”中设置行高和列宽

① 设置第 3～7 行的行高为“20”，第 8～11 行的行高为“80”。

② 设置 A:F 列的列宽为“11”，G 列的列宽为“14”。

（15）在“员工信息登记表”中插入批注

① 选中 G3 单元格后，单击“审阅”选项卡“批注”组中的“新建批注”按钮，输入批注内容“照片”。

② 选中 B6 单元格，插入批注内容：“身份证号码输入时请先输入一个英文的单引号，再接着输入身份证号码。”

（16）在“员工信息登记表”中设置边框、字体和填充色

① 选中 A3 单元格，设置填充色为“蓝色，个性色 1，淡色 80%”，字体为“楷体”“加粗”，字号为“14”。

② 选中 A3 单元格，双击“开始”选项卡“剪贴板”组中的“格式刷”按钮 格式刷，在鼠标指针旁增加了一个小刷子后，拖动鼠标分别选中需要设置字体和填充色的单元格区域。

③ 格式复制完成后，再次单击“格式刷”按钮，取消格式复制。

④ 参考图 3-3，设置表格的边框。

⑤ 选中 A8:A11 区域，单击“开始”选项卡“单元格”组中的“格式”按钮，在下拉列表中选择“设置单元格格式”，打开“设置单元格格式”对话框，在“对齐”选项卡中，选择文字方向为竖向排列，如图 3-11 所示。

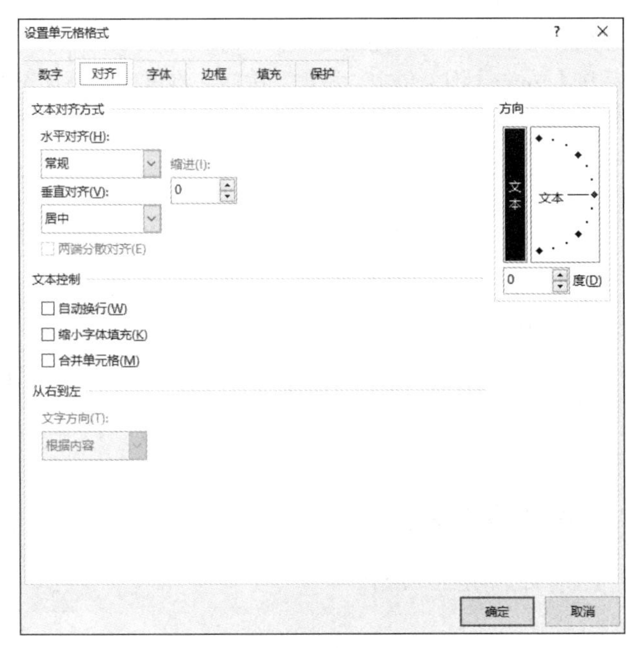

图 3-11　设置文本对齐方式

（17）在“值班表”中输入标题

① 在 A1 单元格中输入“值班表”，并设置格式，字体为“隶书”，字号为“18”。

② 将标题数据设置为 A1:F1 区域内“合并后居中”，填充颜色为“白色，背景 1，深色 25%”。

（18）在“值班表”中设计行标题

① 单击“文件”选项卡，选择“选项”，打开“Excel 选项”对话框。

② 在对话框左侧选择“高级”，右侧滚动条拉到最下方后，单击“编辑自定义列表”按钮，如图 3-12 所示。

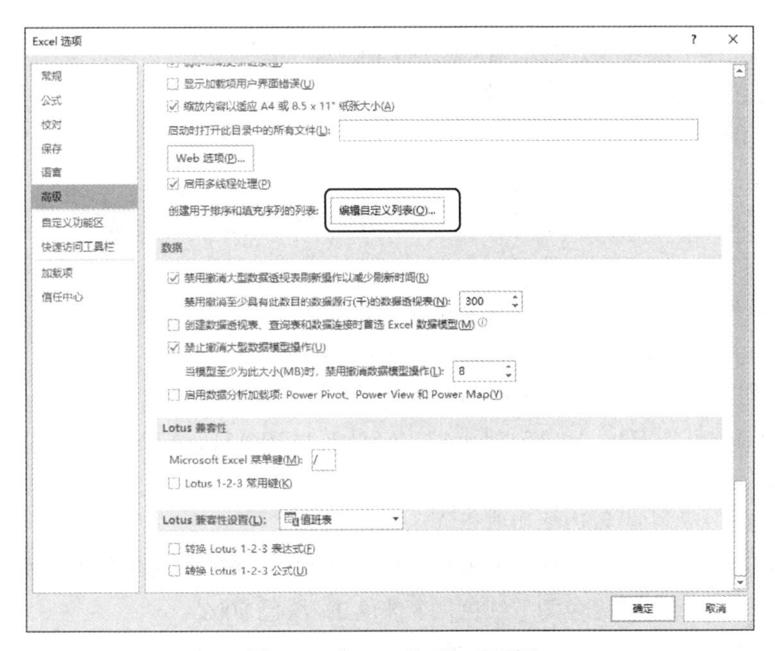

图 3-12　“Excel 选项”对话框

③ 打开“自定义序列”对话框，在右侧的文本框中输入“周一”“周二”“周三”“周四”“周五”，输入每个数据项后按【Enter】键。单击“添加”按钮，将该序列添加至左侧列表，如图 3-13 所示。

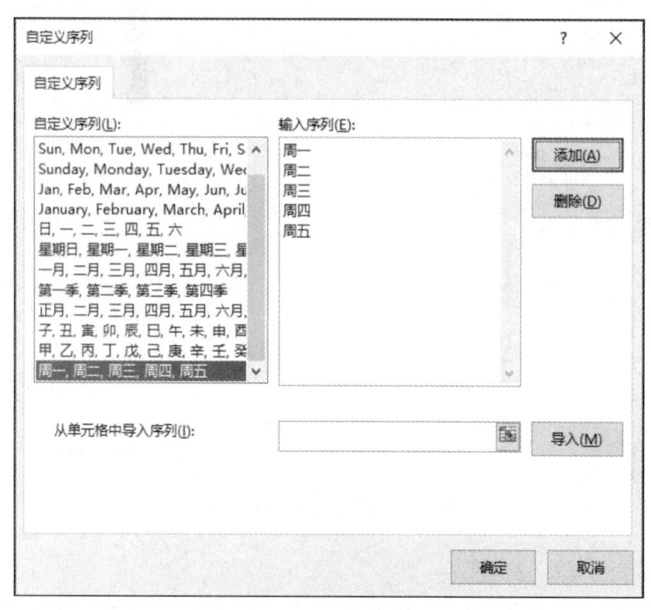

图 3-13 “自定义序列”对话框

④ 分别单击“确定”按钮关闭两个对话框。

⑤ 在 A4 单元格中输入“周一”，拖动填充柄至 A8 单元格填充自定义序列。

⑥ 按住【Ctrl】键，分别单击行号 5～8，注意不能拖动鼠标，必须逐行单击行号。

⑦ 在选中的区域单击鼠标右键，在弹出的菜单中选择“插入”，此时每行数据的上方均会插入一个新的空行。

⑧ 在 B4 单元格中输入“上午”，B5 单元格中输入“下午”。

⑨ 选中 B4:B5 区域，使用填充柄填充至 B13。

⑩ 设置 A4:B13 区域数据居中对齐。

（19）在“值班表”中设计列标题

① 在 C3:F3 区域中分别输入“行政部”“销售部”“生产部”“售后部”。

② 设置 C3:F3 区域数据居中对齐。

（20）在“值班表”中设置行高、列宽及合并单元格

① 设置第 3 行的行高为“45”，第 4～13 行的行高为“20”。

② 设置 A 列宽度为“4”，B:F 列的列宽为“8”。

③ 将单元格区域 A3:B3、A4:A5、A6:A7、A8:A9、A10:A11、A12:A13 分别设置为“合并后居中”。

（21）在“值班表”中设置边框和填充色

① 参考图 3-4，设置 A3:F13 区域的所有边框为细实线，并在列标题的下方使用双线分隔。

② 设置 A3:F3 区域的填充色为“红色，个性色 2，淡色 80%”。

③ 设置 A4:A13 区域的填充色为“紫色，个性色 4，淡色 60%”。

④ 设置 B4:B13 区域的填充色为 RGB{210,210,150}，方法为选择“其他颜色”，打开“颜色”对话框，分别设置红色、绿色、蓝色分量的值，如图 3-14 所示。

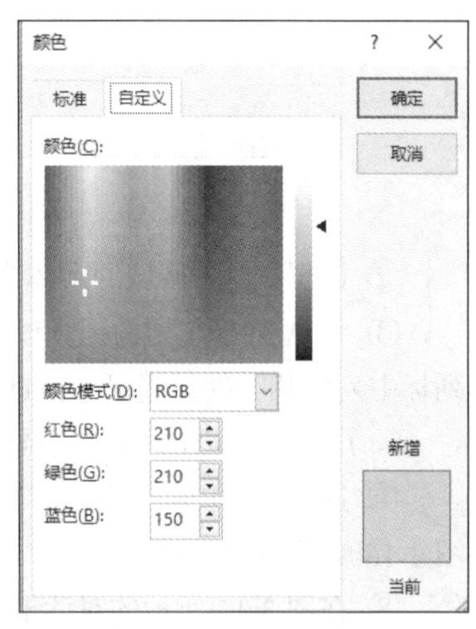

图 3-14 “颜色”对话框

（22）在“值班表”中编辑左上角单元格内容

① 参照图 3-4，在 A3 单元格中绘制两条直线，并调整它们的位置和长度。方法：单击“插入”选项卡“插图”组中的“形状”按钮，从“线条”形状中选择“直线”。将鼠标指针移至 A3 单元格（此时鼠标指针形状为细十字），按住鼠标左键并拖动至合适位置松开。

② 此时在工作界面顶部会出现“绘图工具”，选择其中的“格式”选项卡，设置“形状格式”为“细线-深色 1”。

③ 采用同样的方法绘制另一条直线，也可使用剪贴板。

④ 在 A3 单元格中放置 3 个横排文本框，内容分别为“时间”“部门”和“人员”。方法：单击“插入”选项卡“文本”组中的“文本框”按钮，选择“横排文本框”，将鼠标指针移至 A3 单元格，按住鼠标左键并拖动至合适位置松开，并在文本框中输入文字“时间”。

⑤ 设置 3 个文本框无填充颜色、无线条颜色。选中文本框，单击“格式”选项卡“形状样式”组中的“形状填充”按钮，选择“无填充颜色”；单击“格式”选项卡“形状样式”组中的“形状轮廓”按钮，选择“无轮廓”。

⑥ 参照图 3-4，调整文本框的位置、宽度和高度。

⑦ 其余文本框可采用同样方法绘制，也可使用剪贴板。

（23）在“值班表”中输入人员信息

① 按住【Ctrl】键，同时选中 C4、C6、C10 单元格，输入“王志强”后，按【Ctrl】+【Enter】键，快速输入相同的数据。

② 采用同样的方法在 D5、D7、D11 单元格中输入“张晓军”，在 E8、E12 单元格中输入“朱晓晓”，在 F9、F13 单元格中输入“李志”。

（24）保存工作簿

单击快速访问工具栏中的“保存”按钮，或单击“文件”选项卡，选择“保存”，保存操作结果。

4. WPS 表格 2019 应用案例

（1）新建工作簿和工作表

① 新建一个工作簿，保存至本次的实验结果文件夹内，文件名为“员工信息表.xlsx”。

② 在工作表标签栏单击+新建两张工作表，并在工作表标签上单击鼠标右键，在弹出的快捷菜单中选择“重命名”，将 3 张工作表的名称分别修改为“员工统计表”“员工信息登记表”和“值班表”。

（2）在“员工统计表”中输入标题并设置格式

① 在 A1 单元格中输入“2021 年度企业员工统计表”。

② 选中 A1:I1 区域，单击“开始”选项卡“合并居中”按钮，将标题文字合并居中。

③ 设置 A1 单元格的字体为“楷体”、字号为“24”、字体颜色为“矢车菊蓝，着色 1，深色 25%”。

（3）输入“员工统计表”的表头数据并设置格式

① 在 A3:I3 区域中输入表头文字，如图 3-15 所示。

	A	B	C	D	E	F	G	H	I
1	2021年度企业员工统计表								
2									
3	员工编号	姓名	性别	部门	身份证号	出生日期	毕业院校	专业	联系电话

图 3-15 “员工统计表”的表头文字

② 设置 A3:I3 区域的字体为“宋体”、字号为“15”。

③ 将 A 列至 I 列的列宽设置为最适合的列宽，具体方法：选中 A 列至 I 列，鼠标指针移至列标中列的相交处，当鼠标指针变为✛时，双击鼠标左键即可将 A 列至 I 列设置为最合适列宽。

（4）在“员工统计表”中导入员工数据

① 选中 B4 单元格后，在“数据”选项卡中单击“导入数据”按钮，第一次使用时将弹出图 3-16 所示的提醒对话框，单击“确定”按钮即可。

② 在图 3-17 所示的对话框中，选择“直接打开数据文件”，并单击“选择数据源”按钮。

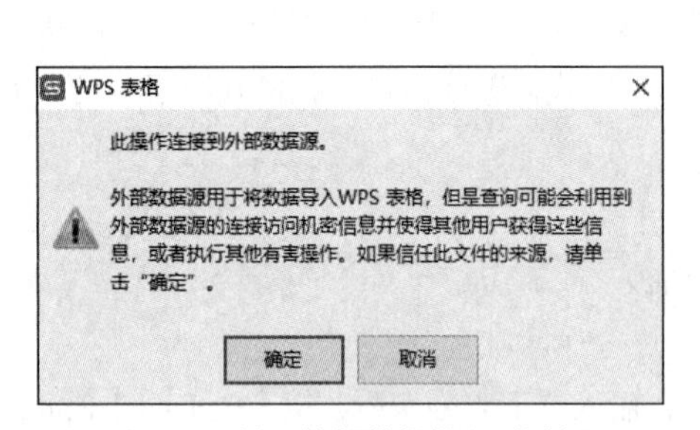

图 3-16 导入外部数据提醒对话框

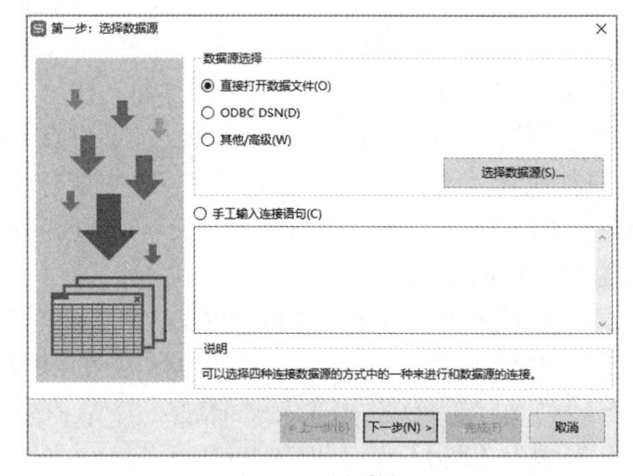

图 3-17 选择数据源

③ 在“打开”对话框中，选择素材文件夹中的“员工数据.txt”文件。

④ 在“文件转换”对话框中，设置文件原始格式为“简体中文”，单击“下一步”按钮。

⑤ 在“文件导入向导-3 步骤之 1”对话框中，设置原始数据类型为“分隔符号”，导入起始行为“2”，如图 3-18 所示。设置完成后单击“下一步”按钮。

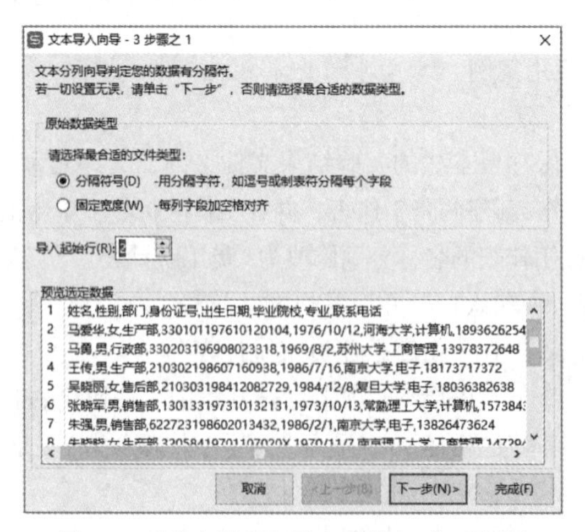

图 3-18 “文本导入向导-3 步骤之 1”对话框

⑥ 在“文本导入向导-3 步骤之 2”对话框中，设置分隔符号为“逗号”，此时在下方的“数据预览”区域中，可以发现原始数据已经分为若干列数据，如图 3-19 所示。设置完成后，单击“下一步”按钮。

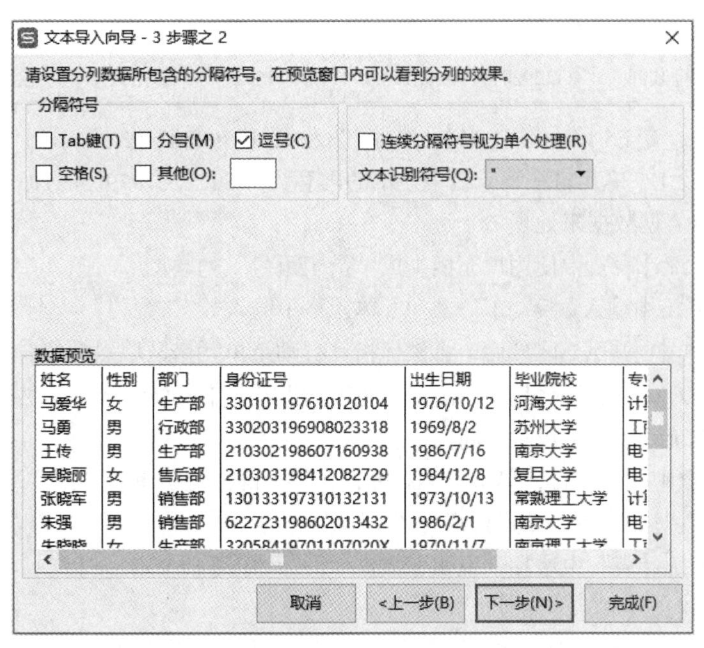

图 3-19 “文本导入向导-3 步骤之 2” 对话框

⑦ 在“文本导入向导-3 步骤之 3”对话框中，可以设置各列数据的数据类型。在“数据预览”区域选中“身份证号”列数据，再将其列数据格式设置为“文本”，如图 3-20 所示。设置完成后单击“完成”按钮。

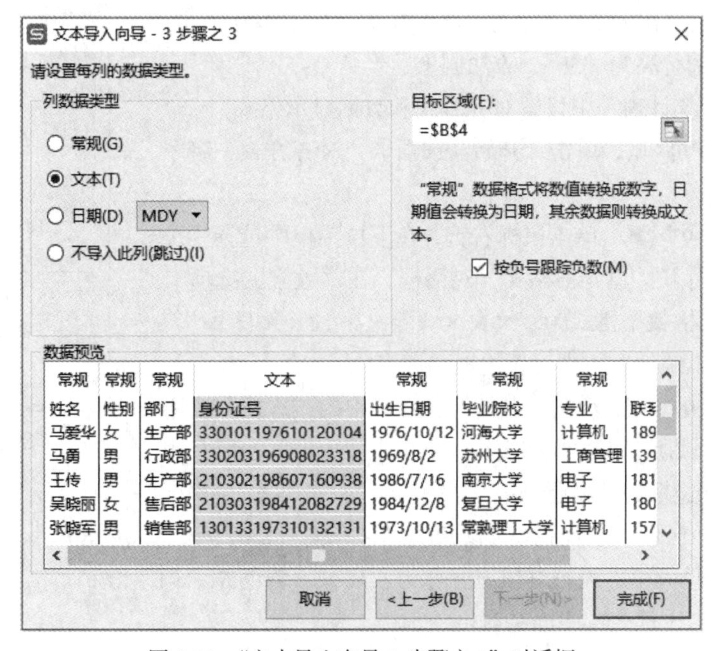

图 3-20 “文本导入向导-3 步骤之 3”对话框

（5）在“员工统计表”中插入一行数据

① 在行号“4”上单击鼠标右键，在弹出的快捷菜单中选择“插入”，向表格中插入一个新的空白行。

② 在增加的空白行的 B4:I4 区域中，输入如下数据。

王志强	男	行政部	322920197903021932	1979/3/2	苏州大学	金融	13782638273

需要注意的是，在 E5 单元格中，输入数字“322920197903021932”，由于身份证号的列数据类型为“文本”，故 E5 单元格在编辑栏中显示的内容为“'322920197903021932”，这样身份证号码才不会被作为数值型数据来处理。

（6）在“员工统计表”中使用填充柄生成“员工编号”列数据

① 在 A4 单元格中输入数字“1”，在 A5 单元格中输入数字“2”。

② 拖动鼠标选中 A4:A5 区域后，将鼠标指针移动至单元格区域黑框的右下角，当鼠标指针由空心十字形✚变为实心十字形✚时，拖动鼠标指针至 A19 单元格，填充一个等差序列。

（7）在“员工统计表”中设置行高

① 在行号处选中 4～19 行，单击鼠标右键，在弹出的快捷菜单中选择“行高”。

② 在“行高”对话框中，设置行高为“16”。

（8）在“员工统计表”中增加“说明”数据

① 在单元格 A21 中输入“说明:”。

② 按【Alt】+【Enter】键，在单元格中输入多行数据，内容如下。

1. 2021 年度已经离职人员不列入本次统计范围。
2. 2021 年度连续请假超过三个月的人员不列入本次统计范围。

③ 选中 A21:I21 区域，单击“开始”选项卡的“合并居中”按钮下方的小三角，在弹出的菜单中选择“合并内容”，如图 3-21 所示。

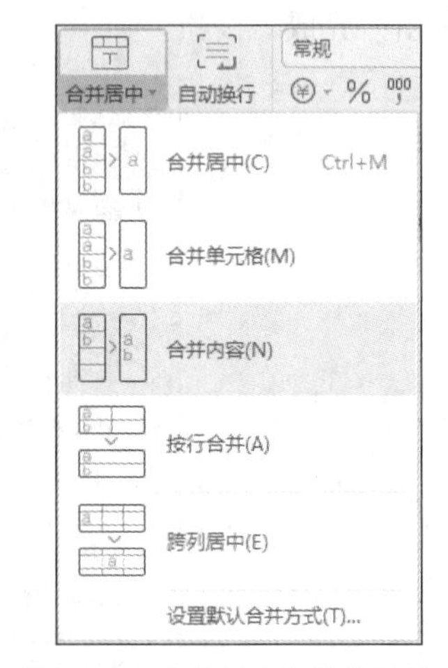

图 3-21 “合并居中”按钮的菜单

④ 设置本行的行高为“50”，方法同上。

（9）在“员工统计表”中设置对齐方式和数据显示格式

① 选中 A3:I19 区域，单击“开始”选项卡“对齐方式”组中的“居中”按钮☰。

② 选中 F4:F19 区域，单击鼠标右键，在下拉菜单中选择“设置单元格格式”，打开“单元格格式”对话框，在“数字”选项卡中设置该区域单元格数据格式为“××××年××月××日”。

（10）在“员工统计表”中设置边框和填充色

① 选中 A3:I19 区域，单击“开始”选项卡中的“边框”按钮田，先设置该区域所有边框为细实线，再单击“边框”按钮右侧的小三角，设置外边框为“粗匣框线”。

② 选中 A3:I3 区域，设置其填充颜色为“矢车菊蓝，着色 1，浅色 80%”。

③ 选中 A21 单元格，设置其填充颜色为“浅绿，着色 6，浅色 40%”。

（11）在“员工统计表”中冻结窗格

① 选中 C4 单元格，该单元格的上方与左侧是即将冻结的部分。

② 单击“视图”选项卡的“冻结窗格”按钮，在下拉菜单中选择“冻结至第3行B列”，窗口中出现两条细实线，滚动鼠标查看效果。

（12）在“员工信息登记表”中设置标题

① 在单元格A1中输入“新员工信息登记表”，设置字体为“华文行楷”，字号为“25”，字体颜色为“巧克力黄，着色2，深色25%”。

② 将标题文字设置为在A1:G1区域内“合并居中”。

（13）在“员工信息登记表”中输入数据并合并单元格

① 参考图3-3，分别在相应的单元格中输入内容。

② 选中B5:C5区域，单击“开始”选项卡的“合并居中”按钮，或者打开“单元格格式”对话框，在“对齐”选项卡中，选中“合并单元格”复选框。

③ 分别将E5:F5、B6:C6、E6:F6、B7:C7、E7:F7、G3:G7、B8:G8、B9:G9、B10:G10、B11:G11区域合并。

（14）在“员工信息登记表”中设置行高和列宽

① 设置第3～7行的行高为“20”，第8～11行的行高为“80”。

② 设置A:F列的列宽为“11”，G列的列宽为“14”。

（15）在“员工信息登记表”中插入批注

① 选中G3单元格后，单击“审阅”选项卡中的“新建批注”按钮，输入批注内容“照片”。

② 选中B6单元格，插入批注内容：“身份证号码输入时请先输入一个英文的单引号，再接着输入身份证号码。”

（16）在“员工信息登记表”中设置边框、字体和填充色

① 选中A3单元格，设置填充色为“钢蓝，着色5，浅色80%”，字体为“楷体”“加粗”，字号为14。

② 选中A3单元格，双击“开始”选项卡中的“格式刷”按钮，在鼠标指针旁增加了一个小刷子后，拖动鼠标分别选中需要设置字体和填充色的单元格区域。

③ 格式复制完成后，再次单击“格式刷”按钮，取消格式复制。

④ 参考图3-3，设置表格的边框。

⑤ 选中A8:A11区域，单击“开始”选项卡的“格式”按钮，在下拉列表中选择“单元格”，打开“单元格格式”对话框，在“对齐”选项卡中，选择文字方向为“文字竖排”，如图3-22所示。

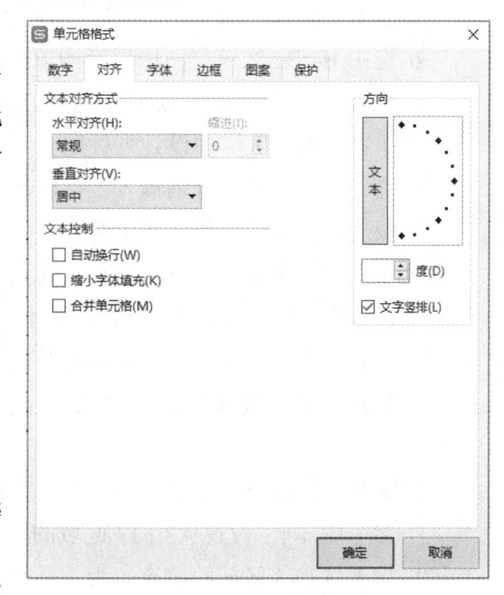

图3-22 设置文本对齐方式

（17）在“值班表”中输入标题

① 在A1单元格中输入“值班表”，并设置格式，字体为“隶书”，字号为“18”。

② 将标题数据设置为A1:F1区域内“合并居中”，填充颜色为“白色，背景1，深色25%”。

（18）在“值班表”中设计行标题

① 单击“文件”选项卡，选择“选项”，打开“选项”对话框。

② 在对话框左侧选择“自定义序列”，在右侧的

文本框中输入“周一”“周二”“周三”“周四”“周五”，输入每个数据项后按【Enter】键。

③ 单击“添加”按钮，将该序列添加至左侧列表，如图 3-23 所示。

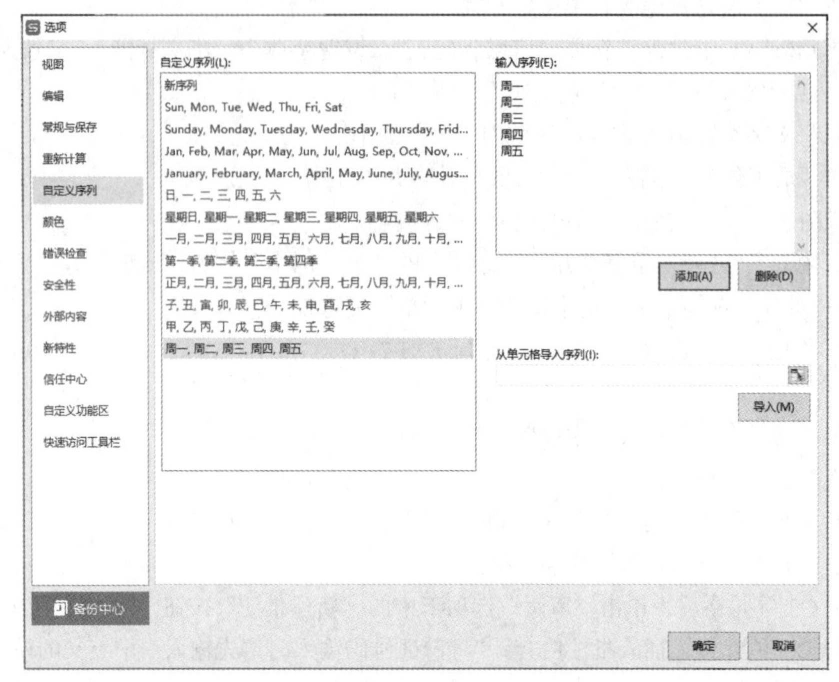

图 3-23 “选项”对话框

④ 单击“确定”按钮关闭对话框。

⑤ 在 A4 单元格中输入“周一”，拖动填充柄至 A8 单元格填充自定义序列。

⑥ 按住【Ctrl】键，分别单击行号 5～8，注意不能拖动鼠标，必须逐行单击行号。

⑦ 在选中的区域单击鼠标右键，在弹出的菜单中选择“插入”，此时每行数据的上方均会插入一个新的空行。

⑧ 在 B4 单元格中输入“上午”，B5 单元格中输入“下午”。

⑨ 选中 B4:B5 区域，使用填充柄填充至 B13。

⑩ 设置 A4:B13 区域数据居中对齐。

（19）在“值班表”中设计列标题

① 在 C3:F3 区域中分别输入“行政部”“销售部”“生产部”“售后部”。

② 设置 C3:F3 区域数据居中对齐。

（20）在“值班表”中设置行高、列宽及合并单元格

① 设置第 3 行的行高为“45”，第 4～13 行的行高为“20”。

② 设置 A 列宽度为“4”，B:F 列的列宽为“8”。

③ 将单元格区域 A3:B3、A4:A5、A6:A7、A8:A9、A10:A11、A12:A13 分别设置为“合并居中”。

（21）在“值班表”中设置边框和填充色

① 参考图 3-4，设置 A3:F13 区域的所有边框为细实线，并在列标题的下方使用双线分隔。

② 设置 A3:F3 区域的填充色为“巧克力黄，着色 2，浅色 80%”。

③ 设置 A4:A13 区域的填充色为“浅绿，着色 6，浅色 60%”。

④ 设置 B4:B13 区域的填充色为 RGB{210,210,150}，方法为选择“其他颜色”，打开“颜色”对话框，分别设置红色、绿色、蓝色分量的值，如图 3-24 所示。

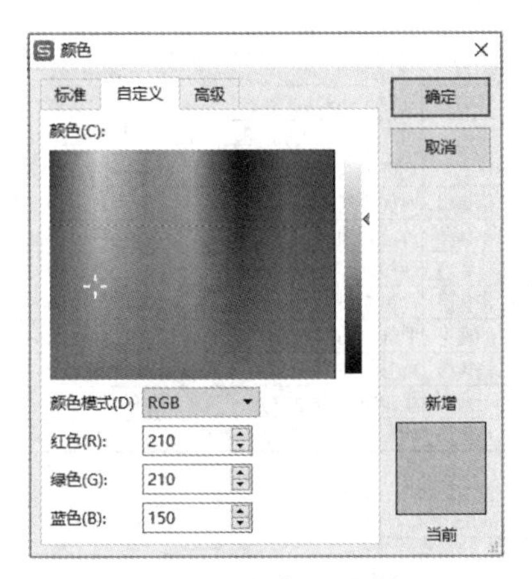

图 3-24　“颜色”对话框

（22）在“值班表”中编辑左上角单元格内容

① 参照图 3-4，在 A3 单元格中绘制两条直线，并调整它们的位置和长度。方法：单击“插入”选项卡的“形状”按钮，从“线条”形状中选择“直线”。将鼠标指针移至 A3 单元格（此时鼠标指针形状为细十字），按住鼠标左键并拖动至合适位置松开。

② 此时在选项卡区域会出现“绘图工具”选项卡，设置“形状效果”为“细微线-深色 1”。

③ 采用同样的方法绘制另一条直线，也可使用剪贴板。

④ 在 A3 单元格中放置 3 个横排文本框，内容分别为“时间”“部门”和“人员”。方法：单击“插入”选项卡的“文本框”按钮，选择“横排文本框”，将鼠标指针移至 A3 单元格，按住鼠标左键并拖动至合适位置松开，并在文本框中输入文字“时间”。

⑤ 设置 3 个文本框无填充颜色、无线条颜色。选中文本框，单击“绘图工具”选项卡的“轮廓”按钮轮廓，选择“无轮廓”；单击“填充”按钮填充，选择“无填充颜色”。

⑥ 参照图 3-4，调整文本框的位置、宽度和高度。

⑦ 其余文本框可采用同样方法绘制，也可使用剪贴板。

（23）在“值班表”中输入人员信息

① 按住【Ctrl】键，同时选中 C4、C6、C10 单元格，输入“王志强”后，按【Ctrl】+【Enter】键，快速输入相同的数据。

② 采用同样的方法在 D5、D7、D11 单元格中输入“张晓军”，在 E8、E12 单元格中输入“朱晓晓”，在 F9、F13 单元格中输入“李志”。

（24）保存工作簿

单击快速访问工具栏中的“保存”按钮，或单击“文件”选项卡，选择“保存”，保存操作结果。

3.1.4　练习

本练习的效果图如图 3-25～图 3-27 所示。

通信录

说明：
1. 本通信录只限公司内部使用，未经许可不得外传。
2. 联系方式发生变更后，本表可能更新不及时。

工号	姓名	职位	家庭住址	联系电话	QQ号码
XS004	张江峰	秘书	司前街58号16-302	13233727190	22883494
XS005	邓正北	采购	机场路12号太阳花园21-302	13402588578	288384932
XS006	王亚先	秘书	网陵园路249号21-1302	13771778570	284493824
XS007	冯涓	销售员	哈贝斯花园37-3902	13771816554	4850682
XS008	潘正武	销售员	海上花园20-305	13771826382	34394945
XS009	俞国军	副经理	贾旗路2号403	13771887785	484938278
XS010	苗伟	销售员	司前街12号34-204	13776007047	3948737593
XS011	蒋晴云	助理	北洋路452号北洋花园3-403	13812764178	493938294
XS012	翟海军	销售员	杨巷路236号阳光花园32-603	13814840329	3837294083
XS013	邵海荣	出纳	星港街348号2-702	13814979925	839204854
XS014	李海平	销售员	明阳街4号兴花园40-4-3	13861308184	9328174942

销售部员工通信录 | 办公用品申领单 | 各部门物品库存

图 3-25 “销售部员工通信录”工作表效果图

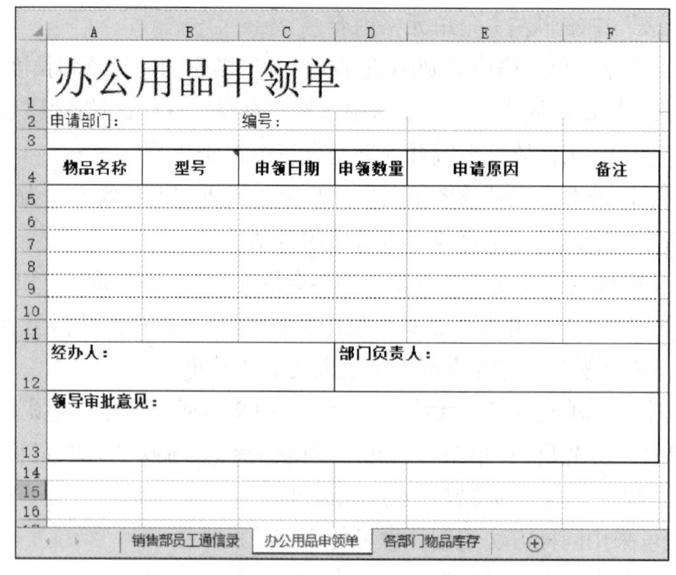

办公用品申领单

申请部门： 编号：

物品名称	型号	申领日期	申领数量	申请原因	备注

经办人： 部门负责人：

领导审批意见：

销售部员工通信录 | 办公用品申领单 | 各部门物品库存

图 3-26 “办公用品申领单”工作表效果图

库存统计表

数量 品名 部门	水笔	文件夹	白板笔	记事本	订书机
销售部					
行政部					
研发部					
生产部					
售后部					

销售部员工通信录 | 办公用品申领单 | 各部门物品库存

图 3-27 “各部门物品库存”工作表效果图

具体要求如下。

（1）实验准备工作。

① 复制素材。从教学辅助网站下载素材文件“练习 7-通信录、库存及申领单.rar”至本地计算机，并将该压缩文件解压缩。

② 创建实验结果文件夹。在 D 盘或 E 盘上新建一个“通信录、库存及申领单-实验结果”文件夹用于存放结果文件。

（2）新建工作簿，并保存在“通信录、库存及申领单”文件夹中，文件名为“通信录、库存及申领单.xlsx”。

（3）新建 3 张工作表，并将工作表名称分别修改为“销售部员工通信录”“办公用品申领单”和“各部门物品库存”。

（4）制作“销售部员工通信录”工作表。

① 参考图 3-25 输入标题“通信录”，字体为“楷体”，字号为“25”，合并后居中。

② 参考图 3-25 在相应的单元格内输入列标题并设置格式，字体为“宋体”，字号为“16”，填充颜色为“水绿色，个性色 5，淡色 40%”。

③ 导入练习素材中的“通信录.txt”，自 B5 单元格开始存放，要求“联系电话”和“QQ 号码”两列数据为文本型数据。

④ 使用填充柄填充 A 列的工号数据。

⑤ 根据图 3-25，输入 A2 单元格的说明内容并设置该行的行高为“50”。

⑥ 为 A 列至 F 列设置最适合的列宽。

⑦ 设置第 4～18 行的行高为“18”。

⑧ 参考图 3-25，设置表格的边框。

⑨ 在 C5 单元格处设置冻结窗格。

（5）制作“办公用品申领单”工作表。

① 在 A1 单元格中输入标题文字“办公用品申领单”，设置字号为“30”。

② 参考图 3-26，在单元格中输入对应的文字。

③ 设置列宽，A 列、B 列、C 列、F 列的列宽为“11”，D 列列宽为“8”，E 列列宽为“18”。

④ 设置行高，第 1 行行高为“50”，第 4 行行高为“25”，第 5～11 行行高为“16”，第 12 行行高为“35”，第 13 行行高为“50”。

⑤ 分别合并如下单元格区域：A12:C12、D12:F12 和 A13:F13。

⑥ 设置 A4:F4 区域文字加粗、居中对齐，A12、D12、A13 单元格文字加粗、垂直靠上对齐。

⑦ 参照图 3-26 设置对应的边框框线。

⑧ 参照图 3-26 在适当的位置插入素材文件夹中的图片“LOGO.jpg”，调整其大小，并将图片重新着色为“茶色，背景颜色 2 浅色”。

⑨ 对 B4 单元格添加批注，内容为“请填写完整的型号。”。

（6）制作“各部门物品库存”工作表。

① 参照图 3-27 在 A1 单元格中输入标题“库存统计表”，设置字体为“楷体”、字号为“30”，在 A1:F1 区域内“跨列居中”。

② 将序列“销售部、行政部、研发部、生产部、售后部”添加到 Excel 的自定义序列中，并

在 A4:A8 区域中使用填充柄填充该序列。

③ 在 B3:F3 区域中输入图 3-27 所示的内容，所有输入的内容均居中对齐。

④ 设置第 3 行行高为“40”，第 4～8 行行高为“20”。

⑤ 设置 A 列列宽为“15”，B 列至 F 列列宽为“10”。

⑥ 参考图 3-27 设置表格左上角的斜线表头。

⑦ 设置 A3:F3、A4:A8 区域的填充色为“红色，个性色 2，淡色 60%”。

⑧ 参照图 3-27 设置表格的边框。

（7）保存工作簿文件。

3.2 Excel 表格的基本计算与管理

3.2.1 案例概述

1. 案例目标

Excel 电子表格软件除了基本的表格编辑功能外，最强大的功能在于对数据的计算和管理。Excel 提供了丰富的函数和数据管理功能，为各行各业日常的数据统计与分析工作带来了更方便、更快捷的处理方式。

在教学过程中，对学生考试成绩的统计和分析至关重要。本案例中我们制作一张学生的成绩统计表，根据各种客观需求，对表中的数据进行计算和分析，得出相关结果；还可以将分析结果以图表的形式展现出来。

2. 知识点

本案例涉及的主要知识点如下。

① 常见函数的使用，如 SUM、AVERAGE、RANK.EQ、COUNT、COUNTIF、IF、MAX、MIN 等。

② 图表的制作。

③ 数据的排序。

④ 数据的自动筛选。

⑤ 数据的分类汇总。

⑥ 打印设置，包括页面设置、页眉页脚、打印区域、打印标题等。

3.2.2 知识点总结

1. 运算符

Excel 中常用的运算符如表 3-9 所示。

表 3-9　Excel 中常用的运算符

运算符	说明
数值运算符	数值运算符的运算对象主要是数值型数据，主要有“+”“−”“*”“/”和“^”
字符运算符	字符运算符的运算对象为文本型数据，只有一种连接运算符“&”，连接运算的结果仍然为文本型数据

续表

运算符	说明
关系运算符	关系运算符包括“=”“<>”“>”“>=”“<”“<=”。关系表达式的运算结果为逻辑型数据，即其值只能是 TRUE 或 FALSE

2. 插入公式

插入公式操作方法如表 3-10 所示。

表 3-10　插入公式操作方法

操作	位置或方法	概要描述
创建和编辑公式	直接输入	单击单元格→直接输入公式；单击单元格→单击编辑栏→输入公式 公式输入结束后，单击编辑栏左侧的“输入”按钮✔或直接按【Enter】键即可 所有公式必须以“=”开头，后面跟运算符、常量、单元格引用、函数名等

3. 使用公式时常见的错误代码

使用公式时常见的错误代码如表 3-11 所示。

表 3-11　使用公式时常见的错误代码

错误代码	含义
####	单元格中的数据太长或结果太大，导致单元格列宽不够显示所有数据
#DIV/0!	除数为 0
#VALUE!	使用了错误的引用
#REF!	公式引用的单元格被删除了
#N/A	用于所要执行的计算的信息不存在
#NUM!	提供的函数参数无效
#NAME?	使用了不能识别的文本

4. 公式中单元格的引用方式

公式中单元格的引用方式如表 3-12 所示。

表 3-12　公式中单元格的引用方式

引用方式	说明
相对引用	直接给出列号与行号的引用方法为相对引用，如 A1、C5 等。若使用相对引用，在公式发生复制和移动时，其单元格地址也会发生相应的变化。例如，在 B6 单元格的编辑栏上输入的公式为“=SUM(B2:B5)”，表示在 B6 单元格中计算 B2:B5 的总和，公式中对单元格的引用方式为相对引用，当使用鼠标拖动填充柄至 E6 单元格时，E6 单元格编辑栏中显示的公式为“=SUM(E2:E5)”
绝对引用	在列号与行号的前面加符号“$”的引用方法为绝对引用，如$A$2、$C$5 等。若使用绝对引用，在公式发生复制和移动时，行号和列号均保持不变
混合引用	混合引用有两种：行绝对列相对，如 A$1；行相对列绝对，如$A1。若使用混合引用，在公式发生复制和移动时，列号前有“$”符号则列号不变，行号相对变化，行号前有“$”符号则行号不变，列号相对变化
不同工作表中单元格的引用	同一工作簿不同工作表间的单元格引用格式为“工作表名![$]列标[$]行号”
不同工作簿中单元格的引用	不同工作簿间的单元格引用格式为“[工作簿文件名]工作表名![$]列标[$]行号”

5. 输入函数

输入函数操作方法如表 3-13 所示。

表 3-13　　输入函数操作方法

操作	位置或方法	概要描述
输入函数	手工输入	在编辑栏中手工输入函数，前提是用户熟悉函数名的拼写和函数参数的类型、次序及含义
	使用函数向导	单击编辑栏上的“插入函数”按钮 fx，或者单击“公式”选项卡中的“插入函数”按钮 fx

6. 常用函数

常用函数如表 3-14 所示。

表 3-14　　常用函数

函数名	格式	功能
SUM	SUM(参数 1,参数 2,…)	求各参数之和
AVERAGE	AVERAGE(参数 1,参数 2,…)	求各参数的平均值
MAX	MAX(参数 1,参数 2,…)	求若干参数中的最大值
MIN	MIN(参数 1,参数 2,…)	求若干参数中的最小值
COUNT	COUNT(参数 1,参数 2,…)	统计参数中数值型数据的个数，非数值型数据与空单元格不计算在内
COUNTIF	COUNTIF(条件区域,条件)	统计条件区域中满足指定条件单元格的个数
IF	IF(条件,表达式 1,表达式 2)	若条件成立则返回表达式 1 的结果，否则返回表达式 2 的结果
INT	INT(数值表达式)	返回不大于数值表达式的最大整数
ABS	ABS(数值表达式)	返回数值表达式的绝对值
ROUND	ROUND(数值表达式,n)	对数值表达式四舍五入，返回精确到小数点后第 n 位的结果。$n>0$ 表示保留 n 位小数；$n=0$ 表示只保留整数部分；$n<0$ 表示整数部分从右到左的第 n 位上四舍五入
RANK.EQ	RANK.EQ(待排数据,数据区域［,n］)	返回待排数据在数据区域中的排列序号。缺省 n 或 n=0，表示降序排列；若 n 为非 0 的值，表示按升序排序

7. 图表的组成要素

Excel 的图表由许多要素组成，包括图表标题、网格线、图例、数据系列等，如图 3-28 所示。

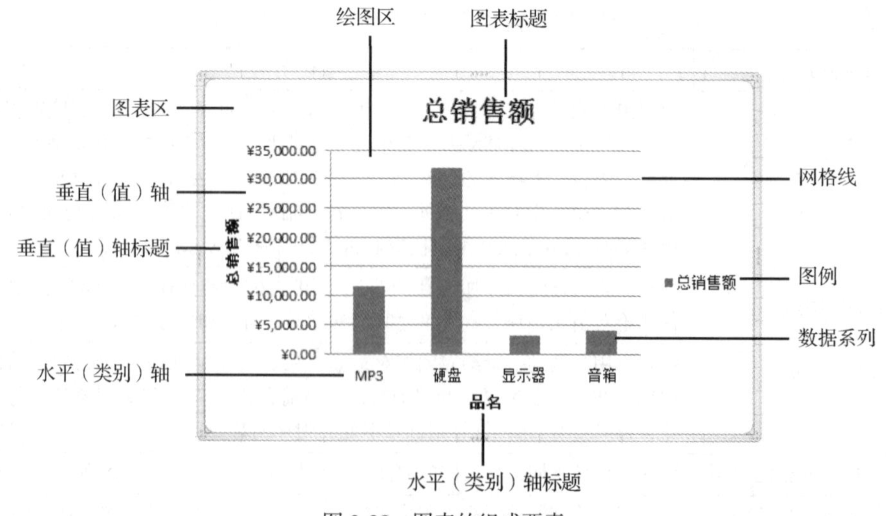

图 3-28　图表的组成要素

8. 图表基本操作

图表基本操作方法如表 3-15 所示。

表 3-15　图表基本操作方法

<table>
<tr><th>操作</th><th>位置或方法</th><th>概要描述</th></tr>
<tr><td rowspan="2">创建图表</td><td>快捷键</td><td>选中要创建图表的源数据区域后，有以下两种方法创建图表
● 按【F11】键，可基于默认图表类型（柱形图）迅速创建一张新工作表，用来显示建立的图表
● 按【Alt】+【F1】键，在当前工作表中创建一个基于默认图表类型（柱形图）的图表</td></tr>
<tr><td>“插入”选项卡</td><td>选中要创建图表的源数据区域→在“插入”选项卡“图表”组中选择需要的图表→在打开的子类型中，选择需要的图表类型</td></tr>
<tr><td rowspan="2">图表的编辑和美化</td><td>“设计”选项卡</td><td>在“设计”选项卡中，可以更改图表类型、图表数据源、图表布局、图表区格式和图表位置等，也可以修改图表的标题、图例、坐标轴等</td></tr>
<tr><td>“格式”选项卡</td><td>在“格式”选项卡中可以设置图表的边框格式、字体格式、填充颜色等</td></tr>
</table>

9. 数据管理操作

数据管理操作方法如表 3-16 所示。

表 3-16　数据管理操作方法

<table>
<tr><th colspan="2">操作</th><th>位置或方法</th><th>概要描述</th></tr>
<tr><td colspan="2" rowspan="2">排序</td><td>利用排序按钮</td><td>将光标定位在需要排序的列的任何一个单元格中（该单元格一定要在数据清单内），有以下两种方法进行排序
● 单击“数据”选项卡“排序和筛选”组中的“升序”按钮或“降序”按钮
● 单击“开始”选项卡“编辑”组中的“排序和筛选”按钮→在下拉菜单中选择“升序”或“降序”</td></tr>
<tr><td>利用对话框</td><td>将光标定位在数据列表中的任意一个单元格中→单击“数据”选项卡“排序和筛选”组中的“排序”按钮→打开“排序”对话框→设置排序的关键字和排序方式→单击“确定”按钮
若要对数据列表中的数据按两个或两个以上关键字进行排序，则单击“添加条件”按钮，对话框中将多出一行“次要关键字”。根据排序需求，设置次要关键字以及其排序依据等信息即可</td></tr>
<tr><td>筛选</td><td>自动筛选</td><td>“数据”选项卡或“开始”选项卡</td><td>选中数据列表中的任意一个单元格→单击“数据”选项卡中“排序和筛选”组的“筛选”按钮→单击所需要筛选的字段旁的筛选箭头→在下拉列表中选择相关筛选项进行筛选
● 在值列表中筛选：根据需要筛选的列数据中的现有值，来选择需要筛选的数据
● 根据数据筛选：根据列数据中的数据大小、内容等来筛选，如筛选出品名中含有“草”字的相关数据
● 多条件筛选：反复多次执行筛选步骤即可。需要注意的是，多个筛选条件之间为“并且”的关系，也就是说，所有筛选条件都满足的数据才会显示</td></tr>
</table>

续表

操作		位置或方法	概要描述
筛选	取消筛选	“数据”选项卡或“开始”选项卡	单击“开始”选项卡“编辑”组中的“排序和筛选”按钮→在下拉菜单中再次选择“筛选”按钮。取消筛选时，所有筛选结果都会取消，即所有因筛选而被隐藏的行将全部显示
分类汇总	创建分类汇总	“数据”选项卡	对分类字段进行排序→单击“数据”选项卡“分级显示”组中的“分类汇总”按钮→打开“分类汇总”对话框→设置分类字段和汇总方式→单击“确定”按钮。在分类汇总的结果中，左侧出现了分级按钮 1 2 3，单击不同的按钮可显示不同级别的明细数据
	删除分类汇总	“数据”选项卡	单击“数据”选项卡中“分级显示”组中的“分类汇总”按钮→打开“分类汇总”对话框→单击对话框左下角的“全部删除”按钮

10. 打印设置及窗口操作

打印设置及窗口操作方法如表 3-17 所示。

表 3-17　　打印设置及窗口操作方法

操作	位置或方法	概要描述
页面布局	“页面布局”选项卡	页面布局包括设置页面的方向、纸张的大小、页边距、打印方向、页眉和页脚等。选择“页面布局”选项卡，功能区中显示了各项页面布局功能的按钮，如“页边距”按钮、“纸张方向”按钮、“页面大小”按钮等
	“页面设置”对话框	单击“页面布局”选项卡“页面设置”组右下角的 ，打开“页面设置”对话框 ● “页面”选项卡：主要设置打印方向、纸张大小等。同时还可以设置打印的起始页码及打印的质量 ● “页边距”选项卡：设置上、下、左、右的页边距，以及表格内容在纸张中水平和垂直方向上的对齐方式 ● “页眉/页脚”选项卡：设置打印时纸张的页眉和页脚 ● “工作表”选项卡：设置打印区域、打印标题，以及其他打印选项，如网格线、行和列标题、注释等
打印	“文件”选项卡	选择“文件”选项卡中的“打印”功能→窗口右侧显示打印的相关设置和文档的预览效果→单击“打印”按钮即可打印该文档

3.2.3 应用案例：成绩统计分析表

1. 案例效果图

本案例中共完成 3 张工作表，分别为“成绩汇总表”“成绩分析表”和“重点培养对象”，完成后的效果分别如图 3-29～图 3-31 所示。

2. 实验准备工作

（1）复制素材

从教学辅助网站下载素材文件“应用案例 8-成绩统计分析表.rar”至本地计算机，并将该压缩文件解压缩。本案例素材均来自该文件夹。

（2）创建实验结果文件夹

在 D 盘或 E 盘上新建一个“成绩统计分析表-实验结果”文件夹，用于存放结果文件。

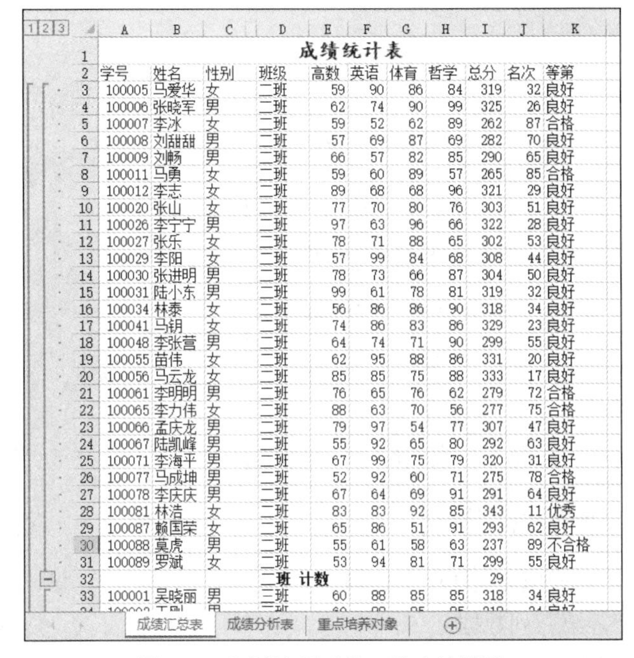

成绩统计表

学号	姓名	性别	班级	高数	英语	体育	哲学	总分	名次	等第
100005	马爱华	女	二班	59	90	86	84	319	32	良好
100006	张晓军	男	二班	62	74	90	99	325	26	良好
100007	李冰	女	二班	59	52	62	89	262	87	合格
100008	刘甜甜	男	二班	57	69	87	69	282	70	良好
100009	刘畅	男	二班	66	57	82	85	290	65	良好
100011	马勇	女	二班	59	60	89	57	265	85	合格
100012	李志	女	二班	89	68	68	96	321	29	良好
100020	张山	女	二班	77	70	80	76	303	51	良好
100026	李宁宁	男	二班	97	63	96	66	322	28	良好
100027	张乐	女	二班	78	71	88	65	302	53	良好
100029	李阳	女	二班	57	99	84	68	308	44	良好
100030	张进明	男	二班	78	73	66	87	304	50	良好
100031	陆小东	男	二班	99	61	78	81	319	32	良好
100034	林泰	女	二班	56	86	86	90	318	34	良好
100041	马钥	女	二班	74	86	83	86	329	23	良好
100048	李张营	男	二班	64	74	71	90	299	55	良好
100055	苗伟	女	二班	62	95	88	86	331	20	良好
100056	马云龙	女	二班	85	85	75	88	333	17	良好
100061	李明明	男	二班	76	65	76	62	279	72	合格
100065	李力伟	女	二班	88	63	70	56	277	75	合格
100066	孟庆龙	男	二班	79	97	54	77	307	47	良好
100067	陆凯峰	男	二班	55	92	65	80	292	63	良好
100071	李海平	男	二班	67	99	75	79	320	31	良好
100077	马成坤	男	二班	52	92	60	71	275	78	合格
100078	李庆庆	男	二班	67	64	69	91	291	64	良好
100081	林浩	女	二班	83	83	92	85	343	11	优秀
100087	赖国荣	女	二班	65	86	51	91	293	62	良好
100088	莫虎	男	二班	55	61	58	63	237	89	不合格
100089	罗斌	女	二班	53	94	81	71	299	55	良好
			二班 计数					29		
100001	吴晓丽	男	三班	60	88	85	85	318	34	良好

图 3-29 “成绩汇总表”工作表效果图

各科目成绩分析

	高数	英语	体育	哲学
考试人数	90	90	90	90
平均分	75	77	77	79
最高分	99	100	99	99
最低分	50	52	42	50
优秀人数	30	38	31	38
优秀率	33%	42%	34%	42%
不及格人数	18	14	10	8
不及格率	20%	16%	11%	9%

图 3-30 “成绩分析表”工作表效果图

学号	姓名	性别	班级	高数	英语	体育	哲学	总分	名次	等第
100023	赵川	女	三班	97	95	85	88	365	4	优秀
100062	于爱民	女	一班	99	95	92	97	383	1	优秀
100063	陈键	女	一班	98	95	90	87	370	3	优秀
100079	孙建国	女	三班	97	94	86	86	363	5	优秀
100082	仵杰	女	一班	92	95	99	60	346	9	优秀

图 3-31 “重点培养对象”工作表效果图

3. Excel 2016 应用案例

（1）打开素材

打开素材文件夹中的工作簿文件“成绩统计表.xlsx”，将其保存至“成绩统计分析表-实验结果”文件夹中。

（2）设置“成绩汇总表”工作表的标题

在“成绩汇总表”工作表中，参照图 3-29，将 A1:K1 区域合并后居中，设置表的标题文字字体为“楷体”，字形为“加粗”，字号为“18”。

具体操作步骤略。

（3）在“成绩汇总表”工作表中计算“总分”列数据

① 在 I3 单元格中利用 SUM 函数对 E3:H3 区域内数据求和。

② 使用填充柄，将公式填充至 I92 单元格。

（4）在“成绩汇总表”工作表中按照总分计算“名次”列数据

① 单击 J3 单元格后，单击“公式”选项卡“函数库”组中的“其他函数”按钮，在下拉菜单中选择“统计”子菜单中的 RANK.EQ 函数。

② 在打开的“函数参数”对话框中，设置各个参数的值，如图 3-32 所示，注意第二个参数 Ref 必须按【F4】键将单元格地址切换为绝对引用方式。

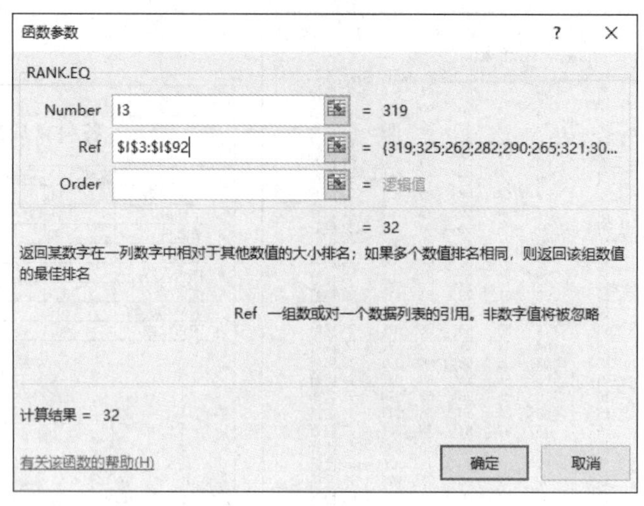

图 3-32 “函数参数”对话框

③ 单击“确定”按钮，使用填充柄，将公式填充至 J92 单元格。

（5）在“成绩汇总表”工作表中计算“等第”列数据

若总分在 340 分以上（含 340 分），则等第为“优秀”，若总分在 280 分以上（含 280 分）且不足 340 分，则等第为“良好”，若总分在 240 分以上（含 240 分）且不足 280 分，则等第为“合格”，其余为“不合格”。

① 在 K3 单元格中输入公式“=IF(I3>=340,"优秀",IF(I3>=280,"良好",IF(I3>=240,"合格","不合格")))”，注意公式中的所有标点符号均为英文输入法中的标点符号。

② 使用填充柄，将公式填充至 K92 单元格。

（6）在“成绩分析表”工作表中计算“考试人数”行数据

① 选中 B4 单元格，单击“开始”选项卡“编辑”组中的“自动求和”按钮右侧的小三角，在下拉列表中选择“计数”，向单元格中插入 COUNT 函数。

② 单击工作表标签“成绩汇总表”后，选择 E3:E92 区域，此时编辑栏中显示公式“=COUNT(成绩汇总表!E3:E92)”。

③ 按【Enter】键或单击编辑栏中的“输入”按钮✓后，自动返回“成绩分析表”工作表并显示计算结果。

④ 使用填充柄，将公式填充至 E4 单元格。

（7）在“成绩分析表”工作表中计算“平均分”行、“最高分”行和“最低分”行数据

分别使用“平均值”函数 AVERAGE、“最大值”函数 MAX 和“最小值”函数 MIN 计算，“平均分”保留 0 位小数。具体操作步骤略。

（8）在“成绩分析表”工作表中计算“优秀人数”行和“优秀率”行数据

① 单击 B8 单元格后，单击“公式”选项卡“函数库”组中的“其他函数”按钮，在下拉菜单中选择“统计”子菜单中的 COUNTIF 函数。

② 在打开的“函数参数”对话框中，将光标定位于参数 Range 后的文本框中，再单击工作表标签“成绩汇总表”后，选择 E3:E92 区域。

③ 将光标切换到对话框中参数 Criteria 后的文本框中，输入“>=85”。

④ 此时“函数参数”对话框如图 3-33 所示，单击“确定”按钮关闭对话框。

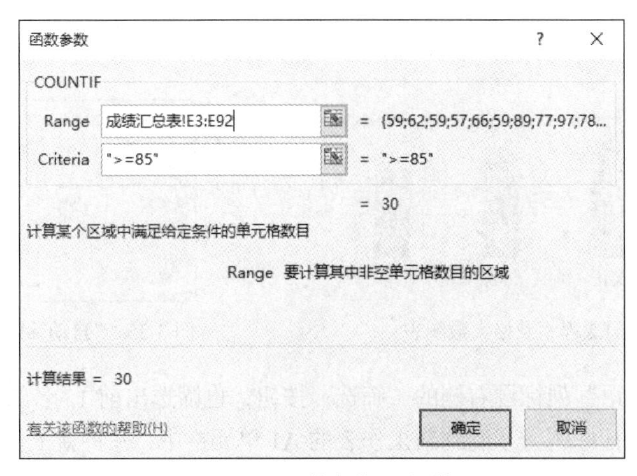

图 3-33 “函数参数”对话框

⑤ 使用填充柄，将公式填充至 E8 单元格。

⑥ 在 B9 单元格中输入公式“=B8/B4”后，按【Enter】键。

⑦ 设置 B9 单元格的数字格式为百分比，保留 0 位小数。

⑧ 使用填充柄，将公式填充至 E9 单元格。

（9）在“成绩分析表”工作表中计算“不及格人数”行和“不及格率”行数据

步骤与上一步类似，“不及格率”以百分数显示，保留 0 位小数。此处不再赘述。

（10）在“成绩分析表”工作表中制作各门课程不及格人数的“簇状柱形图”

① 选中 A3:E3 和 A10:E10 区域，单击“插入”选项卡“图表”组中的“插入柱形图或条形图”按钮，在下拉菜单中选择“簇状柱形图”。

② 选中生成的图表，单击“图表工具”的“设计”选项卡“图表布局”组中的“添加图表元素”按钮，在下拉菜单中选择“图例”子项中的“无”，使图表中不显示图例。

③ 选中生成的图表，单击“图表工具”的“设计”选项卡“图表布局”组中的“添加图表元素”按钮，在下拉菜单中选择“数据标签”子项中的“数据标签外”，使图表的柱形图上方显示数据标签。

④ 选中生成的图表，在“图表工具”的“格式”选项卡“形状样式”组中，设置图表的形状样式为“细微效果-橄榄色，强调颜色 3”。

⑤ 选中生成的图表，单击“图表工具”的“格式”选项卡“形状样式”组中的“形状轮廓”按钮 形状轮廓，设置图表的轮廓边框为“紫色，个性色 4，淡色 80%”。

⑥ 单击图表中的任意一根柱来选择数据系列后，在“图表工具”的“格式”选项卡 “形状样式”组中，设置数据系列的形状样式为“中等效果-橄榄色，强调颜色 3”。格式设置后的图表效果如图 3-34 所示。

（11）在“成绩汇总表”工作表中筛选出高数和英语成绩都排在前 15 名的数据

① 在数据列表中任意选择一个单元格，单击“开始”选项卡“编辑”组中的“排序和筛选”按钮，在下拉菜单中选择“筛选”。

② 单击“高数”列标题右侧的“筛选”按钮，在下拉菜单中选择“数字筛选”→“前 10 项”，打开“自动筛选前 10 个”对话框，修改其中的数字为“15”，如图 3-35 所示。

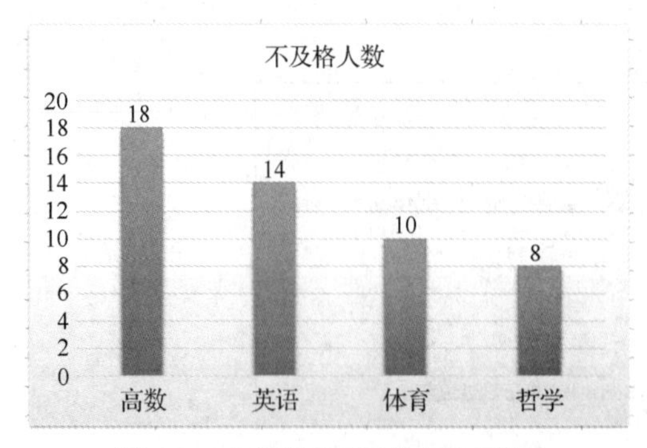

图 3-34 各门课程不及格人数图表

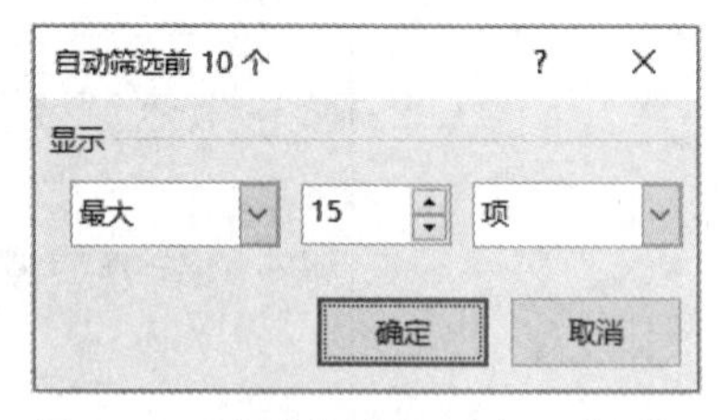

图 3-35 “自动筛选前 10 个”对话框

③ 同样单击“英语”列标题右侧的“筛选”按钮，也筛选出前 15 名的数据。

④ 将筛选结果包括标题行复制到新工作表的 A1 单元格中，并将新工作表重命名为“重点培养对象”。

⑤ 在“成绩汇总表”工作表中，再次单击“开始”选项卡“编辑”组中的“排序和筛选”按钮，在下拉菜单中选择“筛选”，取消数据筛选。

（12）在“成绩汇总表”工作表中分类汇总出各班级的考试人数

① 选中 D 列中的任意一个单元格，单击“开始”选项卡“编辑”组中的“排序和筛选”按钮，在下拉菜单中选择“升序”，将数据按照班级排序。注意，做分类汇总时，此步骤绝不能省略。

② 单击“数据”选项卡“分级显示”组中的“分类汇总”按钮，打开“分类汇总”对话框。

③ 在对话框中设置“分类字段”为“班级”，“汇总方式”为“计数”，在“选定汇总项”列表中选中“总分”复选框或其他任意一门课程。

④ 选中“替换当前分类汇总”“每组数据分页”“汇总结果显示在数据下方”复选框，如图 3-36 所示。

⑤ 单击“确定”按钮关闭对话框。

（13）在“成绩汇总表”工作表中设置打印区域、打印标题及页眉页脚

① 选中 A1:K31 区域，单击“页面布局”选项卡“页面设置”组中的“打印区域”按钮，在下拉菜单中选择“设置打印区域”。

② 选中 A33:K60 区域，单击“页面布局”选项卡“页面设置”组中的“打印区域”按钮，在下拉菜单中选择“添加到打印区域”。

③ 选中 A62:K94 区域，单击“页面布局”选项卡“页面设置”组中的“打印区域”按钮，在下拉菜单中选择“添加到打印区域”。

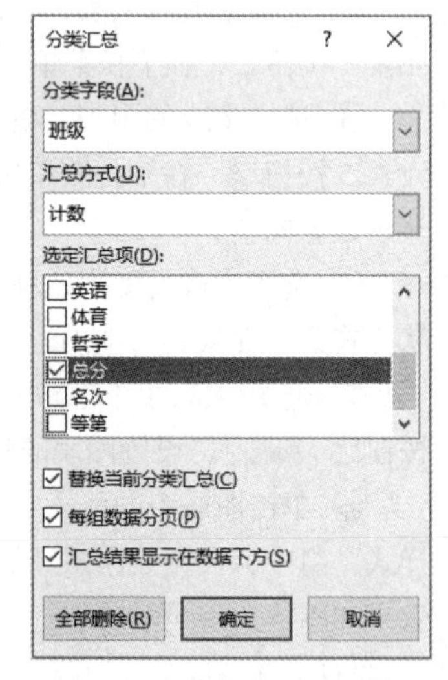

图 3-36 “分类汇总”对话框

④ 单击“页面布局”选项卡“页面设置”组中的“打印标题”按钮，打开“页面设置”对话框。

⑤ 单击对话框中的“顶端标题行”后的文本框，再选中工作表的第 1～2 行，对话框如图 3-37 所示。

图 3-37　“页面设置”对话框

⑥ 在“页面设置”对话框中单击“页面/页脚”选项卡，单击“自定义页眉”按钮，打开“页眉”对话框。

⑦ 将光标定位到“左”编辑框中，单击“日期”按钮，将光标定位到“右”编辑框中，单击“时间”按钮，在“中”编辑框中输入文字“期中考试”，如图 3-38 所示。

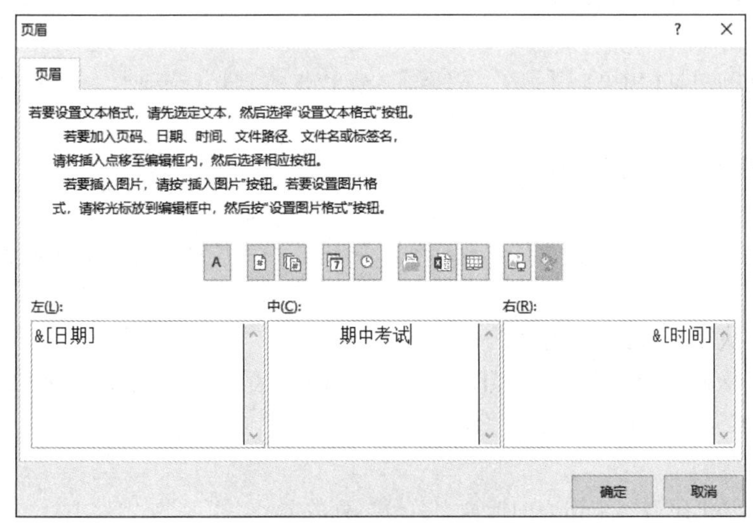

图 3-38　“页眉”对话框

⑧ 单击“确定”按钮，返回“页面设置”对话框。

⑨ 在“页面设置”对话框中，单击“页脚”下拉按钮，选择“第 1 页，共 ? 页”。

⑩ 页眉和页脚设置完成后，对话框如图 3-39 所示。此时，可单击对话框中的“打印预览”按钮查看效果，如图 3-40 所示。

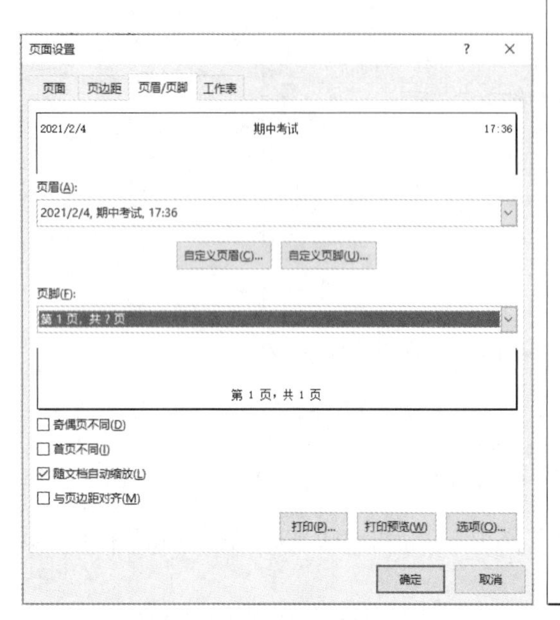

图 3-39 “页面设置”对话框

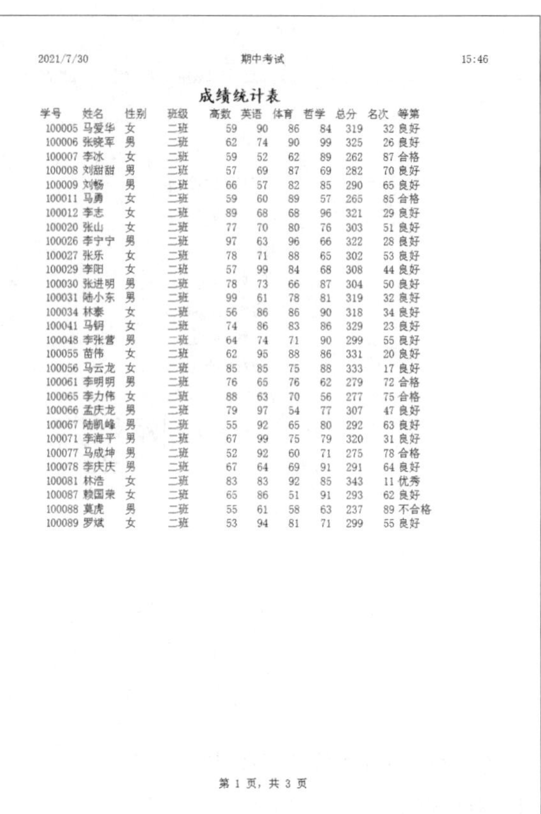

2021/7/30 期中考试 15:46

成绩统计表

学号	姓名	性别	班级	高数	英语	体育	哲学	总分	名次	等第
100005	马爱华	女	二班	59	90	86	84	319	32	良好
100006	张晓军	男	二班	62	74	90	99	325	26	良好
100007	李冰	女	二班	59	52	62	89	262	87	合格
100008	刘甜甜	男	二班	57	69	87	69	282	70	良好
100009	刘畅	男	二班	66	57	82	85	290	65	良好
100011	马勇	女	二班	59	60	89	57	265	85	合格
100012	李志	女	二班	89	68	68	96	321	29	良好
100020	张山	女	二班	77	70	80	76	303	51	良好
100026	李宁宁	男	二班	97	63	96	66	322	28	良好
100027	张乐	女	二班	78	71	88	65	302	53	良好
100029	李阳	女	二班	57	99	84	68	308	44	良好
100030	张进明	男	二班	78	73	66	87	304	50	良好
100031	陆小东	男	二班	99	61	78	81	319	32	良好
100034	林泰	女	二班	56	86	86	90	318	34	良好
100041	马钥	女	二班	74	86	83	86	329	23	良好
100048	李张营	男	二班	64	74	71	90	299	55	良好
100055	苗伟	女	二班	62	95	88	86	331	20	良好
100056	马云龙	女	二班	85	85	75	88	333	17	良好
100061	李明明	男	二班	76	65	76	62	279	72	合格
100065	李力伟	女	二班	88	63	70	56	277	75	合格
100066	孟庆龙	男	二班	79	97	54	77	307	47	良好
100067	陆凯峰	男	二班	55	92	65	80	292	63	良好
100071	李海平	男	二班	67	99	75	79	320	31	良好
100077	马成坤	男	二班	52	92	60	71	275	78	合格
100078	李庆庆	男	二班	67	64	69	91	291	64	良好
100081	林浩	女	二班	83	83	92	85	343	11	优秀
100087	赖国荣	女	二班	65	86	51	91	293	62	良好
100088	莫虎	男	二班	55	61	58	63	237	89	不合格
100089	罗斌	女	二班	53	94	81	71	299	55	良好

第 1 页，共 3 页

图 3-40 “成绩汇总表”打印预览效果

⑪ 单击“确定”按钮关闭对话框。

（14）保存工作簿

单击快速访问工具栏中的“保存”按钮，或单击“文件”选项卡，选择“保存”，保存操作结果。

4. WPS 表格 2019 应用案例

（1）打开素材

打开素材文件夹中的工作簿文件“成绩统计表.xlsx”，将其保存至“成绩统计分析表-实验结果”文件夹中。

（2）设置“成绩汇总表”工作表的标题

在“成绩汇总表”工作表中，参照图 3-29，将 A1:K1 区域合并居中，设置表的标题文字字体为“楷体”，字形为“加粗”，字号为“18”。

具体操作步骤略。

（3）在“成绩汇总表”工作表中计算“总分”列数据

① 在 I3 单元格中利用 SUM 函数对 E3:H3 区域内数据求和。

② 使用填充柄，将公式填充至 I92 单元格。

（4）在“成绩汇总表”工作表中按照总分计算“名次”列数据

① 单击 J3 单元格后，单击“公式”选项卡的“其他函数”按钮，在下拉菜单中选择“统计”子菜单中的 RANK.EQ 函数。

② 在打开的“函数参数”对话框中，设置各个参数的值，如图 3-41 所示，注意第二个参数 Ref 必须按【F4】键将单元格地址切换为绝对引用方式。

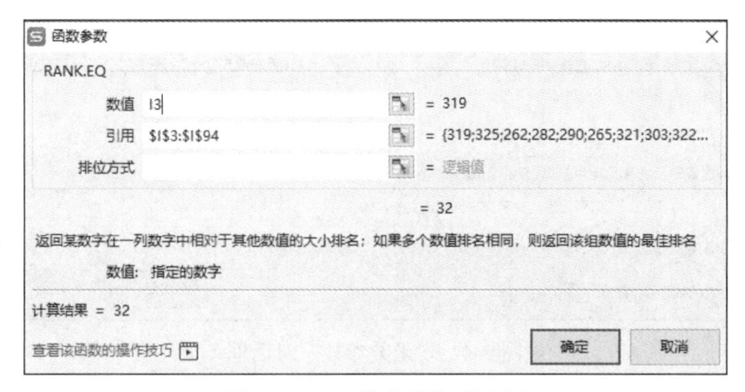

图 3-41 “函数参数”对话框

③ 单击“确定”按钮，使用填充柄，将公式填充至 J92 单元格。

（5）在“成绩汇总表”工作表中计算“等第”列数据

若总分在 340 分以上（含 340 分），则等第为“优秀”，若总分在 280 分以上（含 280 分）且不足 340 分，则等第为“良好”，若总分在 240 分以上（含 240 分）且不足 280 分，则等第为“合格”，其余为“不合格”。

① 在 K3 单元格中输入公式“=IF(I3>=340,"优秀",IF(I3>=280,"良好",IF(I3>=240,"合格","不合格")))”，注意公式中的所有标点符号均为英文输入法中的标点符号。

② 使用填充柄，将公式填充至 K92 单元格。

（6）在“成绩分析表”工作表中计算“考试人数”行数据

① 选中 B4 单元格，单击“开始”选项卡的“求和”按钮下方的小三角，在下拉列表中选择“计数”，向单元格中插入 COUNT 函数。

② 单击工作表标签“成绩汇总表”后，选择 E3:E92 区域，此时编辑栏中显示公式“=COUNT(成绩汇总表!E3:E92)”。

③ 按【Enter】键或单击编辑栏中的“输入”按钮✔后，自动返回“成绩分析表”工作表并显示计算结果。

④ 使用填充柄，将公式填充至 E4 单元格。

（7）在“成绩分析表”工作表中计算“平均分”行、“最高分”行和“最低分”行数据

分别使用“平均值”函数 AVERAGE、“最大值”函数 MAX 和“最小值”函数 MIN 计算，“平均分”保留 0 位小数。具体操作步骤略。

（8）在“成绩分析表”工作表中计算“优秀人数”行和“优秀率”行数据

① 单击 B8 单元格后，单击“公式”选项卡的“其他函数”按钮，在下拉菜单中选择“统计”子菜单中的 COUNTIF 函数。

② 在打开的“函数参数”对话框中，将光标定位于参数 Range 后的文本框中，再单击工作表标签“成绩汇总表”，选择 E3:E92 区域。

③ 将光标切换到对话框中参数 Criteria 后的文本框中，输入“>=85”。

④ 此时“函数参数”对话框如图 3-42 所示，单击“确定”按钮关闭对话框。

⑤ 使用填充柄，将公式填充至 E8 单元格。

⑥ 在 B9 单元格中输入公式“=B8/B4”后，按【Enter】键。

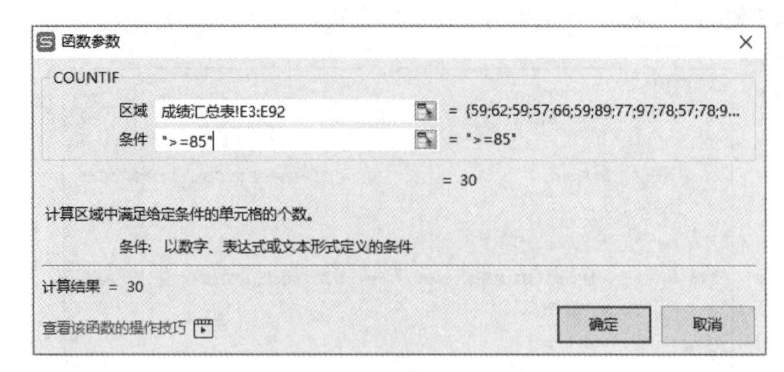

图 3-42 “函数参数”对话框

⑦ 设置 B9 单元格的数字格式为百分比，保留 0 位小数。

⑧ 使用填充柄，将公式填充至 E9 单元格。

（9）在“成绩分析表”工作表中计算“不及格人数”行和“不及格率”行数据

步骤与上一步类似，“不及格率”以百分数显示，保留 0 位小数。此处不再赘述。

（10）在“成绩分析表”工作表中制作各门课程不及格人数的“簇状柱形图”

① 选中 A3:E3 和 A10:E10 区域，单击“插入”选项卡的“插入柱形图”按钮，在下拉菜单中选择“簇状柱形图”。

② 选中生成的图表，单击“图表工具”选项卡中的“添加元素”按钮，在下拉菜单中选择“图例”子项中的“无”，使图表中不显示图例。

③ 选中生成的图表，单击“图表工具”选项卡中的“添加元素”按钮，在下拉菜单中选择“数据标签”子项中的“数据标签外”，使图表的柱形图上方显示数据标签。

④ 选中生成的图表，在“图表工具”选项卡中，设置图表的形状样式为“样式 14”。

⑤ 选中生成的图表，单击“图表工具”选项卡中的“设置格式”按钮 设置格式，在右侧窗格中选择“填充与线条”选项卡，选中“渐变填充”单选项后，设置图表的填充色为“亮天蓝色，着色 5，浅色 80%”，设置边框的线条为“实线”“1 磅”。

⑥ 单击图表中的任意一根柱来选择数据系列后，在右侧窗格中选择“填充与线条”选项卡，设置数据系列为“图案填充”“宽下对角线”。格式设置后的图表效果如图 3-43 所示。

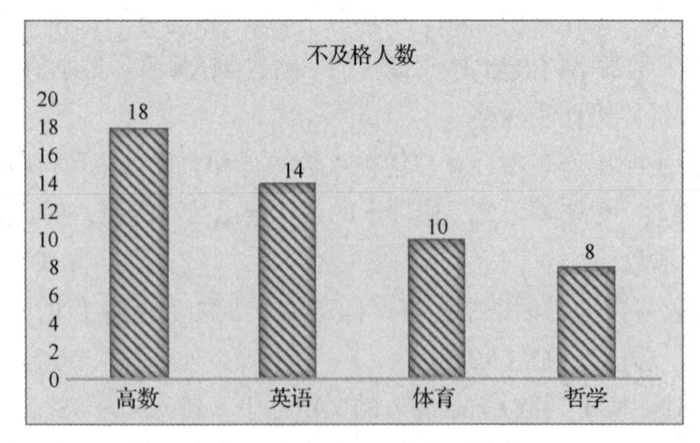

图 3-43 各门课程不及格人数图表

（11）在“成绩汇总表”工作表中筛选出高数和英语成绩都排在前15名的数据

① 在数据列表中选中除标题行以外的所有单元格，单击“开始”选项卡的“筛选”按钮。

② 单击“高数”列标题右侧的“筛选”按钮，在下拉菜单中选择“数字筛选”→“前10项”，打开“自动筛选前10个”对话框，修改其中的数字为“15”，如图3-44所示。

③ 同样单击“英语”列标题右侧的“筛选”按钮，也筛选出前15名的数据。

④ 将筛选结果包括标题行复制到新工作表的A1单元格中，并将新工作表重命名为“重点培养对象”。

⑤ 在“成绩汇总表”工作表中，再次单击“开始”选项卡的“筛选”按钮，取消数据筛选。

（12）在“成绩汇总表”工作表中分类汇总出各班级的考试人数

① 选中D列中的任意一个单元格，单击“开始”选项卡的“排序”按钮，在下拉菜单中选择“升序”，将数据按照班级排序。注意，做分类汇总时，此步骤绝不能省略。

② 在数据列表中选中除标题行以外的所有单元格，单击“数据”选项卡的“分类汇总”按钮，打开“分类汇总”对话框。

③ 在对话框中设置“分类字段”为“班级”，“汇总方式”为“计数”，在“选定汇总项”列表中选中“总分”复选框或其他任意一门课程。

④ 选中“替换当前分类汇总”“每组数据分页”“汇总结果显示在数据下方”复选框，对话框如图3-45所示。

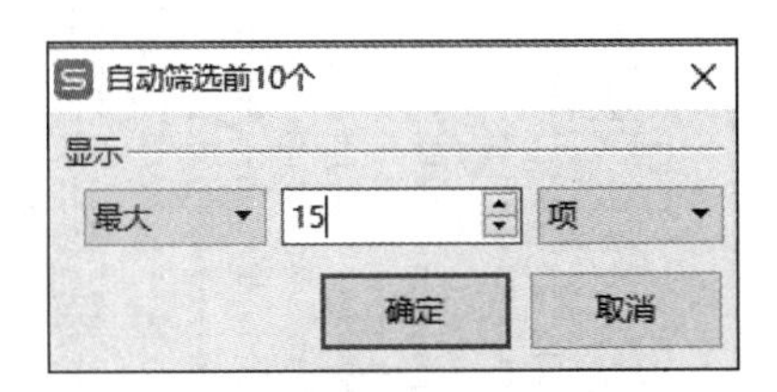

图3-44 “自动筛选前10个”对话框

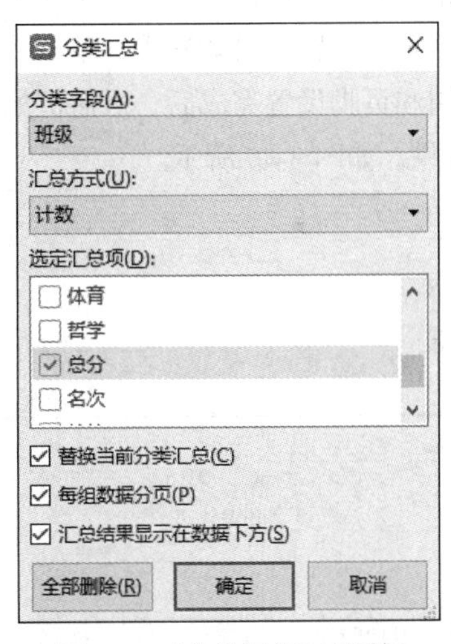

图3-45 “分类汇总”对话框

⑤ 单击“确定”按钮关闭对话框。

（13）在“成绩汇总表”工作表中设置打印区域、打印标题及页眉页脚

① 按住【Ctrl】键，同时选中A1:K31区域、A33:K60区域和A62:K94区域。

② 单击“页面布局”选项卡中的“打印区域”按钮，在下拉菜单中选择“设置打印区域”。

③ 单击“页面布局”选项卡“打印区域”按钮右下角的⌟，打开“页面设置”对话框。

④ 切换到“工作表”选项卡，单击“顶端标题行”后的文本框，再选中工作表的第1～2行，对话框如图3-46所示。

⑤ 在“页面设置”对话框中单击“页眉/页脚”选项卡，单击“自定义页眉”按钮，打开“页

眉”对话框。

⑥ 将光标定位到“左”编辑框中，单击“日期”按钮，将光标定位到“右”编辑框中，单击“时间”按钮，在“中”编辑框中输入文字“期中考试”，如图 3-47 所示。

图 3-46 “页面设置”对话框

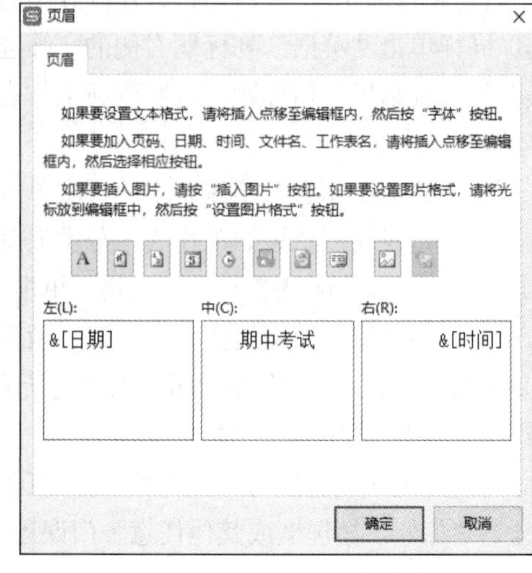

图 3-47 “页眉”对话框

⑦ 单击“确定”按钮，返回“页面设置”对话框。

⑧ 在“页面设置”对话框中，单击“页脚”下拉按钮，选择“第 1 页，共 ？页”。

⑨ 页眉和页脚设置完成后，对话框如图 3-48 所示。此时，可单击对话框中的“打印预览”按钮查看效果，如图 3-49 所示。

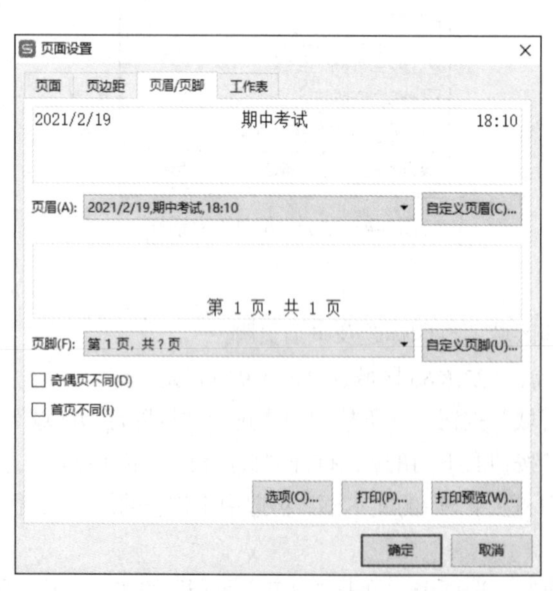

图 3-48 “页面设置”对话框

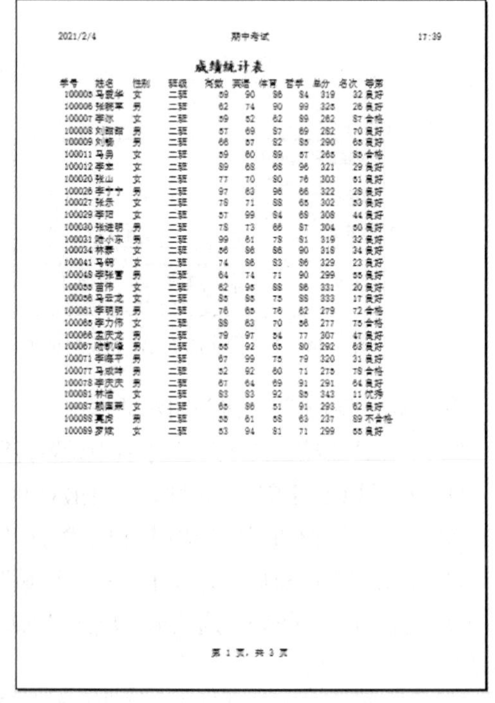

2021/2/4　　期中考试　　17:39

成绩统计表

学号	姓名	性别	班级	高数	英语	体育	哲学	总分	名次	等第
100005	马爱华	女	二班	59	90	86	84	319	32	良好
100006	张晓军	男	二班	62	74	90	99	325	26	良好
100007	李冰	女	二班	59	52	62	89	262	87	合格
100008	刘甜甜	男	二班	57	69	87	69	282	70	良好
100009	刘畅	男	二班	66	57	82	85	290	65	良好
100011	马男	女	二班	59	60	89	57	265	85	合格
100012	李杰	女	二班	89	68	68	96	321	29	良好
100020	张山	女	二班	77	70	80	76	303	51	良好
100026	李宁宁	男	二班	97	63	96	66	322	28	良好
100027	张乐	女	二班	78	71	88	65	302	53	良好
100029	李阳	女	二班	57	99	84	68	308	44	良好
100030	张佳明	男	二班	78	73	66	87	304	50	良好
100031	陆小东	男	二班	99	61	78	81	319	32	良好
100034	林泰	女	二班	56	86	86	90	318	34	良好
100041	马钢	女	二班	74	86	83	86	329	23	良好
100048	李张富	男	二班	64	74	71	90	299	55	良好
100055	苗伟	女	二班	62	95	88	86	331	20	良好
100056	马云龙	女	二班	85	85	75	88	333	17	良好
100061	李明明	男	二班	76	65	76	62	279	72	合格
100065	李力伟	女	二班	88	63	70	56	277	75	合格
100066	孟庆龙	男	二班	79	97	54	77	307	47	良好
100067	陆凯峰	男	二班	55	92	65	80	292	63	良好
100071	李海平	男	二班	67	99	75	79	320	31	良好
100077	马成坤	男	二班	52	92	60	71	275	78	合格
100078	李庆庆	男	二班	67	64	69	91	291	64	良好
100081	林浩	女	二班	83	83	92	85	343	11	优秀
100087	赖国东	女	二班	65	86	51	91	293	62	良好
100088	真虎	男	二班	55	61	58	63	237	89	不合格
100089	罗斌	女	二班	53	94	81	71	299	55	良好

第 1 页，共 3 页

图 3-49 “成绩汇总表”打印预览效果

⑩ 单击“确定”按钮关闭对话框。

（14）保存工作簿

单击快速访问工具栏中的“保存”按钮，或单击“文件”选项卡，选择“保存”，保存操作结果。

3.2.4 练习

本练习的效果图如图3-50～图3-52所示。

员工姓名	所属部门	基本工资	岗位工资	绩效工资	请假天数	请假扣款	全勤奖	应发工资	社保扣款	个人所得税	实发工资
郭彩霞	财务部	3200	2500	1200	0	0	500	7400	888	740	5772
马成坤	财务部	2130	1600	800	0	0	500	5030	603.6	503	3923.4
邵海荣	财务部	2130	1600	800	1	100	0	4430	531.6	221.5	3676.9
沈阳	财务部	3000	1900	1200	0	0	500	6600	792	660	5148
徐震	财务部	2400	1600	1000	0	0	500	5500	660	550	4290
俞国军	财务部	2400	1600	1000	1	100	0	4900	588	245	4067
财务部 最大值											5772
冯涓	行政部	3200	2500	1000	0	0	500	7200	864	720	5616
李霞	行政部	4000	3000	1500	0	0	500	9000	1080	1350	6570
李张营	行政部	2400	1800	1000	0	0	500	5700	684	570	4446
任　伟	行政部	2400	1600	1000	2	200	0	4800	576	240	3984
王泵	行政部	3500	2000	1500	0	0	500	7500	900	750	5850
朱　丹	行政部	3200	2500	800	0	0	500	7000	840	700	5460
行政部 最大值											6570
陈聪	后勤部	2400	1600	1000	2	200	0	4800	576	240	3984
高留刚	后勤部	2130	1600	600	0	0	500	4830	579.6	241.5	4008.9
高庆丰	后勤部	3500	2000	1500	0	0	500	7500	900	750	5850
郭米露	后勤部	2400	1600	1000	1	100	0	4900	588	245	4067
刘琪琪	后勤部	3200	2500	1000	0	0	500	7200	864	720	5616
朱鹤颖	后勤部	4000	3000	1500	0	0	500	9000	1080	1350	6570
后勤部 最大值											6570
陈键	生产部	3200	2500	1800	0	0	500	8000	960	1200	5840
刁文峰	生产部	3200	2500	800	0	0	500	7000	840	700	5460
郭浩然	生产部	2130	1600	600	0	0	500	4830	579.6	241.5	4008.9
纪晓	生产部	2130	1600	800	0	0	500	5030	603.6	503	3923.4
蒋　红	生产部	2130	1600	600	0	0	500	4830	579.6	241.5	4008.9
金纪东	生产部	2130	1800	1800	0	0	500	6230	747.6	623	4859.4
李海平	生产部	2400	1800	1000	0	0	500	5700	684	570	4446
李力伟	生产部	2130	1800	1800	2	200	0	5530	663.6	553	4313.4

图3-50 “工资表”工作表效果图

A	B
总人数	54
最高实发工资	6570
最低实发工资	3676.9
平均实发工资	4860.225
实发工资在5000及以上的人数	27
全勤人数比例	25.9%

图3-51 “工资分析”工作表效果图

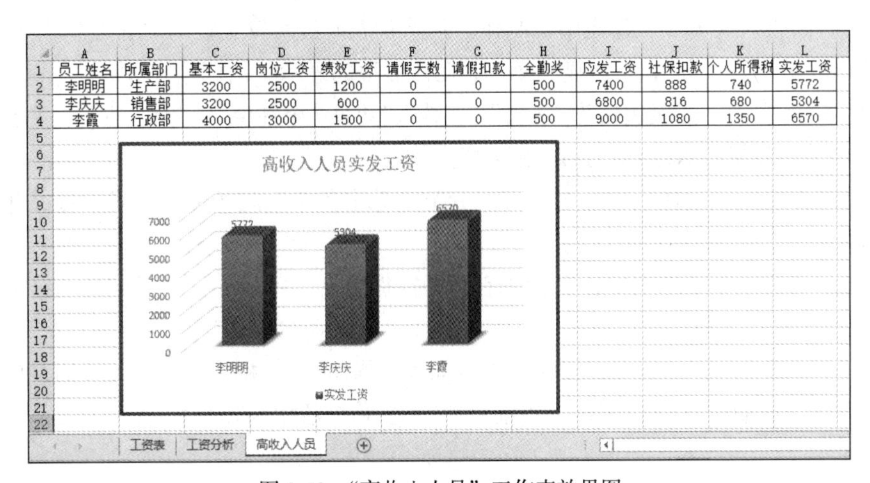

员工姓名	所属部门	基本工资	岗位工资	绩效工资	请假天数	请假扣款	全勤奖	应发工资	社保扣款	个人所得税	实发工资
李明明	生产部	3200	2500	1200	0	0	500	7400	888	740	5772
李庆庆	销售部	3200	2500	600	0	0	500	6800	816	680	5304
李霞	行政部	4000	3000	1500	0	0	500	9000	1080	1350	6570

图3-52 “高收入人员”工作表效果图

具体要求如下。

（1）实验准备工作。

① 复制素材。从教学辅助网站下载素材文件“练习 8-工资统计表.rar”至本地计算机，并将该压缩文件解压缩。

② 创建实验结果文件夹。在 D 盘或 E 盘上新建一个“工资统计表-实验结果”文件夹，用于存放结果文件。

（2）打开练习素材文件“工资统计表.xlsx”，将其保存至“工资统计表-实验结果”文件夹。

（3）在“工资表”工作表中，计算“请假扣款”列数据，扣款规则为每请假 1 天扣款 100 元。

（4）在“工资表”工作表中，计算“全勤奖”列数据，若无请假则全勤奖为“500”，若有请假则全勤奖为“0”。

（5）在“工资表”工作表中，计算“应发工资”列数据，应发工资=基本工资+岗位工资+绩效工资−请假扣款+全勤奖。

（6）在“工资表”工作表中，计算“社保扣款”列数据，社保扣款比例为应发工资的 12%。

（7）在“工资表”工作表中，计算“个人所得税”列数据，个人所得税虚拟税率如表 3-18 所示。

表 3-18　个人所得税虚拟税率

工资金额/元	税率
3500 以下	0%
3500 及以上，5000 以下	5%
5000 及以上，8000 以下	10%
8000 及以上	15%

（8）在“工资表”工作表中，计算“实发工资”列数据，实发工资=应发工资−社保扣款−个人所得税。

（9）在“工资分析”工作表中，计算 B2:B7 区域的对应结果，其中全勤人数比例以百分数显示，保留 1 位小数。

（10）在“工资表”工作表中，筛选出应发工资在 5000 元以上的姓“李”的员工信息，并在将筛选结果复制到“高收入人员”工作表中后，取消本次筛选。

（11）在“高收入人员”工作表中，制作一张高收入人员实发工资的“三维簇状图”，图表标题为“高收入人员实发工资”，右侧显示图例，在柱形顶部显示数据标签，即实发工资的数值。设置图表样式为“样式 4”，图表边框为“3 磅”“实线”“蓝色，个性色 1，深色 25%”，数据系列（柱形）样式为“强烈效果，水绿色，强调颜色 5”。

（12）在“工资表”工作表中，根据部门分类汇总出各个部门的最高实发工资，并设置打印时每个部门单独一页。

（13）在“工资表”工作表中，设置所有明细数据为打印区域，即分类汇总的结果行不作为打印区域。

（14）在“工资表”工作表中，设置页面方向为“横向”，表格水平居中，页眉左侧为“工资明细表”、右侧为日期，页脚右侧显示当前页码，第 1 行数据为顶端标题行。打印预览效果如图 3-53 所示。

（15）保存工作簿文件。

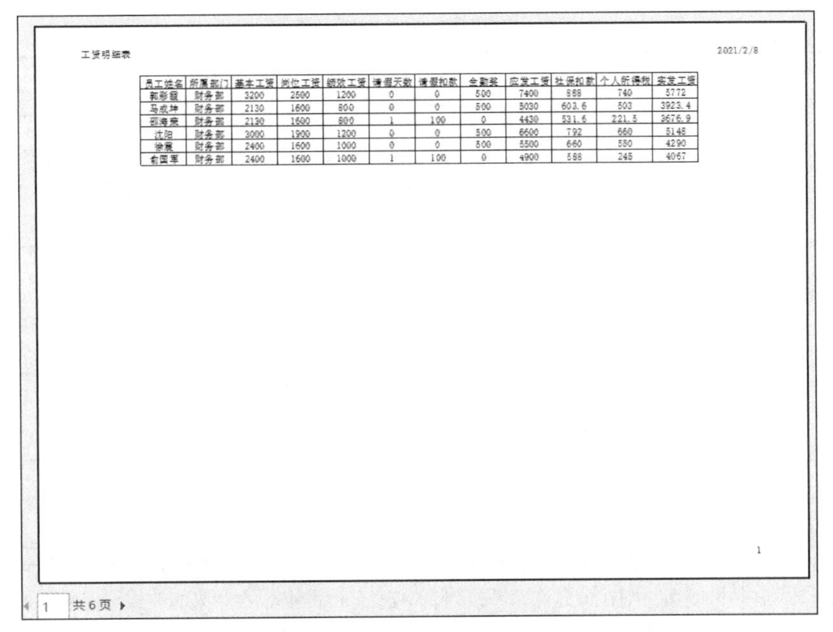

工资明细表 2021/2/8

员工姓名	所属部门	基本工资	岗位工资	绩效工资	请假天数	请假扣款	全勤奖	应发工资	社保扣款	个人所得税	实发工资
郭彩霞	财务部	3200	2500	1200	0	0	500	7400	888	740	5772
马成坤	财务部	2130	1600	800	0	0	500	5030	603.6	503	3923.4
邵海荣	财务部	2130	1600	800	1	100	0	4430	531.6	221.5	3676.9
沈阳	财务部	3000	1900	1200	0	0	500	6600	792	660	5148
徐震	财务部	2400	1600	1000	0	0	500	5500	660	550	4290
俞国军	财务部	2400	1600	1000	1	100	0	4900	588	245	4067

1

1 共 6 页

图 3-53 “工资表”打印预览效果

3.3 Excel 表格的高级编辑

3.3.1 案例概述

1. 案例目标

在实际工作中，除了使用简单函数，还可以使用很多高级函数。本案例主要使用数学函数和逻辑函数。为了帮助企业更好地统计销售情况，本案例中我们制作业务员销售统计及库存分析表，通过各业务员的销售情况统计出产品的库存及毛利，并根据业务员的业绩和评分情况来评定业务员的星级。

2. 知识点

本案例涉及的主要知识点如下。

① 数据有效性的设置。

② 工作表中单元格的保护。

③ 条件格式的设置。

④ 数据的合并计算。

⑤ 数学函数的使用，如 SUMIF、SUMPRODUCT 等。

⑥ 逻辑函数的使用，如 IF、AND、OR 等。

3.3.2 知识点总结

1. 数据有效性验证

数据有效性验证操作方法如表 3-19 所示。

表 3-19　　数据有效性验证操作方法

操作	位置或方法	概要描述
设置数据有效性验证	“数据”选项卡	选中某单元格→单击“数据”选项卡“数据工具”组中的“数据验证”按钮→弹出“数据验证”对话框→单击“设置”选项卡→选择“允许”下拉列表中的有效性类型→在“输入信息”选项卡中，输入相应的提示信息→在“出错警告”选项卡中，输入出错时的警告信息

数据有效性类型如表 3-20 所示。

表 3-20　　数据有效性类型

有效性类型	说明
任何值	默认值，表示数据无约束，可以输入任何值
整数	表示输入的数据必须是符合条件的整数
小数	表示输入的数据必须是符合条件的小数
序列	表示输入的数据必须是指定序列内的数据。例如，设置性别字段的有效性，性别只能为男或女，则在“允许”下拉列表中选择“序列”，在“来源”编辑框中输入“男,女”。特别注意此处的分隔符应使用英文的逗号，不能使用中文的逗号
日期	表示输入的数据必须是符合条件的日期
时间	表示输入的数据必须是符合条件的时间
文本长度	表示输入的数据的长度必须满足指定的条件
自定义	允许使用公式、表达式来指定单元格中数据必须满足的条件。公式或表达式的返回值为 TRUE 时数据有效，返回值为 FALSE 时数据无效

2. 工作簿的保护与共享

工作簿的保护与共享操作方法如表 3-21 所示。

表 3-21　　工作簿的保护与共享操作方法

操作	位置或方法	概要描述
保护工作簿	“文件”选项卡	单击“文件”选项卡→选择“信息”→在中间窗格中单击“保护工作簿”按钮→打开快捷菜单→选择相应的保护选项 ● 标记为最终状态：再次打开 Excel 文档时提示该工作簿为最终版本，并且工作簿的属性设为只读，不支持用户修改 ● 用密码进行加密：弹出“加密文档”对话框，文档的权限更改为“需要密码才能打开此工作簿”，当关闭文档再次打开时，需要正确的密码 ● 保护当前工作表：限制其他用户对工作表进行单元格格式修改、插入或删除行、插入或删除列、排序、自动筛选等操作，可对工作表实施保护 ● 保护工作簿结构：防止他人对打开的工作簿进行调整窗口大小或添加、删除、移动工作表等操作，可对工作簿实施保护
保护单元格	快捷菜单	● 选中允许用户修改的单元格区域 ● 单击鼠标右键，在快捷菜单中选择“设置单元格格式”，打开“设置单元格格式”对话框 ● 在对话框中的“保护”选项卡中，取消选中“锁定”复选框 ● 右击工作表标签，在弹出的快捷菜单中选择“保护工作表”→打开“保护工作表”对话框，取消选中“选定锁定单元格”复选框

续表

操作	位置或方法	概要描述
工作簿的共享	“审阅”选项卡	单击“审阅”选项卡“更改”组中的“共享工作簿”按钮→打开“共享工作簿”对话框→单击“编辑”选项卡→选中“允许多用户同时编辑，同时允许工作簿合并”复选框
查看工作簿修订内容	“审阅”选项卡	单击“审阅”选项卡“更改”组中的“修订”按钮 修订 →在下拉菜单中选择“突出显示修订”→打开“突出显示修订”对话框→选中“编辑时跟踪修订信息，同时共享工作簿”复选框→根据需要选中其他复选框
合并工作簿修订内容	“审阅”选项卡	单击“审阅”选项卡“更改”组中的“修订”按钮→在下拉菜单中选择“接受/拒绝修订”→打开“接受或拒绝修订”对话框→根据需要选择修订时间、修订人与位置→单击“确定”按钮

3. 条件格式

条件格式操作方法如表 3-22 所示。

表 3-22 条件格式操作方法

操作	位置或方法	概要描述
设置条件格式	“开始”选项卡	单击“开始”选项卡“样式”组中的“条件格式”按钮→根据需要选择一种条件格式，如“突出显示单元格规则”→在子菜单中选择相应的设置规则
修改条件格式规则	“管理规则”	选择“条件格式”中的“管理规则”，打开“条件格式规则管理器”对话框，在其中修改规则
取消条件格式	“清除规则”	选择“条件格式”中的“清除规则”，可以一次性清除所选单元格规则或整个工作表格式规则等

4. 合并计算

合并计算操作方法如表 3-23 所示。

表 3-23 合并计算操作方法

操作	位置或方法	概要描述
合并计算	“数据”选项卡	单击“数据”选项卡“数据工具”组中的“合并计算”按钮→打开“合并计算”对话框→选择相应的函数→添加需要的引用位置→单击“确定”按钮

5. 数学函数

数学函数如表 3-24 所示。

表 3-24 数学函数

函数名	格式	功能	说明
RAND	RAND()	返回大于等于 0 且小于 1 的均匀分布随机实数	若要生成 a 与 b 之间的随机整数，请使用函数：INT(RAND()*(b−a)+a)
FACT	FACT(Number)	返回 Number 的阶乘	如果 Number 不是整数，则截尾取整；如果 Number 为负，则返回错误值 #NUM!

续表

函数名	格式	功能	说明
POWER	POWER(Number,Power)	返回 Number 的 Power 次乘幂	POWER(5,2)表示 5^2 即 25
MOD	MOD(Number,Divisor)	返回两数相除的余数	结果的正负号与除数相同
SQRT	SQRT(Number)	返回 Number 的平方根	如果 Number 为负值，函数 SQRT 返回错误值 #NUM!
PRODUCT	PRODUCT(Number1, [Number2],...)	计算所有参数的乘积	
SUMIF	SUMIF(Range,Criteria, [Sum_range])	对范围中符合指定条件的值求和	如果省略了 Sum_range，则对 Range 区域中符合条件的单元格求和
SUMPRODUCT	SUMPRODUCT(Array1, [Array2],[Array3], ...)	在给定的几组数组中，将数组间对应的元素（元素的位置号相同）相乘，并返回乘积之和	数组参数必须具有相同的维数，否则，函数 SUMPRODUCT 将返回错误值#VALUE!。它将非数值型的数组元素作为 0 处理
INT	INT(Number)	返回小于等于 Number 的最大整数	

6. 逻辑函数

逻辑函数如表 3-25 所示。

表 3-25 逻辑函数

函数名	格式	功能	说明
NOT	NOT(Logical)	对参数值取反。TRUE 的取反为 FALSE，FALSE 的取反为 TRUE	Logical 为一个可以计算出 TRUE 或 FALSE 的逻辑值或逻辑表达式
AND	AND(Logical1,Logical2,...)	所有参数的逻辑值为 TRUE 时，返回 TRUE；只要有一个参数的逻辑值为 FALSE，则函数返回 FALSE	
OR	OR(Logical1,Logical2,...)	任何一个参数逻辑值为 TRUE，即返回 TRUE；所有参数的逻辑值为 FALSE，即返回 FALSE	
IF	IF(Logical_test,Value_if_true,Value_if_false)	根据对条件表达式真假值的判断，返回不同结果	IF 函数最多支持 7 层嵌套，其中 Logical_test 参数可由几个条件组成，此时只需配合 AND、OR 等函数使用即可

3.3.3 应用案例：业务员销售统计及库存分析表

1. 案例效果图

本案例中共完成 4 张工作表，分别为“一季度销售记录”“一季度进货统计”“库存及毛利”和“业务员考核”，完成后的效果分别如图 3-54～图 3-57 所示。

	A	B	C	D	E	F
1	日期	业务员	产品	销售数量	销售单价	销售金额
2	2017/1/4	何宏禹	TCL	3	3850	11550
3	2017/1/6	方依然	TCL	1	3850	3850
4	2017/1/6	李良	长虹	6	3600	21600
5	2017/1/7	高嘉文	创维	3	3920	11760
6	2017/1/8	高嘉文	创维	3	3920	11760
7	2017/1/8	高嘉文	飞利浦	2	4250	8500
8	2017/1/8	张一帆	小米	2	3600	7200
9	2017/1/9	何宏禹	TCL	4	3850	15400
10	2017/1/10	高嘉文	三星	2	4550	9100
11	2017/1/11	张一帆	TCL	2	3850	7700
12	2017/1/13	高嘉文	创维	4	3920	15680
13	2017/1/13	方依然	飞利浦	4	4250	17000
14	2017/1/15	叶佳	索尼	2	4800	9600
15	2017/1/19	高嘉文	TCL	1	3850	3850
16	2017/1/19	何宏禹	长虹	4	3600	14400
17	2017/1/21	高嘉文	创维	5	3920	19600
18	2017/2/2	何宏禹	创维	4	3920	15680
19	2017/2/5	游妍妍	飞利浦	5	4250	21250
20	2017/2/5	叶佳	三星	4	4550	18200
21	2017/2/6	游妍妍	创维	5	3920	19600
22	2017/2/6	李良	飞利浦	3	4250	12750
23	2017/2/6	游妍妍	索尼	4	4800	19200
24	2017/2/9	叶佳	TCL	3	3850	11550
25	2017/2/10	孙建	索尼	1	4800	4800

一季度销售记录 1月进货 2月进货 3月进货 一季度进货

图 3-54 “一季度销售记录”工作表效果图

	A	B
1	产品	进货数量
2	TCL	70
3	长虹	35
4	创维	65
5	飞利浦	25
6	小米	12
7	索尼	25
8	三星	25

图 3-55 “一季度进货统计”工作表效果图

	A	B	C	D	E	F	G
1	产品	进货单价	进货数量	销售单价	销售数量	库存	
2	TCL	3000	70	3850	49	21	
3	长虹	2900	35	3600	13	22	
4	创维	3400	65	3920	50	15	
5	飞利浦	3550	25	4250	21	4	
6	小米	3400	12	3600	12	0	
7	索尼	4350	25	4800	8	17	
8	三星	4000	25	4550	12	13	
9							
10							
11	一季度毛利合计：		101600				
12							

... 1月进货 2月进货 3月进货 一季度进货统计 库存及毛利 业务

图 3-56 “库存及毛利”工作表效果图

	A	B	C	D	E
1	业务员	销售金额	领导评分	同行评分	星级评定
2	何宏禹	100530	89	88	四星级
3	方依然	24450	92	89	三星级
4	李良	90250	86	90	四星级
5	高嘉文	138350	90	88	五星级
6	张一帆	25950	88	86	三星级
7	叶佳	106830	92	88	五星级
8	游妍妍	90740	85	86	四星级
9	孙建	52500	90	88	三星级
10	林木森	27300	82	85	三星级

图 3-57 “业务员考核”工作表效果图

2. 实验准备工作

（1）复制素材

从教学辅助网站下载素材文件“应用案例9-业务员销售统计及库存分析表.rar”至本地计算机，并将该压缩文件解压缩。本案例素材均来自该文件夹。

（2）创建实验结果文件夹

在D盘或E盘上新建一个“业务员销售统计及库存分析表-实验结果”文件夹，用于存放结果文件。

3. Excel 2016应用案例

（1）打开素材

打开素材文件夹中的工作簿文件“业务员销售统计及库存分析表.xlsx”，将其保存至“业务员销售统计及库存分析表-实验结果”文件夹中。

（2）在“一季度销售记录”工作表中生成“销售单价”列和“销售金额”列数据

产品销售单价如表3-26所示。

表 3-26　　产品销售单价

产品名称	销售单价/元
TCL	3850
长虹	3600
创维	3920
飞利浦	4250
小米	3600
索尼	4800
三星	4550

① 在 E2 单元格中输入公式“=IF(C2="TCL",3850,IF(C2="长虹",3600,IF(C2="创维",3920, IF(C2="飞利浦",4250,IF(C2="小米",3600,IF(C2="索尼",4800,4550))))))”。请注意括号的配对以及标点符号均为英文标点符号。

② 使用填充柄，将公式填充至 E55 单元格。

③ 在 F2 单元格中输入公式“=E2*D2”。

④ 使用填充柄，将公式填充至 F55 单元格。

（3）在“一季度销售记录”工作表中设置“日期”列数据的有效性验证

① 选中 A 列数据，单击“数据”选项卡“数据工具”组中的“数据验证”按钮，打开“数据验证”对话框。

② 在对话框的“设置”选项卡中，设置“允许”值为“日期”，“开始日期”为“2017/1/1”，“结束日期”为“2017/3/31”，如图 3-58 所示。

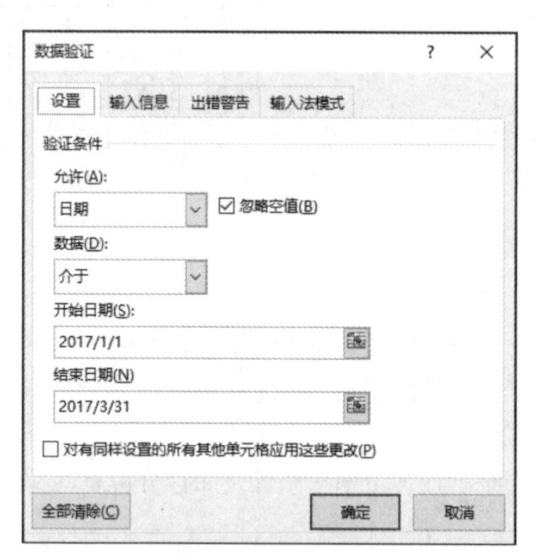

图 3-58　“设置”选项卡

③ 在对话框的“输入信息”选项卡和“出错警告”选项卡中分别进行设置，如图 3-59 和图 3-60 所示。

④ 单击“确定”按钮关闭对话框。

⑤ 选中 A1 单元格，取消该单元格的所有数据有效性验证设置，即将其“允许”值设为“任何值”，删除输入信息和出错警告。

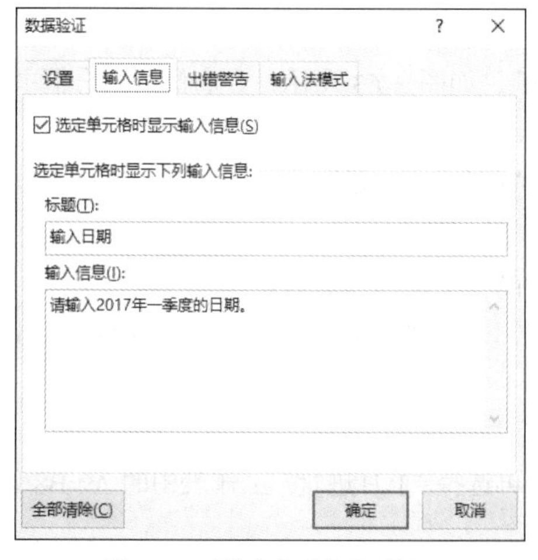

图 3-59 “输入信息”选项卡

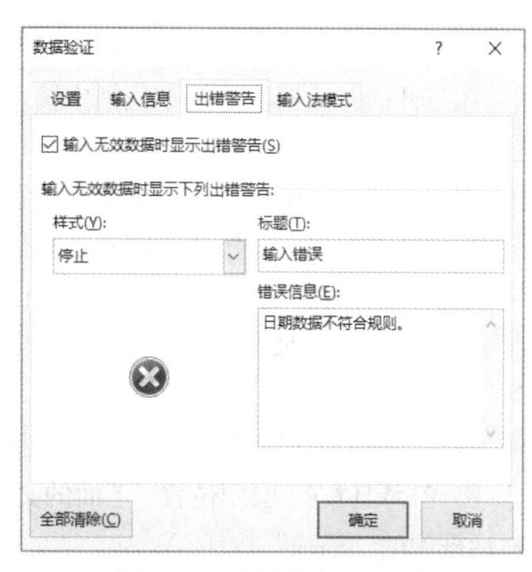

图 3-60 “出错警告”选项卡

⑥ 设置完成后，当在 A 列中输入的日期不符合规则时，Excel 将弹出图 3-61 所示的对话框。

（4）在“一季度销售记录”工作表中设置“业务员”列数据的有效性验证

① 选中 B 列数据，单击“数据”选项卡“数据工具”组中的“数据验证”按钮，打开“数据验证”对话框。

② 在对话框的“设置”选项卡中，设置“允许”值为“序列”。

③ 将光标定位在“来源”下面的文本框中，使用鼠标选中“业务员考核”工作表中的 A2:A10 区域，对话框如图 3-62 所示。

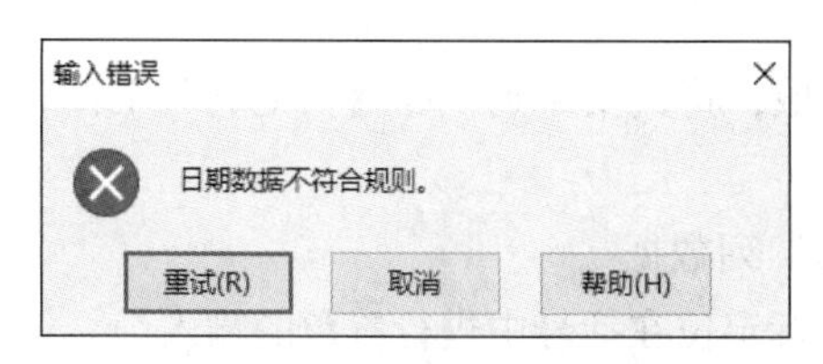

图 3-61 “输入错误”对话框

图 3-62 “设置”选项卡

④ 单击“确定”按钮关闭对话框后，选中 B 列任一单元格查看效果。

⑤ 选中 B1 单元格，取消该单元格的数据有效性验证设置。

（5）在“一季度销售记录”工作表中设置“产品”列数据的有效性验证

步骤同上，序列的来源为“库存及毛利”工作表中的 A2:A8 区域。

（6）在“一季度销售记录”工作表中设置“销售金额”列数据的条件格式

① 选中 F2:F55 区域后，单击“开始”选项卡“样式”组中的“条件格式”按钮。

② 在下拉菜单中选中“突出显示单元格规则”，在子菜单中再选择“大于”，打开“大于”

对话框。

③ 在打开的对话框左侧的数值框中输入“18000”，如图 3-63 所示，在右侧的组合框中选择“自定义格式”，打开“设置单元格格式”对话框。

④ 在“设置单元格格式”对话框中设置字体为“蓝色”“加粗”。

⑤ 分别单击“确定”按钮关闭两个对话框。

（7）在“一季度进货统计”工作表中计算所有产品一季度的进货数量

① 选中 A2:B2 区域，单击“数据”选项卡“数据工具”组中的“合并计算”按钮，打开“合并计算”对话框。

② 在对话框的“函数”下拉列表中选择“求和”。

③ 将光标定位在“引用位置”下面的文本框中，再选择“1 月进货”工作表中的 A2:B8 区域，单击对话框中的“添加”按钮。

④ 选择“2 月进货”工作表中的 A2:B7 区域后，单击对话框中的“添加”按钮。

⑤ 选择“3 月进货”工作表中的 A2:B8 区域后，单击对话框中的“添加”按钮。

⑥ 选中“标签位置”中的“最左列”复选框，此时对话框如图 3-64 所示。

⑦ 单击“确定”按钮关闭对话框。

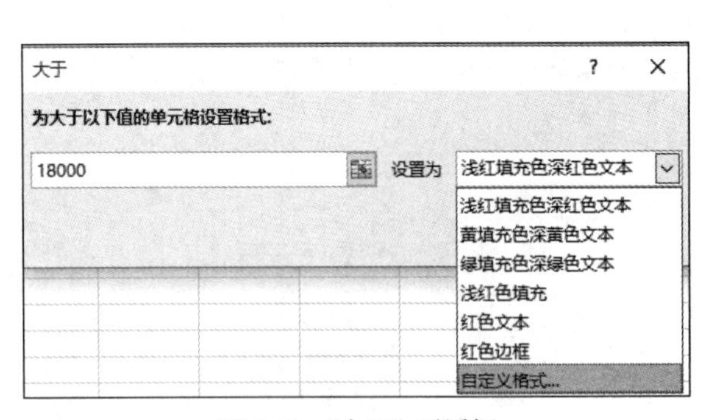

图 3-63 “大于”对话框

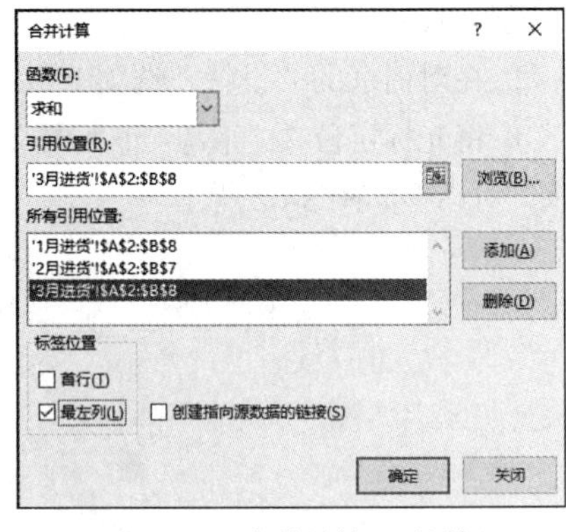

图 3-64 “合并计算”对话框

（8）在工作表之间复制数据

复制“一季度进货统计”工作表中的 B2:B8 区域，将其粘贴到“库存及毛利”工作表中的 C2:C8 区域。

（9）在“库存及毛利”工作表中计算“销售数量”列数据

① 在 E2 单元格中输入公式“=SUMIF()”，将光标定位在括号中进行参数的输入。

② 输入第 1 个参数 Range：选中“一季度销售记录”工作表中的 C2:C55 区域，并按【F4】键改为绝对引用。

③ 输入一个英文的逗号后，继续输入第 2 个参数 Criteria：选中“库存及毛利”工作表中的 A2 单元格。

④ 输入一个英文的逗号后，继续输入第 3 个参数 Sum_range：选中“一季度销售记录”工作表中的 D2:D55 区域，并按【F4】键改为绝对引用。

⑤ 此时编辑栏中的公式为“=SUMIF(一季度销售记录!$C$2:$C$55,库存及毛利!A2,一季度销售记录!$D$2:$D$55)”，按【Enter】键或单击“输入”按钮✔返回计算结果。

⑥ 使用填充柄，将公式填充至 E8 单元格。

（10）在“库存及毛利”工作表中计算“库存”列数据

步骤略。

（11）在“库存及毛利”工作表中计算“一季度毛利合计”列数据

① 选中 C11 单元格，输入公式“=SUMPRODUCT(E2:E8,D2:D8)-SUMPRODUCT (E2:E8,B2:B8)”。

② 按【Enter】键或单击“输入”按钮✔返回计算结果。

（12）在“业务员考核”工作表中计算“销售金额”列数据

与第（11）步类似，在 B2 单元格中生成公式“=SUMIF(一季度销售记录!$B$2:$B$55,业务员考核!A2,一季度销售记录!$F$2:$F$55)”，并使用填充柄，将公式填充至 B10 单元格。

（13）在“业务员考核”工作表中计算“星级评定”列数据

评定方法：若销售金额大于等于 100000 元，且领导或同行评分中有 90（含 90）分以上的为五星级业务员；销售金额大于等于 80000 元，且领导或同行评分中有 85（含 85）分以上的为四星级业务员；其他为三星级业务员。

① 在 E2 单元格中输入公式“=IF(AND(B2>=100000,OR(C2>=90,D2>=90)),"五星级",IF(AND(B2>=80000,OR(C2>=85,D2>=85)),"四星级","三星级"))”。

② 按【Enter】键或单击“输入”按钮✔返回计算结果。

③ 使用填充柄，将公式填充至 E10 单元格。

（14）在“业务员考核”工作表中设置单元格保护

① 选中 B2:E10 区域，单击鼠标右键，在快捷菜单中选择“设置单元格格式”，打开“设置单元格格式”对话框。

② 在对话框的“保护”选项卡中，取消选中“锁定”复选框，如图 3-65 所示。

③ 单击“确定”按钮关闭对话框。

④ 单击“文件”选项卡，在中间窗格中单击“保护工作簿”按钮，在下拉菜单中选择“保护当前工作表”，打开“保护工作表”对话框。

⑤ 在对话框中取消选中“选定锁定单元格”复选框，如图 3-66 所示。

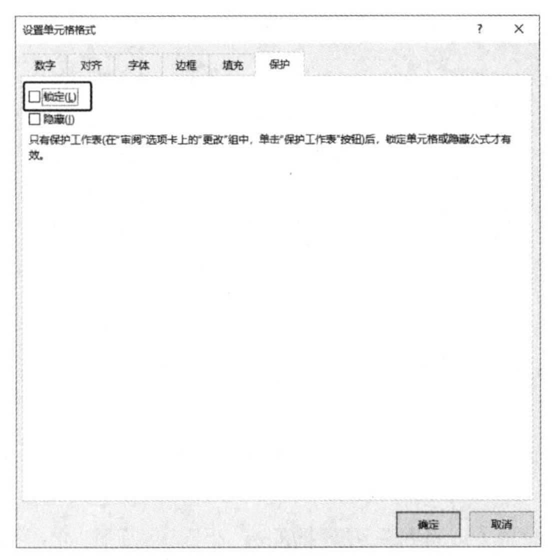

图 3-65 “设置单元格格式”对话框

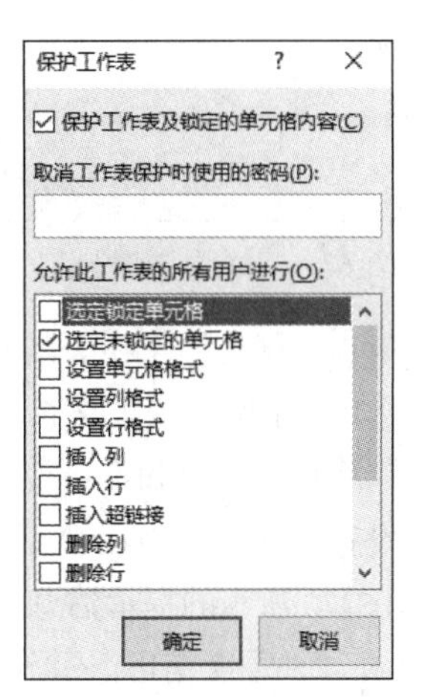

图 3-66 “保护工作表”对话框

⑥ 单击“确定”按钮关闭对话框。此时除了 B2:E10 区域可以被选中编辑外，其余单元格均为只读状态。

（15）保存工作簿

单击快速访问工具栏中的“保存”按钮，或单击“文件”选项卡，选择“保存”，保存操作结果。

4. WPS 表格 2019 应用案例

（1）打开素材

打开素材文件夹中的工作簿文件“业务员销售统计及库存分析表.xlsx”，将其保存至“业务员销售统计及库存分析表-实验结果”文件夹中。

（2）在“一季度销售记录”工作表中生成“销售单价”列和“销售金额”列数据

产品销售单价如表 3-26 所示。

① 在 E2 单元格中输入公式“=IF(C2="TCL",3850,IF(C2="长虹",3600,IF(C2="创维",3920,IF(C2="飞利浦",4250,IF(C2="小米",3600,IF(C2="索尼",4800,4550))))))”。

② 使用填充柄，将公式填充至 E55 单元格。

③ 在 F2 单元格中输入公式“=E2*D2”。

④ 使用填充柄，将公式填充至 F55 单元格。

（3）在“一季度销售记录”工作表中设置“日期”列数据的有效性验证

① 选中 A 列数据，单击“数据”选项卡的“有效性”按钮，打开“数据有效性”对话框。

② 在对话框的“设置”选项卡中，设置“允许”值为“日期”，“开始日期”为“2017/1/1”，“结束日期”为“2017/3/31”，如图 3-67 所示。

③ 在对话框的“输入信息”选项卡和“出错警告”选项卡中分别进行设置，如图 3-68 和图 3-69 所示。

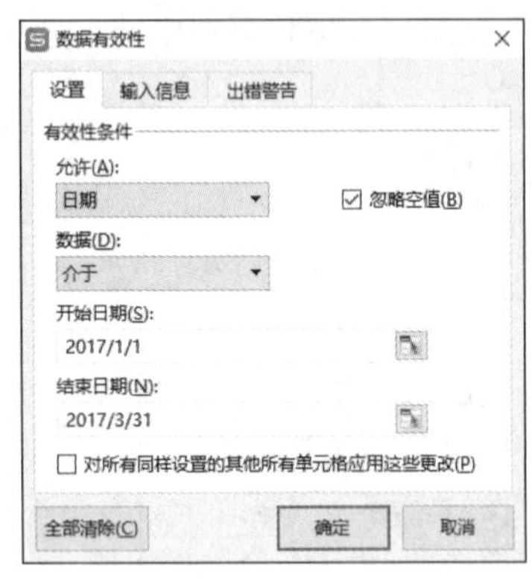

图 3-67 “设置”选项卡

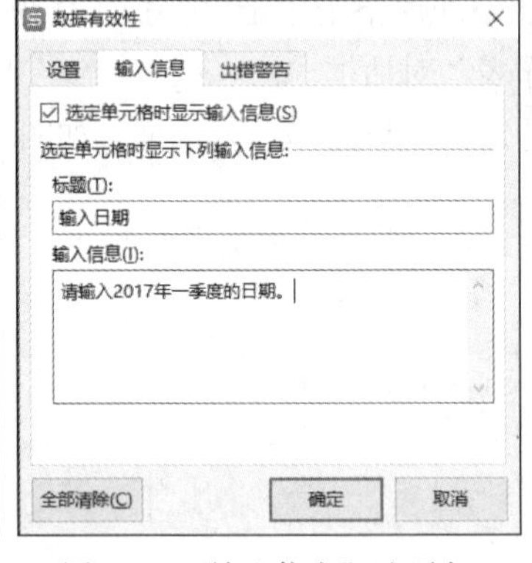

图 3-68 “输入信息”选项卡

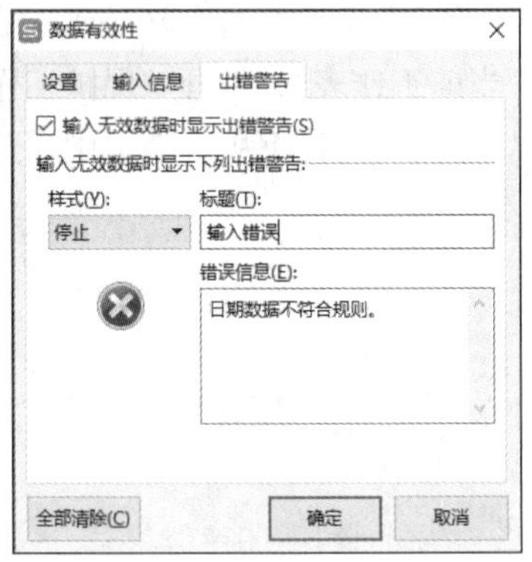

图 3-69 “出错警告”选项卡

④ 单击“确定”按钮关闭对话框。

⑤ 选中 A1 单元格，取消该单元格的所有数据有效性验证设置，即将其“允许”值设为“任何值”，删除输入信息和出错警告。

⑥ 设置完成后，当在 A 列中输入的日期不符合规则时，Excel 将弹出图 3-70 所示的提示消息。

图 3-70 “输入错误”提示消息

（4）在“一季度销售记录”工作表中设置“业务员”列数据的有

效性验证

① 选中 B 列数据，单击“数据”选项卡的“有效性”按钮，打开“数据有效性”对话框。

② 在对话框的“设置”选项卡中，设置“允许”值为“序列”。

③ 将光标定位在“来源”下面的文本框中，使用鼠标选中“业务员考核”工作表中的 A2:A10 区域，对话框如图 3-71 所示。

④ 单击“确定”按钮关闭对话框后，选中 B 列任一单元格查看效果。

⑤ 选中 B1 单元格，取消该单元格的数据有效性验证设置。

（5）在“一季度销售记录”工作表中设置“产品”列数据的有效性验证

步骤同上，序列的来源为“库存及毛利”工作表中的 A2:A8 区域。

（6）在“一季度销售记录”工作表中设置“销售金额”列数据的条件格式

① 选中 F2:F55 区域后，单击“开始”选项卡的“条件格式”按钮。

② 在下拉菜单中选中“突出显示单元格规则”，在子菜单中再选择“大于”，打开“大于”对话框。

③ 在打开的对话框左侧的数值框中输入“18000”，如图 3-72 所示，在右侧的组合框中选择“自定义格式”，打开“设置单元格格式”对话框。

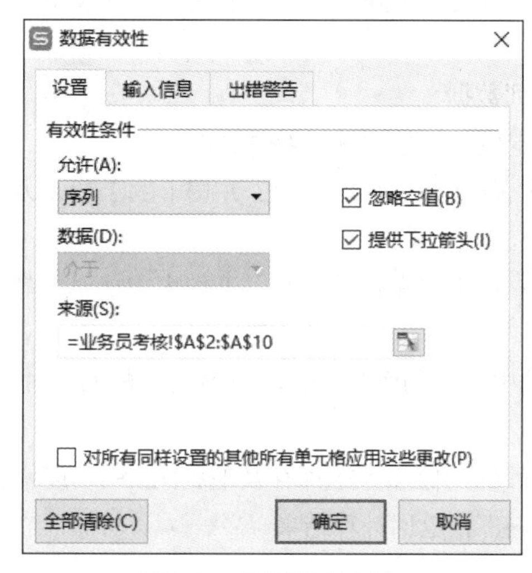

图 3-71 “设置”选项卡

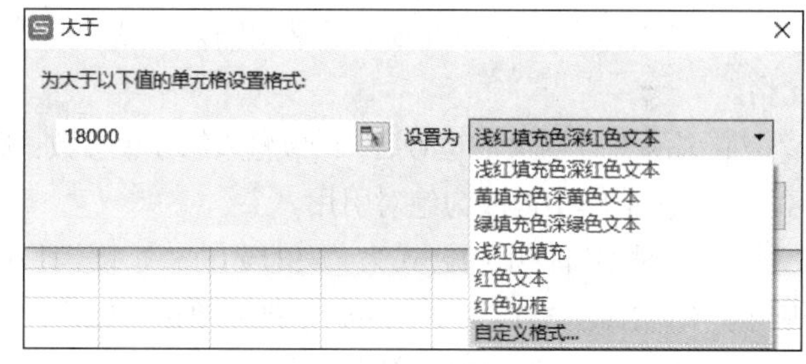

图 3-72 “大于”对话框

④ 在“设置单元格格式”对话框中设置字体为“蓝色”“加粗”。

⑤ 分别单击“确定”按钮关闭两个对话框。

（7）在“一季度进货统计”工作表中计算所有产品一季度的进货数量

① 选中 A 列和 B 列，单击“数据”选项卡中的“合并计算”按钮，打开“合并计算”对话框。

② 在对话框的“函数”下拉列表中选择“求和”。

③ 将光标定位在“引用位置”下面的文本框中，再选择“1 月进货”工作表中的 A1:B8 区域，单击对话框中的“添加”按钮。

④ 选择“2 月进货”工作表中的 A1:B7 区域后，单击对话框中的“添加”按钮。

⑤ 选择“3 月进货”工作表中的 A1:B8 区域后，单击对话框中的“添加”按钮。

⑥ 选中“标签位置”中的“首行”和“最左列”复选框，此时对话框如图 3-73 所示。

图 3-73 “合并计算”对话框

⑦ 单击“确定”按钮关闭对话框。

（8）在工作表之间复制数据

复制“一季度进货统计”工作表中的 B2:B8 区域，将其粘贴到“库存及毛利”工作表中的 C2:C8 区域。

（9）在“库存及毛利”工作表中计算“销售数量”列数据

① 在 E2 单元格中输入公式“=SUMIF()”，将光标定位在括号中进行参数的输入。

② 输入第 1 个参数：选中“一季度销售记录”工作表中的 C2:C55 区域，并按【F4】键改为绝对引用。

③ 输入一个英文的逗号后，继续输入第 2 个参数：选中“库存及毛利”工作表中的 A2 单元格。

④ 输入一个英文的逗号后，继续输入第 3 个参数：选中“一季度销售记录”工作表中的 D2:D55 区域，并按【F4】键改为绝对引用。

⑤ 此时编辑栏中的公式为“=SUMIF(一季度销售记录!$C$2:$C$55,库存及毛利!A2,一季度销售记录!$D$2:$D$55)”，按【Enter】键或单击“输入”按钮✔返回计算结果。

⑥ 使用填充柄，将公式填充至 E8 单元格。

（10）在“库存及毛利”工作表中计算“库存”列数据

步骤略。

（11）在“库存及毛利”工作表中计算“一季度毛利合计”列数据

① 选中 C11 单元格，输入公式“=SUMPRODUCT(E2:E8,D2:D8)-SUMPRODUCT (E2:E8, B2:B8)”。

② 按【Enter】键或单击“输入”按钮✔返回计算结果。

（12）在“业务员考核”工作表中计算“销售金额”列数据

与第（11）步类似，在 B2 单元格中生成公式“=SUMIF(一季度销售记录!$B$2:$B$55,业务员考核!A2,一季度销售记录!$F$2:$F$55)”，并使用填充柄，将公式填充至 B10 单元格。

（13）在“业务员考核”工作表中计算“星级评定”列数据

评定方法：若销售金额大于等于 100000 元，且领导或同行评分中有 90（含 90）分以上的为五星级业务员；销售金额大于等于80000元，且领导或同行评分中有85（含85）分以上的为四星级业务员；其他为三星级业务员。

① 在E2单元格中输入公式“=IF(AND(B2>=100000,OR(C2>=90,D2>=90)),"五星级",IF(AND(B2>=80000,OR(C2>=85,D2>=85)),"四星级","三星级"))”。

② 按【Enter】键或单击“输入”按钮✓返回计算结果。

③ 使用填充柄，将公式填充至E10单元格。

（14）在“业务员考核”工作表中设置单元格保护

① 选中B2:E10区域，单击鼠标右键，在快捷菜单中选择“设置单元格格式”，打开“单元格格式”对话框。

② 在对话框的“保护”选项卡中，取消选中“锁定”复选框，如图3-74所示。

③ 单击“确定”按钮关闭对话框。

④ 单击“审阅”选项卡的“保护工作表”按钮，打开“保护工作表”对话框。

⑤ 在对话框中取消选中“选定锁定单元格”复选框，如图3-75所示。

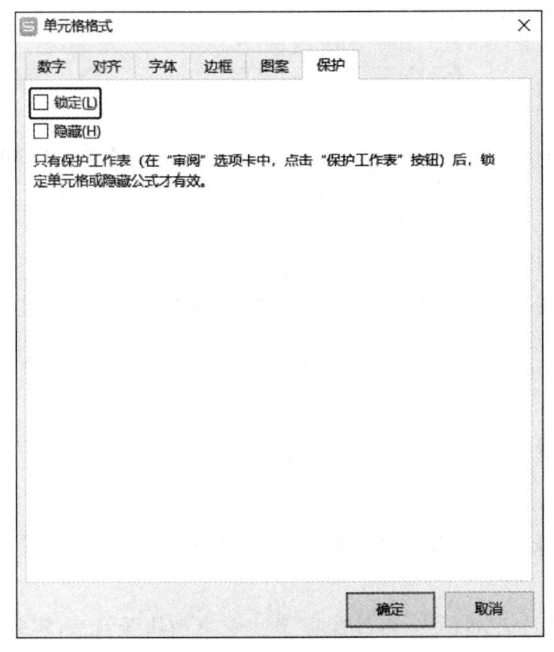

图3-74 “单元格格式”对话框

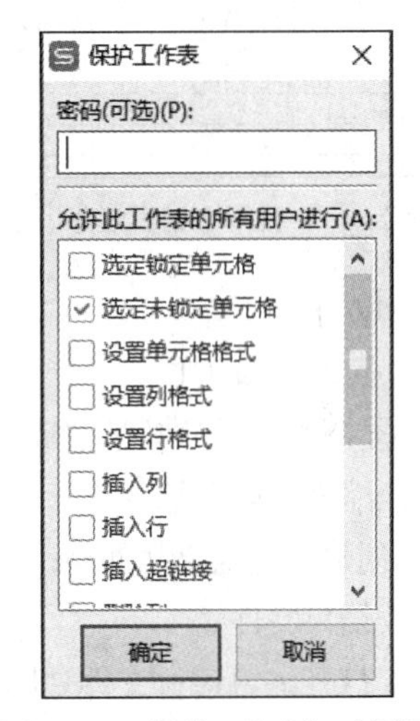

图3-75 “保护工作表”对话框

⑥ 单击“确定”按钮关闭对话框，此时除了B2:E10区域可以被选中编辑外，其余单元格均为只读状态。

（15）保存工作簿

单击快速访问工具栏中的“保存”按钮，或单击“文件”选项卡，选择“保存”命令，保存操作结果。

3.3.4 练习

本练习的效果图如图3-76～图3-78所示。“二月图书销售汇总”工作表和“三月图书销售汇总”工作表与图3-77类似。

日期	图书名称	单价	数量	金额	销售类型	利润
2017/1/4	《Excel实战演练》	22	588	12936	批发	1294
2017/1/6	《Office办公应用》	28	495	13860	批发	1386
2017/1/6	《Office商务办公助手》	20	80	1600	零售	240
2017/1/7	《Word高阶教程》	32	577	18464	批发	1846
2017/1/8	《Office商务办公助手》	20	38	760	零售	114
2017/1/8	《Office办公应用》	28	65	1820	零售	273
2017/1/8	《Office商务办公助手》	20	475	9500	批发	950
2017/1/9	《Word高阶教程》	32	34	1088	零售	163
2017/1/10	《Office商务办公助手》	20	460	9200	批发	920
2017/1/11	《Word高阶教程》	32	40	1280	零售	192
2017/1/13	《Excel实战演练》	22	320	7040	批发	704
2017/1/13	《Word高阶教程》	32	47	1504	零售	226
2017/1/15	《Excel实战演练》	22	68	1496	零售	224
2017/1/15	《Office办公应用》	28	53	1484	零售	223
2017/1/19	《Office办公应用》	28	244	6832	批发	683
2017/1/19	《Office办公应用》	28	42	1176	零售	176
2017/1/19	《Excel实战演练》	22	558	12276	批发	1228
2017/1/19	《Word高阶教程》	32	70	2240	零售	336
2017/1/21	《Excel实战演练》	22	47	1034	零售	155
2017/1/21	《Office商务办公助手》	20	57	1140	零售	171
2017/2/2	《Excel实战演练》	22	338	7436	批发	744
2017/2/2	《Office办公应用》	28	494	13832	批发	1383

图 3-76 “图书销售明细”工作表效果图

一月图书销售汇总

图书名称	销售数量	利润
《Excel实战演练》	1581	3604.7
《Office办公应用》	899	2741.2
《Office商务办公助手》	1110	2395
《Word高阶教程》	768	2763.2

图 3-77 “一月图书销售汇总”工作表效果图

2017年一季度图书销售汇总

图书名称	销售数量	利润	是否畅销
《Office办公应用》	3387	10939.6	畅销
《Office商务办公助手》	3697	7910	
《Word高阶教程》	1346	4892.8	滞销
《Excel实战演练》	2866	6806.8	
《PowerPoint美化技能》	2738	7108.75	

图 3-78 “一季度图书销售汇总”工作表效果图

具体要求如下。

（1）实验准备工作。

① 复制素材。从教学辅助网站下载素材文件“练习 9-图书销售统计表.rar”至本地计算机，并将该压缩文件解压缩。

② 创建实验结果文件夹。在 D 盘或 E 盘上新建一个“图书销售统计表-实验结果”文件夹，用于存放结果文件。

（2）打开练习素材文件“图书销售统计表.xlsx”，将其保存至“图书销售统计表-实验结果”文件夹中。

（3）在“图书销售明细”工作表中，根据表 3-27 所示的图书单价，使用函数自动生成“单价”列数据。

表 3-27 图书单价

图书名称	单价/元
《Excel 实战演练》	22
《Office 办公应用》	28
《Office 商务办公助手》	20
《Word 高阶教程》	32
《PowerPoint 美化技能》	25

（4）在“图书销售明细”工作表中，计算“金额”列数据。

（5）在“图书销售明细”工作表中，计算“利润”列数据。若销售类型为批发，则利润为销售金额的 10%；若销售类型为零售，则利润为销售金额的 15%。计算结果保留 0 位小数。

（6）在“图书销售明细”工作表中，设置“日期”列数据的有效性验证，使该列只能输入 2017 年一季度的日期。

（7）在“图书销售明细”工作表中，设置“图书名称”列的数据有效性验证，使该列数据只能为表 3-27 中的图书名称之一。

（8）在“一月图书销售汇总”“二月图书销售汇总”和“三月图书销售汇总”工作表中，分别计算每个月的图书销售数量和利润。（提示：使用 SUMIF 函数分别对“图书销售明细”工作表中的对应月数据进行计算。）

（9）在“一季度图书销售汇总”工作表中，使用合并计算，计算出所有图书一季度的销售数量。

（10）在“一季度图书销售汇总”工作表中，利用函数计算图书是否畅销。若图书一季度销售数量在 2800 本以上，且利润高于 10000 元，则为“畅销”；若图书一季度销售数量在 1500 本以下，则为“滞销”。

（11）在“一季度图书销售汇总”工作表中，设置 A4:D8 区域可以编辑和设置单元格格式，其他单元格均为只读状态。

（12）设置 A3:D8 区域内框和外框均为细实线。

（13）保存工作簿文件。

3.4 Excel 表格的高级函数

3.4.1 案例概述

1. 案例目标

在实际工作中我们会用到很多高级函数，本案例主要使用日期函数、查找引用函数和文本函数等高级函数。为了帮助人事部门更好地统计奖金和工资信息，本案例中我们制作工资、奖金统计表，按不同地区、不同销售额计算人员对应的提成比例，并根据姓名查找对应的奖金和工资信息。

2. 知识点

本案例涉及的主要知识点如下。

① 日期函数的使用，如 YEAR、MONTH、DAY、TODAY、DATE 等。

② 查找引用函数的使用，如 HLOOKUP、VLOOKUP、MATCH 等。

③ 文本函数的使用，如 LEFT、RIGHT、MID、TEXT、LEN 等。

④ 数据库函数的使用，如 DSUM、DCOUNT、DMAX、DMIN 等。

⑤ 信息函数的使用，如 ISBLANK、ISNUMBER 等。

3.4.2 知识点总结

1. 日期与时间函数

日期与时间函数如表 3-28 所示。

表 3-28 日期与时间函数

函数名	格式	功能	说明
NOW	NOW()	返回当前日期和时间所对应的序列号	无参函数
TODAY	TODAY()	返回当前日期的序列号	无参函数
YEAR	YEAR(Serial_number)	返回某日期对应的年份	返回值为 1900~9999 的整数
MONTH	MONTH(Serial_number)	返回以序列号表示的日期中的月份	
DAY	DAY(Serial_number)	返回以序列号表示的某日期的天数	
DATE	DATE(Year,Month,Day)	返回指定日期的序列号	
WEEKDAY	WEEKDAY(Serial_number, Return_type)	返回某日期为星期几	默认情况下，其值为 1（星期日）~7（星期六）的整数 Return_type 为确定返回值类型的数字
DATEDIF	DATEDIF(Start_date,End_date, Unit)	返回两个日期之间间隔的年数、月数或天数等	该函数是一个隐秘函数，在 Excel 中可以直接输入函数名称来使用 DATEDIF 函数 Unit 为所需信息的返回类型

WEEKDAY 函数中参数 Return_type 的含义如表 3-29 所示。

表 3-29 WEEKDAY 函数中参数 Return_type 的含义

Return_type	函数返回的数字含义
1 或省略	数字 1（星期日）~7（星期六）
2	数字 1（星期一）~7（星期日）
3	数字 0（星期一）~6（星期日）

DATEDIF 函数中参数 Unit 的含义如表 3-30 所示。

表 3-30 DATEDIF 函数中参数 Unit 的含义

Unit	信息的返回类型
Y	时间段中的整年数
M	时间段中的整月数
D	时间段中的天数

2. 查找与引用函数

查找与引用函数如表 3-31 所示。

表 3-31 查找与引用函数

函数名	格式	功能	说明
ADDRESS	ADDRESS(Row_num,Column_num,Abs_num,A1,Sheet_text)	按照给定的行号和列标，建立文本类型的单元格地址	Abs_num 指定返回的引用类型

续表

函数名	格式	功能	说明
COLUMN	COLUMN(Reference)	返回给定引用的列标	如果省略 Reference，则假定为对函数所在单元格的引用
ROW	ROW(Reference)	返回引用的行号	如果省略 Reference，则假定为对函数所在单元格的引用
LOOKUP	LOOKUP(Lookup_value,Lookup_vector,Result_vector)	函数 LOOKUP 的向量形式是在单行区域或单列区域（向量）中查找数值，然后返回第二个单行区域或单列区域中相同位置的数值	Lookup_vector 的数值必须按升序排列，否则函数 LOOKUP 不能返回正确的结果。函数 LOOKUP 若找不到 Lookup_value，则查找 Lookup_vector 中小于或等于 Lookup_value 的最大数值
HLOOKUP	HLOOKUP(Lookup_value,Table _array,Row_index_num,Range_lookup)	在表格的首行查找指定的数值，并由此返回表格中指定行的对应列处的数值	Range_lookup 为逻辑值，如果为 TRUE 或省略，返回近似匹配值；如果为 FALSE，则将查找精确匹配值；如果找不到，则返回错误值#N/A!
VLOOKUP	VLOOKUP(Lookup_value,Table _array,Col_index_num,Range_lookup)	在表格或数值数组的首列查找指定的数值，并由此返回表格或数组指定列的对应行处的数值	
INDEX	INDEX(Array,Row_num,Column_num)	返回数组中指定行列交叉处的单元格的数值	
MATCH	MATCH(Lookup_value,Lookup_array,Match_type)	返回在指定方式下与指定数值匹配的数组中元素的相应位置	
INDIRECT	INDIRECT(Ref_text, A1)	返回由文本字符串指定的引用	

ADDRESS 函数中参数 Abs_num 的含义如表 3-32 所示。

表 3-32　　ADDRESS 函数中参数 Abs_num 的含义

Abs_num	含义
1 或省略	绝对引用
2	绝对行号，相对列标
3	相对行号，绝对列标
4	相对引用

MATCH 函数中参数 Match_type 的含义如表 3-33 所示。

表 3-33　　MATCH 函数中参数 Match_type 的含义

Match_type	含义
1 或省略	查找小于或等于 Lookup_value 的最大数值。Lookup_array 必须按升序排列
0	查找等于 Lookup_value 的第一个数值。Lookup_array 可以按任何顺序排列
-1	查找大于或等于 Lookup_value 的最小数值。Lookup_array 必须按降序排列

3. 文本函数

文本函数如表 3-34 所示。

表 3-34 文本函数

函数名	格式	功能	说明
FIND	FIND(Find_text,Within_text,Start_num)	查找文本字符串（Within_text）内的特定文本字符串（Find_text），并从 Within_text 的首字符开始返回 Find_ text 的起始位置编号	区分大小写，Find_text 不能使用通配符。Start_num 表示查找的起始位置
SEARCH	SEARCH(Find_text,Within_text,Start_num)	返回从 Start_num 开始首次找到特定字符或文本字符串的位置上特定字符的编号	不区分大小写，Find_ text 可以使用通配符，包括“？”和“*”。“？”可匹配任意的单个字符，“*”可匹配任意一串字符
LEN	LEN(Text)	返回文本字符串中的字符数	
LEFT	LEFT(Text,Num_chars)	返回文本字符串中的第一个或前几个字符	
RIGHT	RIGHT(Text,Num_chars)	返回文本字符串中的最后一个或多个字符	
MID	MID(Text,Start_num,Num_chars)	返回文本字符串中从指定位置开始的特定数目的字符	
TRIM	TRIM(Text)	除了单词之间的单个空格外，清除文本中所有的空格	
REPLACE	REPLACE(Old_text,Start_num,Num_chars,New_text)	使用其他文本字符串并根据所指定的字符数替换某一文本字符串中的部分文本	需要在某一文本字符串中替换指定位置处的任意文本时使用该函数
SUBSTITUTE	SUBSTITUTE(Text,Old_text,New_text,Instance_num)	在文本字符串中用 New_text 替代 Old_text	需要在某一文本字符串中替换指定的文本时使用该函数
TEXT	TEXT(Value,Format_text)	将数值转换为按指定数字格式表示的文本	Format_text 为“设置单元格格式”对话框中“数字”选项卡上“分类”框中“自定义”类别中的数字格式

4. 数据库函数

数据库函数主要用于对数据清单或数据库中的数据进行分析。简单来说，数据库函数就是普通的统计函数与高级筛选的结合。

数据库函数都具有如下参数。

- Database 构成列表或数据库的单元格区域。
- Field 指定函数所使用的数据列。列表中的数据列必须在第一行具有标志项。
- Criteria 为一组包含给定条件的单元格区域。可以为 Criteria 指定任意区域，只要它至少包含一个列标和列标下方用于设定条件的单元格。

Excel 中常用的数据库函数如表 3-35 所示。

表 3-35 数据库函数

函数名	功能
DAVERAGE	返回列表或数据库中满足指定条件的列中数值的平均值
DCOUNT	返回数据库或列表的列中满足指定条件并包含数字的单元格个数。参数 Field 为可选项，如果省略，则函数 DCOUNT 返回数据库中满足条件 Criteria 的记录数
DCOUNTA	返回数据库或列表的列中满足指定条件的非空单元格个数。参数 Field 为可选项，如果省略，则函数 DCOUNTA 返回数据库中满足条件的记录数
DMAX	返回列表或数据库的列中满足指定条件的最大数值
DMIN	返回列表或数据库的列中满足指定条件的最小数值
DPRODUCT	返回列表或数据库的列中满足指定条件的数值的乘积
DSUM	返回列表或数据库的列中满足指定条件的数字之和

5. 信息函数

信息函数如表 3-36 所示。

表 3-36 信息函数

函数名	格式	功能
ISBLANK	ISBLANK(Value)	返回是否引用了空单元格
ISERR	ISERR(Value)	返回是否为除#N/A 以外的任意错误值
ISERROR	ISERROR(Value)	返回是否为任意错误值（#N/A、#VALUE!、#REF!、#DIV/0!、#NUM!、#NAME?或#NULL!）
ISLOGICAL	ISLOGICAL(Value)	返回是否为逻辑值
ISNA	ISNA(Value)	返回是否为错误值#N/A（值不存在）
ISNONTEXT	ISNONTEXT(Value)	返回是否为非文本的任意项（注意：此函数在遇到空白单元格时返回 TRUE。）
ISNUMBER	ISNUMBER(Value)	返回是否为数字
ISREF	ISREF(Value)	返回是否为引用
ISTEXT	ISTEXT(Value)	返回是否为文本
CELL	CELL(Info_type, [Reference])	返回某一引用区域的左上角单元格的格式、位置、内容等信息。Info_type 为一个文本值，指定所需要的单元格信息的类型。Reference 若忽略，则返回最后更改的单元格的相关信息。按【F9】键可以刷新单元格，该单元格即成为最后更改的单元格

CELL 函数中参数 Info_type 的含义如表 3-37 所示。

表 3-37 CELL 函数中参数 Info_type 的含义

Info_type	含义
"address"	引用中第一个单元格的引用，文本值
"col"	引用中单元格的列标
"color"	如果单元格中的负值以不同颜色显示，则返回 1，否则返回 0
"contents"	引用中左上角单元格的值，不是公式
"filename"	包含引用的文件名（包括全部路径），文本值。如果包含目标引用的工作表尚未保存，则返回空文本（""）

续表

Info_type	含义
"format"	与单元格中不同的数字格式相对应的文本值。如果单元格中的负值以不同颜色显示，则在返回的文本值的结尾处加“-”；如果单元格中为正值或所有单元格均加括号，则在返回的文本值的结尾处加“()”
"parentheses"	如果单元格中为正值或全部单元格均加括号，则返回 1，否则返回 0
"prefix"	与单元格中不同的“标志前缀”相对应的文本值。如果单元格文本左对齐，则返回单引号（'）；如果单元格文本右对齐，则返回双引号（"）；如果单元格文本居中，则返回插入字符（^）；如果单元格文本两端对齐，则返回反斜线（\）；如果是其他情况，则返回空文本（""）
"protect"	如果单元格没有锁定，则返回 0；如果单元格锁定，则返回 1
"row"	引用中单元格的行号
"type"	与单元格中的数据类型相对应的文本值。如果单元格为空，则返回“b”；如果单元格包含文本常量，则返回“l”；如果单元格包含其他内容，则返回“v”
"width"	取整后的单元格的列宽。列宽以默认字号的一个字符的宽度为单位

3.4.3 应用案例：工资、奖金统计表

1. 案例效果图

本案例中共完成 3 张工作表，分别为“人员信息”“奖金计算”“工资统计”，完成后的效果分别如图 3-79～图 3-81 所示。

2021年2月人员信息表

姓名	性别	身份证号码	年龄	出生日期	所属部门
吴赟斐	男	3209811990101 9**1*	30	1990/10/19	综合研发部
顾小芳	女	32058619830117**2*	38	1983/1/17	第二事业部
莫俊锋	男	32068219850504**3*	35	1985/5/4	业务拓展部
黄诚	男	32058119861218**3*	34	1986/12/18	第二事业部
钱江	女	32091119891017**2*	31	1989/10/17	第一事业部
金彦杰	男	32050119891016 5*5*	31	1989/10/16	业务拓展部
申道伟	男	32028219861119**9*	34	1986/11/19	第一事业部
吴健	男	32050119890503**9*	31	1989/5/3	第一事业部
钱杰	男	32062119870210**3*	33	1987/2/10	综合研发部
王明亮	男	32050319890711**1*	31	1989/7/11	第二事业部
王瑜佳	男	32058619900414**1*	30	1990/4/14	第三事业部
范志鼎	男	36233019891023**1*	31	1989/10/23	第一事业部
惠宏旻	男	32083019870706**3*	33	1987/7/6	业务拓展部
陈晨	男	32050319810501**1*	39	1981/5/1	第二事业部
顾婷	女	32028219851210**6*	35	1985/12/10	第三事业部
马骁杰	男	32028219881107**1*	32	1988/11/7	第三事业部
王军浩	男	32098119890220**1*	31	1989/2/20	第三事业部
孙硕	男	41022319880922**3*	32	1988/9/22	第二事业部
耿燕辉	男	32068119870730**3*	33	1987/7/30	第一事业部
王永丽	女	32072119831108**2*	37	1983/11/8	第二事业部
孔鑫	男	32051119871105**1*	33	1987/11/5	综合研发部
尚庆松	女	32050219870407**6*	33	1987/4/7	第三事业部
黄海新	男	32098119890220**1*	31	1989/2/20	综合研发部
顾冯	女	32128319810201**2*	40	1981/2/1	第三事业部
刘磊	男	32050319851004**1*	35	1985/10/4	第二事业部
李晓琳	男	32132419890318**1*	31	1989/3/18	业务拓展部
钱褧	男	32058619871227**3*	33	1987/12/27	第一事业部

提成比例 人员信息 奖金计算 工资统计

图 3-79 “人员信息”工作表效果图

	A	B	C	D	E
1	提成及奖金				
2					
3	姓名	地区	金额	提成比例	奖金
4	陈晨	华北	¥ 323,000	1.10%	¥ 3,553.0
5	范志鼎	华东	¥ 432,000	1.50%	¥ 6,480.0
6	耿燕辉	华南	¥ 388,000	1.30%	¥ 5,044.0
7	顾冯	华南	¥ 535,000	2.30%	¥ 12,305.0
8	顾婷	华东	¥ 323,000	1.00%	¥ 3,230.0
9	顾小芳	西北	¥ 630,000	2.50%	¥ 15,750.0
10	黄诚	华东	¥ 630,000	2.10%	¥ 13,230.0
11	黄海新	华南	¥ 630,000	2.30%	¥ 14,490.0
12	惠宏旻	华东	¥ 388,000	1.15%	¥ 4,462.0
13	金彦杰	华南	¥ 535,000	2.30%	¥ 12,305.0
14	孔鑫	西北	¥ 388,000	1.50%	¥ 5,820.0
15	李晓琳	华南	¥ 290,000	0.90%	¥ 2,610.0
16	刘磊	西北	¥ 323,340	1.25%	¥ 4,041.8
17	马骁杰	华东	¥ 620,000	2.10%	¥ 13,020.0
18	莫俊锋	华东	¥ 633,450	2.10%	¥ 13,302.5
19	钱江	华南	¥ 630,000	2.30%	¥ 14,490.0
20	钱杰	华东	¥ 323,000	1.00%	¥ 3,230.0
21	钱鋆	华南	¥ 290,000	0.90%	¥ 2,610.0
22	尚庆松	西北	¥ 388,000	1.50%	¥ 5,820.0
23	申道伟	华南	¥ 324,000	1.10%	¥ 3,564.0
24	孙硕	西北	¥ 535,000	2.50%	¥ 13,375.0
25	王军浩	西北	¥ 625,000	2.50%	¥ 15,625.0
26	王明亮	西北	¥ 323,000	1.25%	¥ 4,037.5
27	王永丽	华东	¥ 323,000	1.00%	¥ 3,230.0
28	王瑜佳	华南	¥ 535,000	2.30%	¥ 12,305.0
29	吴健	华南	¥ 323,000	1.10%	¥ 3,553.0
30	吴金陶	华东	¥ 430,000	1.50%	¥ 6,450.0

提成比例 | 人员信息 | 奖金计算 | 工资统计

图 3-80 “奖金计算”工作表效果图

	A	B	C	D	E	F	G	H	I
1	工资发放统计表								
2	姓名	部门	底薪	奖金	合计	大写金额		部门	奖金
3	钱鋆	第一事业部	¥ 500	¥ 2,610.0	¥ 3,110.0	叁仟壹佰壹拾圆零角零分		第一事业部	>10000
4	王明亮	第二事业部	¥ 500	¥ 4,037.5	¥ 4,537.5	肆仟伍佰叁拾柒圆伍角零分			
5	陈晨	第二事业部	¥ 400	¥ 3,553.0	¥ 3,953.0	叁仟玖佰伍拾叁圆零角零分			
6	王永丽	第二事业部	¥ 400	¥ 3,230.0	¥ 3,630.0	叁仟陆佰叁拾圆零角零分			
7	吴健	第一事业部	¥ 500	¥ 3,553.0	¥ 4,053.0	肆仟零伍拾叁圆零角零分			
8	李晓琳	业务拓展部	¥ 600	¥ 2,610.0	¥ 3,210.0	叁仟贰佰壹拾圆零角零分			
9	钱杰	综合研发部	¥ 600	¥ 3,230.0	¥ 3,830.0	叁仟捌佰叁拾圆零角零分			
10	金彦杰	业务拓展部	¥ 400	¥12,305.0	¥ 12,705.0	壹万贰仟柒佰零伍圆零角零分			
11	王瑜佳	第三事业部	¥ 500	¥12,305.0	¥ 12,805.0	壹万贰仟捌佰零伍圆零角零分			
12	钱江	第一事业部	¥ 500	¥14,490.0	¥ 14,990.0	壹万肆仟玖佰玖拾圆零角零分			
13	申道伟	第一事业部	¥ 500	¥ 3,564.0	¥ 4,064.0	肆仟零陆拾肆圆零角零分			
14	刘磊	第二事业部	¥ 400	¥ 4,041.8	¥ 4,441.8	肆仟肆佰肆拾壹圆柒角伍分			
15	惠宏旻	业务拓展部	¥ 400	¥ 4,462.0	¥ 4,862.0	肆仟捌佰陆拾贰圆零角零分			
16	孔鑫	综合研发部	¥ 500	¥ 5,820.0	¥ 6,320.0	陆仟叁佰贰拾圆零角零分			
17	孙硕	第二事业部	¥ 600	¥13,375.0	¥ 13,975.0	壹万叁仟玖佰柒拾伍圆零角零分			
18	顾冯	第三事业部	¥ 600	¥12,305.0	¥ 12,905.0	壹万贰仟玖佰零伍圆零角零分			
19	范志鼎	第一事业部	¥ 400	¥ 6,480.0	¥ 6,880.0	陆仟捌佰捌拾圆零角零分			
20	吴金陶	第三事业部	¥ 500	¥ 6,450.0	¥ 6,950.0	陆仟玖佰伍拾圆零角零分			
21	顾婷	第三事业部	¥ 500	¥ 3,230.0	¥ 3,730.0	叁仟柒佰叁拾圆零角零分			
22	尚庆松	第三事业部	¥ 500	¥ 5,820.0	¥ 6,320.0	陆仟叁佰贰拾圆零角零分			
23	耿燕辉	第一事业部	¥ 400	¥ 5,044.0	¥ 5,444.0	伍仟肆佰肆拾肆圆零角零分			
24	吴赞斐	综合研发部	¥ 400	¥14,490.0	¥ 14,890.0	壹万肆仟捌佰玖拾圆零角零分			
25	黄海新	综合研发部	¥ 500	¥14,490.0	¥ 14,990.0	壹万肆仟玖佰玖拾圆零角零分			
26	顾小芳	第二事业部	¥ 600	¥15,750.0	¥ 16,350.0	壹万陆仟叁佰伍拾圆零角零分			
27	王军浩	第三事业部	¥ 600	¥15,625.0	¥ 16,225.0	壹万陆仟贰佰贰拾伍圆零角零分			
28	马骁杰	第三事业部	¥ 400	¥13,020.0	¥ 13,420.0	壹万叁仟肆佰贰拾圆零角零分			
29	莫俊锋	业务拓展部	¥ 500	¥13,302.5	¥ 13,802.5	壹万叁仟捌佰零贰圆肆角伍分			
30	黄诚	第二事业部	¥ 500	¥13,230.0	¥ 13,730.0	壹万叁仟柒佰叁拾圆零角零分			
31									
32	第一事业部工资高于10000元的人数：			1					

提成比例 | 人员信息 | 奖金计算 | 工资统计

图 3-81 “工资统计”工作表效果图

2. 实验准备工作

（1）复制素材

从教学辅助网站下载素材文件“应用案例 10-工资奖金统计表.rar”至本地计算机，并将该压缩文件解压缩。本案例素材均来自该文件夹。

（2）创建实验结果文件夹

在 D 盘或 E 盘上新建一个“工资奖金统计表-实验结果”文件夹，用于存放结果文件。

3. Excel 2016 应用案例

（1）打开素材

打开素材文件夹中的工作簿文件“工资奖金统计表.xlsx”，将其保存至“工资奖金统计表-实验结果”文件夹中。

（2）在“人员信息”工作表中制作动态更新的标题

图 3-79 中圈出的数字为根据当前日期动态更新的标题内容。

① 在 A1 单元格中输入公式“=YEAR(TODAY()) & "年" & MONTH(TODAY()) & "月人员信息表"”。注意标点符号均为英文输入法中的标点符号。

② 按【Enter】键返回计算结果。

（3）在“人员信息”工作表中计算“性别”列数据

判断规则：首先判断身份证号码是否输入，若未输入则返回“未输入身份证号码”；然后判断身份证号码是否为 18 位，若不是 18 位，则返回“身份证号码错误”；最后判断性别，身份证号码的第 17 位为性别位，该数字是奇数表示男性，反之表示女性。

① 在 B4 单元格中输入公式“=IF(ISBLANK(C4),"未输入身份证号码",IF(LEN(C4)=18,IF(MOD(MID(C4,17,1),2)=0,"女","男"),"身份证号码错误"))”。其中 MID(C4,17,1)表示从身份证号码的第 17 位开始取 1 位数，即性别位。MOD 函数返回性别位除以 2 后的余数，若为 0 则为偶数。

② 按【Enter】键返回计算结果。

③ 使用填充柄，将公式填充至 B31 单元格。

（4）在“人员信息”工作表中计算“出生日期”列数据

判断规则：身份证号码的第 7～10 位为出生日期的年份，第 11～12 位为出生日期的月份，第 13～14 位为出生日期的日。

① 在 E4 单元格中输入公式“=DATE(MID(C4,7,4),MID(C4,11,2),MID(C4,13,2))”。

② 按【Enter】键返回计算结果。

③ 使用填充柄，将公式填充至 E31 单元格。

（5）在“人员信息”工作表中计算“年龄”列数据

① 在 D4 单元格中输入公式“=YEAR(TODAY()−E4)−1900”。将当前日期减去出生日期后将得到一个新的日期，这个日期中的年份即为年龄，但由于 Excel 中的日期都是从 1900-1-1 开始计算的，因此取出这个日期的年份后应减去 1 900。

② 按【Enter】键返回计算结果，此时若单元格中显示一个日期型数据，则单击“开始”选项卡中的“数字格式”下拉菜单，选择“常规”。

③ 使用填充柄，将公式填充至 D31 单元格。

（6）在“奖金计算”工作表中计算“提成比例”列数据

① 在 D4 单元格中输入公式“=HLOOKUP(C4,提成比例!$A$2:$I$6,MATCH(B4,提成比例!

$A$2: $A$6,0))”。其中 MATCH 函数的第三个参数必须设置为 0，表示精确匹配，否则匹配时将给出错误的结果。

② 按【Enter】键返回计算结果。

③ 使用填充柄，将公式填充至 D31 单元格。

（7）在“奖金计算”工作表中计算“奖金”列数据

步骤略。

（8）在“工资统计”工作表中根据“人员信息”工作表中的数据生成“部门”列数据

① 在 B3 单元格中输入公式“=VLOOKUP(A3,人员信息!$A$4:$F$31,6,FALSE)”。第四个参数必须为 FALSE，表示精确匹配。

② 按【Enter】键返回计算结果。

③ 使用填充柄，将公式填充至 B30 单元格。

（9）在“工资统计”工作表中根据“奖金计算”工作表中的数据生成“奖金”列数据

① 在 D3 单元格中输入公式“=VLOOKUP(A3,奖金计算!$A$4:$E$31,5,FALSE)”。第四个参数必须为 FALSE，表示精确匹配。

② 按【Enter】键返回计算结果。

③ 使用填充柄，将公式填充至 D30 单元格。

（10）在“工资统计”工作表中计算“合计”列数据

步骤略。

（11）在“工资统计”工作表中计算“大写金额”列数据

① 在 F3 单元格中输入公式“=TEXT(INT(E3),"[DBNUM2]")&"圆"&TEXT(LEFT(RIGHT(TEXT(E3,"00000000.00"),2),1),"[DBNUM2]")&" 角 "&TEXT(RIGHT(RIGHT(TEXT(E3,"00000000.00"),2),1),"[DBNUM2]")&"分"”。

其中 INT(E3)表示取出金额中的整数部分。TEXT(INT(E3),"[DBNUM2]")函数是一个格式化函数，第二个参数"[DBNUM2]"表示将金额中的整数部分以大写金额的方式表达。TEXT(E3,"00000000.00")表示将合计的金额格式化为都具有两位小数的数值。

② 按【Enter】键返回计算结果。

③ 使用填充柄，将公式填充至 F30 单元格。

（12）在“工资统计”工作表的 D32 单元格中计算第一事业部工资高于 10000 元的人数

① 在工作表的空白部分构造条件区域，如图 3-82 所示。

② 在 D32 单元格中输入公式“=DCOUNT(A2:F30,C2,H2:I3)”。

③ 按【Enter】键返回计算结果。

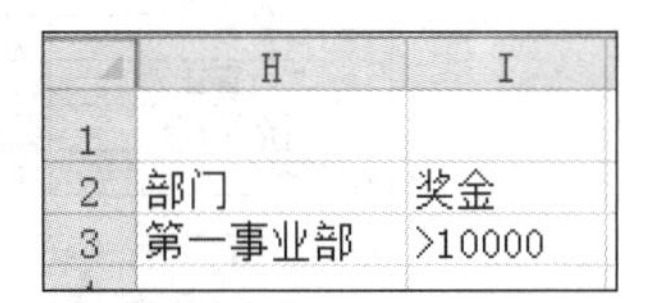

	H	I
1		
2	部门	奖金
3	第一事业部	>10000

图 3-82 条件区域

（13）保存工作簿

单击快速访问工具栏中的“保存”按钮，或单击“文件”选项卡，选择“保存”命令，保存操作结果。

4. WPS 表格 2019 应用案例

此案例的 WPS 表格 2019 操作步骤与 Excel 2016 一致，参考上述步骤即可。

3.4.4 练习

本练习的效果图如图 3-83～图 3-85 所示。

药品信息表

药品编号	品名	类别	零售价	零售单位	类别
YP003	灵芝草	饮片原料	¥ 150.00	元/袋（250g）	FALSE
YP004	冬虫夏草	饮片原料	¥ 260.00	元/盒（10g）	FALSE
QX002	周林频谱仪	医疗器械	¥ 225.00	元/台	FALSE
QX003	颈椎治疗仪	医疗器械	¥ 198.00	元/个	FALSE
BJ007	燕窝	保健品	¥ 198.00	元/盒	FALSE
BJ005	朵儿胶囊	保健品	¥ 77.46	元/盒	FALSE
BJ003	排毒养颜	保健品	¥ 67.20	元/盒	FALSE
BJ004	太太口服液	保健品	¥ 38.00	元/盒	FALSE
QX004	505神功元气带	医疗器械	¥ 69.50	元/个	FALSE
QX007	月球车	医疗器械	¥ 58.05	元/个	FALSE
ZC007	国公酒	中成药	¥ 11.40	元/瓶	FALSE
BJ002	红桃K	保健品	¥ 44.80	元/瓶	FALSE
YP007	枸杞	饮片原料	¥ 18.00	元/袋（100g）	FALSE
YP001	人参	饮片原料	¥ 0.13	元/g	FALSE
XY004	青霉素	西药	¥ 25.00	元/盒	FALSE
ZC005	感冒冲剂	中成药	¥ 12.30	元/盒	FALSE
ZC002	舒肝和胃丸	中成药	¥ 11.00	元/盒	FALSE
XY006	去痛片	西药	¥ 8.64	元/瓶	FALSE

药品信息 | 日销售清单 | 利润率 | 各类别利润查询

图 3-83 “药品信息”工作表效果图

2021年2月8日销售清单

品名	类别	销售数量	零售价	金额	大写金额		
					圆	角	分
国公酒	中成药	5	¥ 11.40	¥ 57.00	伍拾柒	零	零
红桃K	保健品	1	¥ 44.80	¥ 44.80	肆拾肆	捌	零
枸杞	饮片原料	2	¥ 18.00	¥ 36.00	叁拾陆	零	零
感冒冲剂	中成药	2	¥ 12.30	¥ 24.60	贰拾肆	陆	零
朵儿胶囊	保健品	4	¥ 77.46	¥ 309.84	叁佰零玖	捌	肆
排毒养颜	保健品	2	¥ 67.20	¥ 134.40	壹佰叁拾肆	肆	零
太太口服液	保健品	3	¥ 38.00	¥ 114.00	壹佰壹拾肆	零	零
505神功元气带	医疗器械	1	¥ 69.50	¥ 69.50	陆拾玖	伍	零
月球车	医疗器械	1	¥ 58.05	¥ 58.05	伍拾捌	零	伍
人参	饮片原料	250	¥ 0.13	¥ 32.50	叁拾贰	伍	零
青霉素	西药	1	¥ 25.00	¥ 25.00	贰拾伍	零	零
周林频谱仪	医疗器械	1	¥ 225.00	¥ 225.00	贰佰贰拾伍	零	零
舒肝和胃丸	中成药	2	¥ 11.00	¥ 22.00	贰拾贰	零	零
灵芝草	饮片原料	2	¥ 150.00	¥ 300.00	叁佰	零	零
冬虫夏草	饮片原料	1	¥ 260.00	¥ 260.00	贰佰陆拾	零	零
颈椎治疗仪	医疗器械	1	¥ 198.00	¥ 198.00	壹佰玖拾捌	零	零
燕窝	保健品	1	¥ 198.00	¥ 198.00	壹佰玖拾捌	零	零

药品信息 | 日销售清单 | 利润率 | 各类别利润查询

图 3-84 “日销售清单”工作表效果图

A	B	C	D
请选择一个类别：	饮片原料		类别
			饮片原料
查询结果如下			
最高销售额	¥300.00		
销售总金额	¥628.50		
利润率	14%		
总利润	¥ 87.99		

药品信息 | 日销售清单 | 利润率 | 各类别利润查询

图 3-85 “各类别利润查询”工作表效果图

具体要求如下。

（1）实验准备工作。

① 复制素材。从教学辅助网站下载素材文件“练习 10-药品销售信息表.rar”至本地计算机，并将该压缩文件解压缩。

② 创建实验结果文件夹。在 D 盘或 E 盘上新建一个“药品销售信息表-实验结果”文件夹，用于存放结果文件。

（2）打开练习素材文件“药品销售信息表.xlsx”，将其保存至“药品销售信息表-实验结果”文件夹。

（3）在“药品信息”工作表中，根据药品编号生成“类别”列数据。编号规则为前两个字母表示药品类别，如表 3-38 所示。

表 3-38 编号规则

编号开头	类别
YP	饮片原料
QX	医疗器械
ZC	中成药
XY	西药
BJ	保健品

（4）在“日销售清单”工作表中，使用公式生成标题如“2021 年 2 月 8 日销售清单”，其中的年、月、日数字随着日期的变化自动更新。

（5）在“日销售清单”工作表中，使用函数根据“药品信息”工作表中的数据，查询“类别”列和“零售价”列数据。

（6）在“日销售清单”工作表中，计算“金额”列数据。

（7）在“日销售清单”工作表中，使用函数生成“大写金额”的 3 列数据。

（8）在“各类别利润查询”工作表中，对 B1 单元格设置数据有效性验证，使其可以从列表中选择“药品信息”工作表中的各类别。

（9）在“各类别利润查询”工作表中，在 B4 单元格中使用数据库函数计算“最高销售额”，当 B1 单元格中未选择类别时，B4 单元格中显示“请先选择类别”，否则显示对应类别的计算结果。（提示：构造条件区域时，可以引用 B1 单元格中的内容。）

（10）在“各类别利润查询”工作表中，在 B5 单元格中计算“销售总金额”，当 B1 单元格中未选择类别时，B5 单元格中显示“请先选择类别”，否则显示对应类别的计算结果。

（11）在“各类别利润查询”工作表中，在 B6 单元格中根据“利润率”工作表中的数据查询各类别药品的“利润率”，当 B1 单元格中未选择类别时，B5 单元格中显示“请先选择类别”，否则显示对应类别的计算结果。

（12）在“各类别利润查询”工作表中，在 B7 单元格中计算该类别药品的“总利润”，当 B1 单元格中未选择类别时，B5 单元格中显示“请先选择类别”，否则显示对应类别的计算结果。

（13）保存工作簿文件。

3.5 Excel 表格的高级数据分析

3.5.1 案例概述

1. 案例目标

Excel 具备很强的数据管理和分析功能，本案例通过使用 Excel 的高级数据分析功能，制作人事档案表，在该表中实现自定义排序、动态图表、高级筛选等常见的办公管理操作。

2. 知识点

本案例涉及的主要知识点如下。

① 高级排序。

② 高级筛选。

③ 迷你图。

④ 动态图表。

⑤ 数据透视表及数据透视图。

3.5.2 知识点总结

1. 高级排序

高级排序操作方法如表 3-39 所示。

表 3-39　　高级排序操作方法

操作	位置或方法	概要描述
按行排序	“数据”选项卡	单击“数据”选项卡“排序和筛选”组中的“排序”按钮→打开“排序”对话框→单击“选项”按钮→打开“排序选项”对话框→在“方向”中选中“按行排序”单选项→单击“确定”按钮
自定义序列排序	“数据”选项卡	打开“排序”对话框→设置“次序”为“自定义序列”→打开“自定义序列”对话框→在右侧的“输入序列”中输入需要的自定义序列→单击“添加”按钮→单击“确定”按钮→返回“排序”对话框→选中已经添加的序列

2. 高级筛选

使用高级筛选，需要按如下规则建立条件区域。

① 条件区域必须位于数据列表区域外，即与数据列表至少间隔一个空行和一个空列。

② 条件区域的第一行是高级筛选的标题行，其名称必须和数据列表中的标题行名称完全相同。条件区域的第二行及以下行是条件行。

③ 同一行中条件单元格之间的逻辑关系为“与”，即条件之间是“并且”的关系。

④ 不同行中条件单元格之间的逻辑关系为“或”，即条件之间是“或者”的关系。

高级筛选操作方法如表 3-40 所示。

表 3-40　　高级筛选操作方法

操作	位置或方法	概要描述
高级筛选	“数据”选项卡	根据需要构建好相应的条件区域→单击“数据”选项卡“排序和筛选”组的“高级”按钮→打开“高级筛选”对话框→选择需要的“列表区域”和“条件区域”→单击“确定”按钮

3. 迷你图、动态图表及混合图表

迷你图、动态图表及混合图表操作方法如表 3-41 所示。

表 3-41　　迷你图、动态图表及混合图表操作方法

操作		位置或方法	概要描述
迷你图	插入	“插入”选项卡	单击“插入”选项卡“迷你图”组中的“折线图”按钮→打开“创建迷你图”对话框→在“数据范围”中选择合适的范围→单击“确定”按钮
	删除	“迷你图工具”	迷你图无法使用【Delete】键来删除，要删除迷你图，必须在“迷你图工具”的“设计”选项卡“分组”组中单击“清除”按钮
动态图表		使用函数	• 创建动态数据区域，具体方法：在数据行右侧的空白单元格中输入公式“=INDIRECT(ADDRESS(ROW(),CELL("COL")))” • 将公式填充至该列中其他的单元格 • 将光标定位于某数据列中的任何一个单元格，按【F9】键，公式所在的空白列将显示对应的数据列内容 • 根据该列数据插入图表 • 若要动态改变图表内容，选中其他数据列中任一单元格后，按【F9】键即可
混合图表		鼠标右键	在制作好的图表上选择一个数据系列→单击右键→在弹出的快捷菜单中选择“更改系列图表类型”

4. 数据透视表和数据透视图

数据透视表和数据透视图操作方法如表 3-42 所示。

表 3-42　　数据透视表和数据透视图操作方法

操作		位置或方法	概要描述
创建数据透视表		“插入”选项卡	• 选择要创建数据透视表的源数据区域 • 单击“插入”选项卡“表格”组中的“数据透视表”按钮，打开“创建数据透视表”对话框 • 根据实际情况设置列表区域和数据透视表要存放的位置 • 单击“确定”按钮 • 新建工作表右侧显示“数据透视表字段”窗格，用鼠标将需要的字段拖动到“数据透视表字段”窗格的对应区域
编辑数据透视表	更改和设置字段	鼠标拖曳	使用鼠标将已经添加的字段拖回“数据透视表字段”窗格中，再重新拖动需要的字段到数据透视表中

续表

操作		位置或方法	概要描述
编辑数据透视表	更改汇总方式	“值字段设置”对话框	将鼠标指针移动到“数据透视表字段”窗格的“值”组合框中→单击 求和项:基本工... 按钮→在子菜单中选择“值字段设置”→打开“值字段设置”对话框
		“数据透视表工具”	在“数据透视表工具”的“分析”选项卡中单击“字段设置”按钮 字段设置→打开“值字段设置”对话框
	设置数据透视表格式	“数据透视表工具”	● “分析”选项卡：提供了更改数据源、更改汇总方式、更改数据排序方式等功能 ● “设计”选项卡：提供了设置数据透视表布局、数据透视表样式等功能
创建数据透视图		“插入”选项卡	单击“插入”选项卡“图表”组中的“数据透视图”按钮→在下拉菜单中选择“数据透视图”→拖动需要的字段到数据透视图中→在生成数据透视表的同时，系统也会生成对应的数据透视图
		“数据透视表工具”	选中建立好的数据透视表→在“数据透视表工具”的“分析”选项卡的“工具”组中，单击“数据透视图”按钮

5. 其他实用操作

其他实用操作方法如表 3-43 所示。

表 3-43　　其他实用操作方法

操作	位置或方法	概要描述
通过自定义快速输入数据	“设置单元格格式”对话框	单击“设置单元格格式”对话框的“数字”选项卡→在“分类”列表中选择“自定义”→在右侧“类型”文本框中输入内容如“[=1]"男";[=2]"女"”，注意所有标点符号均为英文输入法中的标点符号
插入表单控件	“开发工具”选项卡	● 单击“文件”选项卡，在左侧窗格中选择“选项”，打开“Excel选项”对话框。在对话框左侧选择“自定义功能区”后，在右侧的列表框中，选中“开发工具”复选框，单击“确定”按钮 ● 单击“开发工具”选项卡“控件”组中的“插入”按钮，在下拉菜单中选择需要插入的表单控件 ● 在单元格中拖动鼠标光标绘制出一个大小合适的控件 ● 在控件上单击鼠标右键，在快捷菜单中选择“编辑文字”，即可更改控件上显示的文字内容
分类汇总嵌套	“数据”选项卡	根据分类字段进行多关键字排序，再根据不同的分类字段分别进行分类汇总，每次分类汇总时，取消选中“分类汇总”对话框中的“替换当前分类汇总”复选框即可

3.5.3 应用案例：人事档案表

1. 案例效果图

本案例中共完成 4 张工作表，分别为“人事档案”“收入调整历史”“数据透视 1”“数据透视 2”，完成后的效果分别如图 3-86～图 3-89 所示。

	A	B	C	D	E	F	G	H	I	J	K
1					人事档案信息表						
2											
3	工号	姓名	性别	部门	级别	出生日期	婚姻状况	基本工资	补贴	扣款	实发工资
7					高级 计数						3
12					经理 计数						4
14					普通 计数						1
19					资深 计数						4
20				销售1组 计数							12
23					高级 计数						2
25					经理 计数						1
30					普通 计数						4
33					资深 计数						2
34				销售2组 计数							9
38					高级 计数						3
42					经理 计数						3
45					普通 计数						2
50					资深 计数						4
51				销售3组 计数							12
52				总计数							33

人事档案 | 按级别排序 | 收入调整历史 | 数据透视1 | 数据透视2 | 业绩明细

图 3-86 “人事档案”工作表效果图

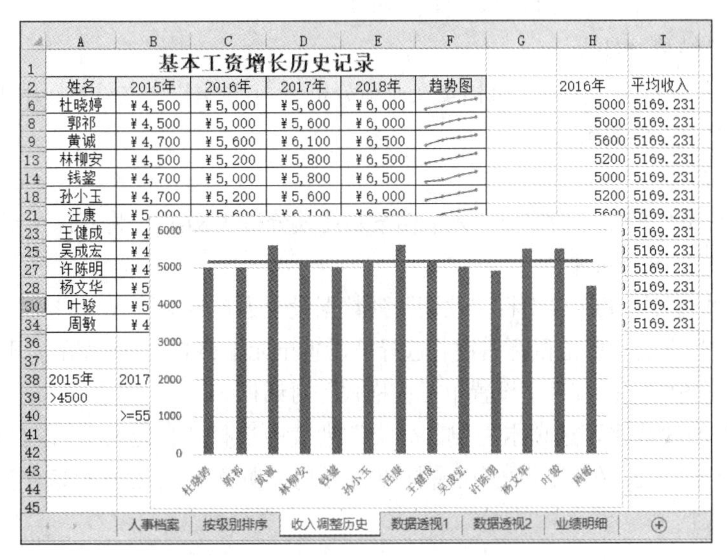

	A	B	C	D	E	F	G	H	I
1	基本工资增长历史记录								
2	姓名	2015年	2016年	2017年	2018年	趋势图		2016年	平均收入
6	杜晓婷	¥4,500	¥5,000	¥5,600	¥6,000			5000	5169.231
8	郭祁	¥4,500	¥5,000	¥5,600	¥6,000			5000	5169.231
9	黄诚	¥4,700	¥5,600	¥6,100	¥6,500			5600	5169.231
13	林柳安	¥4,500	¥5,200	¥5,800	¥6,500			5200	5169.231
14	钱鋆	¥4,700	¥5,000	¥5,800	¥6,500			5000	5169.231
18	孙小玉	¥4,700	¥5,200	¥5,600	¥6,000			5200	5169.231
21	汪康	¥5,000	¥5,600	¥6,100	¥6,500			5600	5169.231
23	王健成	¥4							5169.231
25	吴成宏	¥4							5169.231
27	许陈明	¥4							5169.231
28	杨文华	¥5							5169.231
30	叶骏	¥5							5169.231
34	周敏	¥4							5169.231
38	2015年	2017							
39	>4500								
40		>=55							

图 3-87 “收入调整历史”工作表效果图

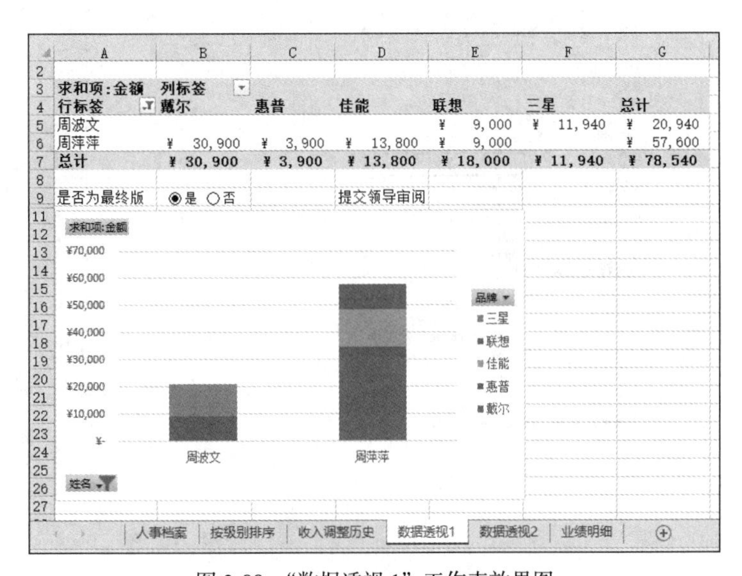

	A	B	C	D	E	F	G
3	求和项:金额	列标签					
4	行标签	戴尔	惠普	佳能	联想	三星	总计
5	周波文				¥ 9,000	¥ 11,940	¥ 20,940
6	周萍萍	¥ 30,900	¥ 3,900	¥ 13,800	¥ 9,000		¥ 57,600
7	总计	¥ 30,900	¥ 3,900	¥ 13,800	¥ 18,000	¥ 11,940	¥ 78,540
9	是否为最终版	◉是 ○否		提交领导审阅			

图 3-88 “数据透视 1”工作表效果图

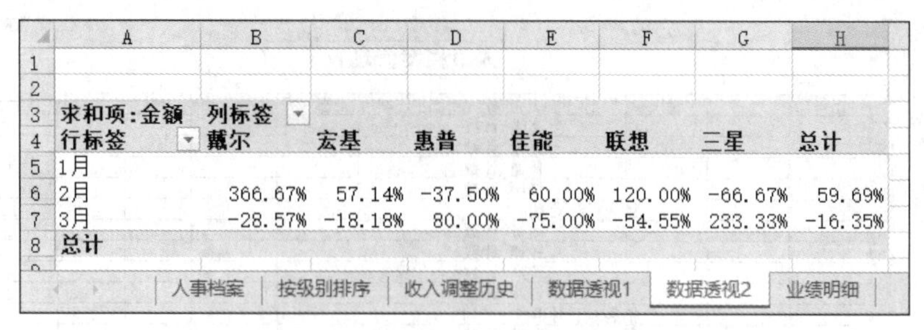

求和项:金额	列标签						
行标签	戴尔	宏基	惠普	佳能	联想	三星	总计
1月							
2月	366.67%	57.14%	-37.50%	60.00%	120.00%	-66.67%	59.69%
3月	-28.57%	-18.18%	80.00%	-75.00%	-54.55%	233.33%	-16.35%
总计							

图 3-89 “数据透视 2”工作表效果图

2. 实验准备工作

（1）复制素材

从教学辅助网站下载素材文件“应用案例 11-人事档案及业绩分析表.rar”至本地计算机，并将该压缩文件解压缩。本案例素材均来自该文件夹。

（2）创建实验结果文件夹

在 D 盘或 E 盘上新建一个“人事档案及业绩分析表-实验结果”文件夹，用于存放结果文件。

3. Excel 2016 应用案例

（1）打开素材

打开素材文件夹中的工作簿文件“人事档案及业绩分析表.xlsx”，将其保存至“人事档案及业绩分析表-实验结果”文件夹中。

（2）在“人事档案”工作表中将“性别”列数据设置为自定义输入

① 选中 C 列数据后，单击鼠标右键，选择“设置单元格格式”，或者在“开始”选项卡中单击“数字”组右下角的 ，打开“设置单元格格式”对话框。

② 在对话框的“数字”选项卡左侧“分类”列表中选择“自定义”，在右侧“类型”文本框中输入“[=1]"男";[=2]"女"”，注意所有标点符号均为英文输入法中的标点符号，如图 3-90 所示。

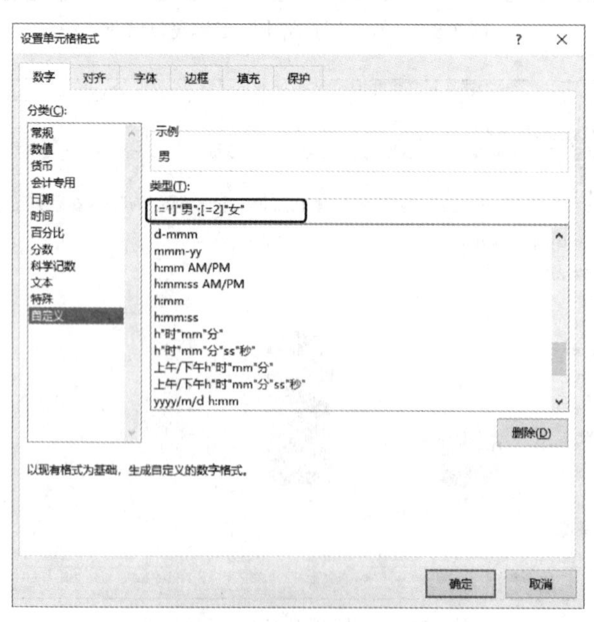

图 3-90 “设置单元格格式”对话框

③ 单击“确定”按钮关闭对话框。

（3）在“人事档案”工作表中将“婚姻状况”列设置为自定义输入

输入“1”表示“未婚”，输入“2”表示“已婚”。步骤略。

（4）在“人事档案”工作表中使用设置好的自定义输入方法完善最后几行数据

相关数据如表 3-44 所示。

表 3-44 相关数据

姓名	性别	婚姻状况
曹强	男	未婚
阮林峰	男	未婚
孙言	女	未婚
杨晔祺	女	未婚
申魏	男	已婚

（5）在“人事档案”工作表中排列数据并将结果复制到新工作表

① 选中数据列表中任意一个单元格，单击“数据”选项卡“排序和筛选”组中的“排序”按钮，打开“排序”对话框。

② 在“主要关键字”下拉列表中选择“级别”，在“次序”下拉列表中选择“自定义序列”，打开“自定义序列”对话框。

③ 在对话框右侧的文本框中添加新序列后，单击“添加”按钮，如图 3-91 所示。注意每项数据输入完成后，按【Enter】键换行。

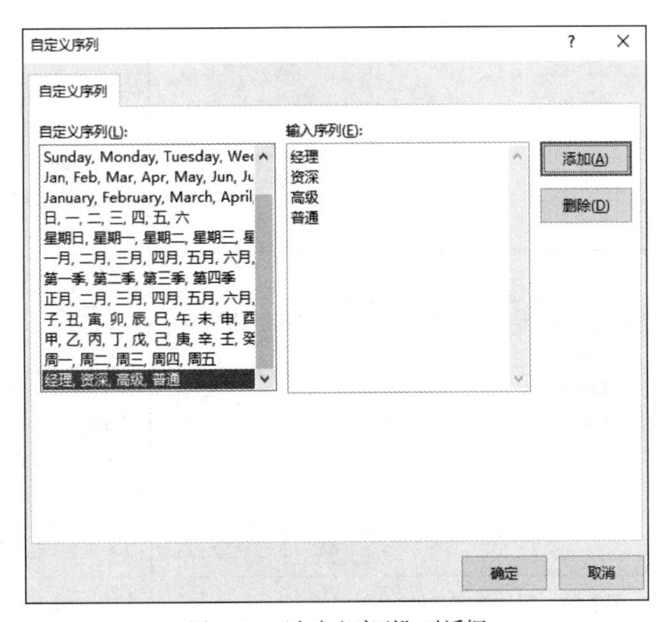

图 3-91 “自定义序列”对话框

④ 单击“确定”按钮关闭“自定义序列”对话框，此时“排序”对话框如图 3-92 所示。

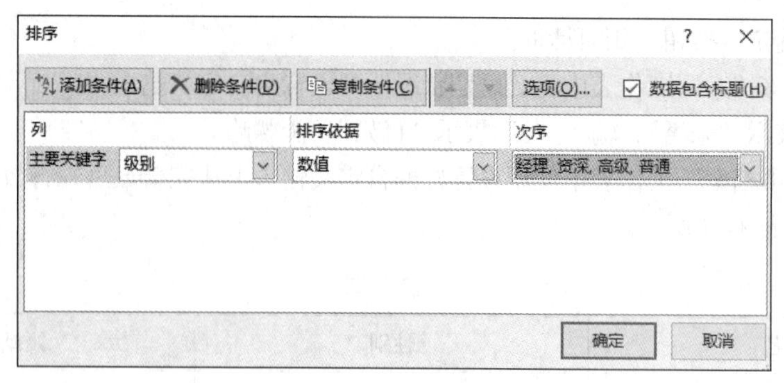

图 3-92 “排序”对话框

⑤ 单击“确定”按钮，关闭对话框。

⑥ 新建一张工作表，重命名为“按级别排序”，并将排序后的数据复制到其中。

（6）在“人事档案”工作表中分类汇总出各部门不同级别的总人数

① 选中数据列表中任意一个单元格，单击“数据”选项卡“排序和筛选”组中的“排序”按钮，打开“排序”对话框。

② 添加两个排序条件，主要关键字为“部门”，次要关键字为“级别”，均为升序排列，如图 3-93 所示。

③ 单击“确定”按钮关闭“排序”对话框。

④ 单击“数据”选项卡“分级显示”组中的“分类汇总”按钮，打开“分类汇总”对话框。

⑤ 设置“分类字段”为“部门”，“汇总方式”为“计数”，在“选定汇总项”列表中选中“实发工资”复选框或其他数值列字段，如图 3-94 所示。

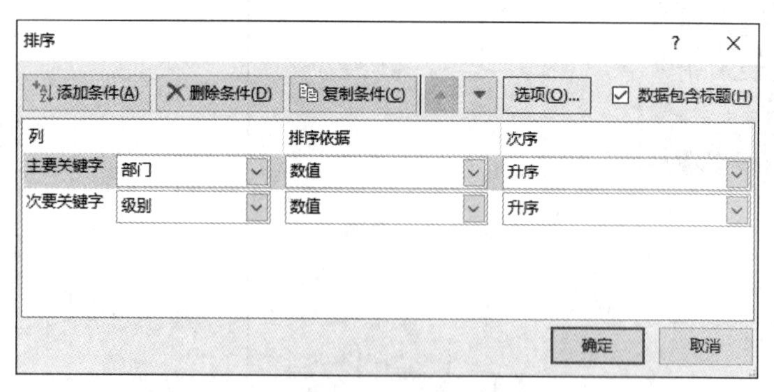

图 3-93 添加排序条件

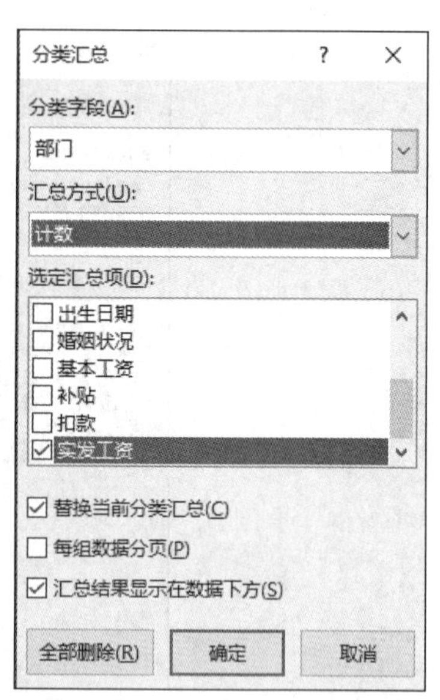

图 3-94 “分类汇总”对话框

⑥ 单击“确定”按钮关闭“分类汇总”对话框，完成第一次分类汇总。

⑦ 再次单击“数据”选项卡“分级显示”组中的“分类汇总”按钮，打开“分类汇总”对

话框，进行第二次分类汇总。

⑧ 设置“分类字段”为“级别”，“汇总方式”为“计数”，在“选定汇总项”列表中选中“实发工资”复选框或其他数值列字段。

⑨ 取消选中对话框中的“替换当前分类汇总”复选框，如图 3-95 所示。

⑩ 单击“确定”按钮关闭“分类汇总”对话框，完成第二次分类汇总。

⑪ 单击窗口左侧的3折叠汇总项，如图 3-86 所示。

（7）在“收入调整历史”工作表的“趋势图”列中插入表示收入变化的迷你图

① 选中 F3 单元格，单击“插入”选项卡“迷你图”组中的“折线图”按钮，打开“创建迷你图”对话框。

② 在“数据范围”文本框中用鼠标选中 B3:E3 区域，如图 3-96 所示。

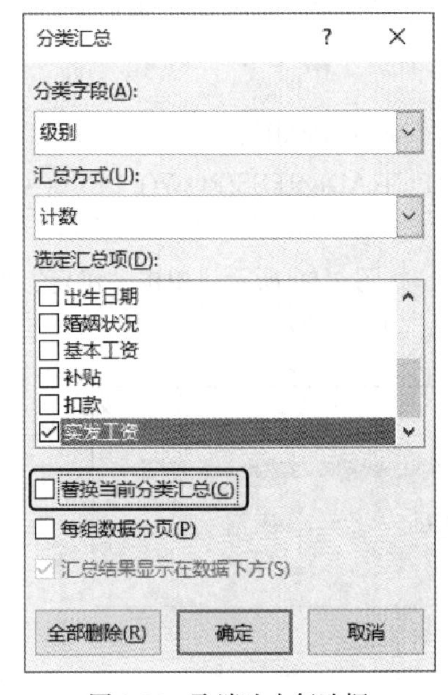

图 3-95 取消选中复选框

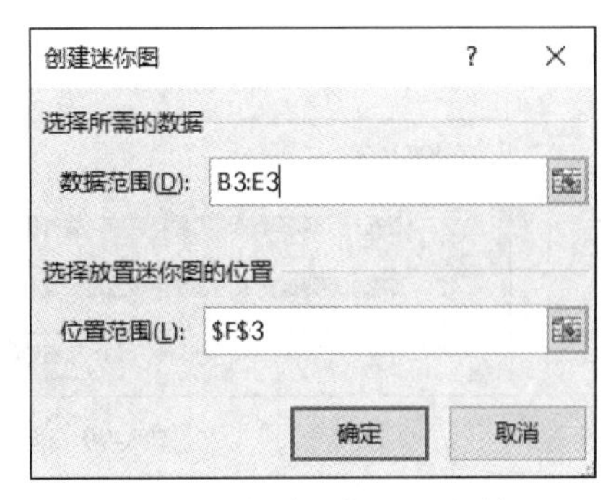

图 3-96 “创建迷你图”对话框

③ 单击“确定”按钮关闭对话框。

④ 单击“迷你图工具”中的“设计”选项卡，在“显示”组中，选中“标记”复选框。

⑤ 在“迷你图工具”中的“设计”选项卡“样式”组中，单击“标记颜色”按钮，在下拉菜单中选择“标记”，再选择颜色为“浅蓝”。

⑥ 使用填充柄，将迷你图的设置填充至 F35 单元格。

（8）在“收入调整历史”工作表中筛选员工记录

在“收入调整历史”工作表中，筛选出 2015 年工资（单位：元）大于 4500，或者 2017 年工资大于等于 5500 并且小于 6000 的员工记录。

① 在 A38:C40 区域中输入高级筛选的筛选条件，如图 3-97 所示。

② 选中 A2:F35 区域中的任意一个单元格，单击“数据”选项卡“排序和筛选”组中的“高级”按钮 高级，打开“高级筛选”对话框。

③ 对话框中的设置如图 3-98 所示。

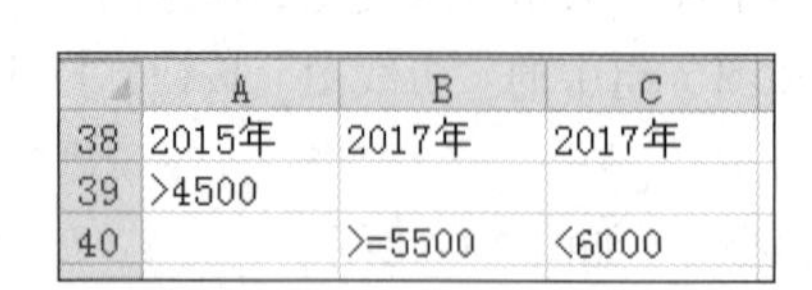

	A	B	C
38	2015年	2017年	2017年
39	>4500		
40		>=5500	<6000

图 3-97　条件区域

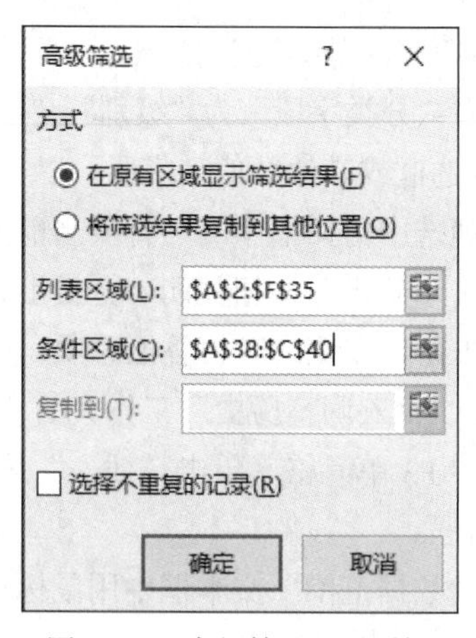

图 3-98　“高级筛选”对话框

④ 单击“确定”按钮关闭对话框。

（9）在“收入调整历史”工作表中根据筛选出的数据制作动态图表

① 选中 H2 单元格，在单元格中输入公式“=INDIRECT(ADDRESS(ROW(), CELL("COL")))”。请参考 3.4.2 小节理解该公式的含义。

② 按【Enter】键后，将出现循环引用警告对话框，如图 3-99 所示。单击“确定”按钮关闭该对话框。

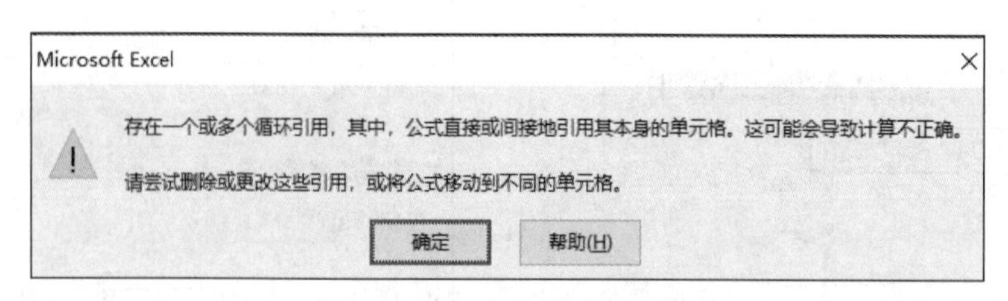

图 3-99　循环引用警告对话框

③ 使用填充柄，将公式填充至 H34 单元格，此时所有公式的计算结果均为 0。

④ 选中 B 列中的任意一个单元格，按【F9】键，此时 H 列中显示的数据与 B 列相同，为 2015 年的收入数据。

⑤ 选中 A 列和 H 列的相关数据区域，单击“插入”选项卡“图表”组中的“柱形图”按钮，在菜单中选择“簇状柱形图”，生成一张 2015 年的收入统计图表。

⑥ 选中 C 列中的任意一个单元格，按【F9】键，此时 H 列中显示的数据与 C 列相同，为 2016 年的收入数据，从而图表也显示 2016 年的收入。

（10）在“收入调整历史”工作表中给动态图表添加一条平均值的水平线

① 在 I2 单元格中输入“平均收入”。

② 在 I6 单元格中输入公式“=AVERAGE($H$6,$H$8,$H$9,$H$13,$H$14,$H$18, $H$21,$H$23,$H$25,$H$27,$H$28,$H$30,$H$34)”。

③ 按【Enter】键后，出现循环引用警告对话框，单击“确定”按钮，忽略该错误。

④ 使用填充柄，将公式填充至 I34 单元格。

⑤ 在 B 列中选中任意一个单元格后，按【F9】键，此时 I 列为 2015 年的平均收入。

⑥ 在图表的空白区单击鼠标右键，在快捷菜单中选择“选择数据”，打开“选择数据源”对话框。

⑦ 在对话框的“图表数据区域”中添加字母 I 列的相应数据，完成后数据区域如图 3-100 所示。

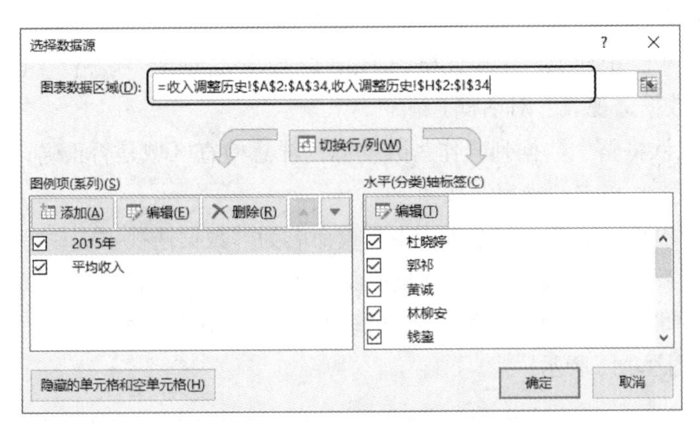

图 3-100　“选择数据源”对话框

⑧ 单击“确定”按钮关闭对话框。

⑨ 在图表中用鼠标右键单击红色的“平均收入”数据系列，在弹出的快捷菜单中选择“更改系列图表类型”，打开“更改图表类型”对话框。

⑩ 在对话框的左侧选择“组合”，在对话框的右侧选择“簇状柱形图-折线图”，检查对话框下方的“系列名称”和“图表类型”，如图 3-101 所示。

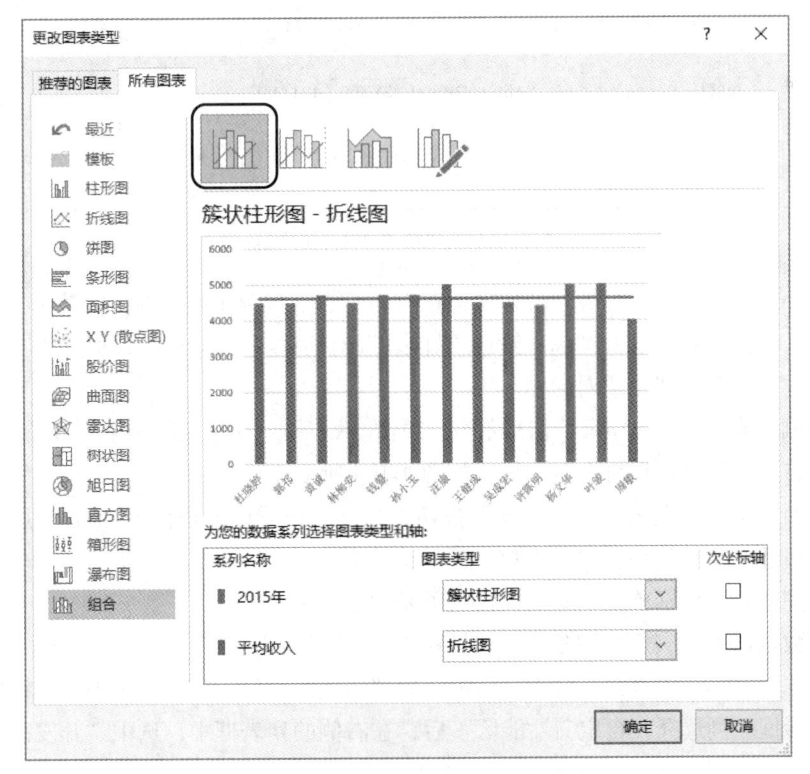

图 3-101　“更改图表类型”对话框

⑪ 单击“确定”按钮关闭对话框。

（11）制作数据透视表和数据透视图

根据“业绩明细”工作表中的数据，制作一张姓“周”的员工各品牌销售业绩的数据透视表，并依此生成数据透视图。

① 在数据列表中选中任意一个单元格，单击“插入”选项卡“表格”组中的“数据透视表”按钮，打开“创建数据透视表”对话框。

② 对话框中默认将整个数据列表作为数据源，注意检查区域是否正确；将数据透视表放置位置设为“新工作表”；单击“确定”按钮。

③ 在工作簿中出现一个新的工作表，将其重命名为“数据透视 1”。

④ 在“数据透视 1”工作表右侧“数据透视表字段”窗格中，将“姓名”字段拖动到“行”组合框中，将“品牌”字段拖动到“列”组合框中，将“金额”字段拖动到“值”组合框中。此时的数据透视表如图 3-102 所示。

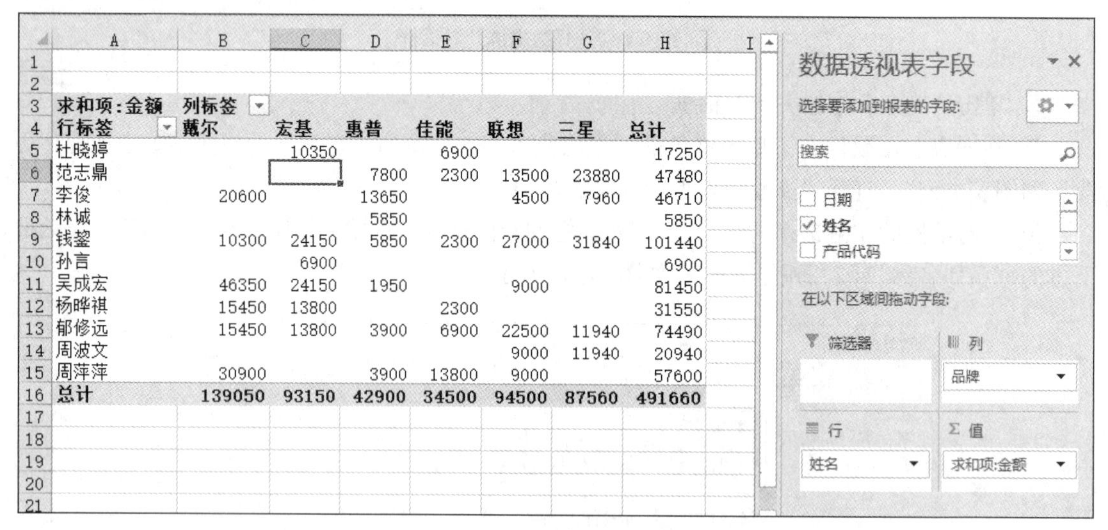

求和项:金额	列标签						
行标签	戴尔	宏基	惠普	佳能	联想	三星	总计
杜晓婷		10350		6900			17250
范志鼎			7800	2300	13500	23880	47480
李俊	20600		13650		4500	7960	46710
林诚			5850				5850
钱鋆	10300	24150	5850	2300	27000	31840	101440
孙言		6900					6900
吴成宏	46350	24150	1950		9000		81450
杨晔祺	15450	13800		2300			31550
郁修远	15450	13800	3900	6900	22500	11940	74490
周波文					9000	11940	20940
周萍萍	30900		3900	13800	9000		57600
总计	139050	93150	42900	34500	94500	87560	491660

图 3-102 “数据透视 1”工作表

⑤ 单击 A4 单元格“行标签”旁边的下拉按钮，在下拉菜单中选择“标签筛选”，在弹出的子菜单中选择“开头是”，打开“标签筛选（姓名）”对话框，具体设置如图 3-103 所示。

⑥ 单击“确定”按钮关闭对话框。

⑦ 在右侧“数据透视表字段”窗格下方，单击 求和项:金额 ▾ 按钮，在弹出的菜单中选择“值字段设置”，打开“值字段设置”对话框，如图 3-104 所示。

⑧ 单击对话框左下角的“数字格式”按钮，打开“设置单元格格式”对话框，在该对话框中设置数字格式为“会计专用”，无小数，货币符号为“¥”。

⑨ 设置完成后，分别单击“确定”按钮关闭两个对话框。

⑩ 在“数据透视 1”工作表的 A9 单元格中输入“是否为最终版”。

⑪ 单击“文件”选项卡，在左侧窗格中选择“选项”，打开“Excel 选项”对话框。

⑫ 在对话框左侧选择“自定义功能区”后，在右侧的列表框中，选中“开发工具”复选框，如图 3-105 所示。单击“确定”按钮关闭对话框。

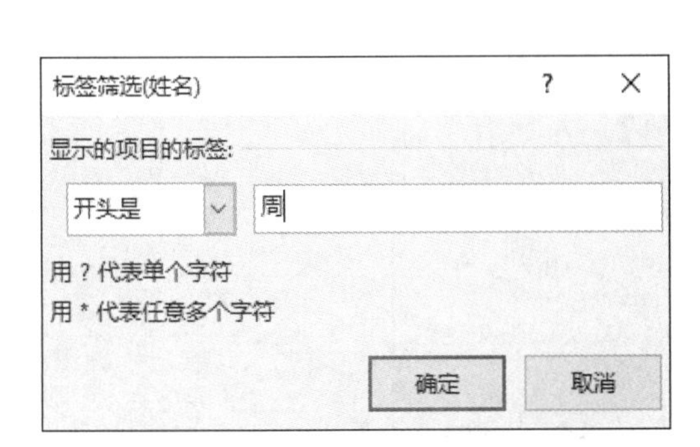

图 3-103　“标签筛选（姓名）”对话框

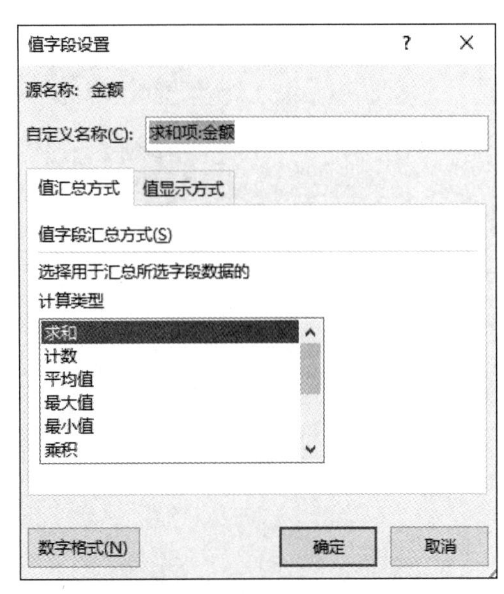

图 3-104　“值字段设置”对话框

图 3-105　“Excel 选项”对话框

⑬ 单击“开发工具”选项卡“控件”组中的“插入”按钮，在菜单中选择“选项按钮”◉后，在 B9 单元格中绘制两个选项按钮，设置第一个选项按钮的提示文字为“是”，第二个选项按钮的提示文字为“否”，如图 3-106 所示。

	A	B
9	是否为最终版	◉是 ○否

图 3-106　选项按钮

⑭ 在“是”或“否”选项按钮上单击鼠标右键，选择菜单中的“设置控件格式”，打开“设置控件格式”对话框。

⑮ 在对话框的“控制”选项卡中，设置“单元格链接”为 A10 单元格，如图 3-107 所示。

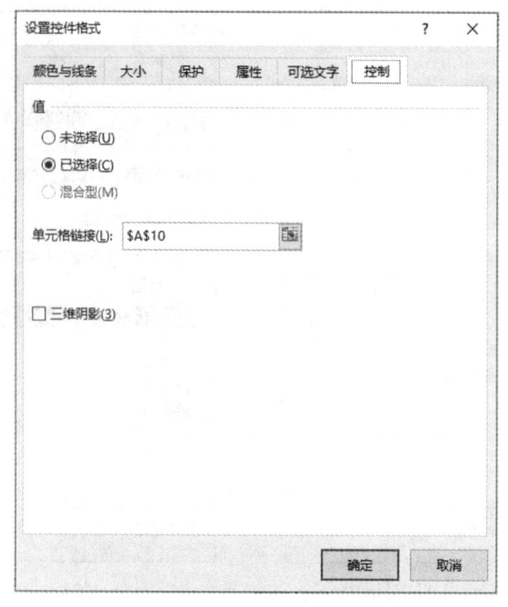

图 3-107 “设置控件格式”对话框

⑯ 单击“确定”按钮关闭对话框。此时在选择“是”或“否”单选项后，A10 中会显示对应的数值。

⑰ 在 D9 单元格中输入公式“=IF(A10= 1,"提交领导审阅","请继续修改")”。

⑱ 隐藏第 10 行。

⑲ 选中数据透视表中的任意一个单元格，单击“数据透视表工具”的“分析”选项卡“工具”组的“数据透视图”按钮，打开“插入图表”对话框，插入一个“堆积柱形图”。

（12）根据“业绩明细”工作表中的数据制作一张各品牌不同时期销售业绩统计的数据透视表

① 采用上面的方法，制作一张数据透视表，行标签为“日期”，列标签为“品牌”，数值为“金额”。将完成后的数据透视表重命名为“数据透视 2”，如图 3-108 所示。特别提示：此时系统自动将日期按照“月”来分组，若要修改分组方式，则选中“行标签”下面任意一个数据单元格，单击鼠标右键，选择“创建组”，在打开的“组合”对话框中，设置对应的分组方式即可，如图 3-109 所示。

② 在 A3 单元格中单击鼠标右键，在快捷菜单中选择“值字段设置”，打开“值字段设置”对话框。

③ 在对话框中单击“值显示方式”选项卡。在“值显示方式”下拉列表中选择“差异百分比”，“基本字段”为“月”，“基本项”为“(上一个)”，如图 3-110 所示。

	A	B	C	D	E	F	G	H
1								
2								
3	求和项:金额	列标签						
4	行标签	戴尔	宏基	惠普	佳能	联想	三星	总计
5	⊞1月	15450	24150	15600	11500	22500	35820	125020
6	⊞2月	72100	37950	9750	18400	49500	11940	199640
7	⊞3月	51500	31050	17550	4600	22500	39800	167000
8	总计	139050	93150	42900	34500	94500	87560	491660

图 3-108 “数据透视 2”工作表

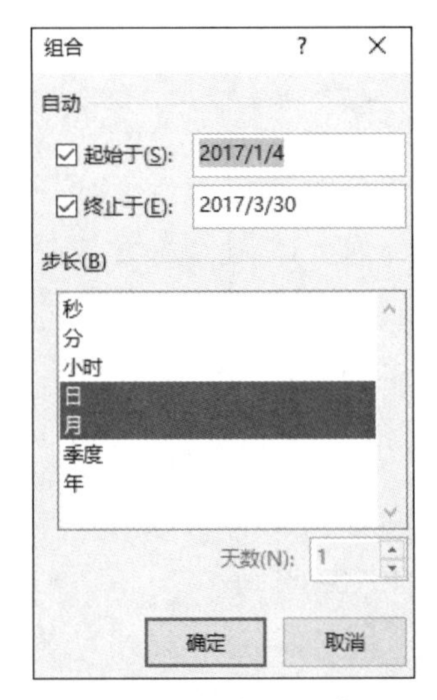

图 3-109 “组合”对话框

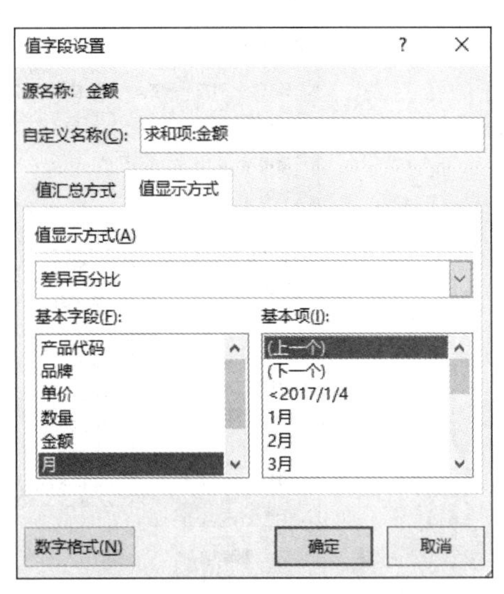

图 3-110 “值字段设置”对话框

④ 单击“确定”按钮关闭对话框，数据透视表如图 3-111 所示。

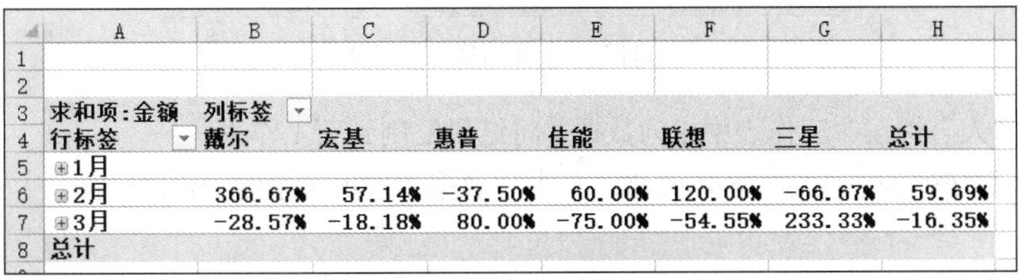

	A	B	C	D	E	F	G	H
1								
2								
3	求和项:金额	列标签						
4	行标签	戴尔	宏基	惠普	佳能	联想	三星	总计
5	⊞1月							
6	⊞2月	366.67%	57.14%	-37.50%	60.00%	120.00%	-66.67%	59.69%
7	⊞3月	-28.57%	-18.18%	80.00%	-75.00%	-54.55%	233.33%	-16.35%
8	总计							

图 3-111 “数据透视 2”工作表

（13）保存工作簿

单击快速访问工具栏中的“保存”按钮，或单击“文件”选项卡，选择“保存”，保存操作结果。

4. WPS 表格 2019 应用案例

（1）打开素材

打开素材文件夹中的工作簿文件“人事档案及业绩分析表.xlsx”，将其保存至“人事档案及业绩分析表-实验结果”文件夹中。

（2）在“人事档案”工作表中将“性别”列数据设置为自定义输入

① 选中 C 列数据后，单击鼠标右键，选择“设置单元格格式”，打开“单元格格式”对话框。

② 在对话框的“数字”选项卡左侧“分类”列表中选择“自定义”，在右侧“类型”文本框中输入“[=1]"男";[=2]"女"”，注意所有标点符号均为英文输入法中的标点符号，如图 3-112 所示。

③ 单击“确定”按钮关闭对话框。

（3）在“人事档案”工作表中将“婚姻状况”列设置为自定义输入

输入“1”表示“未婚”，输入“2”表示“已婚”。步骤略。

（4）在“人事档案”工作表中使用设置好的自定义输入方法完善最后几行数据

相关数据如表 3-44 所示。

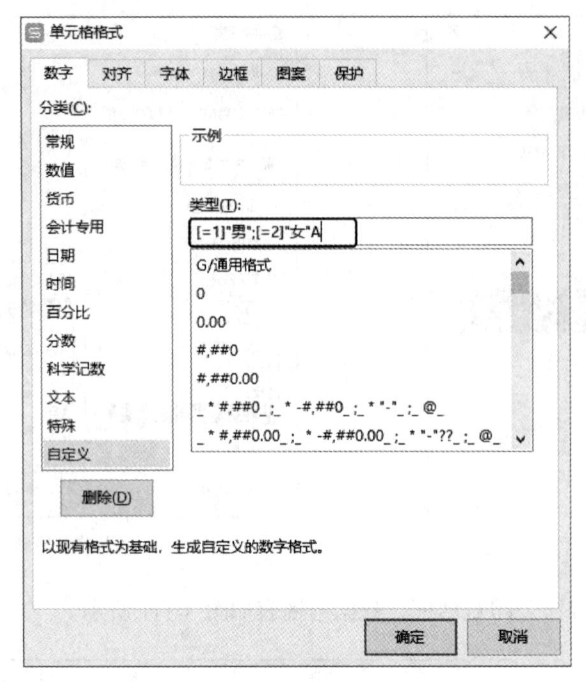

图 3-112 “单元格格式”对话框

（5）在“人事档案”工作表中排列数据并将结果复制到新工作表

① 选中数据列表中任意一个单元格，单击“数据”选项卡中的“排序”按钮，打开“排序”对话框。

② 在“主要关键字”下拉列表中选择“级别”，在“次序”下拉列表中选择“自定义序列”，打开“自定义序列”对话框。

③ 在对话框右侧的文本框中添加新序列后，单击“添加”按钮，如图 3-113 所示。注意每项数据输入完成后，按【Enter】键换行。

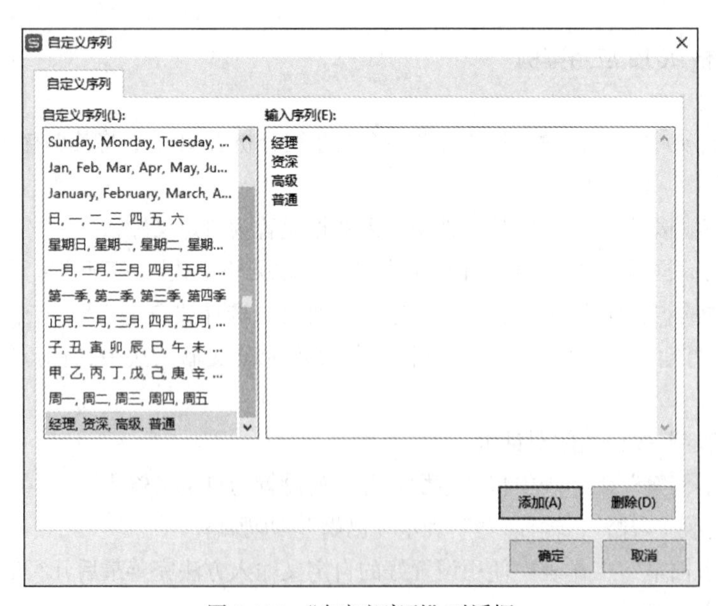

图 3-113 “自定义序列”对话框

④ 单击“确定”按钮关闭“自定义序列”对话框，此时“排序”对话框如图 3-114 所示。

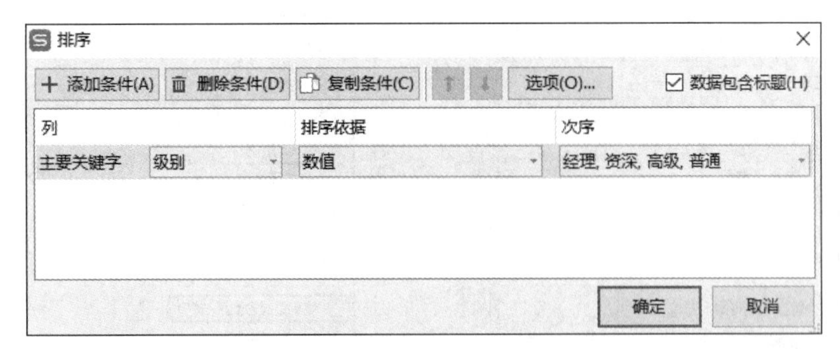

图 3-114　“排序”对话框

⑤ 单击“确定”按钮，关闭对话框。

⑥ 新建一张工作表，重命名为“按级别排序”，并将排序后的数据复制到其中。

（6）在“人事档案”工作表中分类汇总出各部门不同级别的总人数

① 选中数据列表中任意一个单元格，单击“数据”选项卡中的“排序”按钮，打开“排序”对话框。

② 添加两个排序条件，主要关键字为“部门”，次要关键字为“级别”，均为升序排列，如图 3-115 所示。

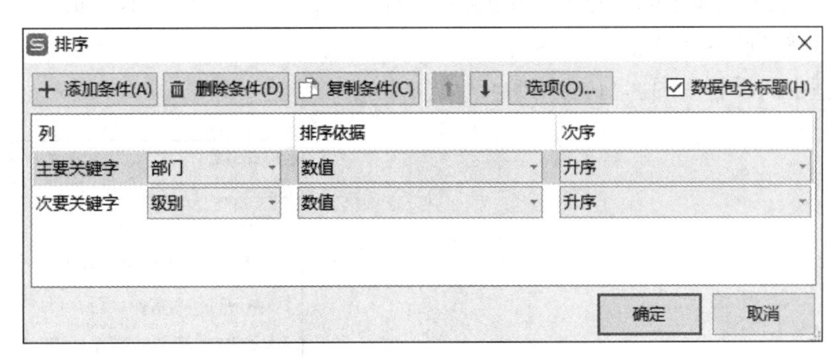

图 3-115　添加排序条件

③ 单击“确定”按钮关闭“排序”对话框。

④ 单击“数据”选项卡中的“分类汇总”按钮，打开“分类汇总”对话框。

⑤ 设置“分类字段”为“部门”，“汇总方式”为“计数”，在“选定汇总项”列表中选中“实发工资”复选框或其他数值列字段，如图 3-116 所示。

⑥ 单击“确定”按钮关闭“分类汇总”对话框，完成第一次分类汇总。

⑦ 再次单击“数据”选项卡中的“分类汇总”按钮，打开“分类汇总”对话框，进行第二次分类汇总。

⑧ 设置“分类字段”为“级别”，“汇总方式”为“计数”，在“选定汇总项”列表中选中“实发工资”复选框或其他任意一列字段。

⑨ 取消选中对话框中的“替换当前分类汇总”复选框，如图 3-117 所示。

⑩ 单击“确定”按钮关闭“分类汇总”对话框，完成第二次分类汇总。

⑪ 单击窗口左侧的 3 折叠汇总项，如图 3-86 所示。

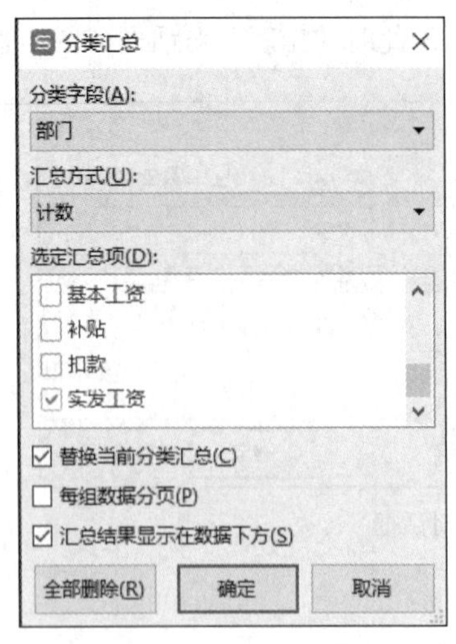

图 3-116 “分类汇总”对话框

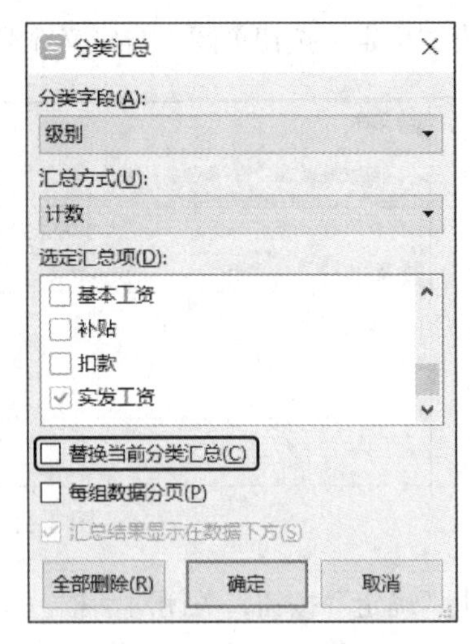

图 3-117 取消选中复选框

（7）在“收入调整历史”工作表中筛选员工记录

在“收入调整历史”工作表中，筛选出 2015 年工资（单位：元）大于 4500，或者 2017 年工资大于等于 5500 并且小于 6000 的员工记录。

① 在 A38:C40 区域中输入高级筛选的筛选条件，如图 3-118 所示。

② 选中 A2:F35 区域中的任意一个单元格，单击“数据”选项卡“自动筛选”按钮右下角的 ，打开“高级筛选”对话框。

③ 对话框中的设置如图 3-119 所示。

	A	B	C
38	2015年	2017年	2017年
39	>4500		
40		>=5500	<6000

图 3-118 条件区域

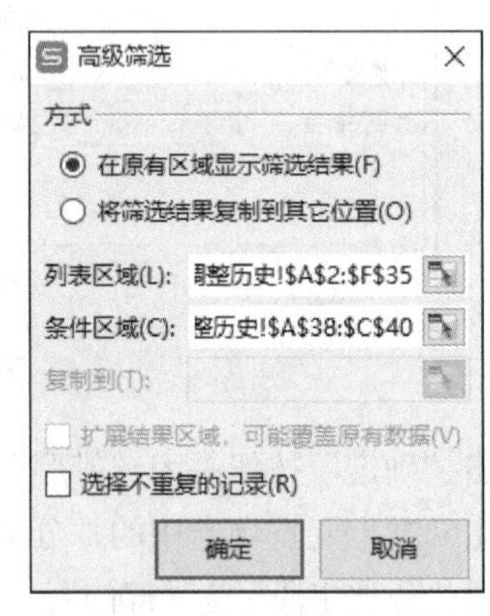

图 3-119 “高级筛选”对话框

④ 单击“确定”按钮关闭对话框。

（8）在“收入调整历史”工作表中根据筛选出的数据制作动态图表

① 选中 H2 单元格，在单元格中输入公式“=INDIRECT(ADDRESS(ROW(), CELL("COL")))”。请参考 3.4.2 小节理解该公式的含义。

② 按【Enter】键后，将出现“循环引用”对话框，如图 3-120 所示。单击右上角的按钮关闭该对话框。

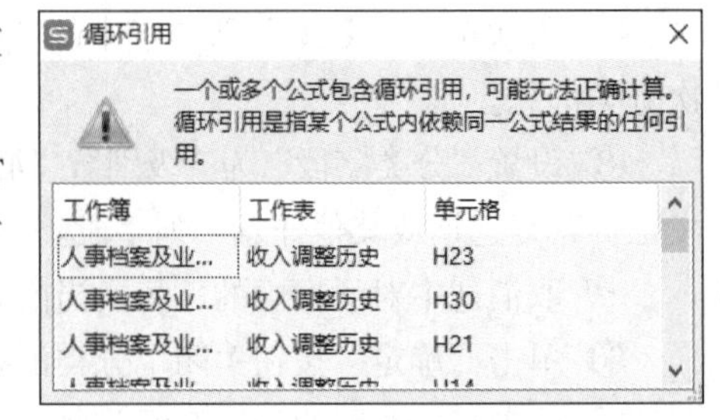

图 3-120 “循环引用”对话框

③ 使用填充柄，将公式填充至 H34 单元格，此时所有公式的计算结果均为 0。

④ 选中 B 列中的任意一个单元格，按【F9】键，此时 H 列中显示的数据与 B 列相同，为 2015 年的收入数据。

⑤ 选中 A 列和 H 列的相关数据区域，单击“插入”选项卡中的“插入柱形图”按钮，在菜单中选择“簇状柱形图”，生成一张 2015 年的收入统计图表。

⑥ 选中 C 列中的任意一个单元格，按【F9】键，此时 H 列中显示的数据与 C 列相同，为 2016 年的收入数据，从而图表也显示 2016 年的收入。

（9）在“收入调整历史”工作表中给动态图表添加一条平均值的水平线

① 在 I2 单元格中输入“平均收入”。

② 在 I6 单元格中输入公式“=AVERAGE($H$6,$H$8,$H$9,$H$13,$H$14,$H$18, $H$21,$H$23, $H$25,$H$27,$H$28,$H$30,$H$34)”。

③ 按【Enter】键后，出现“循环引用”对话框，单击右上角的“关闭”按钮，忽略该错误。

④ 使用填充柄，将公式填充至 I34 单元格。

⑤ 在 B 列中选中任意一个单元格后，按【F9】键，此时 I 列为 2015 年的平均收入。

⑥ 在图表的空白区单击鼠标右键，在快捷菜单中选择“选择数据”，打开“编辑数据源”对话框。

⑦ 重新选择图表数据区域，如图 3-121 所示。

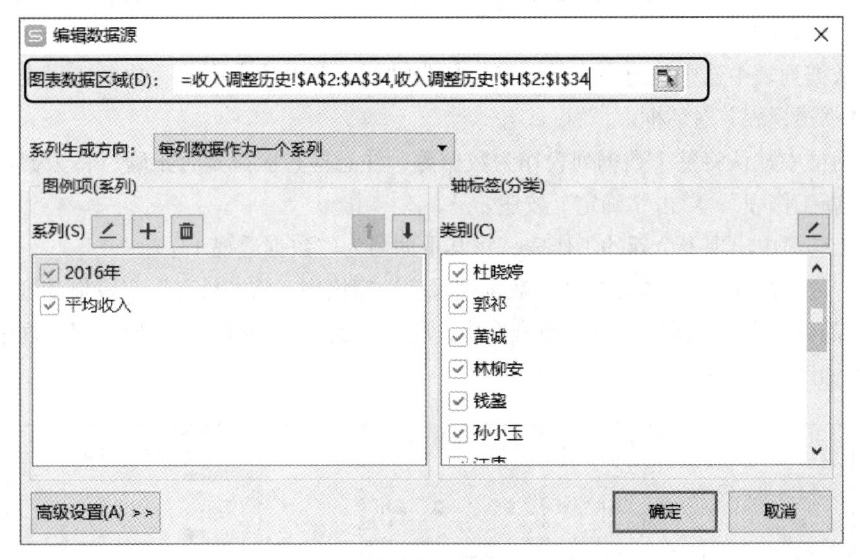

图 3-121　“编辑数据源”对话框

⑧ 单击“确定”按钮关闭对话框。

⑨ 在图表中用鼠标右键单击红色的“平均收入”数据系列，在弹出的快捷菜单中选择“更改系列图表类型”，打开“更改图表类型”对话框。

⑩ 在对话框的左侧选择“组合图”，在对话框的右侧选择“簇状柱形图-折线图”，检查对话框下方的“系列名”和“图表类型”，如图 3-122 所示。

⑪ 单击“确定”按钮关闭对话框。

图 3-122 “更改图表类型”对话框

（10）制作数据透视表和数据透视图

根据“业绩明细”工作表中的数据，制作一张姓“周”的员工各品牌销售业绩的数据透视表，并依此生成数据透视图。

① 在数据列表中选中任意一个单元格，单击“插入”选项卡中的“数据透视表”按钮，打开“创建数据透视表”对话框。

② 对话框中默认将整个数据列表作为数据源，注意检查区域是否正确；将数据透视表放置位置设为“新工作表”；单击“确定”按钮。

③ 在工作簿中出现一个新的工作表，将其重命名为“数据透视 1”。

④ 在“数据透视 1”工作表右侧“数据透视表”窗格中，将“姓名”字段拖动到“行”组合框中，将“品牌”字段拖动到“列”组合框中，将“金额”字段拖动到“值”组合框中。此时的数据透视表如图 3-123 所示。

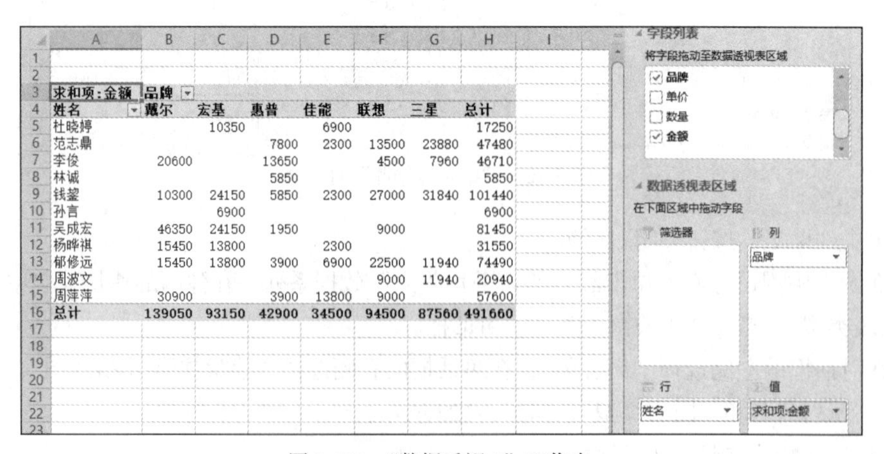

求和项:金额	品牌						
姓名	戴尔	宏基	惠普	佳能	联想	三星	总计
杜晓婷		10350		6900			17250
范志鼎			7800	2300	13500	23880	47480
李俊	20600		13650		4500	7960	46710
林诚			5850				5850
钱鋆	10300	24150	5850	2300	27000	31840	101440
孙言		6900					6900
吴成宏	46350	24150	1950		9000		81450
杨晔祺	15450	13800		2300			31550
郁修远	15450	13800	3900	6900	22500	11940	74490
周波文					9000	11940	20940
周萍萍	30900		3900	13800	9000		57600
总计	139050	93150	42900	34500	94500	87560	491660

图 3-123 “数据透视 1”工作表

⑤ 单击 A4 单元格旁边的下拉按钮，在下拉菜单中选择“标签筛选”，在弹出的子菜单中选择“开头是”，打开“标签筛选（姓名）”对话框，具体设置如图 3-124 所示。

⑥ 单击“确定”按钮关闭对话框。

⑦ 在右侧“数据透视表字段”窗格下方，单击 求和项:金额 按钮，在弹出的菜单中选择“值字段设置”，打开“值字段设置”对话框，如图 3-125 所示。

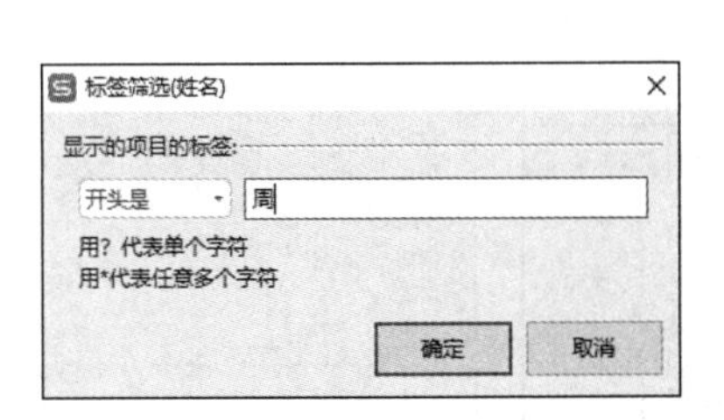

图 3-124 “标签筛选（姓名）”对话框

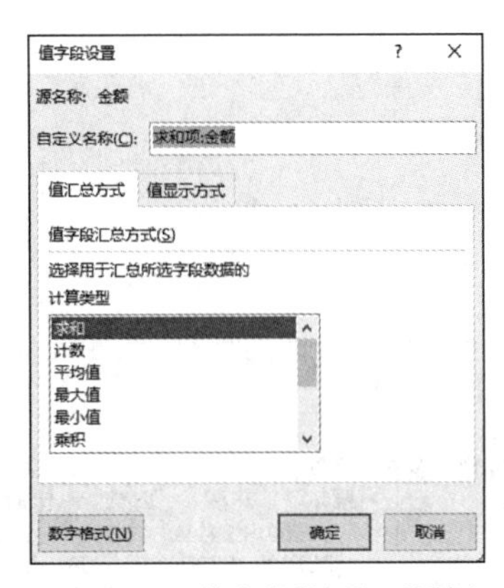

图 3-125 “值字段设置”对话框

⑧ 单击对话框左下角的“数字格式”按钮，打开“单元格格式”对话框，在该对话框中设置数字格式为“会计专用”，无小数，货币符号为“￥”。

⑨ 设置完成后，分别单击“确定”按钮关闭两个对话框。

⑩ 在“数据透视 1”工作表的 A9 单元格中输入“是否为最终版”。

⑪ 单击“文件”按钮，在菜单中选择“选项”，打开“选项”对话框。

⑫ 单击“插入”选项卡的“选项按钮”按钮◎，在 B9 单元格中绘制两个选项按钮。

⑬ 右键单击插入的选项按钮，选择“编辑文字”，设置第一个选项按钮的提示文字为“是”，第二个选项按钮的提示文字为“否”，如图 3-126 所示。

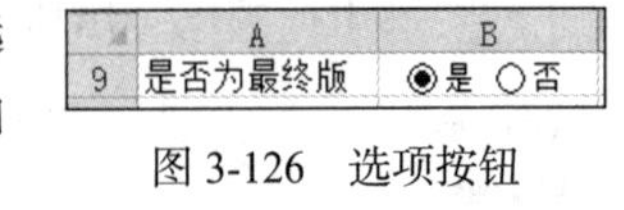

图 3-126 选项按钮

⑭ 在“是”或“否”选项按钮上单击鼠标右键，选择菜单中的“设置对象格式”，打开“设置对象格式”对话框。

⑮ 在对话框的“控制”选项卡中，设置“单元格链接”为 A10 单元格，如图 3-127 所示。

图 3-127 “设置对象格式”对话框

⑯ 单击“确定”按钮关闭对话框。此时在选择“是”或“否”单选项后，A10 中会显示对应的数值。

⑰ 在 D9 单元格中输入公式“=IF(A10= 1,"提交领导审阅","请继续修改")”。

⑱ 隐藏第 10 行。

⑲ 选中数据透视表中的任意一个单元格，单击“插入”选项卡的“数据透视图”按钮，打开“插入图表”对话框，插入一个“堆积柱形图”。

（11）根据“业绩明细”工作表中的数据制作一张各品牌不同时期销售业绩统计的数据透视表

① 采用上面的方法，制作一张数据透视表，行为“月”，列为“品牌”，数值为“金额”。将完成后的数据透视表重命名为“数据透视 2”，如图 3-128 所示。特别提示：此时的“月”是系统自动将日期按照“月”来分组的，若要修改分组方式，则选中“月”下面任意一个数据单元格，单击鼠标右键，选择“组合”，在打开的“组合”对话框中，设置对应的分组方式即可，如图 3-129 所示。

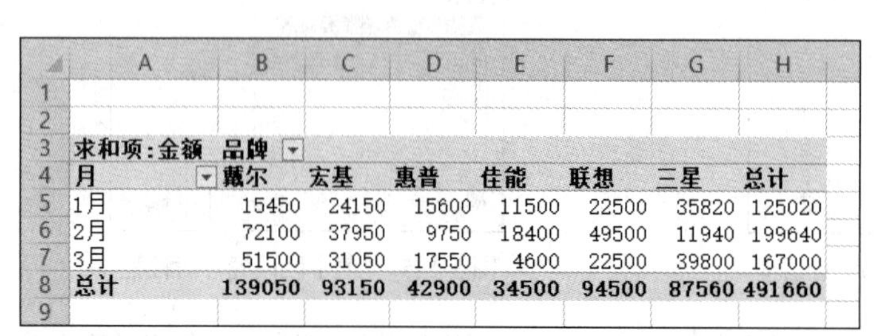

	A	B	C	D	E	F	G	H
1								
2								
3	求和项:金额	品牌						
4	月	戴尔	宏基	惠普	佳能	联想	三星	总计
5	1月	15450	24150	15600	11500	22500	35820	125020
6	2月	72100	37950	9750	18400	49500	11940	199640
7	3月	51500	31050	17550	4600	22500	39800	167000
8	总计	139050	93150	42900	34500	94500	87560	491660
9								

图 3-128 “数据透视 2”工作表

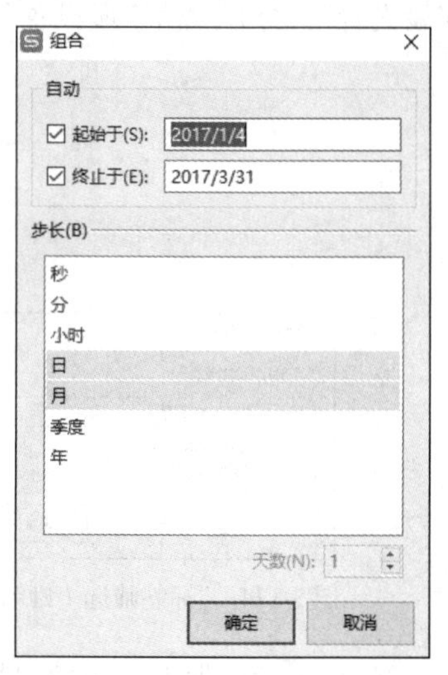

图 3-129 “组合”对话框

② 在 A3 单元格中单击鼠标右键，在快捷菜单中选择“值字段设置”，打开“值字段设置”对话框。

③ 在对话框中单击“值显示方式”选项卡。在“值显示方式”下拉列表中选择“差异百分比”，“基本字段”为“月”，“基本项”为“(上一个)”，如图 3-130 所示。

④ 单击“确定”按钮关闭对话框，数据透视表如图 3-131 所示。

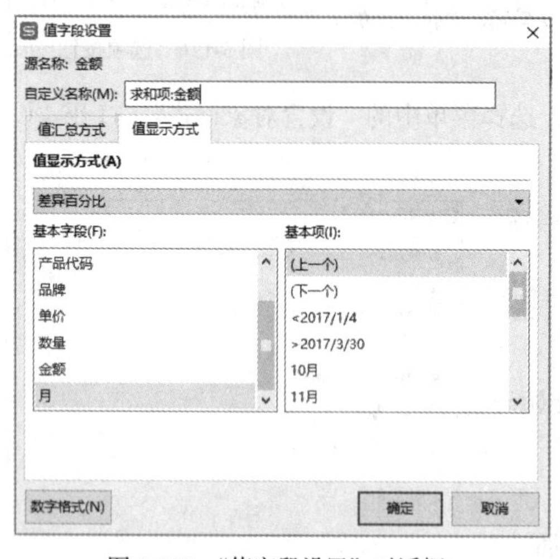

图 3-130 “值字段设置”对话框

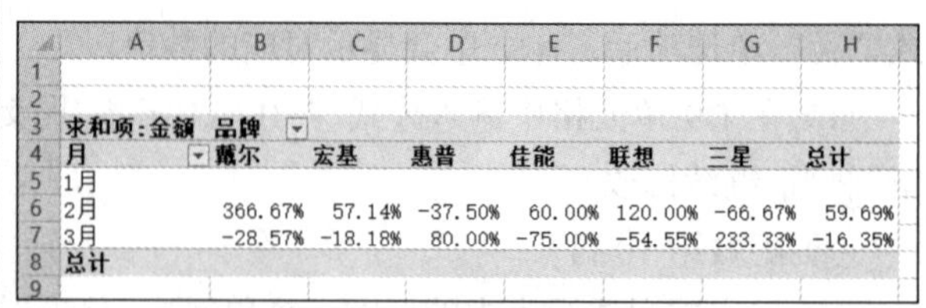

	A	B	C	D	E	F	G	H
1								
2								
3	求和项:金额	品牌						
4	月	戴尔	宏基	惠普	佳能	联想	三星	总计
5	1月							
6	2月	366.67%	57.14%	-37.50%	60.00%	120.00%	-66.67%	59.69%
7	3月	-28.57%	-18.18%	80.00%	-75.00%	-54.55%	233.33%	-16.35%
8	总计							
9								

图 3-131 “数据透视 2”工作表

（12）保存工作簿

单击窗口左上角“快速访问工具栏”中的“保存”按钮，或单击“文件”选项卡，选择“保存”，保存操作结果。

3.5.4 练习

本练习的效果图如图 3-132～图 3-135 所示。

	A	B	C	D	E	F
3	日期	部门	费用科目	预算金额	实际金额	余额
11			办公费 汇总	¥ 21,300		
13			宣传费 汇总	¥ 3,200		
16			招待费 汇总	¥ 6,000		
17		行政部 汇总		¥ 30,500		
20			办公费 汇总	¥ 5,900		
23			材料费 汇总	¥ 11,400		
27			宣传费 汇总	¥ 17,700		
36			招待费 汇总	¥ 21,900		
37		销售部 汇总		¥ 56,900		
40			办公费 汇总	¥ 6,000		
46			材料费 汇总	¥ 55,400		
49			招待费 汇总	¥ 3,700		
50		生产部 汇总		¥ 65,100		
53			办公费 汇总	¥ 5,100		
55			材料费 汇总	¥ 11,000		
64			宣传费 汇总	¥ 45,000		
67			招待费 汇总	¥ 3,100		
68		公关部 汇总		¥ 64,200		
69		总计		¥ 216,700		
70						

图 3-132 “费用开支表”工作表效果图

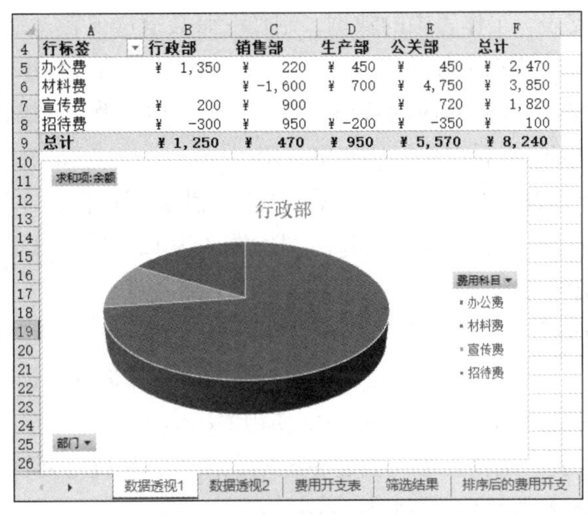

	A	B	C	D	E	F
4	行标签	行政部	销售部	生产部	公关部	总计
5	办公费	¥ 1,350	¥ 220	¥ 450	¥ 450	¥ 2,470
6	材料费		¥ -1,600	¥ 700	¥ 4,750	¥ 3,850
7	宣传费	¥ 200	¥ 900		¥ 720	¥ 1,820
8	招待费	¥ -300	¥ 950	¥ -200	¥ -350	¥ 100
9	总计	¥ 1,250	¥ 470	¥ 950	¥ 5,570	¥ 8,240

图 3-133 “数据透视 1”工作表效果图

	A	B	C	D	E
3	求和项:实际金额	列标签			
4	行标签	行政部	销售部	生产部	公关部
5	第一季				
6	1月		4550	10200	
7	2月	3250	2180		8530
8	3月	7450	9000	10500	6100
9	第二季				
10	4月		3400	13050	8200
11	5月	3000	7750		
12	6月	3000	2550		14450
13	第三季				
14	7月			15000	5050
15	8月		8050	1250	
16	9月	3200			
17	第四季				
18	10月	6150	3650		5000
19	11月		15300	2650	6300
20	12月	3200		11500	5000
21	总计	29250	56430	64150	58630

数据透视1 数据透视2 费用开支表 筛选结果

图 3-134 “数据透视 2”工作表效果图

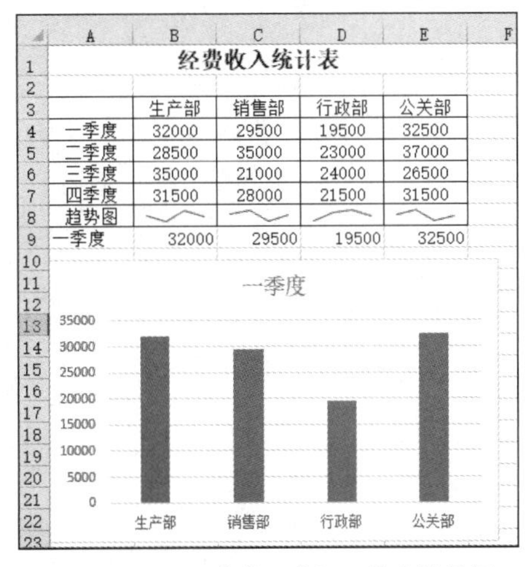

经费收入统计表

	生产部	销售部	行政部	公关部
一季度	32000	29500	19500	32500
二季度	28500	35000	23000	37000
三季度	35000	21000	24000	26500
四季度	31500	28000	21500	31500
趋势图				
一季度	32000	29500	19500	32500

图 3-135 “经费收入表”工作表效果图

具体要求如下。

（1）实验准备工作。

① 复制素材。从教学辅助网站下载素材文件“练习 11-经费收入统计及费用开支表.rar”至本地计算机，并将该压缩文件解压缩。

② 创建实验结果文件夹。在 D 盘或 E 盘上新建一个“经费收入统计及费用开支表-实验结果”文件夹，用于存放结果文件。

（2）打开练习素材文件“经费收入统计及费用开支表.xlsx”。

（3）在“费用开支表”工作表中，将数据按照“行政部、销售部、生产部、公关部”排序。

（4）将排序后的工作表复制成一张新工作表，命名为“排序后的费用开支”。

（5）新建一张工作表，命名为“筛选结果”。

（6）在“费用开支表”工作表中，筛选出销售部的预算金额（单位：元）大于等于 10000 或实际金额大于等于 10000 的数据，将筛选结果复制到“筛选结果”工作表的 A1 单元格开始的区域中。

（7）在“费用开支表”工作表中，清除数据筛选。

（8）根据“费用开支表”工作表中的数据，制作一张数据透视表，命名为“数据透视 1”，生成各部门各科目余额总和。要求余额的格式为“会计专用”，保留 0 位小数。

（9）根据“数据透视 1”生成对应的数据透视图，图表类型为“三维饼图”，要求图例为“费用科目”，可根据不同的部门查看该部门的支出费用组成。

（10）根据“费用开支表”工作表中的数据，制作一张数据透视表，命名为“数据透视 2”，生成各季度和各月份的各部门实际金额总和。要求实际金额以“行汇总百分比”来显示，数据透视表显示列总计，不显示行总计。

（11）在“费用开支表”工作表中，分类汇总出各部门各科目的预算金额。

（12）在“经费收入表”工作表中，在 B8:E8 区域内创建迷你图（折线图），反映该部门各季度收入变化。（该步骤在 WPS 中无法完成，只能使用 Excel。）

（13）在“经费收入表”工作表中，创建一张动态图表，根据需要选择一个季度，动态显示该季度各部门的收入，图表类型为“簇状柱形图”。

（14）保存工作簿文件。

第4章 PowerPoint 2016 演示文稿软件

4.1 演示文稿的编辑

4.1.1 案例概述

1. 案例目标

PowerPoint 2016 是微软公司推出的办公自动化软件 Microsoft Office 2016 家族中的一员，主要用于设计和制作广告、课堂教学课件等，其制作的演示文稿可以通过计算机屏幕或投影仪播放，是人们在各种场合下进行信息交流的重要工具。

本案例通过幻灯片的制作，帮助读者掌握 PowerPoint 的基本操作，如插入幻灯片、输入编辑文字、插入图片和艺术字、绘制和编辑图形、插入和编辑超链接、设置幻灯片背景等。

2. 知识点

本案例涉及的主要知识点如下。

① 演示文稿的创建与保存。

② 幻灯片的插入、移动、删除、复制。

③ 文本的输入和编辑。

④ 设置幻灯片版式。

⑤ 插入图片和艺术字。

⑥ 插入图形及设置格式。

⑦ 插入和编辑超链接。

⑧ 设置幻灯片背景。

⑨ 设置幻灯片自动更新日期和幻灯片编号。

4.1.2 知识点总结

1. PowerPoint 2016 的工作界面

启动 PowerPoint 2016 后，选择“空白演示文稿”，将自动打开一个默认名为“演示文稿 1.pptx”的文稿，工作界面如图 4-1 所示。

PowerPoint 2016 工作界面的常用部分介绍如下。

（1）功能区

功能区位于工作界面上方，显示各类功能按钮。

（2）任务窗格

任务窗格位于工作界面左侧，用于快速浏览幻灯片。

（3）幻灯片窗格

幻灯片窗格位于工作界面中间，用来编辑和制作幻灯片，以及查看每张幻灯片的整体效果。

（4）备注窗格

备注窗格位于工作界面下部，用来保存备注信息。

（5）状态栏

状态栏显示页计数、总页数、设计模板、拼写检查等信息。

图 4-1　PowerPoint 2016 工作界面

2. PowerPoint 2016 的视图

PowerPoint 2016 的视图如表 4-1 所示。

表 4-1　PowerPoint 2016 的视图

视图	说明
普通视图	它是 PowerPoint 2016 默认的视图模式，在此视图模式下可以编写和设计演示文稿。普通视图也可以同时显示幻灯片、大纲和备注内容
大纲视图	主要用于查看、编排演示文稿的大纲，和普通视图相比，其任务窗格被扩展，而幻灯片窗格被缩小
幻灯片浏览视图	以最小化的形式显示演示文稿中的所有幻灯片，可以从整体上对幻灯片进行浏览、移动、复制、删除等操作

续表

视图	说明
备注页视图	备注页视图用于显示和编辑备注页，在该视图模式下既可插入文本内容也可插入图片等对象的信息，一般提供给演讲者使用
阅读视图	阅读视图用于在方便审阅的窗口中查看演示文稿，而不使用全屏的幻灯片放映视图
幻灯片放映视图	幻灯片放映视图显示的是演示文稿的放映效果，可以看到图形、时间、影片、动画等元素及对象的动画效果、幻灯片的切换效果。单击 PowerPoint 2016 工作界面右下角的视图切换按钮中的“幻灯片放映视图”按钮或者按【Shift】+【F5】键，均可从当前编辑的幻灯片开始放映，即进入幻灯片放映视图
母版视图	母版视图包括幻灯片母版视图、讲义母版视图和备注母版视图。它们是存储有关演示文稿的信息的主要幻灯片，这些信息包括背景、颜色、字体、效果、占位符的大小和位置。使用母版视图可以对与演示文稿关联的每张幻灯片、备注页或讲义的样式进行全局更改

3. 演示文稿基本操作

演示文稿基本操作方法如表 4-2 所示。

表 4-2 演示文稿基本操作方法

操作	位置或方法	概要描述
创建空白演示文稿	自动新建	启动 PowerPoint 2016 后，选择“空白演示文稿”，自动新建一个空白演示文稿
	“文件”选项卡	选择“新建”→选择“空白演示文稿”
根据模板创建演示文稿	使用本机上的模板	单击“文件”选项卡→选择“新建”→在打开的“模板”列表中选择合适的模板→单击“创建”按钮
	使用模板网站上的模板	单击“文件”选项卡→选择“新建”→输入要搜索的主题→在相应列表中选择所需的模板→单击“创建”按钮
插入幻灯片	“开始”选项卡	单击“新建幻灯片”按钮→在当前幻灯片后插入了一张新的幻灯片，该幻灯片具有与先前幻灯片相同的版式。若单击“新建幻灯片”按钮旁的小三角，则可在打开的下拉列表中为新增幻灯片选择新的版式
选择幻灯片	单张幻灯片	在任务窗格中用鼠标单击幻灯片
	多张连续幻灯片	先选中第一张，然后按住【Shift】键，单击要选中的最后一张
	多张不连续幻灯片	先选中第一张，然后按住【Ctrl】键，单击其他不连续的幻灯片
删除幻灯片	键盘	选中待删除的幻灯片，直接按【Delete】键
	鼠标	右击鼠标→在弹出的快捷菜单中选择“删除幻灯片”
复制幻灯片	快捷菜单	选定待复制的幻灯片→右击鼠标→在弹出的快捷菜单中选择“复制”→在要复制到的位置右击鼠标→在弹出的快捷菜单中选择“粘贴”命令→选择“保留源格式”
	“开始”选项卡	选定待复制的幻灯片→单击“新建幻灯片”按钮旁的小三角→选择“复制选定幻灯片”
	鼠标	选定待复制的幻灯片→按住【Ctrl】键并同时按住鼠标左键拖动→移动到指定位置后松开鼠标，再松开【Ctrl】键
移动幻灯片	快捷菜单	选定待移动的幻灯片→右击鼠标→在弹出的快捷菜单中选择“剪切”→在要移动到的位置右击鼠标→在弹出的快捷菜单中选择“粘贴”→选择“保留源格式”
	鼠标	选定待移动的幻灯片→用鼠标拖动该幻灯片到新位置，松开鼠标

4. 文本、段落操作

文本、段落操作方法如表 4-3 所示。

表 4-3　　文本、段落操作方法

操作	位置或方法	概要描述
在占位符中输入文本	直接输入	单击占位符→输入文字
使用文本框输入文本	“插入”选项卡	在“文本”组中单击“文本框”按钮下面的小三角→在下拉菜单中选择“横排文本框”或“竖排文本框”→拖动鼠标产生文本框→输入文字
文本的格式化	“开始”选项卡	选择文本→单击“开始”选项卡“字体”组中的有关按钮进行文字格式设置，还可以单击“字体”组右下角的 ，打开“字体”对话框进行设置
	快捷菜单	选择文本→右击鼠标→在弹出的快捷菜单中选择“字体”→打开“字体”对话框，然后进行设置
段落的格式化	“开始”选项卡	选择文本→单击“开始”选项卡“段落”组中的有关按钮进行格式设置，还可以单击“段落”组右下角的 ，打开“段落”对话框进行设置
	快捷菜单	选择文本→右击鼠标→在弹出的快捷菜单中选择“段落”→打开“段落”对话框，然后进行设置
项目符号和编号	“开始”选项卡	选择文本→单击“开始”选项卡“段落”组中“项目符号”按钮或“编号”按钮
	快捷菜单	选择文本→右击鼠标→在弹出的快捷菜单中选择“项目符号”或“编号”

5. 设置幻灯片版式

设置幻灯片版式操作方法如表 4-4 所示。

表 4-4　　设置幻灯片版式操作方法

操作	位置或方法	概要描述
设置幻灯片版式	“开始”选项卡	选择幻灯片→单击“开始”选项卡“幻灯片”组中的“版式”按钮→选择需要的版式
	快捷菜单	在幻灯片空白处右击鼠标→在弹出的快捷菜单中选择“版式”→选择需要的版式

6. 插入图片、艺术字、各种图形

插入图片、艺术字、各种图形操作方法如表 4-5 所示。

表 4-5　　插入图片、艺术字、各种图形操作方法

操作	位置或方法	概要描述
插入图片	“插入”选项卡	单击“图片”按钮→在弹出的“插入图片”对话框中选择所需的图片→单击“插入”按钮
编辑图片	“图片工具”→“格式”选项卡	选中图片→单击“图片工具”→“格式”选项卡中的相应按钮
	快捷菜单	选中图片→右击鼠标→选择“设置图片格式”→弹出相应窗格→进行相关设置
插入艺术字	“插入”选项卡	单击“文本”组中的“艺术字”按钮→选择合适的艺术字样式→输入文字

续表

操作	位置或方法	概要描述
编辑艺术字	“绘图工具”→“格式”选项卡	选中待编辑的艺术字→单击“绘图工具”→“格式”选项卡“艺术字样式”组中的相关按钮。其中“文本填充”按钮设置用指定的颜色、纹理或图片填充文本内部，“文本轮廓”按钮设置用指定的颜色对文本进行描边，“文本效果”按钮设置更多的文本效果，如阴影、发光、旋转、文字波浪变形等
	快捷菜单	选中待编辑的图形→右击鼠标 →在弹出的快捷菜单中选择“设置形状格式”→弹出相应窗格→进行相关设置
插入图形	“插入”选项卡	单击“形状”按钮→选择合适的形状→拖动鼠标绘制图形
编辑各种图形	“绘图工具”→“格式”选项卡	选中待编辑的图形→单击“绘图工具”→“格式”选项卡“形状样式”组中的相关按钮。其中“形状填充”按钮设置用指定的颜色、纹理或图片填充图形内部，“形状轮廓”按钮设置用指定的颜色描绘图形边框，“形状效果”按钮设置更多的效果，如预设、阴影、发光、旋转等
	快捷菜单	选中待编辑的图形→右击鼠标→在弹出的快捷菜单中选择“设置形状格式”→弹出相应窗格→进行相关设置

7. 超链接操作

超链接操作方法如表 4-6 所示。

表 4-6 超链接操作方法

操作	位置或方法	概要描述
插入超链接	“插入”选项卡	选择要创建超链接的文本或对象→单击“插入”选项卡“链接” 组中的“超链接”按钮→打开“插入超链接”对话框，在左侧的“链接到”列表中选择链接到的位置，含义如下 • “现有文件或网页”：表示链接到计算机上已存在的某个文件或网页，在对话框右侧选择或输入文件或网页的地址即可 • “本文档中的位置”：表示链接到本文档中的某张幻灯片，对话框右侧将列出本演示文稿的所有幻灯片以供选择 • “新建文档”：表示链接到新文件，在对话框右侧输入新文件的文件名，单击“更改”按钮可以修改新文件所在的文件夹名，在“何时编辑”选项组中设置是否立即开始编辑新文档 • “电子邮件地址”：表示链接到某电子邮件，在对话框右侧的“电子邮件地址”文本框中输入要链接的邮件地址，在“主题”文本框中输入邮件的主题
	快捷菜单	选择要创建超链接的文本或对象→右击鼠标→在弹出的快捷菜单中选择“超链接”→打开“插入超链接”对话框，在左侧的“链接到”列表中选择链接到的位置
编辑超链接	快捷菜单	选择要编辑超链接的文本或对象→右击鼠标→在弹出的快捷菜单中选择“编辑超链接”
删除超链接	“插入”选项卡	选中链接文字或对象→单击“插入”选项卡“链接”组中的“超链接”按钮→打开“编辑超链接”对话框，单击右下角的“删除链接”按钮
	快捷菜单	选中链接文字或对象→右击鼠标→在弹出的快捷菜单中选择“取消超链接”
插入动作按钮	“插入”选项卡	在“插图”组中单击“形状”按钮→在下拉列表“动作按钮”组中选择合适的形状→拖动鼠标绘制图形→弹出“操作设置”对话框→选中“超链接到”单选项，在其下拉列表中选择跳转目的地→单击“确定”按钮

8．设置幻灯片背景

设置幻灯片背景的操作方法如表 4-7 所示。

表 4-7　　设置幻灯片背景的操作方法

操作	位置或方法	概要描述
设置幻灯片背景	“设计”选项卡	选中需要设置背景颜色的一张或多张幻灯片→单击“设计”选项卡“自定义”组中的“设置背景格式”按钮→打开“设置背景格式”窗格，选择以纯色、渐变、图片或纹理等填充方式设置背景，如果单击“全部应用”按钮则将背景格式应用于所有幻灯片
	快捷菜单	右击鼠标→在弹出的快捷菜单中选择“设置背景格式”→打开“设置背景格式”窗格，然后进行设置

9．页眉和页脚操作

页眉和页脚操作方法如表 4-8 所示。

表 4-8　　页眉和页脚操作方法

操作	位置或方法	概要描述
插入页眉和页脚	“插入”选项卡	单击“文本”组中的“页眉和页脚”按钮→打开“页眉和页脚”对话框，选择相应内容→单击“应用”按钮或“全部应用”按钮

4.1.3　应用案例：中国传统节日

1．案例效果图

本案例完成“中国传统节日”演示文稿，效果如图 4-2 所示。

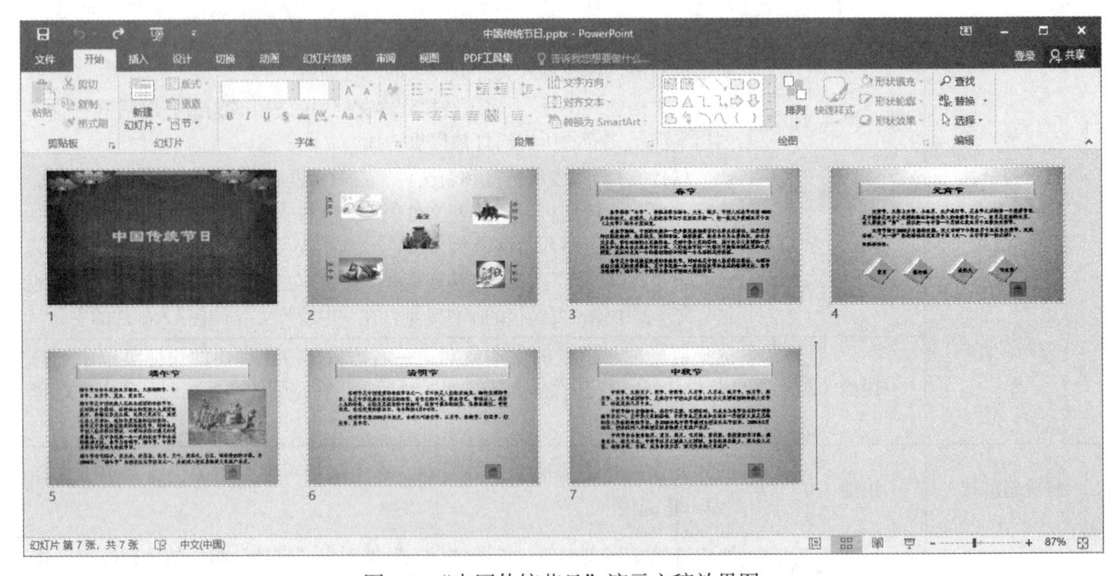

图 4-2　“中国传统节日”演示文稿效果图

2．实验准备工作

（1）创建实验结果文件夹

在 D 盘或 E 盘上新建一个“中国传统节日-实验结果”文件夹用于存放结果文件。

（2）复制素材

从教学辅助网站下载素材文件“应用案例 12-中国传统节日.rar”至本地计算机，并将其解压到“中国传统节日-实验结果”文件夹。

3. PowerPoint 2016 应用案例

（1）新建演示文稿并保存

① 启动 PowerPoint 2016，新建一个空白演示文稿。

② 单击“保存”按钮，打开“另存为”页面，单击“浏览”按钮，选择保存位置为“中国传统节日-实验结果”文件夹，文件名为“中国传统节日”，保存类型为“PowerPoint 演示文稿（*.pptx）”，单击“保存”按钮。

（2）设置全文背景

① 在幻灯片窗格的空白处右击鼠标，弹出快捷菜单，选择“设置背景格式”，工作界面右侧弹出“设置背景格式”窗格。

② 在“填充”列表中选中“渐变填充”单选项，单击“预设渐变”右侧的下拉按钮，选择第 2 行第 2 列的“顶部聚光灯-个性色 2”，单击“全部应用”按钮，如图 4-3 所示。

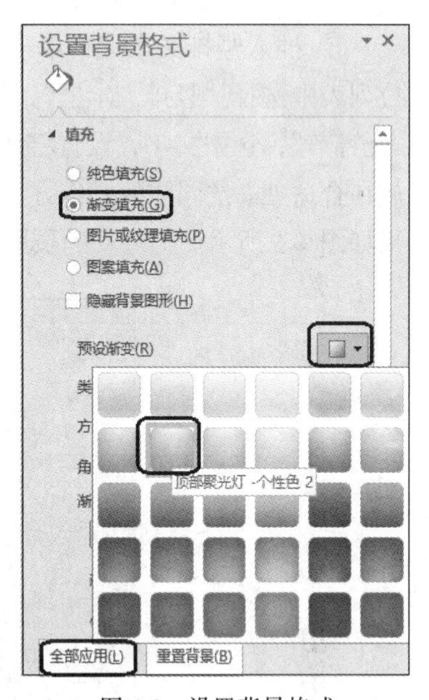

图 4-3 设置背景格式

（3）更改第 1 张幻灯片版式

在幻灯片窗格的空白处右击鼠标，弹出快捷菜单，选择“版式”→“空白”。

（4）插入艺术字作为第 1 张幻灯片标题并更改背景

① 单击“插入”选项卡“文本”组中的“艺术字”按钮，选择第 1 行第 3 列样式，在文本框中输入文字“中国传统节日”，设置字体为“隶书”、大小为“72”，移动到中间合适位置。

② 在幻灯片窗格的空白处右击鼠标，弹出快捷菜单，选择“设置背景格式”，打开“设置背景格式”窗格，在“填充”选项卡的列表中单击“图片或纹理填充”按钮，单击“插入图片来自”下面的“文件”按钮，弹出“插入图片”对话框，选择“中国传统节日-实验结果”文件夹中的“背景图片.jpg”，单击“插入”按钮，如图 4-4 所示，重新设置第 1 张幻灯片背景。

图 4-4 重新设置第 1 张幻灯片背景

（5）制作第 2 张幻灯片

① 新建幻灯片：单击“开始”选项卡“幻灯片”组中的“新建幻灯片”按钮旁的小三角，在弹出的下拉列表中选择“空白”，插入第 2 张幻灯片。

② 插入图片：单击“插入”选项卡“图像”组中的“图片”按钮，弹出“插入图片”对话框，选择“春节.jpg”，单击“插入”按钮。

③ 按同样的操作方法插入“元宵节.jpg”“清明节.jpg”“端午节.jpg”“中秋节.jpg”，参照图 4-5 移动、调整图片。

④ 插入横排文本框：单击“插入”选项卡“文本”组中的“文本框”按钮，拖动鼠标在“春节.jpg”图片上方插入一文本框，输入文字“春节”，选中文字，设置字体为“隶书”、大小为“28”并“加粗”，调整文本框大小和位置，放在合适处。

⑤ 插入竖排文本框：单击“插入”选项卡“文本”组中的“文本框”下方的小三角，在下拉列表中选择“竖排文本框”，拖动鼠标在“元宵节.jpg”图片左方插入一竖排文本框，输入文字“元宵节”，选中文字，设置字体为“隶书”、大小为“28”并“加粗”，调整文本框大小和位置，放在合适处。按同样的操作方法在合适的位置插入竖排文本框“清明节”“端午节”“中秋节”，效果如图 4-5 所示。幻灯片的页脚和动作按钮图标在后续步骤设置，下同。

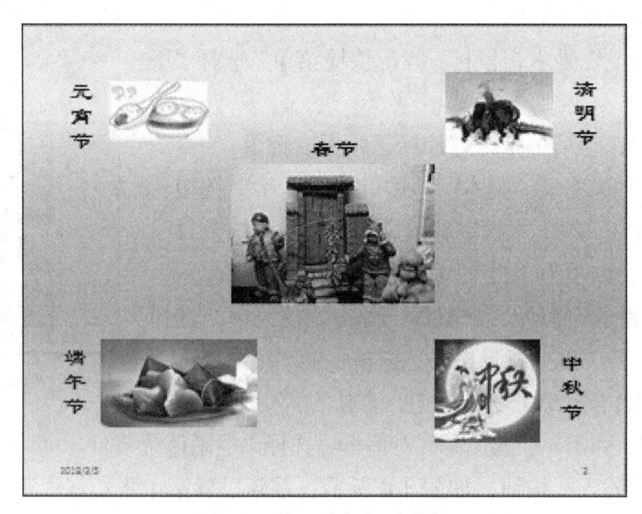

图 4-5　第 2 张幻灯片效果

（6）制作第 3 张幻灯片

① 新建幻灯片：单击“开始”选项卡“幻灯片”组中的“新建幻灯片”按钮旁的小三角，在弹出的下拉列表中选择“标题幻灯片”，插入第 3 张幻灯片。

② 插入标题文字：单击“单击此处添加标题”占位符，输入文字“春节”，设置字体为隶书、大小为“44”并“加粗”。

③ 设置标题格式：选中标题“春节”，会出现“绘图工具”→“格式”选项卡，单击该选项卡，在“形状样式”组中单击“形状填充”下拉按钮，在弹出的下拉列表中选择“渐变”→“浅色变体”组中第 3 行第 1 列的“线性对角-左下到右上”，如图 4-6 所示，设置标题填充效果。单击“形状效果”下拉按钮，在弹出的下拉列表中选择“预设”→“预设 2”，设置标题形状效果，如图 4-7 所示。设置好后调整标题大小和位置。

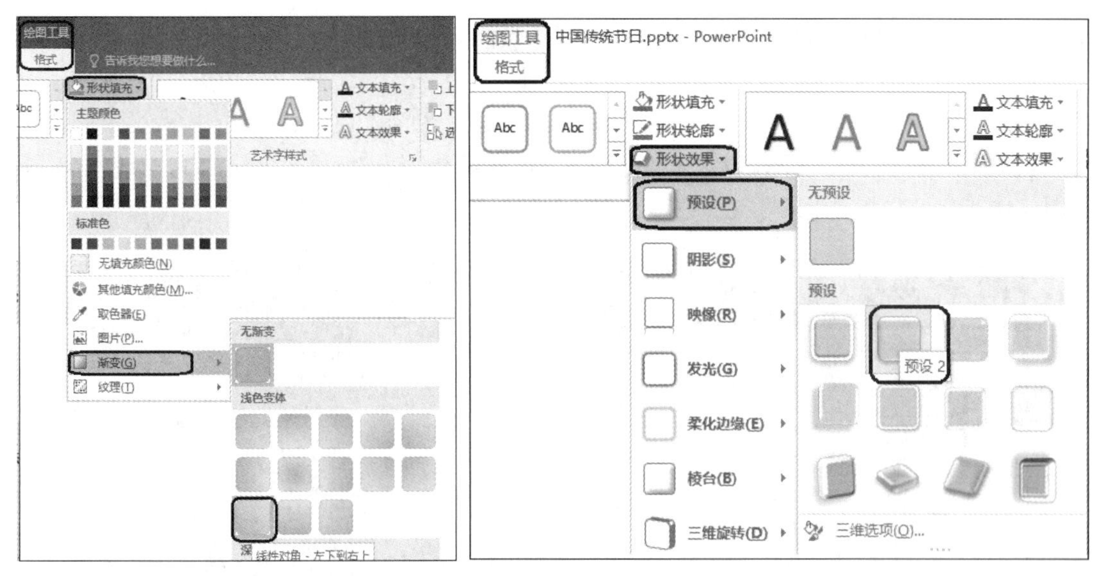

图 4-6　设置标题填充效果　　　　图 4-7　设置标题形状效果

④ 插入正文文字：单击“单击此处添加副标题”占位符，将“春节.txt”中的文字复制到文本框中，设置字体为“仿宋”、大小为“20”并“加粗”“左对齐”，调整副标题占位符的大小和位置，如图 4-8 所示。

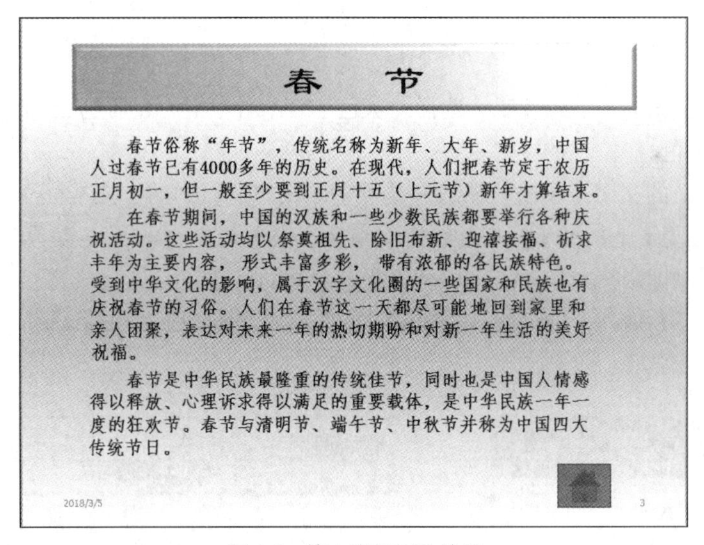

图 4-8　第 3 张幻灯片效果

（7）制作第 4 张幻灯片

① 在任务窗格中选中第 3 张幻灯片，右击鼠标，弹出快捷菜单，选择“复制幻灯片”，由第 3 张幻灯片复制出第 4 张幻灯片。

② 在任务窗格中单击第 4 张幻灯片选中它，修改幻灯片窗格中“标题”占位符中的文字为“元宵节”，选中副标题占位符中的文字，复制“元宵节.txt”中的文字替换这段文字，调整大小及位置。

③ 插入图形：单击“插入”选项卡，在“插图”组中单击“形状”按钮下面的小三角→在

下拉列表中选择“基本形状”→菱形，在幻灯片适当位置拖动鼠标绘制出菱形。

④ 设置图形效果：选中菱形，单击“绘图工具”→“格式”选项卡，单击“形状效果”下拉按钮，选择“预设”→“预设 9”，如图 4-9 所示，设置菱形的立体效果。

⑤ 单击“形状填充”下拉按钮，在弹出的下拉列表中选择“蓝色，个性色 1，淡色 60%”，如图 4-10 所示，设置菱形的填充颜色。

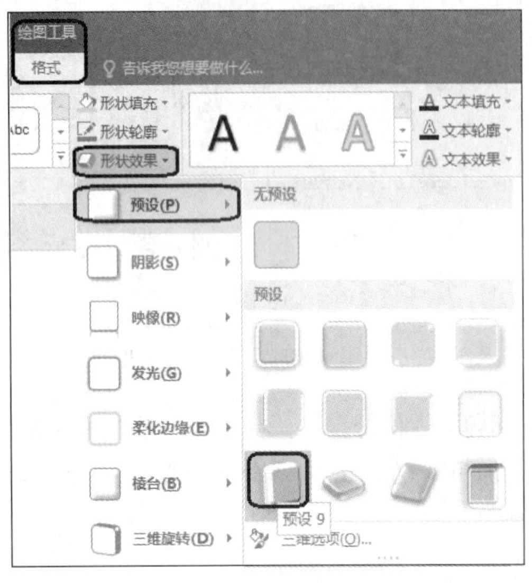

图 4-9　设置菱形的立体效果

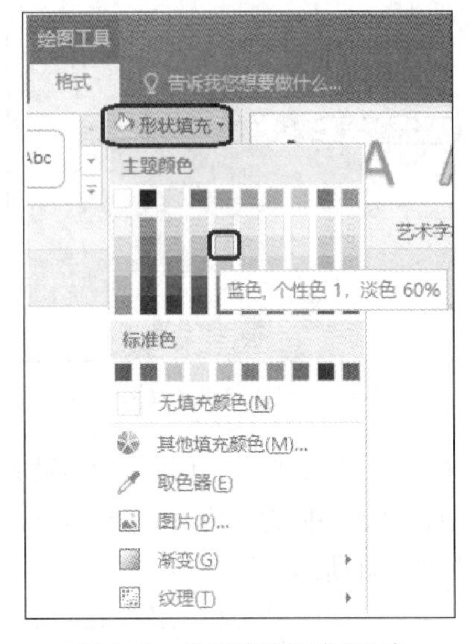

图 4-10　设置菱形的填充颜色

⑥ 单击“形状轮廓”下拉按钮，选择“灰色-50%，个性色 3，深色 25%”，如图 4-11 所示，设置菱形的边框颜色。

⑦ 插入图形上的文字：单击“插入”选项卡“文本”组中的“文本框”按钮→选择“横排文本框”按钮，在菱形上拖动鼠标指针绘制文本框，输入文字“赏月”，设置字体格式为“仿宋”“加粗”“20”，用鼠标调整文本框的大小、位置至合适的尺寸和位置。

⑧ 参照③～⑦，插入“猜灯谜”“放焰火”“吃元宵”的菱形和文字。

效果如图 4-12 所示。

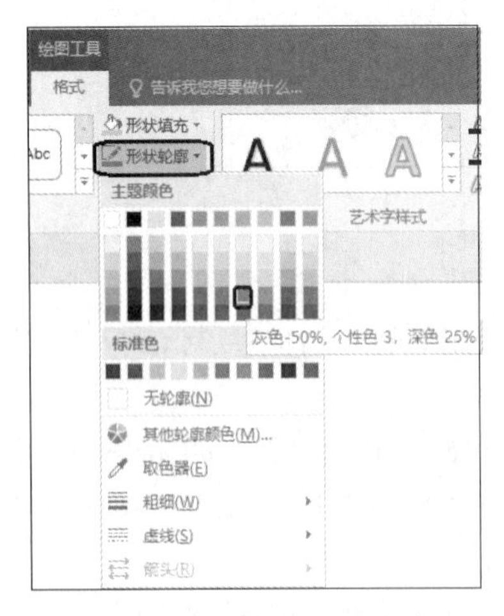

图 4-11　设置菱形的边框颜色

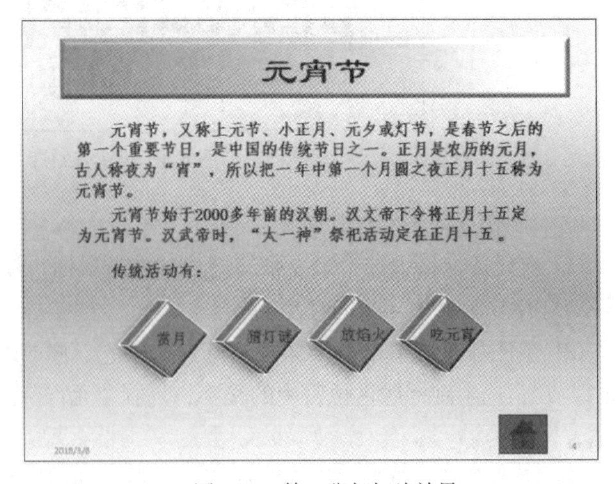

图 4-12　第 4 张幻灯片效果

（8）制作第 5 张幻灯片

① 复制幻灯片：在任务窗格中选中第 3 张幻灯片，按【Ctrl】+【C】键复制该幻灯片，然后在第 4 张幻灯片下面单击鼠标，按【Ctrl】+【V】键粘贴，由第 3 张幻灯片复制出第 5 张幻灯片。

② 复制左边的文字：在任务窗格中单击第 5 张幻灯片选中它，修改幻灯片窗格中标题占位符中的文字为“端午节”，选中副标题占位符中的文字，复制“端午节.txt”中的前两段文字替换这段文字。调整占位符大小，移动到左边。

③ 插入右边的图片：单击“插入”选项卡“图像”组中的“图片”按钮，弹出“插入图片”对话框，选择“赛龙舟.jpg”，单击“插入”按钮。调整图片大小，将其移动到右边。

④ 复制下部的文字：单击“插入”选项卡“文本”组中的“文本框”按钮→选择“横排文本框”按钮，拖动鼠标在下部绘制文本框，然后将“端午节.txt”中的最后一段文字复制到该文本框中。利用格式刷将该段文字设置为和副标题文字格式一致。

⑤ 按照图 4-13 所示效果，调整图片、副标题、插入文本框的大小和位置。

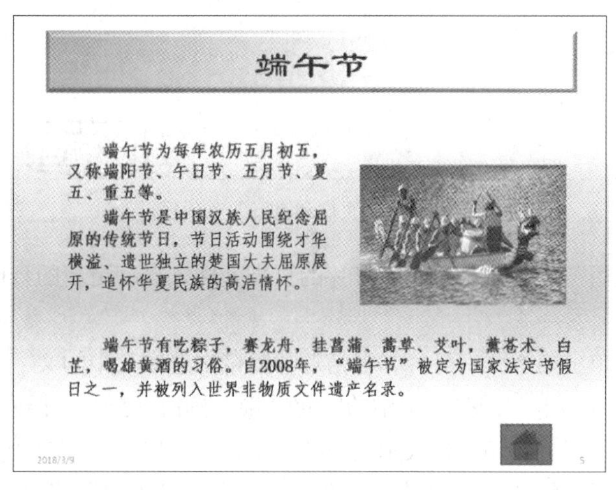

图 4-13 第 5 张幻灯片效果

（9）制作第 6 张幻灯片

① 在任务窗格中选中第 3 张幻灯片，按【Ctrl】+【C】键复制该幻灯片，然后在第 5 张幻灯片下面单击鼠标，按【Ctrl】+【V】键粘贴，由第 3 张幻灯片复制出第 6 张幻灯片。

② 在任务窗格中单击第 6 张幻灯片选中它，修改幻灯片窗格中标题占位符中的文字为“清明节”，选中“副标题”占位符中的文字，复制“清明节.txt”中的文字替换这段文字。

③ 调整副标题占位符的大小和位置至合适。

（10）制作第 7 张幻灯片

① 在任务窗格中选中第 3 张幻灯片，按【Ctrl】+【C】键复制该幻灯片，然后在第 6 张幻灯片下面单击鼠标，按【Ctrl】+【V】键粘贴，由第 3 张幻灯片复制出第 7 张幻灯片。

② 在任务窗格中单击第 7 张幻灯片选中它，修改幻灯片窗格中标题占位符中的文字为“中秋节”，选中副标题占位符中的文字，复制“中秋节.txt”中的文字替换这段文字。

③ 调整副标题占位符的大小和位置至合适。

（11）在页脚插入日期、时间

① 单击“插入”选项卡“文本”组中的“页眉和页脚”按钮，打开“页眉和页脚”对话框。

② 在“幻灯片”选项卡中选中“日期和时间”复选框，并且选中“自动更新”单选项，选中“幻灯片编号”复选框，如图 4-14 所示。

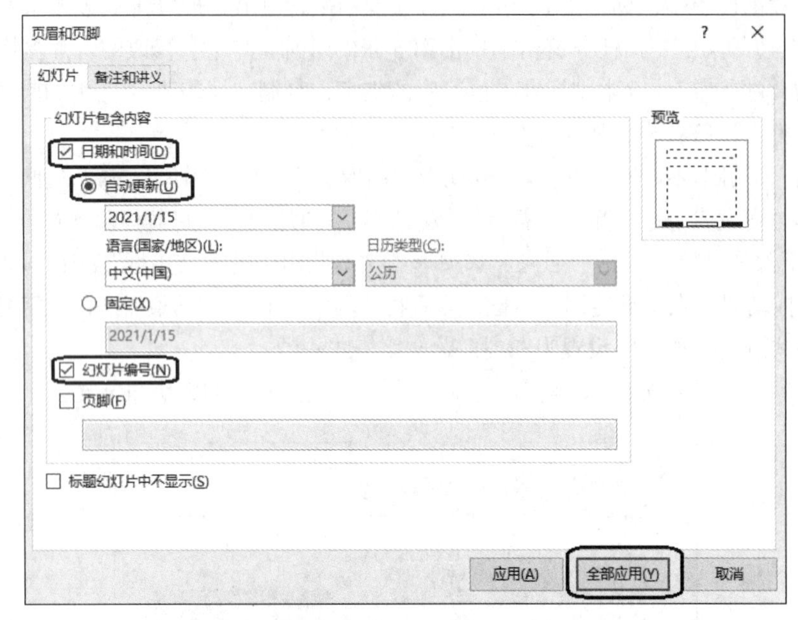

图 4-14 “页眉和页脚”对话框

③ 单击“全部应用”按钮，则所有幻灯片的页脚处插入自动更新的日期、时间。

（12）建立超链接

① 在任务窗格中单击第 2 张幻灯片，在幻灯片窗格中选中其中的文字“春节”。

② 单击“插入”选项卡“链接”组中的“超链接”按钮，打开“插入超链接”对话框。如图 4-15 所示，在左侧的“链接到”列表中选择“本文档中的位置”，在右侧“请选择文档中的位置”列表中选择“幻灯片标题”为“春节”的幻灯片，单击“确定”按钮。以同样的操作方法为文字“元宵节”“端午节”“清明节”“中秋节”创建超链接，分别链接到相应幻灯片。

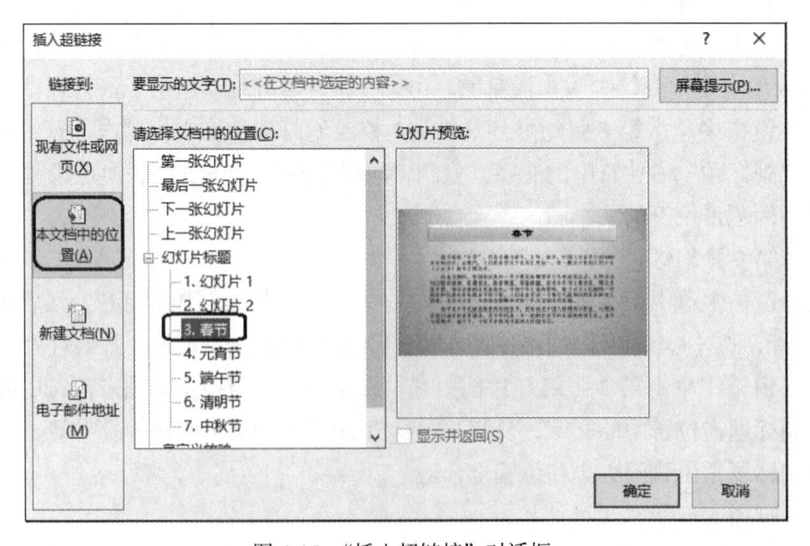

图 4-15 “插入超链接”对话框

③ 在任务窗格中单击第 3 张幻灯片，单击“插入”选项卡“插图”组中的“形状”按钮下面的小三角，选择下拉列表中最下面的“动作按钮”组中的“动作按钮：第 1 张”，将鼠标指针移到幻灯片右下角，按住鼠标左键拖动鼠标，直到动作按钮图标的大小符合要求为止。此时，弹出“操作设置”对话框，选中“超链接到”单选项，在列表中选择“幻灯片”，弹出“超链接到幻灯片”对话框，选择“2.幻灯片 2”，如图 4-16 所示。单击“确定”按钮。

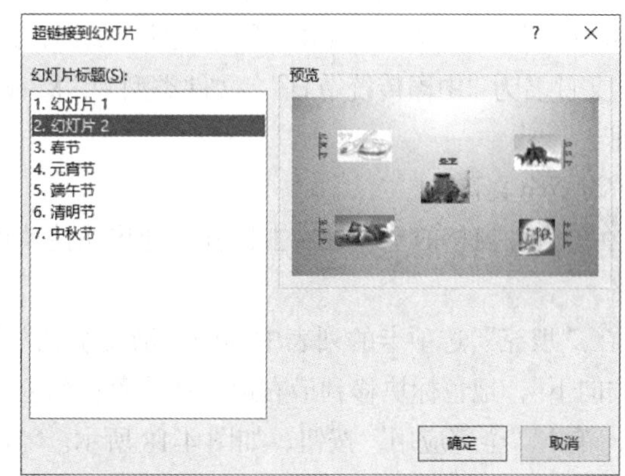

图 4-16　超链接到幻灯片

④ 选中刚设置好的动作按钮图标，按【Ctrl】+【C】键复制，再单击第 4 张幻灯片，按【Ctrl】+【V】键粘贴，将动作按钮图标及相应的超链接复制到第 4 张幻灯片中。以同样的操作，将动作按钮图标及相应的超链接复制到第 5～7 张幻灯片中。

（13）设置放映方式并放映

① 单击“幻灯片放映”选项卡“设置”组中的“设置幻灯片放映”按钮，打开“设置放映方式”对话框。

② 在“放映类型”中选择“演讲者放映(全屏幕)”，在“放映幻灯片”中选择“全部”，如图 4-17 所示。单击“确定”按钮。

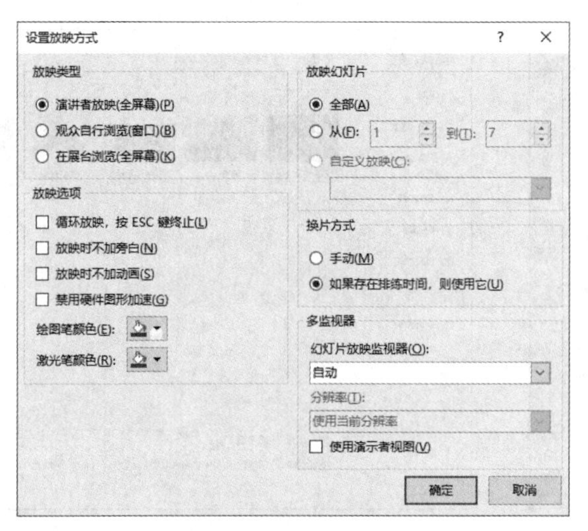

图 4-17　设置放映方式

③ 单击“幻灯片放映”选项卡“开始放映幻灯片”组中的“从头开始”按钮，播放各张幻灯片。

④ 按【Esc】键结束放映。

（14）保存演示文稿

单击“文件”选项卡，选择“保存”，以文件名“中国传统节日.pptx”保存该演示文稿。

4. WPS 演示 2019 应用案例

（1）新建演示文稿并保存

① 启动 WPS 2019，新建一个空白演示文稿。

② 单击“保存”按钮，打开“另存文件”页面，选择保存位置为“中国传统节日-实验结果”文件夹，文件名为“中国传统节日”，文件类型为“Microsoft PowerPoint 文件（*.pptx）”，单击“保存”按钮。

（2）设置全文背景

① 在幻灯片窗格的空白处右击鼠标，弹出快捷菜单，选择“设置背景格式”，打开“对象属性”窗格。

② 在“填充”选项卡的列表中选中“渐变填充”单选项，在“渐变样式”中选择“线性渐变”→“向下”，把色标块移到最右边，在“色标颜色”中设置颜色为“主题颜色”下的“橙色，着色 4”，单击“全部应用”按钮，如图 4-18 所示。

（3）更改第 1 张幻灯片版式

在幻灯片窗格的空白处右击鼠标，弹出快捷菜单，选择“版式”→“母版版式”→“空白”，删除所有文本框。

（4）插入艺术字作为第 1 张幻灯片标题并更改背景

① 单击“插入”选项卡中的“艺术字”按钮，选择“预设样式”下的第 1 行第 8 列“渐变填充-金色，轮廓-着色 4”，在文本框中输入文字“中国传统节日”，设置字体为“隶书”、大小为“72”，移动到中间合适位置。

② 在幻灯片窗格的空白处右击鼠标，弹出快捷菜单，选择“背景图片”，弹出“选择纹理”对话框，选择“中国传统节日-实验结果”文件夹中的“背景图片.jpg”，单击“打开”按钮，如图 4-19 所示，重新设置第 1 张幻灯片背景。

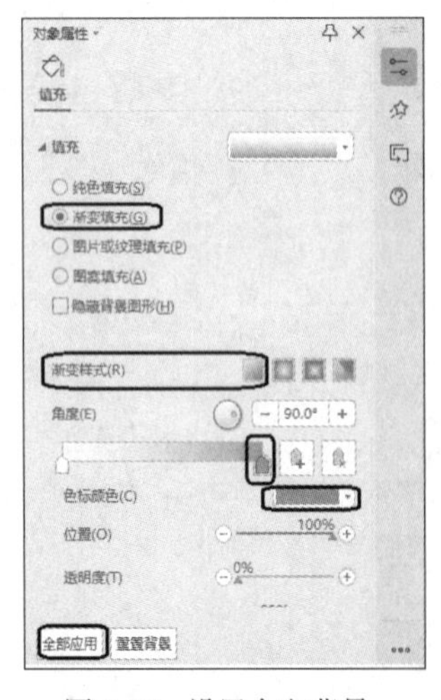

图 4-18 设置全文背景

图 4-19 重新设置第 1 张幻灯片背景

（5）制作第 2 张幻灯片

① 新建幻灯片：单击“开始”选项卡中的“新建幻灯片”按钮，插入第 2 张幻灯片。

② 插入图片：单击“插入”选项卡中的“图片”按钮，弹出“插入图片”对话框，选择“春节.jpg”，单击“打开”按钮。

③ 按同样的操作方法插入“元宵节.jpg”“清明节.jpg”“端午节.jpg”“中秋节.jpg”，参照图 4-5 移动、调整图片。

④ 插入横排文本框：单击“插入”选项卡中的“文本框”按钮，拖动鼠标在“春节.jpg”图片上方插入一文本框，输入文字“春节”，选中文字，设置字体为“隶书”、大小为“28”并“加粗”，调整文本框大小和位置，放在合适处。

⑤ 插入竖排文本框：单击“插入”选项卡中的“文本框”下方的小三角，在下拉列表中选择“竖向文本框”，拖动鼠标在“元宵节.jpg”图片左方插入一竖排文本框，输入文字“元宵节”，选中文字，设置字体为“隶书”、大小为“28”并“加粗”，调整文本框大小和位置，放在合适处。按同样的操作方法在合适的位置插入竖排文本框“清明节”“端午节”“中秋节”，效果如图 4-5 所示。幻灯片的页脚和动作按钮图标在后续步骤设置，下同。

（6）制作第 3 张幻灯片

① 新建幻灯片：单击“开始”选项卡中的“新建幻灯片”按钮旁的小三角，在弹出的对话框中选择“母版”中的第 1 个版式，插入第 3 张幻灯片。

② 插入标题文字：单击“单击此处编辑标题”，输入文字“春节”，设置字体为“隶书”、大小为“44”并“加粗”。

③ 设置标题格式：选中标题“春节”，出现“绘图工具”选项卡，单击该选项卡，单击下面的“填充”下拉按钮，在弹出的下拉列表中选择“渐变”，弹出“对象属性”窗格，在下面选中“渐变填充”单选项，“渐变样式”选择“线性渐变”→“左下到右上”，如图 4-20 所示，设置填充的颜色和样式。单击“形状效果”下拉按钮，在弹出的下拉列表中选择“阴影”→“外部”→“向下偏移”，设置外观效果，如图 4-21 所示。设置好后调整标题大小和位置。

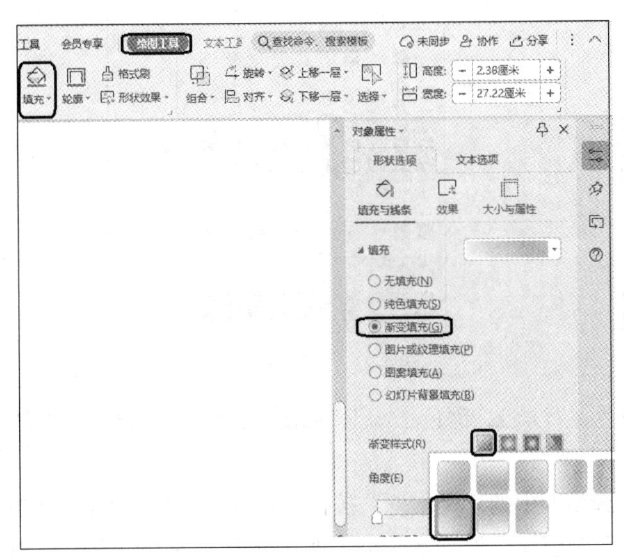

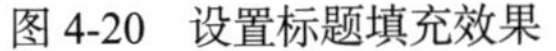
图 4-20　设置标题填充效果

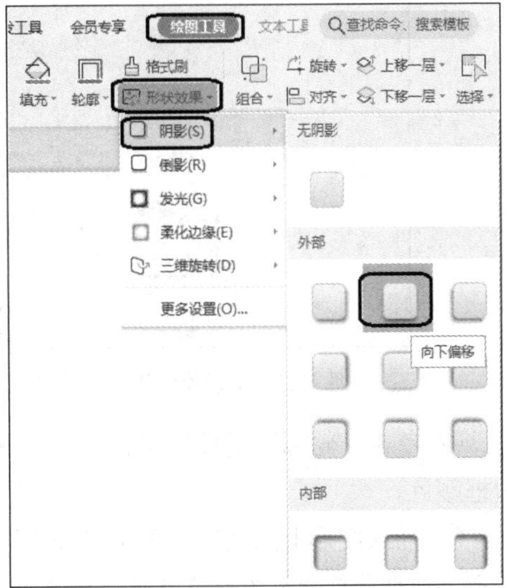

图 4-21　设置标题形状效果

④ 插入正文文字：单击“单击此处编辑副标题”占位符，将“春节.txt”中的文字复制到文本框中，设置字体为“仿宋”、大小为“20”并“加粗”“左对齐”，调整副标题占位符的大小和位置，如图 4-8 所示。

（7）制作第 4 张幻灯片

① 在任务窗格中选中第 3 张幻灯片，右击鼠标，弹出快捷菜单，选择“复制幻灯片”，由第 3 张幻灯片复制出第 4 张幻灯片。

② 在任务窗格中单击第 4 张幻灯片选中它，修改幻灯片窗格中标题占位符中的文字为“元宵节”，选中副标题占位符中的文字，复制“元宵节.txt”中的文字替换这段文字，调整大小及位置。

③ 插入图形：单击“插入”选项卡，单击“形状”按钮下面的小三角→在下拉列表中选择“基本形状”→“菱形”，在幻灯片适当位置拖动鼠标绘制出菱形。

④ 设置图形效果：选中菱形，单击“绘图工具”选项卡，单击“形状效果”下拉按钮，选择“阴影”→“内部”→“内部向左”，如图 4-22 所示，设置菱形的立体效果。

⑤ 单击“填充”下拉按钮，在弹出的下拉列表中选择“主题颜色”下的“矢车菊蓝，着色 1，浅色 40%”，如图 4-23 所示，设置菱形的填充颜色。

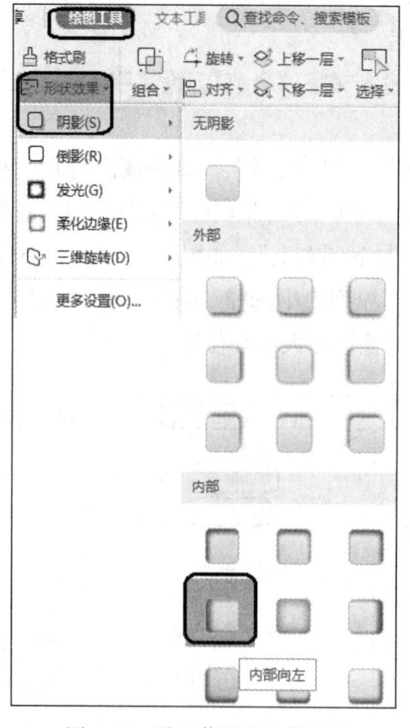

图 4-22　设置菱形的立体效果

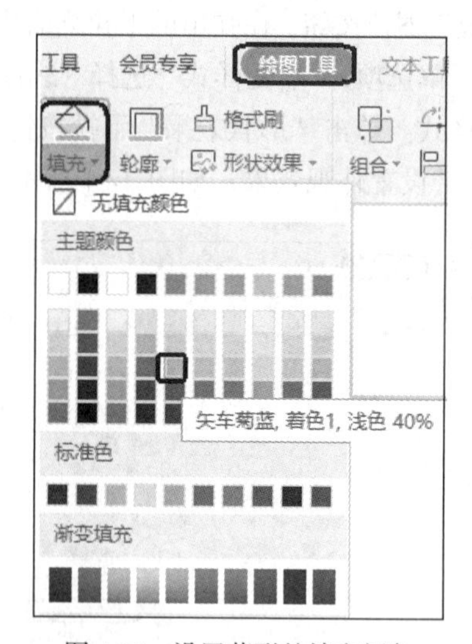

图 4-23　设置菱形的填充颜色

⑥ 单击“轮廓”下拉按钮，选择“白色，背景 2，深色 25%”，如图 4-24 所示，设置菱形的边框颜色。

⑦ 插入图形上的文字：单击“插入”选项卡中的“文本框”按钮→选择“横向文本框”，在菱形上拖动鼠标指针绘制文本框，输入文字“赏月”，设置字体格式为“仿宋”“加粗”“20”，用鼠标调整文本框的大小、位置至合适的尺寸和位置。

⑧ 参照③～⑦步，插入“猜灯谜”“放焰火”“吃元宵”的菱形和文字。

效果如图 4-25 所示。

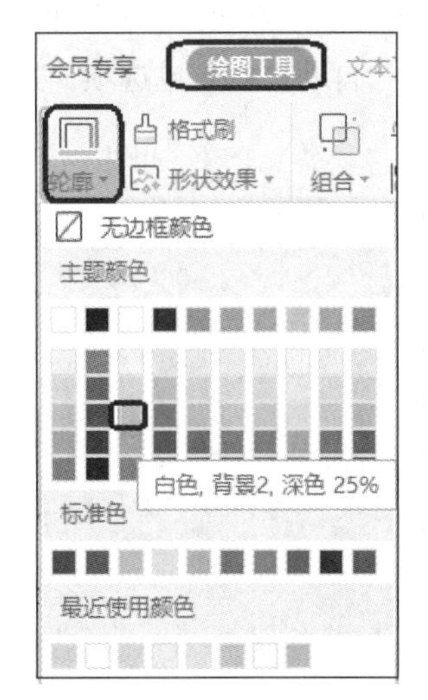

图 4-24 设置菱形的边框颜色

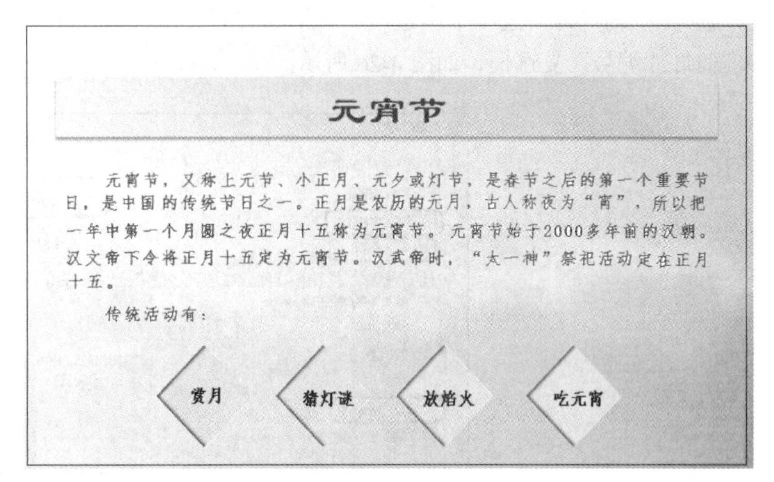

图 4-25 第 4 张幻灯片效果

（8）制作第 5 张幻灯片

① 复制幻灯片：在任务窗格中选中第 3 张幻灯片，按【Ctrl】+【C】键复制该幻灯片，然后在第 4 张幻灯片下面单击鼠标，按【Ctrl】+【V】键粘贴，将第 3 张幻灯片复制出第 5 张幻灯片。

② 复制左上方的文字：在任务窗格中单击第 5 张幻灯片选中它，修改幻灯片窗格标题占位符中的文字为“端午节”，选中副标题占位符中的文字，复制“端午节.txt”中的前两段文字替换这段文字。调整占位符大小，将其移动到左边。

③ 插入右边的图片：单击“插入”选项卡中的“图片”按钮，选择“本地图片”，弹出“插入图片”对话框，选择“赛龙舟.jpg”，单击“打开”按钮。调整图片大小，移动到右边。

④ 复制左下方的文字：单击“插入”选项卡中的“文本框”按钮→选择“横向文本框”，拖动鼠标在下部绘制文本框，然后将“端午节.txt”中的最后一段文字复制到该文本框中。利用格式刷将该段文字设置为和副标题文字格式一致。

⑤ 按照图 4-13 所示效果，调整图片、副标题、插入文本框的大小和位置。

（9）制作第 6 张幻灯片

① 在任务窗格中选中第 3 张幻灯片，按【Ctrl】+【C】键复制该幻灯片，然后在第 5 张幻灯片下面单击鼠标，按【Ctrl】+【V】键粘贴，由第 3 张幻灯片复制成第 6 张幻灯片。

② 在任务窗格中单击第 6 张幻灯片选中它，修改右窗格中标题占位符中的文字为“清明节”，选中副标题占位符中的文字，复制“清明节.txt”中的文字替换这段文字。

③ 调整副标题占位符的大小和位置至合适。

（10）制作第 7 张幻灯片

① 在任务窗格中选中第 3 张幻灯片，按【Ctrl】+【C】键复制该幻灯片，然后在第 6 张幻灯片下面单击鼠标，按【Ctrl】+【V】键粘贴，由第 3 张幻灯片复制出第 7 张幻灯片。

② 在任务窗格中单击第 7 张幻灯片选中它，修改幻灯片窗格中标题占位符中的文字为“中秋节”，选中副标题占位符中的文字，复制“中秋节.txt”中的文字替换这段文字。

③ 调整副标题占位符的大小和位置至合适。

（11）在页脚插入日期、时间

① 单击“插入”选项卡“文本”组中的“页眉和页脚”按钮，打开“页眉和页脚”对话框。

② 在“幻灯片”选项卡中选中“日期和时间”复选框，并且选中“自动更新”单选项，选中“幻灯片编号”复选框，如图 4-26 所示。

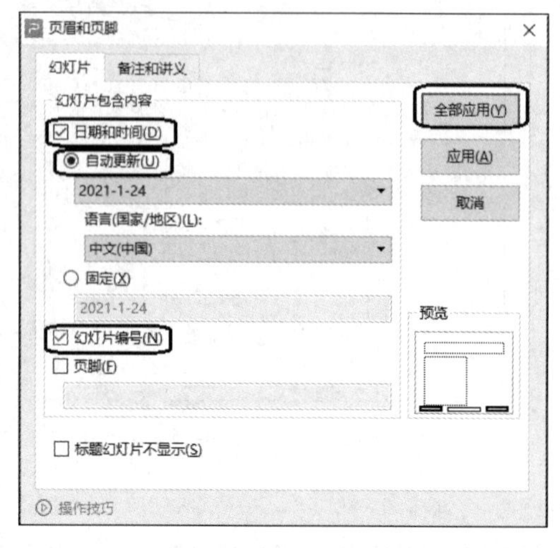

图 4-26 “页眉和页脚”对话框

③ 单击“全部应用”按钮，则所有幻灯片的页脚处插入自动更新的日期、时间。

（12）建立超链接

① 在任务窗格中单击第 2 张幻灯片，在幻灯片窗格中选中其中的文字“春节”。

② 单击“插入”选项卡中的“超链接”按钮，打开“插入超链接”对话框。如图 4-27 所示，在左侧的“链接到”列表中选择“本文档中的位置”，在右侧“请选择文档中的位置”列表中选择“幻灯片标题”为“春节”的幻灯片，单击“确定”按钮。以同样的操作方法为文字“元宵节”“端午节”“清明节”“中秋节”创建超链接，分别链接到相应幻灯片。

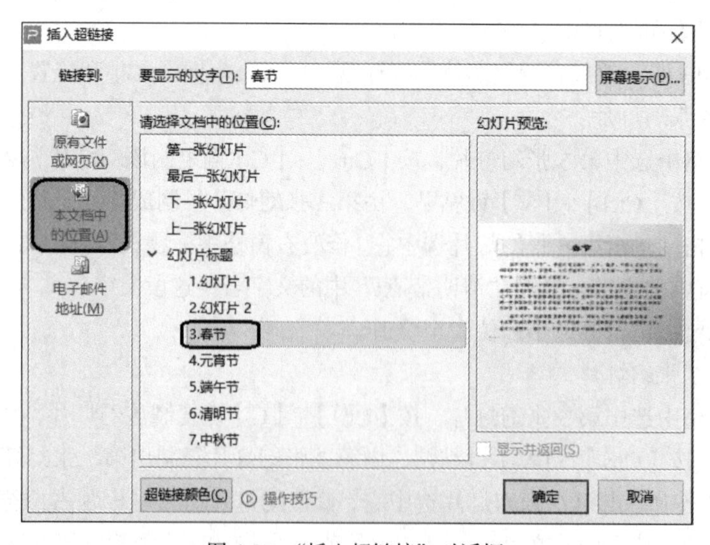

图 4-27 “插入超链接”对话框

③ 在任务窗格中单击第 3 张幻灯片，单击“插入”选项卡中的“形状”按钮下面的小三角，选择下拉列表中最下面的“动作按钮”组中的“动作按钮：第一张”，将鼠标指针移到幻灯片右下角，按住鼠标左键拖动鼠标，直到动作按钮图标的大小符合要求为止。此时，弹出“动作设置”对话框，选中“超链接到”单选项，在其下拉列表中选择“幻灯片”，弹出“超链接到幻灯片”对话框，选择“2.幻灯片 2”，如图 4-28 所示。单击“确定”按钮。

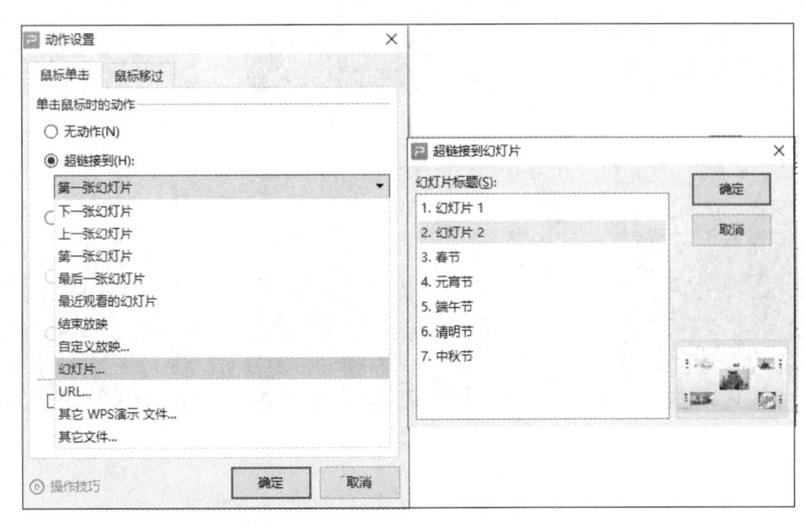

图 4-28　超链接到幻灯片

④ 选中刚设置好的动作按钮图标，按【Ctrl】+【C】键复制，再单击第 4 张幻灯片，按【Ctrl】+【V】键粘贴，将动作按钮图标及相应的超链接复制到第 4 张幻灯片中。以同样的操作，将动作按钮图标及相应的超链接复制到第 5～7 张幻灯片中。

（13）设置放映方式并放映

① 单击“放映”选项卡中的“放映设置”按钮，打开“设置放映方式”对话框。

② 在“放映类型”中选择“演讲者放映(全屏幕)”，在“放映幻灯片”中选择“全部”，单击“确定”按钮。

③ 单击“放映”选项卡中的“从头开始”按钮，播放各张幻灯片。

④ 按【Esc】键结束放映。

（14）保存演示文稿

单击“文件”选项卡，选择“保存”，以文件名“中国传统节日.pptx”保存该演示文稿。

4.1.4　练习

本练习的效果图如图 4-29 所示。

具体要求如下。

（1）实验准备工作。

① 复制素材。从教学辅助网站下载素材文件“练习 12-具有解毒疗效的食物.rar”至本地计算机，并将该压缩文件解压缩。

② 创建实验结果文件夹。在 D 盘或 E 盘上新建一个“具有解毒疗效的食物-实验结果”文件夹，用于存放结果文件。

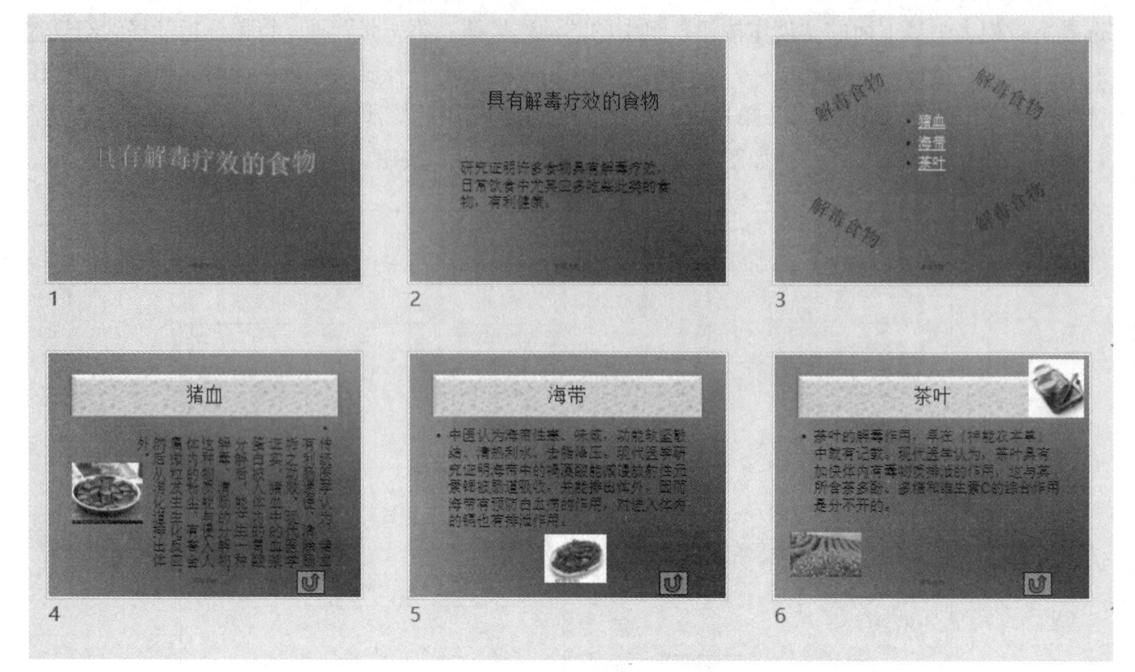

图 4-29　演示文稿效果图

（2）打开“具有解毒疗效的食物.pptx”，在第 1 张幻灯片前增加 1 张“空白”版式的幻灯片，插入艺术字“具有解毒疗效的食物”，样式为第 3 行第 1 列，文本填充为“黄色”（标准色），文本轮廓为“绿色”（标准色），文本效果为“转换”→“弯曲”中的“波形 1”。

（3）将所有幻灯片背景设置为“渐变填充”，“预设渐变”为“中等渐变-个性色 2”，“类型”为“矩形”，“方向”为“从右下角”。

（4）将第 3 张幻灯片标题占位符中的文字“解毒食物”设置为“旋转 30°”，并且复制 3 份，旋转相应角度，产生图 4-29 所示效果。（操作提示：选中文本框，单击“绘图工具”→“格式”选项卡“排列”组中的“旋转”按钮→在下拉列表中选择“其他旋转选项”。）

（5）将第 4 张幻灯片副标题中的文字设成竖排文字。（操作提示：选中文本框，右击鼠标，在弹出的快捷菜单中选择“设置形状格式”，在弹出窗格中单击“大小与属性”选项卡，单击下面的“文本框”，选择“文字方向”为“竖排”。）

（6）修改第 4～6 张幻灯片的主标题格式，设置“形状填充”为“纹理”→“水滴”，“形状效果”为“预设”→“预设 2”，“发光”为“发光变体”→“蓝色，5pt 发光，个性色 2”。

（7）在第 4～6 张幻灯片中分别插入猪血、海带和茶叶的相应图片，并参照图 4-29 调整图片和文字位置。

（8）为第 3 张幻灯片中的文字“猪血”“海带”“茶叶”建立超链接，分别指向相应标题的幻灯片。

（9）参照图 4-29，在第 4～6 张幻灯片中分别插入动作按钮（图标形状为“动作按钮”中的第 7 个），超链接返回第 3 张幻灯片。

（10）为所有幻灯片添加编号和页脚“解毒食物”。

（11）保存演示文稿。

4.2 演示文稿的动画设置与美化

4.2.1 案例概述

1. 案例目标

本案例制作公司宣传片演示文稿，通过制作这个演示文稿，帮助读者继续熟悉 PowerPoint，进一步掌握 PowerPoint 丰富的操作方法，如插入和设置图片、艺术字、自选图形，插入音频、视频，设置对象动画效果和切换效果等。

2. 知识点

本案例涉及的主要知识点如下。

① 设置幻灯片主题、母版。

② 插入和设置图片、艺术字、自选图形。

③ 插入和编辑 SmartArt 图形。

④ 插入和编辑表格、图表。

⑤ 插入音频、视频。

⑥ 插入超链接和动作按钮。

⑦ 设置对象动画效果。

⑧ 设置幻灯片切换效果。

⑨ 设置背景音乐。

⑩ 放映幻灯片。

4.2.2 知识点总结

1. SmartArt 图形操作

SmartArt 图形操作方法如表 4-9 所示。

表 4-9 SmartArt 图形操作方法

操作	位置或方法	概要描述
插入 SmartArt 图形	“插入”选项卡	单击“SmartArt”按钮→打开“选择 SmartArt 图形”对话框，选择相应图形→单击“确定”按钮
编辑 SmartArt 图形	“SmartArt 工具”	单击“设计”选项卡和“格式”选项卡中相应的按钮
文本转换成 SmartArt 图形	“开始”选项卡	选中需要转换为 SmartArt 图形的文本框→单击“开始”选项卡“段落”组中的“转换为 SmartArt”按钮→在下拉列表中选择样式
SmartArt 图形转换为文本	“SmartArt 工具”→“设计”选项卡	选中需要转换的 SmartArt 图形→单击“SmartArt 工具”→“设计”选项卡“重置”组中的“转换”按钮→选择“转换为文本”

2. 声音和视频操作

声音和视频操作方法如表 4-10 所示。

表 4-10　　声音和视频操作方法

操作	位置或方法	概要描述
插入声音	“插入”选项卡	单击“媒体”组中的“音频”按钮→选择“PC 上的音频”→选择需要的音频文件→单击“插入”按钮
编辑声音	“音频工具播放”选项卡	选中声音图标→单击“音频工具播放”选项卡中的相应按钮进行设置
插入视频	“插入”选项卡	单击“媒体”组中的“视频”按钮→选择“PC 上的视频”→选择需要的视频文件→单击“插入”按钮
编辑视频	“视频工具播放”选项卡	选中视频对象→单击“视频工具播放”选项卡中的相应按钮进行设置

3. 应用幻灯片母版

PowerPoirt 2016 中的母版可以分成 3 类，即幻灯片母版、讲义母版和备注母版。

幻灯片母版是所有母版的基础，控制演示文稿中所有幻灯片的默认外观。单击“视图”选项卡“母版视图”组中的“幻灯片母版”按钮，进入幻灯片母版视图。在任务窗格中，幻灯片母版以缩略图的方式显示，下面列出了与上面的幻灯片母版相关联的幻灯片版式，对幻灯片母版上文本格式的编辑会影响这些版式中的占位符格式。

幻灯片母版中有 5 个占位符，即标题占位符、文本占位符、日期占位符、页脚占位符、编号占位符。修改占位符可影响所有基于该母版的幻灯片。对幻灯片母版的编辑包括以下几个方面。

（1）编辑母版标题样式

在幻灯片母版中选择对应的标题占位符或文本占位符，单击“开始”选项卡中的“字体”组或“段落”组中的相应按钮，可以修改字体格式、段落格式、项目符号与编号等。

（2）编辑页眉、页脚和幻灯片编号

如果希望对页脚占位符进行修改，可以在幻灯片母版视图模式下单击“插入”选项卡“文本”组中的“页眉和页脚”按钮，打开“页眉和页脚”对话框，其设置方法与前文介绍的设置页眉、页脚的方法一样，这里不再赘述。

（3）插入对象

如果希望每一张幻灯片上都出现某个图片或图形对象，可以单击“插入”选项卡中的相应按钮，在指定位置插入对象。

完成对幻灯片母版的编辑后，单击“幻灯片母版”选项卡“关闭”组中的“关闭母版视图”按钮，即可返回原视图模式。

4. 设置动画效果

设置动画效果操作方法如表 4-11 所示。

表 4-11　　设置动画效果操作方法

<table>
<tr><th>操作</th><th>位置或方法</th><th>概要描述</th></tr>
<tr><td rowspan="2">新建动画效果</td><td rowspan="2">“动画”选项卡
“动画”组</td><td>单击“动画”组中的按钮或→选择动画效果。动画效果包括“进入”“强调”“退出”和“动作路径”4 类，每类又包含不同的效果
• “进入”：指对象以某种动画效果进入幻灯片
• “强调”：指为已出现在幻灯片上的对象添加某种效果进行强调
• “退出”：指对象以某种动画效果离开幻灯片
• “动作路径”：指为对象添加某种效果以使其按照指定的路径移动</td></tr>
<tr><td>单击“效果选项”按钮，可设置动画进入的效果。“效果选项”下拉列表中的内容会随着选择的动画方式的不同而变化</td></tr>
</table>

续表

操作	位置或方法	概要描述
新建动画效果	“计时”组	单击“开始”按钮，设置开始播放动画的方式。有以下 3 种选择 ● “单击时”：当单击鼠标时开始播放该动画效果 ● “与上一动画同时”：在上一项动画开始的同时自动播放该动画效果 ● “上一动画之后”：在上一项动画结束后自动开始播放该动画效果
		在“持续时间”文本框中指定动画的播放时间长短
		在“延迟”文本框中指定经过几秒后播放动画
	“预览”按钮	单击后，动画效果将在幻灯片窗格中自动播放，用户可观察设置的效果
调整对象动画顺序	“动画窗格”窗格	选择动画对象→单击“动画”选项卡“高级动画”组中的“动画窗格”按钮→打开“动画窗格”窗格，单击窗格上方的“向前移动”按钮、“向后移动”按钮调整顺序
设置效果选项	“动画窗格”窗格	在“动画窗格”窗格中选择动画效果→单击右侧的下拉按钮→选择“效果选项”

5. 设置幻灯片切换效果

设置幻灯片切换效果操作方法如表 4-12 所示。

表 4-12 设置幻灯片切换效果操作方法

操作	位置或方法	概要描述
设置幻灯片切换效果	“切换”选项卡	选定要设置切换效果的幻灯片→单击“切换”选项卡→在“切换到此幻灯片”组中选择切换效果→在“计时”组中设置换片方式→如果希望所有幻灯片应用这个切换效果，可单击“全部应用”按钮

6. 放映演示文稿

放映演示文稿操作方法如表 4-13 所示。

表 4-13 放映演示文稿操作方法

操作	位置或方法	概要描述
观看放映幻灯片	“幻灯片放映视图”按钮	单击工作界面右下角状态栏中的视图切换按钮中的“幻灯片放映视图”按钮
	“幻灯片放映”选项卡	单击“从头开始”按钮或“从当前幻灯片开始”按钮
	快捷键	按【F5】键从第一张幻灯片开始放映，按【Shift】+【F5】键从当前幻灯片开始放映
设置放映方式	“幻灯片放映”选项卡	单击“设置幻灯片放映”按钮→打开“设置放映方式”对话框，然后进行设置
排练计时	“幻灯片放映”选项卡	单击“排练计时”按钮→系统自动切换到幻灯片放映视图，同时打开“录制”工具栏→放映结束后，保留幻灯片的排练时间

4.2.3 应用案例：制作公司宣传片

1. 案例效果图

本案例制作公司宣传片，效果如图 4-30 所示。

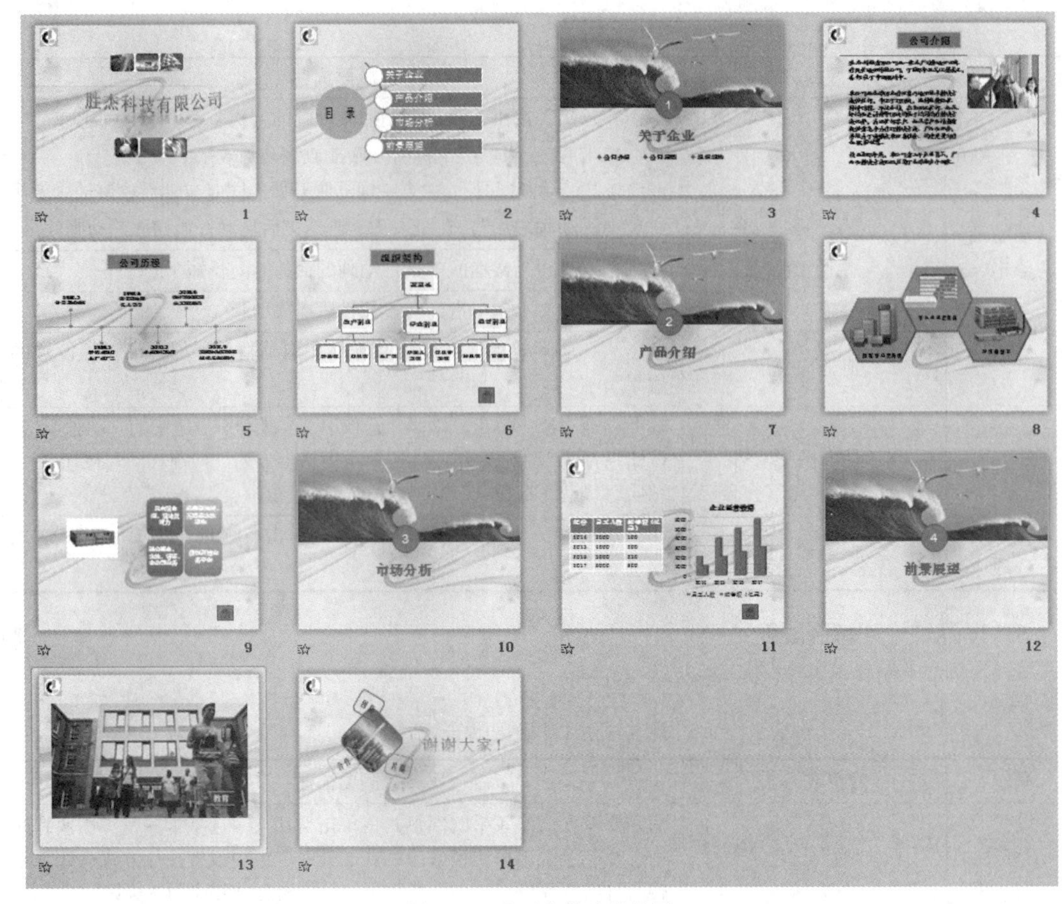

图 4-30　公司宣传片效果图

2. 实验准备工作

（1）创建实验结果文件夹

在 D 盘或 E 盘上新建一个“公司宣传片-实验结果”文件夹，用于存放结果文件。

（2）复制素材

从教学辅助网站下载素材文件“应用案例 13-公司宣传片.rar”至本地计算机，并将该压缩文件解压缩到“公司宣传片-实验结果”文件夹。

3. PowerPoint 2016 应用案例

（1）新建演示文稿文档并保存

① 启动 PowerPoint 2016，新建一个空白演示文稿。

② 单击“保存”按钮，打开“另存为”对话框，选择保存位置为“公司宣传片-实验结果”文件夹，文件名为“公司宣传片”，保存类型为“PowerPoint 演示文稿（*.pptx）”，单击“保存”按钮。

（2）套用自有模板

① 单击“设计”选项卡“主题”组中右侧的下拉按钮，弹出所有主题，如图 4-31 所示。选择“浏览主题”。

② 弹出“选择主题或主题文档”对话框，选择“公司宣传片-实验结果”文件夹下解压后的“模板.potx”，单击“应用”按钮，将该主题应用于本演示文稿。

图 4-31　设计模板

（3）使用幻灯片母版添加公司 Logo

① 单击“视图”选项卡“母版视图”组中的“幻灯片母版”按钮，切换到幻灯片母版视图。

② 在任务窗格中，单击标有“1”的幻灯片母版。

③ 单击“插入”选项卡“图像”组中的“图片”按钮，弹出“插入图片”对话框，选择“公司宣传片-实验结果”文件夹下的“logo.jpg”，单击“插入”按钮，插入图片。移动图片到左上角，如图 4-32 所示。

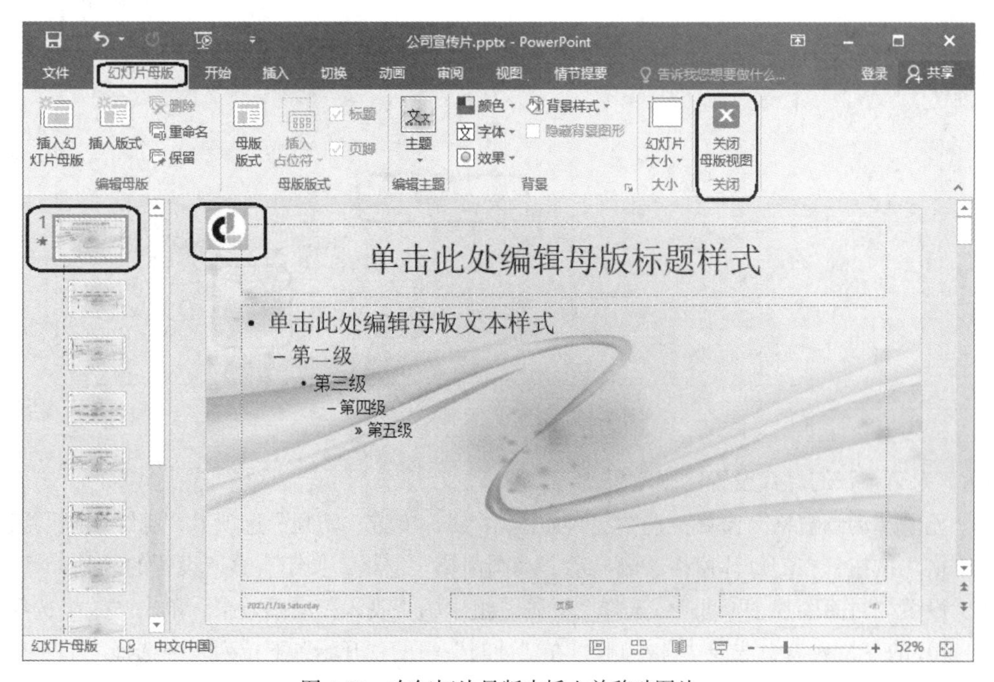

图 4-32　在幻灯片母版中插入并移动图片

④ 单击“幻灯片母版”选项卡“关闭”组中的“关闭母版视图”按钮，退出幻灯片母版视图。

这样，插入的 Logo 就会自动出现在每张幻灯片左上角。

（4）更改第 1 张幻灯片版式

在第 1 张幻灯片的空白处右击鼠标，弹出快捷菜单，选择“版式”→“空白”。

（5）为第 1 张幻灯片插入图片、艺术字

① 单击“插入”选项卡“图像”组中的“图片”按钮，弹出“插入图片”对话框，选择“公司宣传片-实验结果”文件夹下的“封面图片 1.jpg”，单击“插入”按钮，插入图片，移动图片到中上部适当位置。

② 以同样的操作，插入“封面图片 2.jpg”，移动图片到中下部适当位置。

③ 单击“插入”选项卡“文本”组中的“艺术字”按钮，选择第 3 行第 3 列的艺术字，输入文字“胜杰科技有限公司”。

④ 选中“胜杰科技有限公司”，单击“绘图工具”→“格式”选项卡“艺术字样式”组中的“文本效果”按钮，在弹出的下拉列表中选择“转换”效果下“弯曲”组中的第 2 行第 2 列“正 V 形”，如图 4-33 所示。

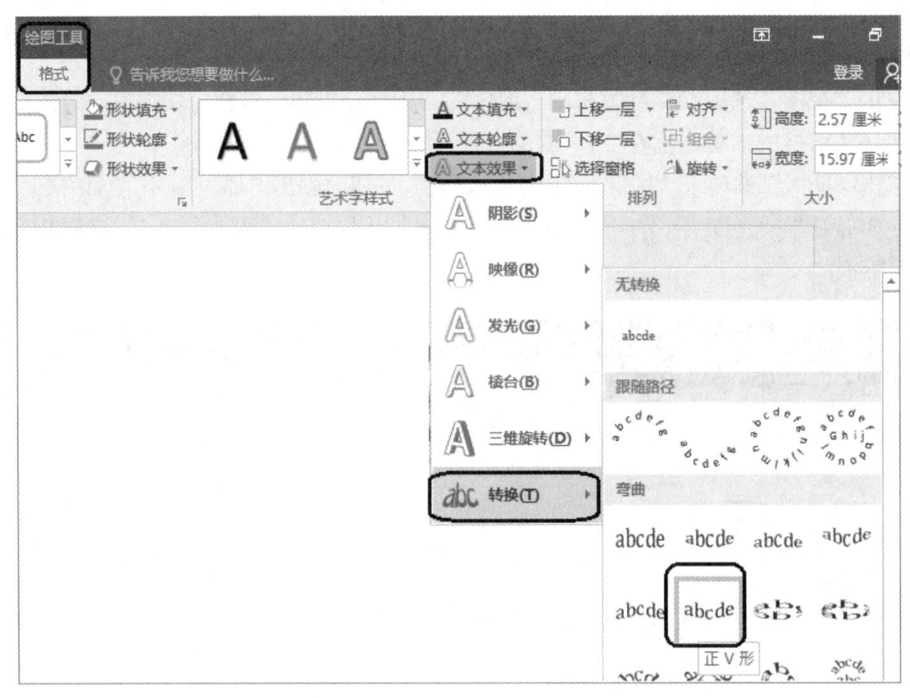

图 4-33 设置艺术字文本效果

（6）为第 1 张幻灯片设置动画效果

① 显示“动画窗格”窗格：选中“封面图片 1”，单击“动画”选项卡“高级动画”组中的“动画窗格”按钮，在幻灯片窗格右侧显示“动画窗格”窗格，便于观察所设置的动画。

② 设置“封面图片 1”动画：选择“动画”组中的“飞入”动画效果，单击“效果选项”按钮，在打开的下拉列表中选择“自左侧”，在“计时”组的“开始”下拉列表中选择“上一动画之后”，在“持续时间”数字框中输入“01.00”（1 秒），如图 4-34 所示。

图 4-34 设置“封面图片 1”动画

③ 设置“封面图片 2”动画：选中“封面图片 2”，选择“动画”组中的“飞入”动画效果，单击“效果选项”按钮，在打开的下拉列表中选择“自右侧”，在“计时”组的“开始”下拉列表中选择“与上一动画同时”，在“持续时间”数字框中输入“01.00”。

④ 设置艺术字动画：选中艺术字“胜杰科技有限公司”，单击“动画”选项卡，选择“动画”组中的“缩放”动画效果，在“计时”组的“开始”下拉列表中选择“上一动画之后”，在“持续时间”数字框中输入“01.50”。单击“动画”选项卡中的“预览”按钮，查看设置的动画效果。

⑤ 设置退出动画效果：按住【Shift】键，单击“封面图片 1”“封面图片 2”和艺术字“胜杰科技有限公司”，同时选中 3 个对象，单击“动画”选项卡“高级动画”组中的“添加动画”按钮，在弹出的下拉列表中选择“退出”组中的“缩放”，单击“效果选项”按钮，在打开的下拉列表中选择“对象中心”，在“持续时间”数字框中输入“01.00”，如图 4-35 所示。

图 4-35 设置退出动画效果

（7）设置第 1 张幻灯片的切换效果

单击“切换”选项卡，在列表中选择“分割”效果，单击“效果选项”按钮，在打开的下拉列表列表中选择“中央向左右展开”，在“持续时间”数字框中输入“01.50”，“换片方式”选中“单击鼠标时”复选框，如图 4-36 所示。

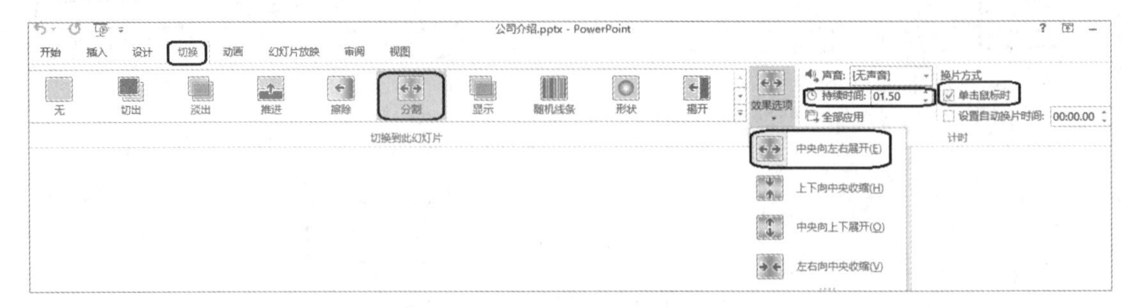

图 4-36　设置第 1 张幻灯片的切换效果

第 1 张幻灯片的效果图如图 4-37 所示。

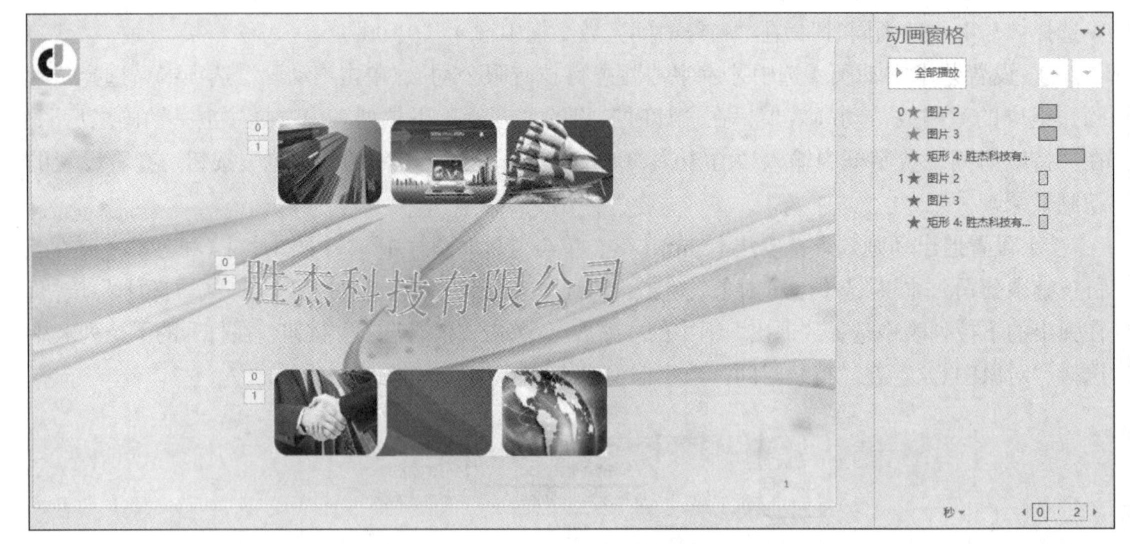

图 4-37　第 1 张幻灯片效果图

（8）插入第 2 张幻灯片

① 单击“开始”选项卡中的“新建幻灯片”按钮旁的小三角，在弹出的下拉列表中选择“空白”版式，插入第 2 张幻灯片。

② 插入“目录”图形：单击“插入”选项卡的“插图”组的“形状”按钮，在“基本形状”中选择“椭圆”，按住【Shift】键，在适当位置拖动鼠标指针，画出大小合适的圆形。

③ 选择插入的圆形，右击鼠标，在弹出的快捷菜单中选择“编辑文字”，在圆形中输入文字“目录”，设置文字字体为“方正姚体”，大小为“40 磅”。

④ 插入 SmartArt 图形：单击“插入”选项卡“插图”组中的“SmartArt”按钮，弹出“选择 SmartArt 图形”对话框，选择“列表”中的“垂直曲形列表”，如图 4-38 所示。单击“确定”按钮，插入一个 SmartArt 图形，调整图形大小，并放在合适位置。

⑤ 选中 SmartArt 图形：单击“SmartArt 工具”→“设计”选项卡，单击“创建图形”组中的“添加形状”按钮，在弹出的下拉列表中选择“在后面添加形状”，在 SmartArt 图形中增加一列表项，在 4 个文本框中分别输入“关于企业”“产品介绍”“市场分析”“前景展望”，如图 4-39 所示。

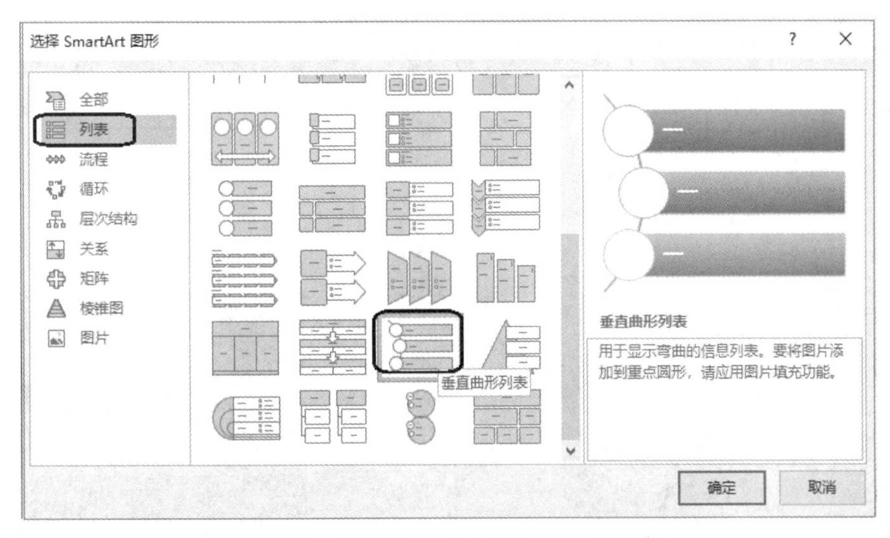

图 4-38　插入 SmartArt 图形

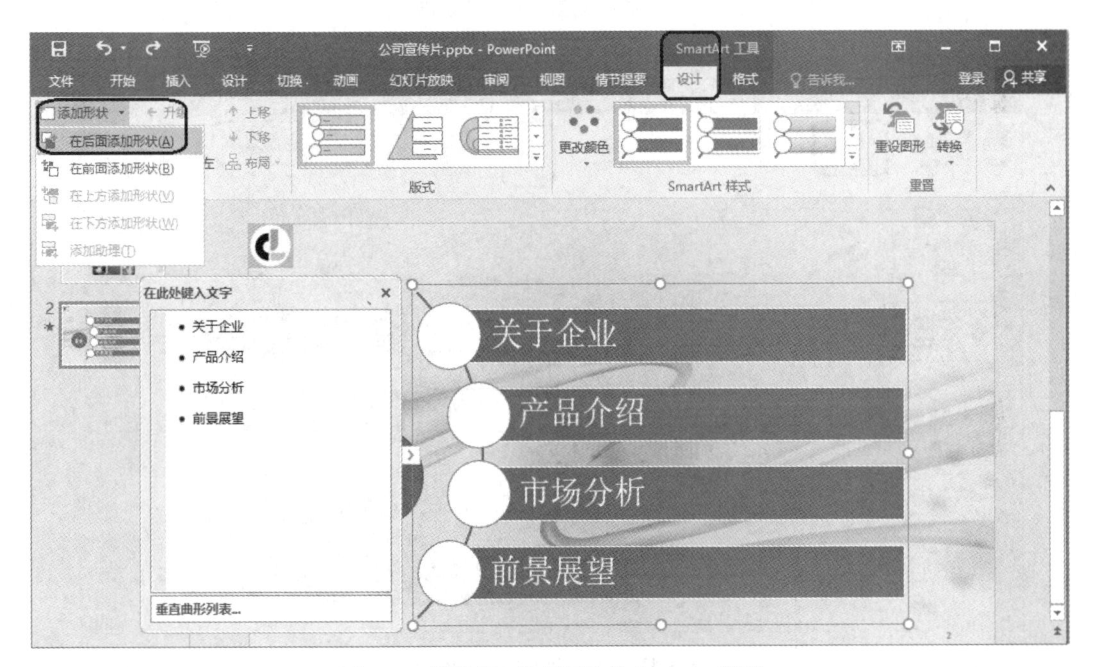

图 4-39　设置第 2 张幻灯片的 SmartArt 图形

（9）设置第 2 张幻灯片的动画

① 设置“目录”动画：选择“目录”图形，单击“动画”选项卡，选择“动画”组中的“形状”动画效果，单击“效果选项”按钮，在打开的下拉列表中选择“方向”为“切入”，“形状”为“圆”，在“计时”组的“开始”下拉列表中选择“单击时”，在“持续时间”数字框中输入“02.00”，如图 4-40 所示。

② 设置 SmartArt 图形动画：选择 SmartArt 图形，单击“动画”选项卡，选择“动画”组中的“擦除”动画效果，单击“效果选项”按钮，在打开的下拉列表中选择“方向”为“自顶部”，“序列”为“逐个”，在“计时”组的“开始”下拉列表中选择“上一动画之后”，在“持续时间”数字框中输入“00.50”，如图 4-41 所示。

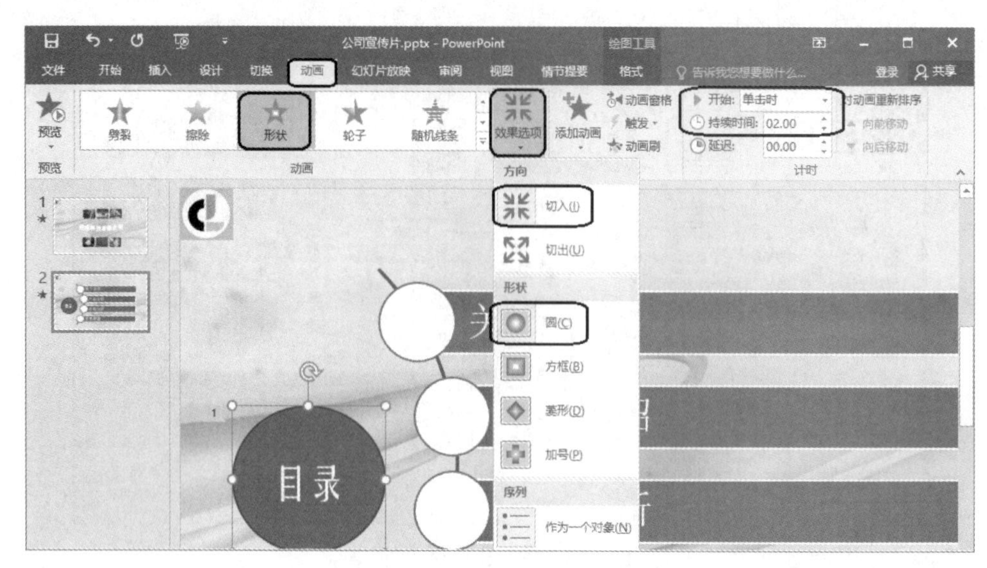

图 4-40　设置“目录”动画

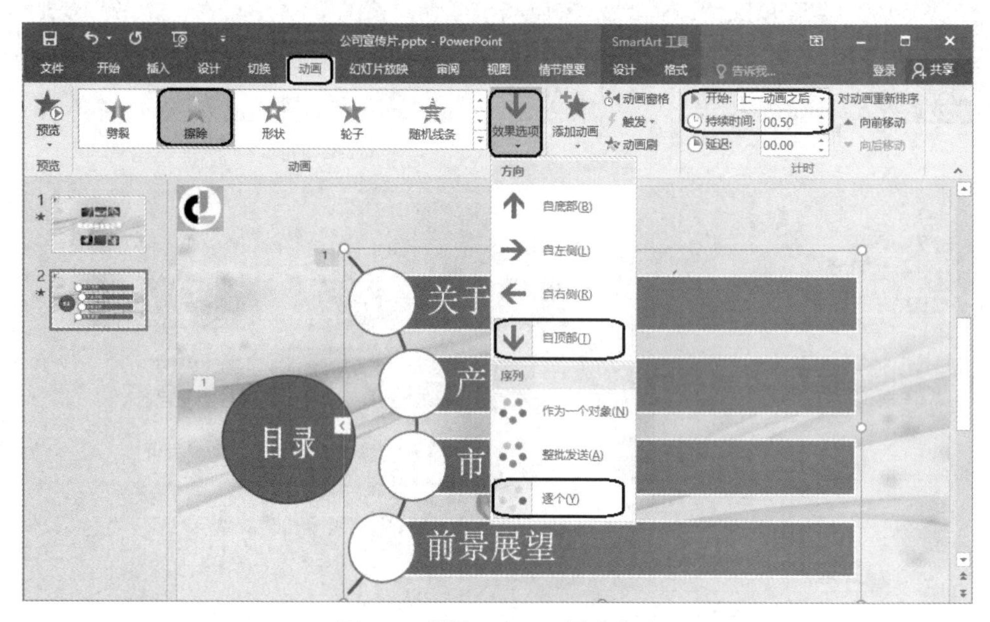

图 4-41　设置 SmartArt 图形动画

（10）插入第 3 张幻灯片

① 单击“开始”选项卡中的“新建幻灯片”按钮旁的小三角，在弹出的下拉列表中选择“空白”，插入第 3 张幻灯片。

② 插入图片：单击“插入”选项卡“图像”组中的“图片”按钮，弹出“插入图片”对话框，选择“公司宣传片-实验结果”文件夹下的“目录图片.jpg”，单击“插入”按钮，插入图片。调整图片大小，让图片占据上半幅幻灯片。

③ 插入排序数字“1”：单击“插入”选项卡“插图”组中的“形状”按钮，在“基本形状”中选择“椭圆”，按住【Shift】键，在中间适当位置拖动鼠标指针，画出大小合适的圆形。选择插入的圆形，右击鼠标，在弹出的快捷菜单中选择“编辑文字”，在圆形中输入数字“1”，设置文字

大小为“40 磅”。

④ 插入标题文字“关于企业”：单击“插入”选项卡“文本”组中的“文本框”下方的小三角，在弹出的下拉列表中选择“横排文本框”，拖动鼠标指针在“1”的下面插入文本框，输入文字“关于企业”，设置文字颜色为“蓝色”，字体为“华文中宋”，大小为“44 磅”。

⑤ 插入次级标题文字：单击“插入”选项卡“文本”组中的“文本框”下方的小三角，在弹出的下拉列表中选择“横排文本框”，拖动鼠标指针在“关于企业”的下面插入文本框，输入文字“公司介绍”，并设置项目符号为“带填充效果的钻石形项目符号”，文字字体为“宋体”，大小为“18 磅”，“加粗”。以同样的操作，插入文本框“公司历程”“组织架构”。

（11）设置第 3 张幻灯片的动画

① 设置图片动画：按住【Shift】键，同时选择“目录图片.jpg”和圆形“1”，单击“动画”选项卡，选择“动画”组中的“飞入”动画效果，单击“效果选项”按钮，在打开的下拉列表中选择“方向”为“自顶部”，在“计时”组的“开始”下拉列表中选择“与上一动画同时”，在“持续时间”数字框中输入“01.00”。

② 设置标题文字“关于企业”动画：选择“关于企业”文本框，单击“动画”选项卡，选择“动画”组中的“缩放”动画效果，在“计时”组的“开始”下拉列表中选择“上一动画之后”，在“持续时间”数字框中输入“01.00”。

③ 设置次级标题文字动画：按住【Shift】键，同时选择“公司介绍”“公司历程”“组织架构”文本框，单击“动画”选项卡，选择“飞入”动画效果，单击“效果选项”按钮，在打开的下拉列表中选择“方向”为“自左侧”，在“计时”组的“开始”下拉列表中选择“上一动画之后”，在“持续时间”数字框中输入“01.00”。效果如图 4-42 所示。

图 4-42　第 3 张幻灯片效果图

（12）插入第 4 张幻灯片

① 单击“开始”选项卡“幻灯片”组中的“新建幻灯片”按钮旁的小三角，在弹出的下拉列表中选择“空白”，插入第 4 张幻灯片。

② 插入标题文字：单击“插入”选项卡“文本”组中的“文本框”按钮，在弹出的下拉列

表中选择“横排文本框”，拖动鼠标指针在适当位置插入文本框，输入文字“公司介绍”，设置字体为“宋体”，大小为“32 磅”，“居中”并“加粗”。选中文本框，单击“绘图工具”→“格式”选项卡“形状样式”组中的“形状填充”按钮，弹出下拉列表，在“主题颜色”中选择第 1 行第 5 列的“蓝色，个性色 1”；单击“形状效果”按钮，在弹出的下拉列表中选择“发光”，在弹出的次级下拉列表中选择“发光变体”中第 3 行第 1 列的发光效果，如图 4-43 所示。

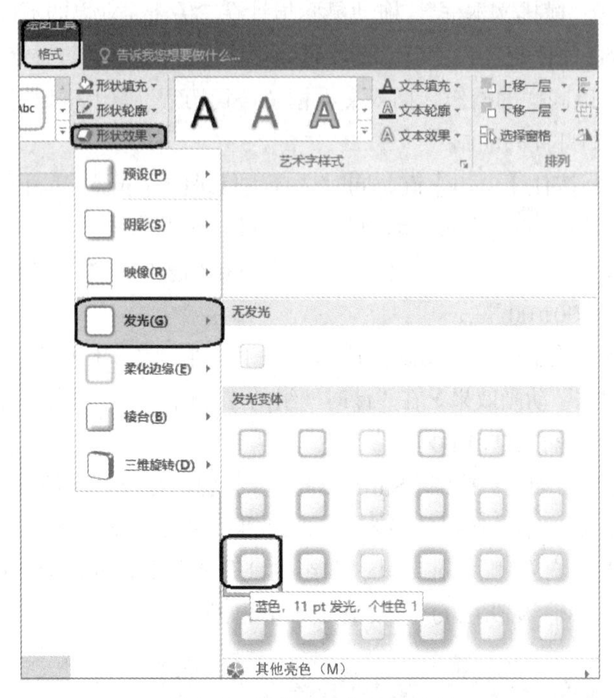

图 4-43　设置文本框填充效果

③ 插入直线：单击“插入”选项卡“插图”组中的“形状”按钮，在“线条”中选择“直线”，拖动鼠标指针从左到右画出一条水平直线。设置直线颜色为“蓝色”，粗细为“2.25 磅”。以同样的操作，插入一条垂直直线，位置参考图 4-30。

④ 插入图片：单击“插入”选项卡“图像”组中的“图片”按钮，弹出“插入图片”对话框，选择“公司宣传片-实验结果”文件夹下的“公司介绍.jpg”，单击“插入”按钮，插入图片。调整图片大小和位置，让图片位于两条直线交叉处，位置参考图 4-30。

⑤ 插入段落文字：单击“插入”选项卡“文本”组中的“文本框”按钮，在弹出的下拉列表中选择“横排文本框”，拖动鼠标指针插入文本框，从“公司宣传片-实验结果”文件夹的“1-1.公司介绍.txt”中复制第 1 段文字到文本框中，设置文字颜色为“黑色”，字体为“华文楷体”，大小为“18 磅”。

⑥ 以同样的操作，插入第 2 个和第 3 个文本框，从“公司宣传片-实验结果”文件夹的“1-1.公司介绍.txt”中分别复制第 2 段和第 3 段文字到两个文本框中，字体格式同前。文本框位置参考图 4-30。

（13）设置第 4 张幻灯片的动画

① 设置“公司介绍”动画：选择“公司介绍”文本框，单击“动画”选项卡，选择“动画”组中的“随机线条”动画效果，单击“效果选项”按钮，在打开的下拉列表中选择“方向”为“垂

直”，在“计时”组的“开始”下拉列表中选择“与上一动画同时”，在“持续时间”数字框中输入“01.00”，如图 4-44 所示。

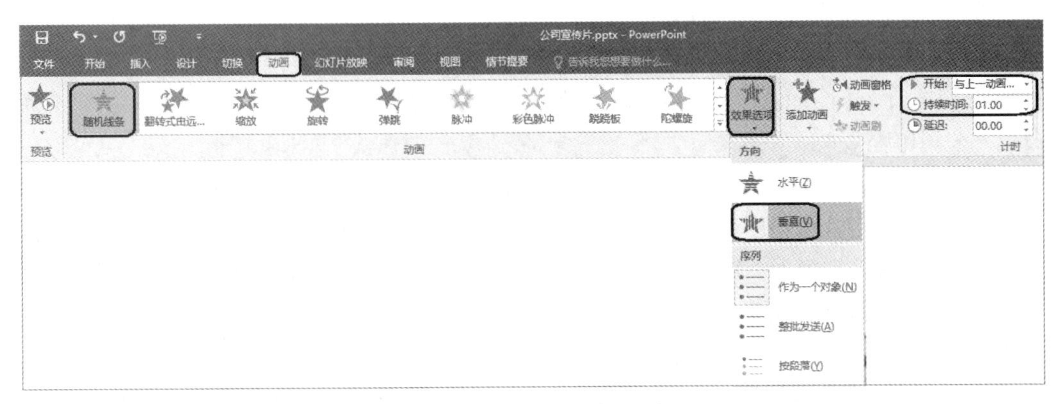

图 4-44　设置“公司介绍”动画

② 设置水平直线动画：选择水平直线，单击“动画”选项卡，选择“动画”组中的“擦除”动画效果，单击“效果选项”按钮，在打开的下拉列表中选择“方向”为“自左侧”，在“计时”组的“开始”下拉列表中选择“单击时”，在“持续时间”数字框中输入“01.00”。

③ 设置垂直直线动画：选择垂直直线，单击“动画”选项卡，选择“动画”组中的“擦除”动画效果，单击“效果选项”按钮，在打开的下拉列表中选择“方向”为“自底部”，在“计时”组的“开始”下拉列表中选择“与上一动画同时”，在“持续时间”数字框中输入“01.00”。

④ 设置图片动画：选择图片“公司介绍”，单击“动画”选项卡，选择“形状”动画效果，单击“效果选项”按钮，在打开的下拉列表中选择“形状”为“方框”，“方向”为“切出”。在“计时”组的“开始”下拉列表中选择“上一动画之后”，在“持续时间”数字框中输入“02.00”。

⑤ 设置正文文字动画：选择公司介绍正文的第 1 个文本框，单击“动画”选项卡，选择“动画”组中的“随机线条”动画效果，单击“效果选项”按钮，在打开的下拉列表中选择“方向”为“水平”，在“计时”组的“开始”下拉列表中选择“上一动画之后”，在“持续时间”数字框中输入“02.00”。

⑥ 依次选择公司介绍正文的第 2 个文本框和第 3 个文本框，同上设置。效果如图 4-45 所示。

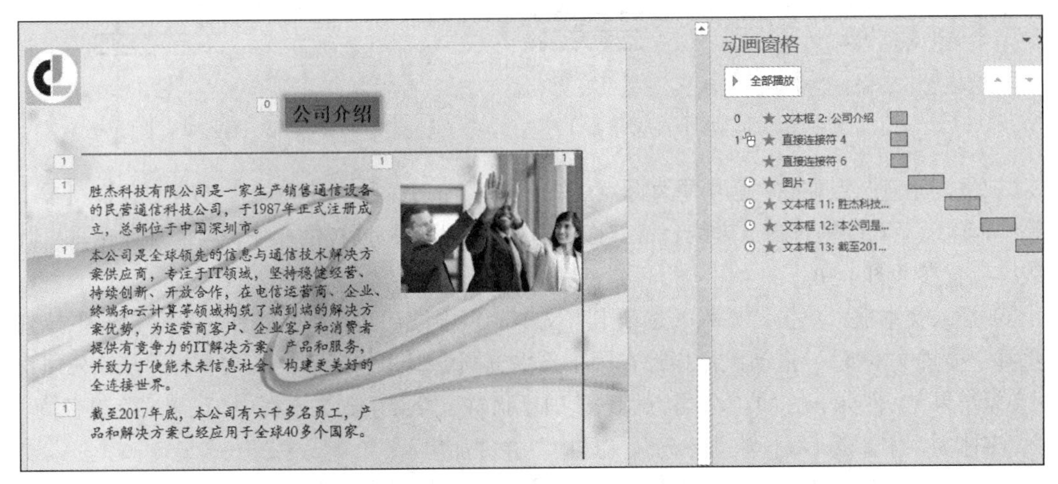

图 4-45　第 4 张幻灯片效果图

（14）插入第 5 张幻灯片

① 单击“开始”选项卡“幻灯片”组中的“新建幻灯片”按钮旁的小三角，在弹出的下拉列表中选择“空白”，插入第 5 张幻灯片。

② 插入“公司历程”文本框：采用复制操作，切换到上一张幻灯片，选中“公司介绍”文本框，按【Ctrl】+【C】键复制，切换回本幻灯片，按【Ctrl】+【V】键粘贴，将“公司介绍”修改成“公司历程”。

③ 插入水平直线：单击“插入”选项卡“插图”组的“形状”按钮，在弹出的下拉列表中选择“直线”，在幻灯片窗格中部拖动鼠标指针从左到右插入一条水平直线，选中该直线，单击“绘图工具”→“格式”选项卡“形状样式”组中的“形状轮廓”按钮，在弹出的下拉列表中“粗细”选择“2.25 磅”，“虚线”选择“圆点”，如图 4-46 所示。

④ 插入垂直直线：单击“插入”选项卡“插图”组中的“形状”按钮，在弹出的下拉列表中选择“直线”，在幻灯片中部适当位置拖动鼠标指针插入一条垂直直线，选中该直线，单击“绘图工具”→“格式”选项卡“形状样式”组中的“形状轮廓”按钮，在弹出的下拉列表中“粗细”选择“2.25 磅”，“虚线”选择“圆点”，“箭头”选择“箭头样式 11”，如图 4-47 所示。

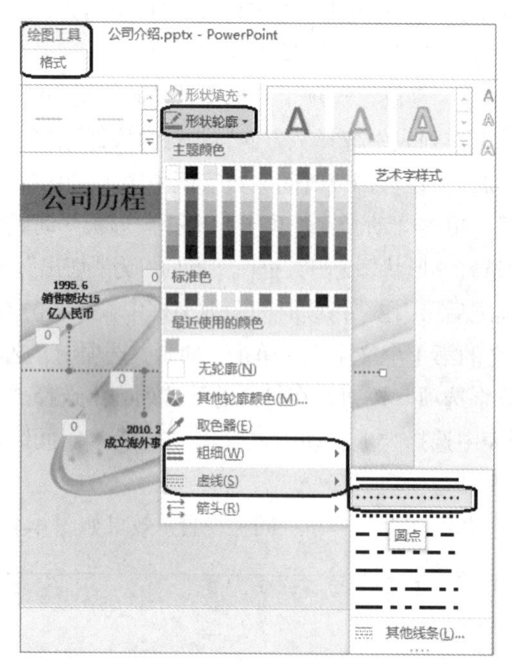

图 4-46 插入水平直线

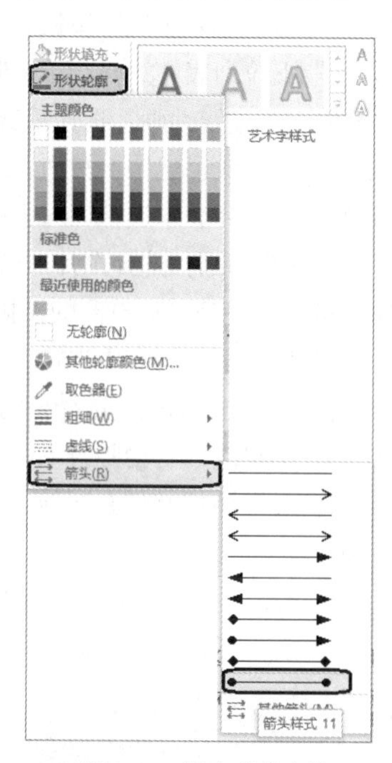

图 4-47 插入垂直直线

⑤ 复制垂直圆点虚线：选中垂直圆点虚线，按【Ctrl】+【C】键复制，按【Ctrl】+【V】键粘贴，产生一条新的垂直圆点虚线，将其移动到适当位置。以同样的操作，再添加 4 条垂直圆点虚线，位置参考图 4-30。

⑥ 插入文本框：单击“插入”选项卡“文本”组中的“文本框”按钮，在弹出的下拉列表中选择“横排文本框”，拖动鼠标指针在第 1 条垂直圆点虚线的上面插入文本框，从“公司宣传片-实验结果”文件夹下的“1-2 公司历程.txt”中复制第 1 段文字到文本框中，设置文字颜色为“黑色”，字体为“宋体”，大小为“14 磅”，“居中”并“加粗”。

⑦ 复制文本框：选中刚插入的文本框，按【Ctrl】+【C】键复制，按【Ctrl】+【V】键粘贴，

产生一个新的文本框，移动到适当位置，将“1-2 公司历程.txt”中第 2 段文字复制到文本框中。以同样的操作，再添加 4 个文本框，位置参考图 4-30。

（15）设置第 5 张幻灯片的动画

① 设置“公司历程”动画：单击“动画”选项卡，选择“动画”组中的“随机线条”动画效果，单击“效果选项”按钮，在打开的下拉列表中选择“方向”为“垂直”，在“计时”组的“开始”下拉列表中选择“与上一动画同时”，在“持续时间”数字框中输入“01.00”。

② 设置水平直线动画：选中水平圆点虚线，单击“动画”选项卡，选择“动画”组中的“擦除”动画效果，单击“效果选项”按钮，在打开的下拉列表中选择“方向”为“自左侧”，在“计时”组的“计时”下拉列表中选择“上一动画之后”，在“持续时间”数字框中输入“01.00”。

③ 设置文本框动画：按住【Shift】键，同时选中第 1 个文本框和第 1 条垂直圆点虚线，单击“动画”选项卡，选择“动画”组中的“劈裂”动画效果，单击“效果选项”按钮，在打开的下拉列表框中选择“方向”为“中央向左右展开”，在“计时”组的“开始”下拉列表框中选择“上一动画之后”，在“持续时间”数字框中输入“01.00”，如图 4-48 所示。

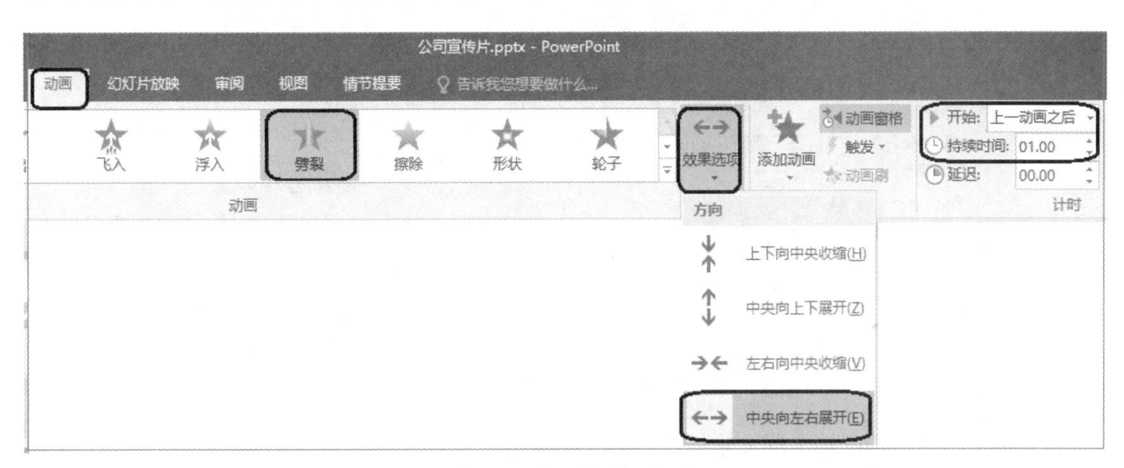

图 4-48　设置文本框动画

④ 按同样的操作方法设置其他 5 个文本框和 5 条垂直圆点虚线的出现动画，如图 4-49 所示。

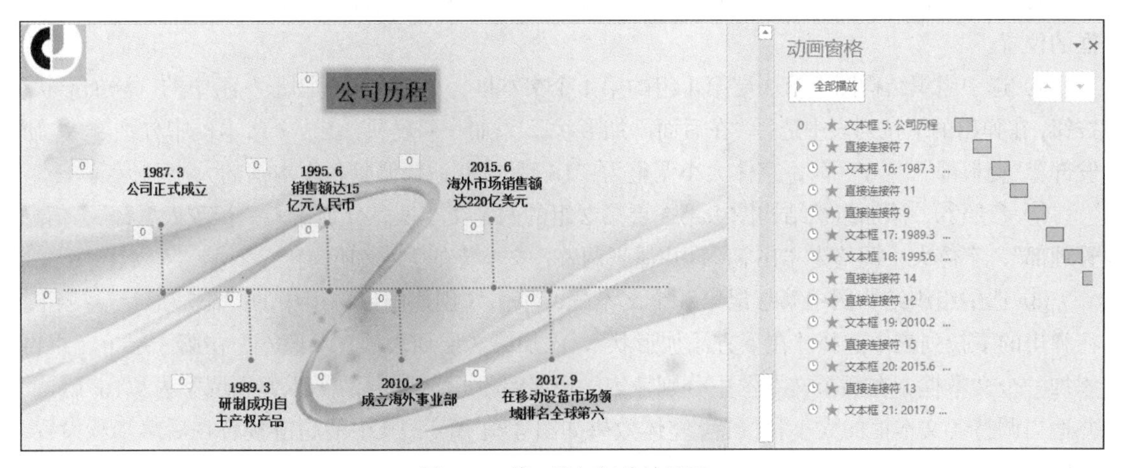

图 4-49　第 5 张幻灯片效果图

（16）插入第 6 张幻灯片

① 单击“开始”选项卡“幻灯片”组中的“新建幻灯片”按钮旁的小三角，在弹出的下拉列表中选择“空白”，插入第 6 张幻灯片。

② 插入标题“组织架构”文本框：采用复制操作，切换到上一张幻灯片，选中“公司历程”文本框，按【Ctrl】+【C】键复制，切换回本幻灯片，按【Ctrl】+【V】键粘贴，将“公司历程”修改成“组织架构”。

③ 插入组织结构图：单击“插入”选项卡“插图”组中的“SmartArt”按钮，弹出“选择 SmartArt 图形”对话框，在左侧列表中选择“层次结构”，在右侧列表中选择第 2 行第 1 列的“层次结构”，如图 4-50 所示。单击“确定”按钮，插入一个组织结构图，调整图形大小，并放在合适位置。

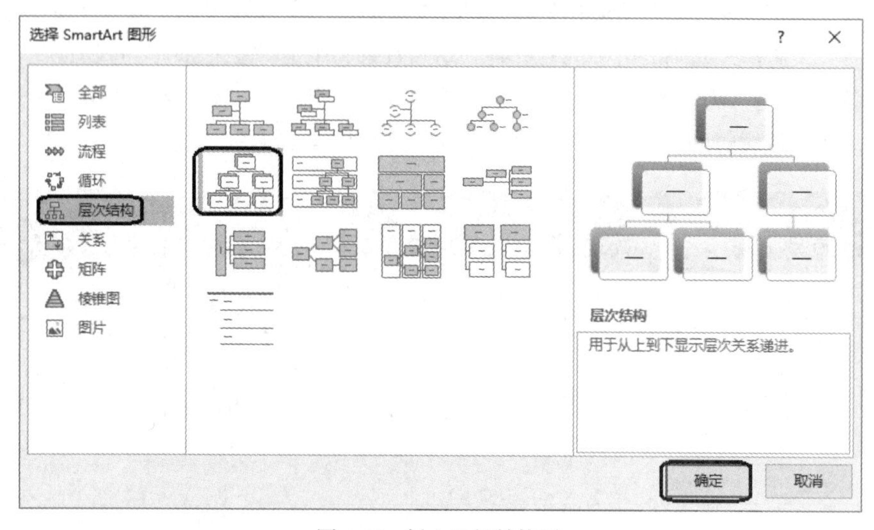

图 4-50 插入组织结构图

④ 在组织结构图的第 1 层文本框中输入文字“董事长”。

⑤ 选中组织结构图中第 2 层第 2 个文本框，单击“SmartArt 工具”→“设计”选项卡，单击“创建图形”组中的“添加形状”按钮，在弹出的下拉列表中选择“在后面添加形状”，添加一列表项，在 3 个文本框中分别输入“生产副总”“行政副总”“经营副总”，并适当调整各文本框的位置。

⑥ 选中组织结构图中第 3 层第 1 组的第 1 个文本框，单击“创建图形”组中的“添加形状”按钮，在弹出的下拉列表中选择“在后面添加形状”，添加一列表项，在 3 个文本框中分别输入“研发部”“资料部”“生产部”，字体大小调整为“16 磅”，并适当调整各文本框的大小和位置。

⑦ 参照⑥，添加组织结构图中第 3 层第 2 组的两个文本框，分别输入“行政人事部”“信息管理部”，字体大小调整为“16 磅”，并适当调整各文本框的大小和位置。

⑧ 选中组织结构图中第 2 层第 3 个文本框，单击“创建图形”组中的“添加形状”按钮，在弹出的下拉列表中选择“在下方添加形状”，添加第 3 层列表项，参照⑥，在第 3 层第 3 组再添加一个文本框，在两个文本框中分别输入“财务部”“营销部”，字体大小调整为“16 磅”，并适当调整各文本框的大小和位置。整体效果如图 4-51 所示，其中的超链接将在后续步骤设置，下同。

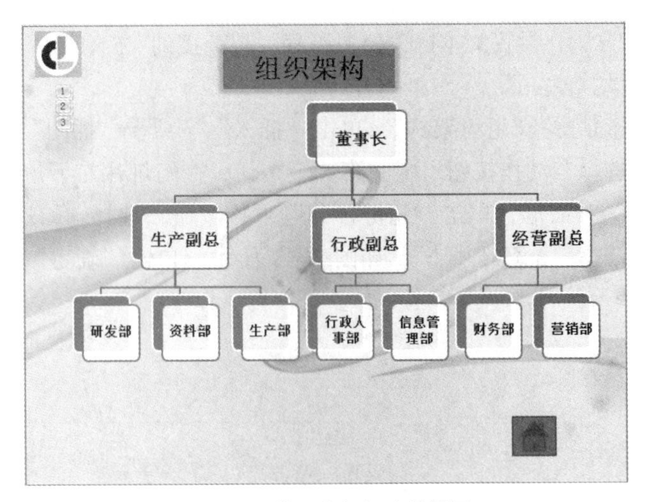

图 4-51 第 6 张幻灯片效果图

（17）设置第 6 张幻灯片的动画

选中组织结构图，单击“动画”选项卡，选择“动画”组中的“飞入”动画效果，单击“效果选项”按钮，在打开的下拉列表中选择“方向”为“自左侧”，“序列”为“一次级别”。

（18）为第 1 部分“关于企业”设置超链接

① 切换到第 3 张幻灯片“关于企业”，选择“公司介绍”文本框，右击鼠标，在弹出的快捷菜单中选择“超链接”，弹出“插入超链接”对话框，在左侧“链接到”列表中选择“本文档中的位置”，在“请选择文档中的位置”列表中选择“4.幻灯片 4”，如图 4-52 所示。单击“确定”按钮。

图 4-52 “关于企业”超链接

② 以同样的操作方法，设置文本框“公司历程”超链接到“5.幻灯片 5”，设置文本框“组织架构”超链接到“6.幻灯片 6”。

③ 切换到第 6 张幻灯片“组织架构”，单击“插入”选项卡“插图”组的“形状”按钮，在弹出的下拉列表中选择“动作按钮”中的第 5 个按钮，在幻灯片右下角拖动鼠标指针画出图形，弹出“操作设置”对话框，单击“超链接到”下拉按钮，选择“幻灯片”，弹出“超链接到幻灯片”对话框，选择“2.幻灯片 2”，如图 4-53 所示。单击“确定”按钮，设置返回主菜单的超链接。

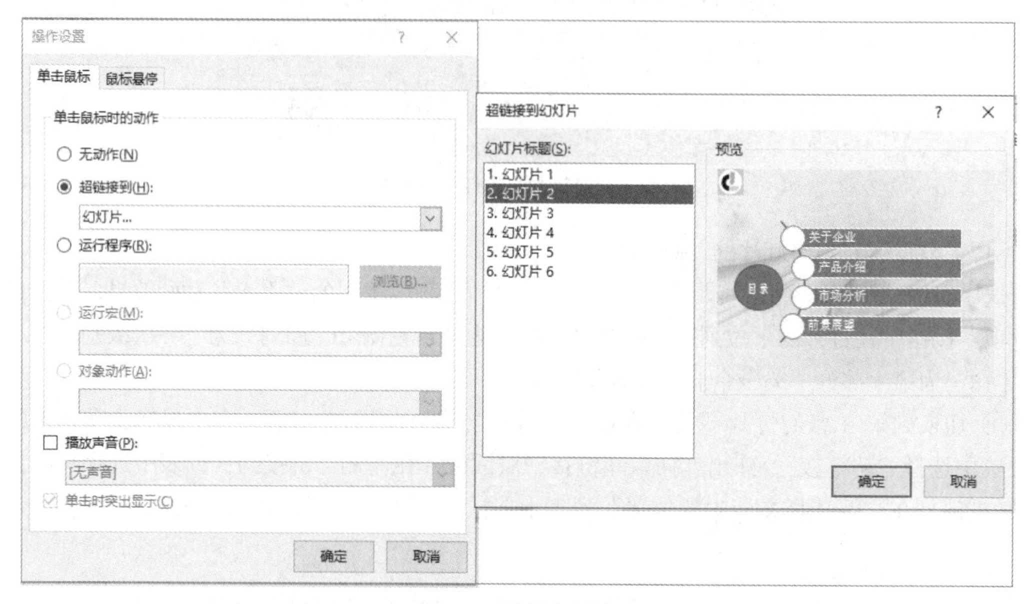

图 4-53　设置超链接

（19）插入第 7 张幻灯片

① 在任务窗格中选择第 3 张幻灯片，按【Ctrl】+【C】键复制幻灯片。

② 将光标定位到第 6 张幻灯片后面，按【Ctrl】+【V】键粘贴幻灯片，由第 3 张幻灯片复制出第 7 张幻灯片。

③ 将“1”修改成“2”，将文本框中的“关于企业”替换成“产品介绍”，删除其余文本框。

（20）插入第 8 张幻灯片

① 单击“开始”选项卡“幻灯片”组中的“新建幻灯片”按钮旁的小三角，在弹出的下拉列表中选择“空白”，插入第 8 张幻灯片。

② 插入六边形：单击“插入”选项卡中的“形状”按钮，在弹出的下拉列表中选择“基本形状”组中的“六边形”，在幻灯片窗格中拖动鼠标指针产生一个六边形，单击“绘图工具”→“格式”选项卡→“形状效果”按钮，在弹出的下拉列表中选择“棱台”→“冷色斜面”，如图 4-54 所示。

③ 将六边形复制两次，按图 4-55 所示的位置摆放好。

④ 插入图片：单击“插入”选项卡“图像”组中的“图片”按钮，弹出“插入图片”对话框，选择“公司宣传片-实验结果”文件夹下的“产品 1-数据中心交换机.jpg”，单击“插入”按钮，插入图片，调整图片大小和位置，将其放在第 1 个六边形中。

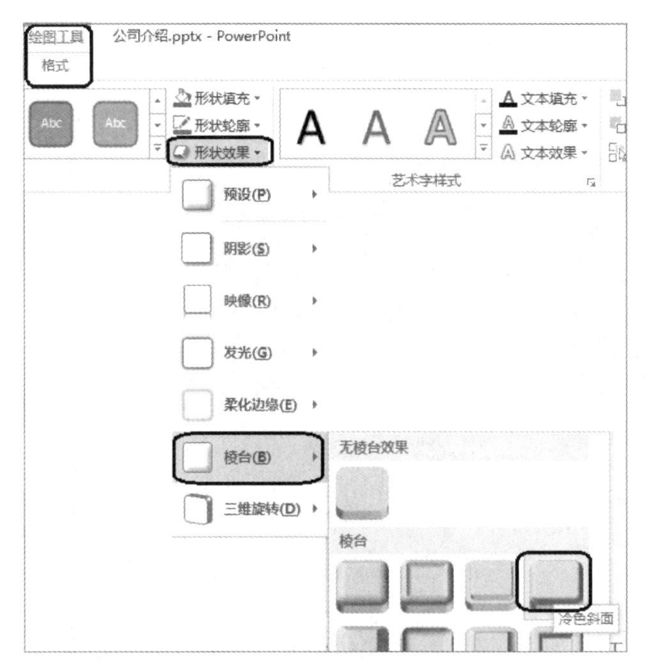

图 4-54 六边形形状效果

⑤ 插入图片说明文字：单击“插入”选项卡的“文本”组中的“文本框”按钮，在弹出的下拉列表中选择“横排文本框”，拖动鼠标指针在图片下面插入文本框，输入文字“数据中心交换机”，设置文字颜色为“黑色”，字体为“方正姚体”，大小为“16 磅”，“居中”并“加粗”。

⑥ 将六边形、图片和文字组合成一个对象：按住【Shift】键选中第 1 个六边形、图片和文本框，右击鼠标，在弹出的快捷菜单中选择“组合”。

⑦ 重复④～⑥，插入图片“产品 2-中小企业交换机.jpg”“产品 3-系列路由器.jpg”和相应文字，效果如图 4-55 所示。

（21）设置第 8 张幻灯片的动画

① 选中第 1 个图片组合，单击“动画”选项卡，选择“动画”组中的“形状”动画效果，单击“效果选项”按钮，在打开的下拉列表中选择“方向”为“切入”，“形状”为“圆”；在“计时”组的“开始”下拉列表中选择“单击时”，在“持续时间”数字框中输入“02.00”。

② 选中第 2 个图片组合，单击“动画”选项卡，选择“动画”组中的“形状”动画效果，单击“效果选项”按钮，在打开的下拉列表中选择“方向”为“切出”，“形状”为“菱形”；在“计时”组的“开始”下拉列表中选择“上一动画之后”，在“持续时间”数字框中输入“02.00”。

③ 选中第 3 个图片组合，单击“动画”选项卡，选择“动画”组中的“形状”动画效果，单击“效果选项”按钮，在打开的下拉列表中选择“方向”为“切入”，“形状”为“加号”；在“计时”组的“开始”下拉列表中选择“上一动画之后”，在“持续时间”数字框中输入“02.00”。效果如图 4-55 所示。

（22）插入第 9 张幻灯片

① 单击“开始”选项卡“幻灯片”组中的“新建幻灯片”按钮旁的小三角，在弹出的下拉列表中选择“空白”，插入第 9 张幻灯片。

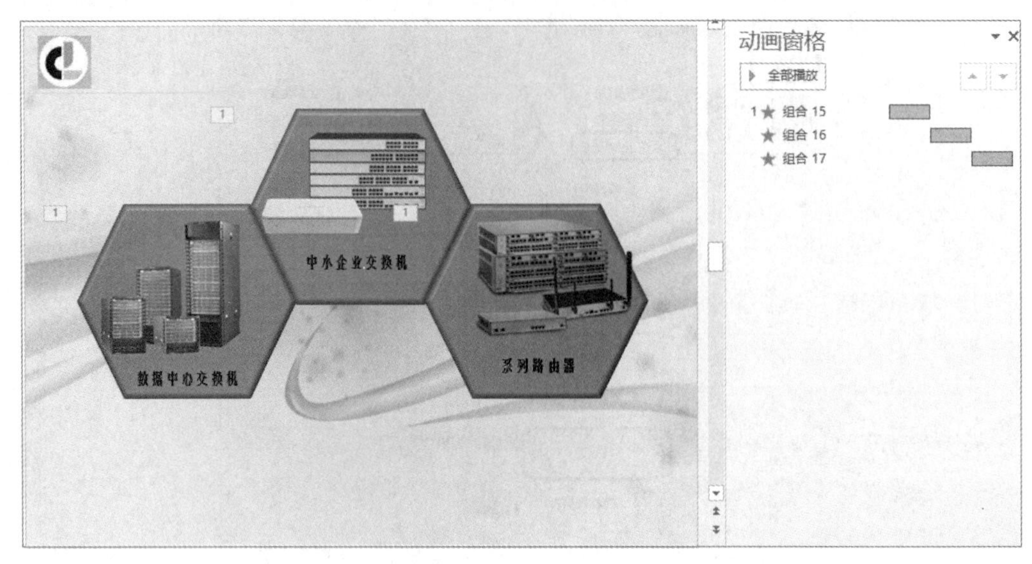

图 4-55 第 8 张幻灯片效果图

② 插入图片：单击“插入”选项卡“图像”组中的“图片”按钮，弹出“插入图片”对话框，选择“公司宣传片-实验结果”文件夹下的“产品 4-视频监控云平台.jpg”，单击“插入”按钮插入图片，调整图片大小和位置。

③ 插入文本框：单击“插入”选项卡“文本”组中的“文本框”按钮，在弹出的下拉列表中选择“横排文本框”，拖动鼠标指针在图片右边插入文本框，将“公司宣传片-实验结果”文件夹下的“2.产品介绍.txt”中的文字复制到文本框中。

④ 文本框转换为 SmartArt 图形：选择文本框，单击“开始”选项卡“段落”组中的“转换 SmartArt”按钮，在弹出的下拉列表中选择“基本矩阵”，如图 4-56 所示，将文字转换为 SmartArt 图形。

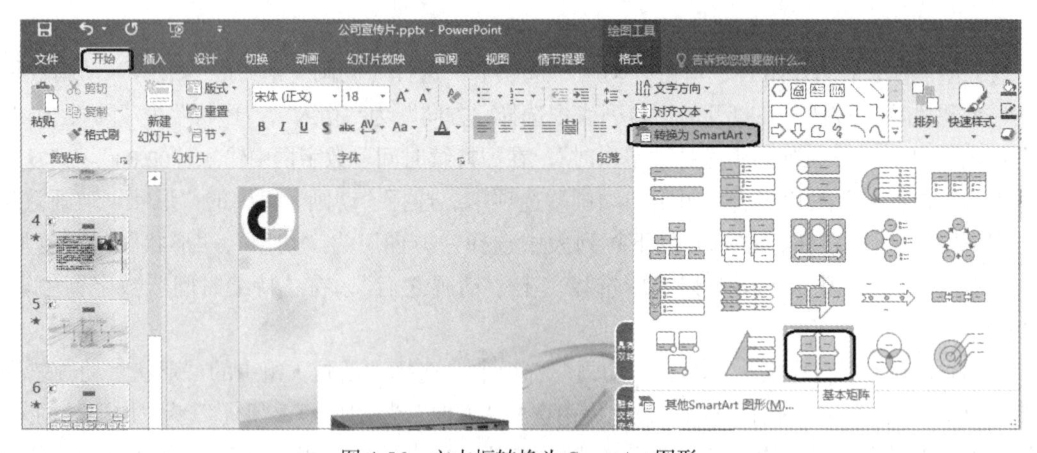

图 4-56 文本框转换为 SmartArt 图形

⑤ 选择 SmartArt 图形，单击“SmartArt 工具设计”选项卡，单击“更改颜色”按钮，在弹出的下拉列表中选择“彩色”→“彩色-个性色”，改变 SmartArt 图形的颜色；设置其中的文字字体为“黑体”，大小为“18 磅”，将其“加粗”，并调整 SmartArt 图形的大小和位置。效果如图 4-57 所示。

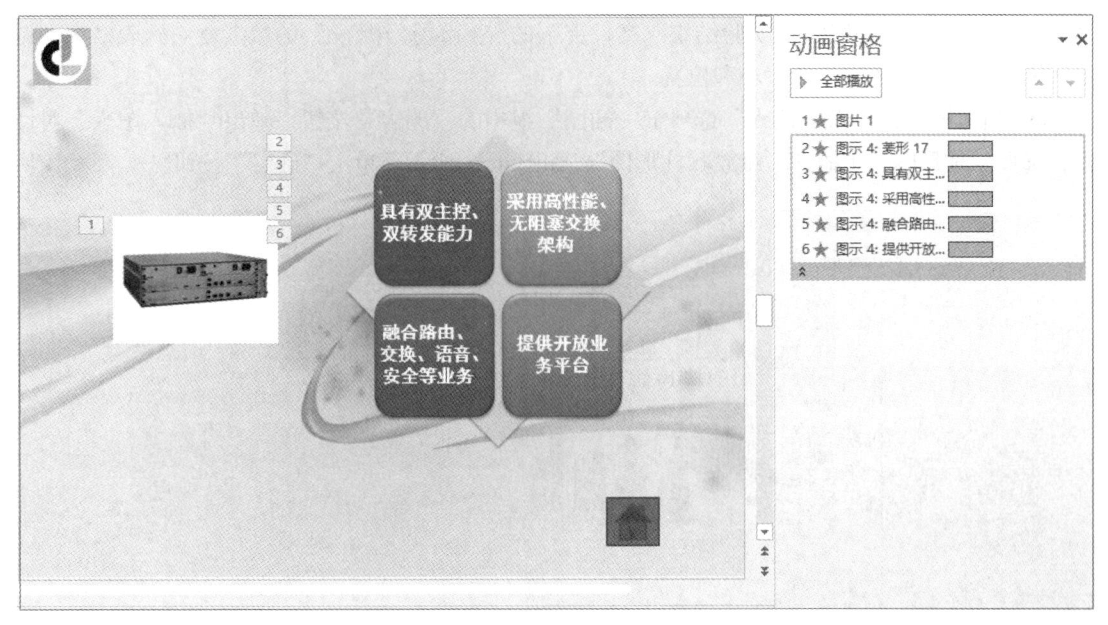

图 4-57　第 9 张幻灯片效果图

（23）设置第 9 张幻灯片的动画

① 设置图片动画：选中图片，单击“动画”选项卡，选择“动画”组中的“劈裂”动画效果，单击“效果选项”按钮，在打开的下拉列表中选择“方向”为“左右向中央收缩”，在“计时”组的“开始”下拉列表中选择“单击时”，在“持续时间”数字框中输入“01.00”。

② 设置 SmartArt 图形动画：选中 SmartArt 图形，单击“动画”选项卡，选择“动画”组中的“形状”动画效果，单击“效果选项”按钮，在打开的下拉列表中选择“方向”为“切出”，“形状”为“圆”，“序列”为“逐个”，在“计时”组的“开始”下拉列表中选择“单击时”，在“持续时间”数字框中输入“02.00”。效果如图 4-57 所示。

（24）插入超链接返回主菜单

① 单击“插入”选项卡的“插图”组的“形状”按钮，在弹出的下拉列表中选择“动作按钮”中的第 5 个按钮，在幻灯片右下角拖动鼠标指针画出图形。

② 弹出“动作设置”对话框，单击对话框中的“超链接到”下拉按钮，选择“幻灯片”，弹出“超链接到幻灯片”对话框，选择“2.幻灯片 2”，单击“确定”按钮，设置返回主菜单的超链接。

（25）插入第 10 张幻灯片

① 在任务窗格中选择第 7 张幻灯片，按【Ctrl】+【C】键复制幻灯片。

② 将光标定位到第 9 张幻灯片后面，按【Ctrl】+【V】键粘贴幻灯片，由第 7 张幻灯片复制出第 10 张幻灯片。

③ 将“2”修改成“3”，将文本框中的“产品介绍”替换成“市场分析”。

（26）插入第 11 张幻灯片

① 单击“开始”选项卡“幻灯片”组中的“新建幻灯片”按钮旁的小三角，在弹出的下拉列表中选择“空白”，插入第 11 张幻灯片。

② 插入表格：单击“插入”选项卡“表格”组中的“表格”按钮，拖动鼠标指针产生 5 行 3

列的表格，将“公司宣传片-实验结果”文件夹下的“3.市场分析.txt”的数据复制到表格中，调整字体的大小，调整表格的大小和位置。

③ 插入图表：单击“插入”选项卡“插图”组中的“图表”按钮，弹出“插入图表”对话框，选择“柱形图”中的“三维簇状柱形图”，如图 4-58 所示。单击“确定”按钮。

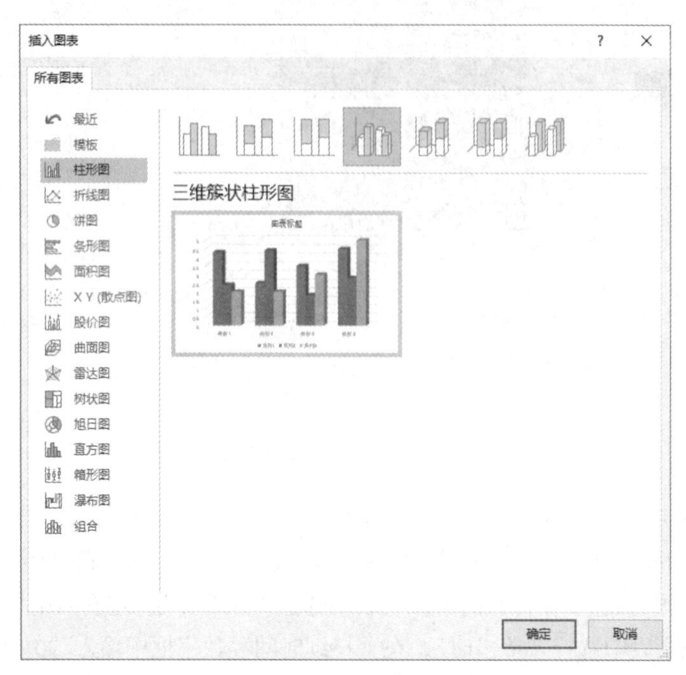

图 4-58　插入图表

④ 在弹出的电子表格中将“公司宣传片-实验结果”文件夹下的“3.市场分析.txt”中的数据输入，删除多余的数据，产生一个图表，如图 4-59 所示。

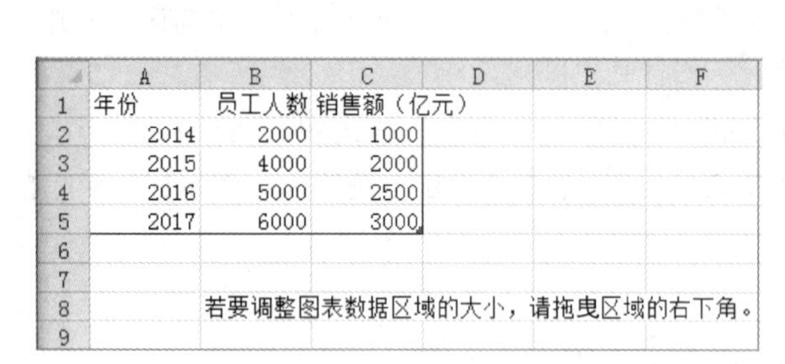

	A	B	C	D	E	F
1	年份	员工人数	销售额（亿元）			
2	2014	2000	1000			
3	2015	4000	2000			
4	2016	5000	2500			
5	2017	6000	3000			
6						
7						
8		若要调整图表数据区域的大小，请拖曳区域的右下角。				
9						

图 4-59　创建图表

⑤ 添加图表标题：选中图表，单击“图表工具”→“设计”选项卡“图表布局”组中的“添加图表元素”按钮，在弹出的下拉列表中选择“图表标题”→“图表上方”，如图 4-60 所示，在图表上方添加图表标题，修改标题文字为“企业经营数据”。

⑥ 修改图例位置：单击“图表工具”→“设计”选项卡“图表布局”组中的“添加图表元素”按钮，在弹出的下拉列表中选择“图例”→“底部”。

⑦ 参考图 4-30 调整图表的大小和位置。

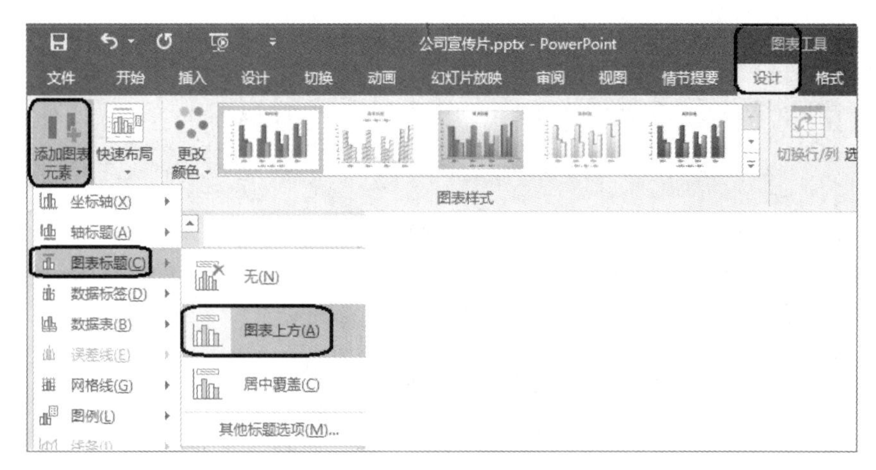

图 4-60　添加图表标题

（27）设置第 11 张幻灯片的动画

① 设置表格动画：选中表格，单击“动画”选项卡，选择“动画”组中的“轮子”动画效果，单击“效果选项”按钮，在打开的下拉列表中选择“4 轮辐图案(4)”，在“计时”组的“开始”下拉列表中选择“单击时”，在“持续时间”数字框中输入“02.00”，如图 4-61 所示。

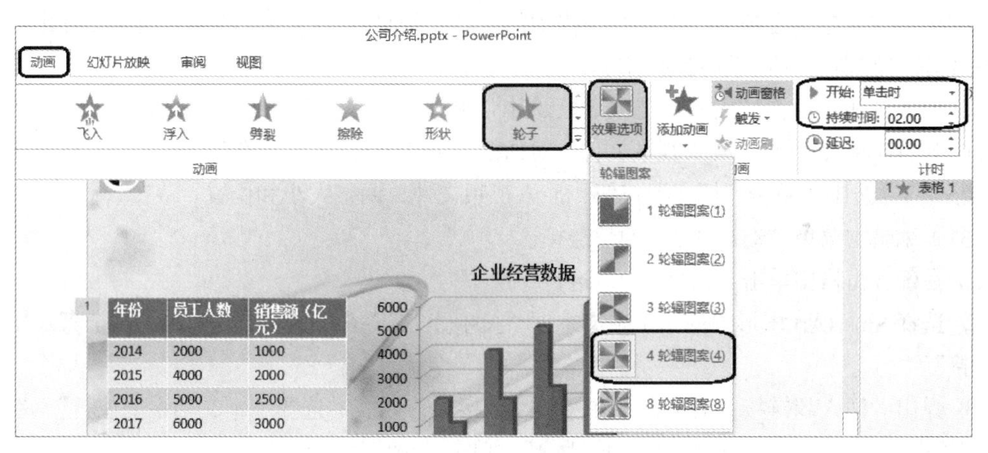

图 4-61　设置表格动画

② 选中图表，单击“动画”选项卡，选择“动画”组中的“翻转式由远及近”动画效果，单击“效果选项”按钮，在打开的下拉列表中选择“按系列”，在“计时”组的“开始”下拉列表中选择“单击时”，在“持续时间”数字框中输入“02.00”。

（28）插入超链接返回主菜单

参照第（24）步，在幻灯片底部添加一动作按钮，超链接到主菜单“幻灯片 2”，效果如图 4-62 所示。

（29）插入第 12 张幻灯片

① 在任务窗格中选择第 10 张幻灯片，按【Ctrl】+【C】键复制幻灯片。

② 将光标定位到第 11 张幻灯片后面，按【Ctrl】+【V】键粘贴幻灯片，由第 10 张幻灯片复制出第 12 张幻灯片。

③ 将序号替换成“4”，将文本框中的“市场分析”替换成“前景展望”。

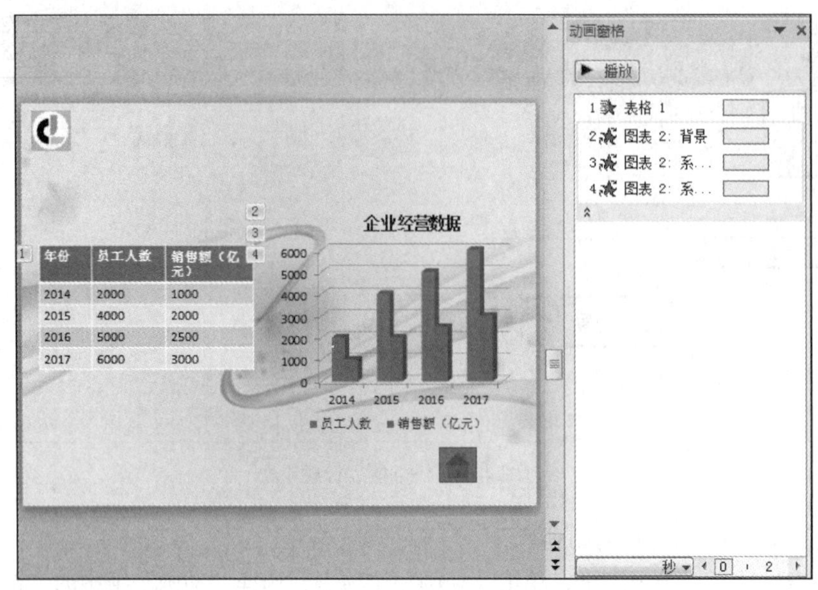

图 4-62　第 11 张幻灯片效果图

（30）插入第 13 张幻灯片

① 单击“开始”选项卡“幻灯片”组中的“新建幻灯片”按钮旁的小三角，在弹出的下拉列表中选择“空白”，插入第 13 张幻灯片。

② 插入视频：单击“插入”选项卡“媒体”组中的“视频”按钮，在打开的下拉列表中选择“PC 上的视频”，弹出“插入视频文件”对话框，将“公司宣传片–实验结果”文件夹下的“前景展望.wmv”选中，单击“插入”按钮，插入视频文件，调整大小和位置。

（31）编辑主菜单“幻灯片 2”的超链接

① 在任务窗格中单击“幻灯片 2”进行切换。

② 选择 SmartArt 图形中的第 1 个文本框“关于企业”，右击鼠标，在弹出的快捷菜单中选择“超链接”。

③ 弹出“插入超链接”对话框，在左侧“链接到”列表中选择“本文档中的位置”，在“请选择文档中的位置”列表中选择“3.幻灯片 3”，单击“确定”按钮。

④ 以同样的操作，设置文本框“产品介绍”超链接到“7.幻灯片 7”，设置文本框“市场分析”超链接到“10.幻灯片 10”，设置文本框“前景展望”超链接到“12.幻灯片 12”。

（32）插入第 14 张幻灯片

① 单击“开始”选项卡“幻灯片”组中的“新建幻灯片”按钮旁的小三角，在弹出的下拉列表中选择“空白”，插入第 14 张幻灯片。

② 插入圆角矩形和图片：单击“插入”选项卡“插图”组中的“形状”按钮，在弹出的下拉列表中选择“圆角矩形”，拖动鼠标指针画出一个圆角矩形，单击“绘图工具”→“格式”选项卡，分别单击“大小”组中的“高度”“宽度”数字框，均设置为“5.5 厘米”；单击“形状填充”按钮，在弹出的下拉列表中选择“图片”，如图 4-63 所示。弹出“插入图片”对话框，选择“公司宣传片–实验结果”文件夹下的“高楼.jpg”，单击“插入”按钮，用图片填充圆角矩形；选中圆角矩形，将鼠标指针移动到旋转按钮上，按住鼠标左键将圆角矩形顺时针旋转 45°，如图 4-64 所示。

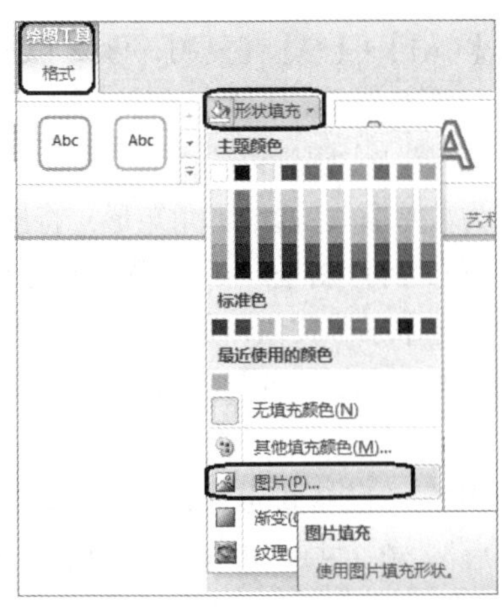

图 4-63　图片填充

图 4-64　旋转圆角矩形

③ 插入图片上方的圆角矩形：单击“插入”选项卡，单击“形状”按钮，在弹出的下拉列表中选择“圆角矩形”，拖动鼠标指针画出一个圆角矩形，放在图片上部；单击“绘图工具”→“格式”选项卡，分别单击“大小”组中的“高度”“宽度”数字框，将高度设置为“2.6 厘米”，将宽度设置为“3.3 厘米”；单击“形状填充”按钮，在弹出的下拉列表中选择“无填充颜色”。

④ 在圆角矩形中输入文字：选中圆角矩形，右击鼠标，在弹出的快捷菜单中选择“编辑文字”，输入“创新”，设置文字字体为“方正姚体”，大小为“28 磅”，颜色为“黑色”；选中圆角矩形，将鼠标指针移动到旋转按钮上，按住鼠标左键将圆角矩形顺时针旋转 30°，效果参考图 4-30。

⑤ 制作第 2 个圆角矩形：选中刚插入的圆角矩形，按【Ctrl】+【C】键复制，再按【Ctrl】+【V】键粘贴，将复制出的圆角矩形移动到图片左下部；选中该圆角矩形，单击“绘图工具”→“格式”选项卡，单击“形状轮廓”按钮，在弹出的下拉列表中选择“其他轮廓颜色”，弹出“颜色”对话框，在“自定义”选项卡中设置“红色”“绿色”“蓝色”的颜色值分别为“230”“180”“70”，如图 4-65 所示。单击“确定”按钮。修改文字“创新”为“合作”；选中圆角矩形，将鼠标指针移动到旋转按钮上，按住鼠标左键将圆角矩形逆时针旋转 30°，效果参考图 4-30。

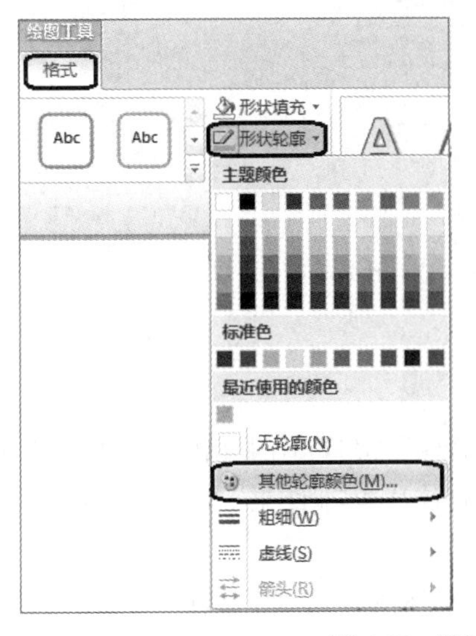

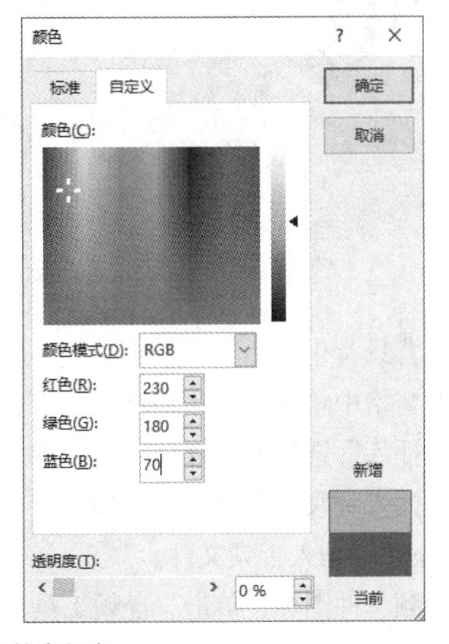

图 4-65　设置轮廓颜色

⑥ 制作第 3 个圆角矩形：选中刚插入的圆角矩形，按【Ctrl】+【C】键复制，再按【Ctrl】+【V】键粘贴，将复制出的圆角矩形移动到图片右下部；选中该圆角矩形，单击“绘图工具”→“格式”选项卡，单击“形状轮廓”按钮，在弹出的下拉列表中选择“主题颜色”中的“橙色，个性色 6，深色 25%”，单击“确定”按钮；修改文字“合作”为“共赢”；选中圆角矩形，将鼠标指针移动到旋转按钮上，按住鼠标左键旋转图形，使图形水平顺时针倾斜 15°，效果参考图 4-30。

⑦ 插入艺术字：单击“插入”选项卡“文本”组中的“艺术字”按钮，选择第 1 行第 3 列的“填充-红色，着色 2，轮廓-着色 2”，输入文字“谢谢大家!”，调整大小和位置。

（33）设置第 14 张幻灯片的动画

① 选中图片，单击“动画”选项卡，选择“动画”组中的“翻转式由远及近”动画效果，在“计时”组的“开始”下拉列表中选择“上一动画之后”，在“持续时间”数字框中输入“01.00”。

② 选中图片上部的“创新”圆角矩形，选择“动画”组中的“弹跳”动画效果，在“计时”组的“开始”下拉列表中选择“上一动画之后”，在“持续时间”数字框中输入“02.00”。

③ 选中图片左下部的“合作”圆角矩形，选择“动画”组中的“弹跳”动画效果，在“计时”组的“开始”下拉列表中选择“上一动画之后”，在“持续时间”数字框中输入“02.00”。

④ 选中图片上部的“共赢”圆角矩形，选择“动画”组中的“弹跳”动画效果，在“计时”组的“开始”下拉列表中选择“上一动画之后”，在“持续时间”数字框中输入“02.00”。

⑤ 选中艺术字，选择“动画”组中的“轮子”动画效果，在“计时”组的“开始”下拉列表中选择“上一动画之后”，在“持续时间”数字框中输入“02.00”。效果如图 4-66 所示。

图 4-66　第 14 张幻灯片效果图

（34）设置背景音乐

① 在任务窗格中单击第 1 张幻灯片。

② 单击“插入”选项卡“媒体”组中的“音频”按钮，在弹出的下拉列表中选择“PC 上的音频”，打开“插入音频”对话框，选择“公司宣传片-实验结果”文件夹下的“背景音乐.mp3”，单击“插入”按钮，插入音频文件。

③ 选中音频文件图标，单击“音频工具”→“播放”选项卡，在“音频选项”组中选中“放映时隐藏”复选框，如图 4-67 所示。

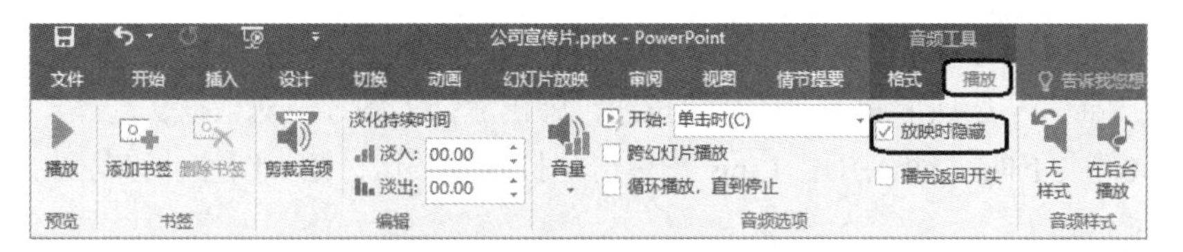

图 4-67　“音频工具”→“播放”选项卡

④ 单击“动画”选项卡“高级动画”组中“动画窗格”按钮，在右侧打开“动画窗格”窗格，单击“背景音乐”按钮，然后连续单击下方的，使该按钮处于首位。

⑤ 单击“动画”选项卡“动画”组中右下角的，打开“播放音频”对话框。

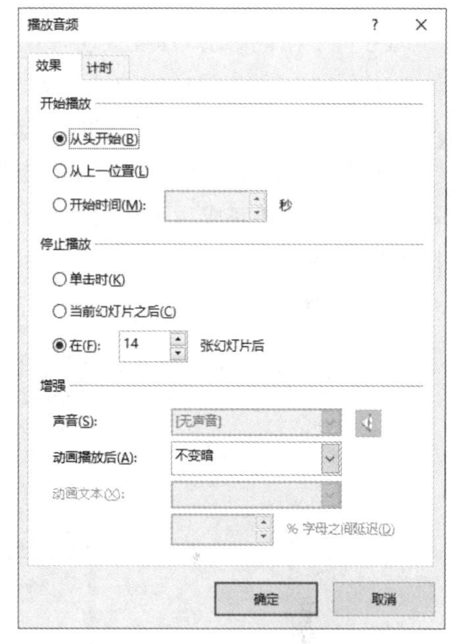

图 4-68　“播放音频”对话框

⑥ 单击“计时”选项卡，在“开始”下拉列表中选择“上一动画之后”；单击“效果”选项卡，在“停止播放”选项卡中设置“在 14 张幻灯片后”，如图 4-68 所示。这样，放映时音乐就会从第 1 张幻灯片开始，到第 14 张幻灯片结束。单击“确定”按钮。

（35）观看放映

① 单击“幻灯片放映”选项卡“开始放映幻灯片”组中的“从头开始”按钮，从第 1 张幻灯片开始播放。

② 随时可按【Esc】键结束放映。

（36）保存演示文稿

单击“文件”选项卡，选择“保存”。

4. WPS 演示 2019 应用案例

（1）新建演示文稿文档并保存

① 启动 WPS 2019，新建一个空白演示文稿。

② 单击“保存”按钮，打开“另存为”对话框，选择保存位置为“公司宣传片-实验结果”文件夹，文件名为“公司宣传片”，保存类型为“Microsoft PowerPoint 文件（*.pptx）”，单击“保存”按钮。

（2）套用自有模板

单击“设计”选项卡中的“导入模板”按钮，弹出“应用设计模板”对话框，选择“公司宣传片-实验结果”文件夹下解压后的“模板.potx”，单击“打开”按钮，将该主题应用于本演示文稿。

（3）使用幻灯片母版添加公司 Logo

① 单击“视图”选项卡中的“幻灯片母版”按钮，切换到幻灯片母版视图。

② 在任务窗格中，单击标有“1”的幻灯片母版。

③ 单击“插入”选项卡中的“图片”按钮，弹出“插入图片”对话框，选择“公司宣传片-实验结果”文件夹下的“logo.jpg”，单击“打开”按钮，插入图片。移动图片到左上角，如图 4-32 所示。

④ 单击“幻灯片母版”选项卡中的“关闭”按钮，退出幻灯片母版视图。

这样，插入的 Logo 就会自动出现在每张幻灯片左上角。

（4）更改第 1 张幻灯片版式

在第 1 张幻灯片的空白处右击鼠标，弹出快捷菜单，选择“版式”→“空白”，删除文字。

（5）为第 1 张幻灯片插入图片、艺术字

① 单击“插入”选项卡中的“图片”按钮，弹出“插入图片”对话框，选择“公司宣传片-实验结果”文件夹下的“封面图片 1.jpg”，单击“打开”按钮，插入图片，移动图片到中上部适当位置。

② 以同样的操作，插入“封面图片 2.jpg”，移动图片到中下部适当位置。

③ 单击“插入”选项卡中的“艺术字”按钮，选择第 1 行第 2 列的艺术字，输入文字“胜杰科技有限公司”。

④ 选中“胜杰科技有限公司”，单击“文本工具”选项卡中的“文本效果”按钮，在弹出的下拉列表中选择“转换”效果下“弯曲”组中的第 2 行第 2 列“正 V 形”，如图 4-69 所示。

（6）为第 1 张幻灯片设置动画效果

① 单击右侧工具栏中的“自定义动画”按钮，弹出“自定义动画”窗格。

② 设置“封面图片 1”动画：选中“封面图片 1”，在“自定义动画“窗格中单击“添加效果”下拉按钮，在弹出的下拉列表中选择“飞入”动画效果，在“开始”项选择“之后”表示本动画在上一动画完成后再执行，“方向“项选择“自左侧”选项，“速度”项选择“中速”，如图 4-70 所示。

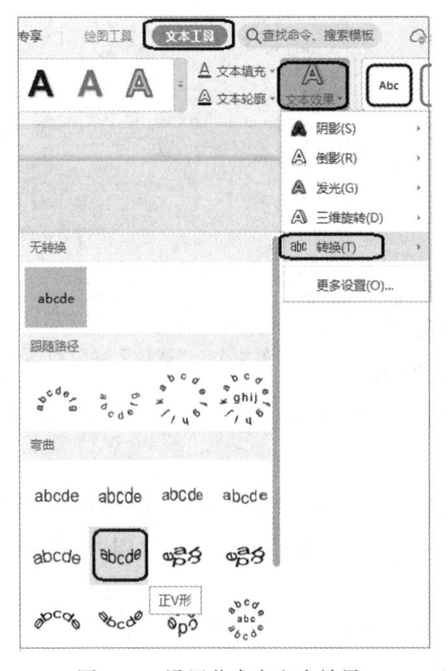

图 4-69 设置艺术字文本效果

图 4-70 设置“封面图片 1”动画

③ 设置“封面图片 2”动画：选中“封面图片 2.jpg”，单击“添加效果”下拉按钮，在弹出的列表中选择“飞入”动画效果，在“开始”栏选择“之前”，表示本动画和上一动画同时执行，“方向”栏选择“自右侧”，“速度”栏选择“中速”。

④ 设置艺术字动画：选中艺术字“胜杰科技有限公司”，单击“添加效果”下拉按钮，鼠标向下滚动选择“缩放”动画效果，在“开始”栏选择“之后”，“速度”栏选择“中速”。

⑤ 设置退出动画效果：按住【Shift】键，单击“封面图片 1”“封面图片 2”和艺术字“胜杰科技有限公司”，同时选中 3 个对象，单击“添加效果”下拉按钮，在“退出”组中选择“切出”

动画效果，“速度”栏选择“中速”。单击“播放”按钮，查看设置的动画效果。

（7）设置第 1 张幻灯片的切换效果

单击“切换”选项卡，在列表中选择“分割”效果，单击“效果选项”按钮，在打开的下拉列表中选择“左右展开”，在“速度”数字框中输入“01.50”，选中“单击鼠标时换片”复选框，如图 4-71 所示。

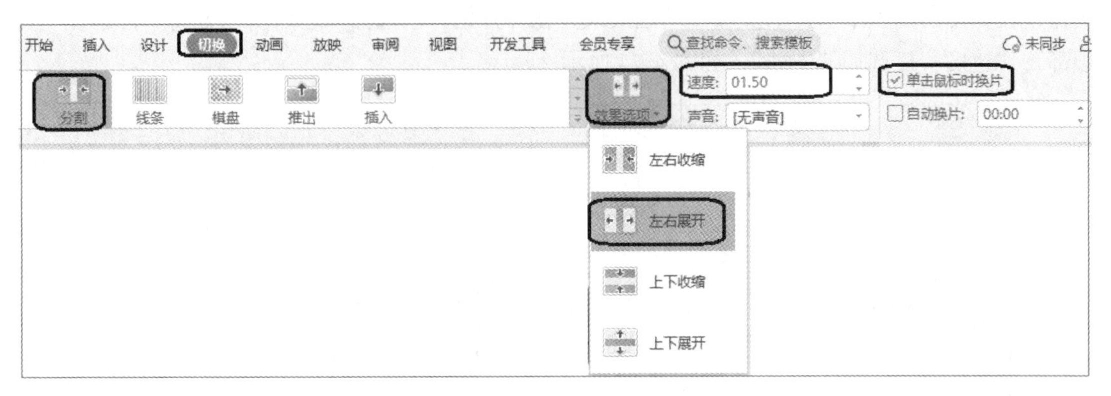

图 4-71　设置第 1 张幻灯片的切换效果

（8）插入第 2 张幻灯片

① 单击“开始”选项卡中的“新建幻灯片”按钮，插入第 2 张幻灯片，删除文字成空白幻灯片。

② 插入“目录”图形：单击“插入”选项卡中的“形状”按钮，在“基本形状”中选择“椭圆”，按住【Shift】键，在适当位置拖动鼠标指针，画出大小合适的圆形。

③ 选择插入的圆形，右击鼠标，在弹出的快捷菜单中选择“编辑文字”，在圆形中输入文字“目录”，设置文字字体为“方正姚体”，大小为“40 磅”。

④ 插入目录文字及图形：单击“插入”选项卡中的“形状”按钮，选择“矩形”插入，在适当位置拖动鼠标指针，画出大小合适的矩形，选择矩形，右击鼠标，在弹出的快捷菜单中选择“编辑文字”，输入“关于企业”，设置文字为“方正姚体”“28 号”；单击“插入”选项卡中的“形状”按钮，选择“椭圆”，拖动鼠标指针在矩形前插入一圆形，圆形内填充白色，如图 4-72 所示。选中矩形和圆形，将它们组合起来。选中组合后的图形，复制粘贴 3 次，将图形调整到适当位置，将文字分别修改成“产品介绍”“市场分析”“前景展望”。

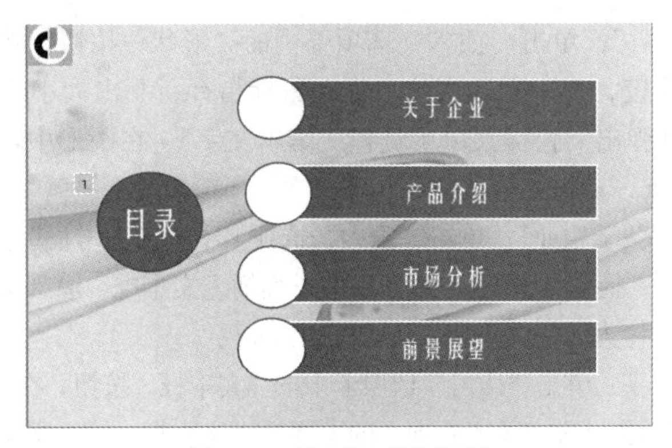

图 4-72　插入第 2 张幻灯片

（9）设置第 2 张幻灯片的动画

① 设置“目录”动画：选择“目录”图形，单击右侧工具栏中的“自定义动画”按钮，弹出“自定义动画“窗格，单击“添加效果”下拉按钮，在弹出的列表中选择“圆形扩展”动画效果，在“开始”栏选择“单击时”，“方向”栏选择“外”，“速度”栏选择“中速”，如图 4-73 所示。

② 设置各目录项目动画：按住【Shift】键，选中 4 个目录项目图形，单击“添加效果”下拉按钮，在弹出的列表中选择“擦除”动画效果，在“开始”栏选择“之后”，“方向”栏选择“自顶部”，“速度”栏选择“中速”，如图 4-74 所示。

图 4-73 设置“目录”动画

图 4-74 设置各目录项目动画

（10）插入第 3 张幻灯片

① 单击“开始”选项卡中的“新建幻灯片”按钮，插入第 3 张幻灯片，删除多余文字。

② 插入图片：单击“插入”选项卡中的“图片”按钮，弹出“插入图片”对话框，选择“公司宣传片-实验结果”文件夹下的“目录图片.jpg”，单击“打开”按钮，插入图片。调整图片大小，让图片占据上半幅幻灯片。

③ 插入排序数字“1”：单击“插入”选项卡中的“形状”按钮，在“基本形状”中选择“椭圆”，按住【Shift】键，在中间适当位置拖动鼠标指针，画出大小合适的圆形。选择插入的圆形，右击鼠标，在弹出的快捷菜单中选择“编辑文字”，在圆形中输入数字“1”，设置文字大小为“40 磅”。

④ 插入标题文字“关于企业”：单击“插入”选项卡中的“文本框”按钮，在弹出的下拉列表中选择“横向文本框”，拖动鼠标指针在“1”的下面插入文本框，输入文字“关于企业”，设置文字颜色为“蓝色”，字体为“华文中宋”，大小为“44 磅”。

⑤ 插入次级标题文字：单击“插入”选项卡中的“文本框”按钮，在弹出的下拉列表中选择“横向文本框”，拖动鼠标指针在“关于企业”的下面插入文本框，输入文字“公司介绍”，并设置项目符号为“带填充效果的钻石形项目符号”，文字字体为“宋体”，大小为“18 磅”，“加粗”。

以同样的操作，插入文本框“公司历程”“组织架构”。

（11）设置第 3 张幻灯片的动画

① 设置图片动画：按住【Shift】键，同时选择“目录图片.jpg”和圆形“1”，单击右侧工具栏中的“自定义动画”按钮，弹出“自定义动画”窗格，单击“添加效果”下拉按钮，在弹出的列表中选择“飞入”动画效果，在“开始”栏选择“之前”，“方向”栏选择“自顶部”，“速度”栏选择“中速”。

② 设置标题文字“关于企业”动画：选择“关于企业”文本框，单击“添加效果”下拉按钮，在弹出的列表中选择“缩放”动画效果，在“开始”栏选择“之后”，“缩放”栏选择“内”，“速度”栏选择“中速”。

③ 设置次级标题文字动画：按住【Shift】键，同时选择“公司介绍”“公司历程”“组织架构”文本框，单击“添加效果”下拉按钮，在弹出的列表中选择“飞入”动画效果，在“开始”栏选择“之后”，“方向”栏选择“自左侧”，“速度”栏选择“中速”。

（12）插入第 4 张幻灯片

① 单击“开始”选项卡中的“新建幻灯片”按钮，插入第 4 张幻灯片，删除多余文字。

② 插入标题文字：单击“插入”选项卡中的“文本框”按钮，在弹出的下拉列表中选择“横向文本框”，拖动鼠标指针在适当位置插入文本框，输入文字“公司介绍”，设置字体为“宋体”，大小为“32 磅”，“居中”并“加粗”。选中文本框，单击“绘图工具”选项卡中的“填充”按钮，弹出下拉列表，在“主题颜色”中选择第 1 行第 5 列的“钢蓝，着色 1”；单击“形状效果”按钮，在弹出的下拉列表中选择“发光”，在弹出的次级下拉列表中选择“发光变体”中第 3 行第 1 列的发光效果。

③ 插入直线：单击“插入”选项卡中的“形状”按钮，在“线条”中选择“直线”，拖动鼠标指针从左到右画出一条水平直线。设置直线颜色为“蓝色”，粗细为“2.25 磅”。以同样的操作，插入一条垂直直线，位置参考图 4-30。

④ 插入图片：单击“插入”选项卡中的“图片”按钮，弹出“插入图片”对话框，选择“公司宣传片-实验结果”文件夹下的“公司介绍.jpg”，单击“打开”按钮，插入图片。调整图片大小和位置，让图片位于两条直线交叉处，位置参考图 4-30。

⑤ 插入段落文字：单击“插入”选项卡中的“文本框”按钮，在弹出的下拉列表中选择“横向文本框”，拖动鼠标指针插入文本框，从“公司宣传片-实验结果”文件夹下的“1-1.公司介绍.txt”中复制第一段文字到文本框中，设置文字颜色为“黑色”，字体为“华文楷体”，大小为“18 磅”。

⑥ 按同样的操作，插入第 2 个和第 3 个文本框，从“公司宣传片-实验结果”文件夹的“1-1.公司介绍.txt”中分别复制第 2 段和第 3 段文字到两个文本框中，字体格式同前。文本框位置参考图 4-30。

（13）设置第 4 张幻灯片的动画

① 设置“公司介绍”动画：选择“公司介绍”文本框，单击右侧工具栏中的“自定义动画”按钮，弹出“自定义动画”窗格，单击“添加效果”下拉按钮，在弹出的列表中选择“随机线条”动画效果，在“开始”栏选择“之前”，“方向”栏选择“垂直”，“速度”栏选择“中速”。

② 设置水平直线动画：选择水平直线，单击“添加效果”下拉按钮，在弹出的列表中选择“擦除”动画效果，在“开始”栏选择“单击时”，“方向”栏选择“自左侧”，“速度”栏选择“中速”。

③ 设置垂直直线动画：选择垂直直线，单击“添加效果”下拉按钮，在弹出的列表中选择

“擦除”动画效果，在“开始”栏选择“之前”（表示垂直直线和水平直线同时执行动画），“方向”栏选择“自底部”，“速度”栏选择“中速”。

④ 设置图片动画：选择图片“公司介绍.jpg”，单击“添加效果”下拉按钮，在弹出的列表中选择“盒状”动画效果，在“开始”栏选择“之后”（表示直线动画结束后才执行图片动画），“方向”栏选择“外”，“速度”栏选择“中速”。

⑤ 设置正文文字动画：选择公司介绍正文的第 1 个文本框，单击“添加效果”下拉按钮，在弹出的列表中选择“随机线条”动画效果，在“开始”栏选择“之后”，“方向”栏选择“水平”，“速度”栏选择“中速”。

⑥ 依次选择公司介绍正文的第 2 个文本框和第 3 个文本框，同上设置。

（14）插入第 5 张幻灯片

① 单击“开始”选项卡中的“新建幻灯片”按钮，插入第 5 张幻灯片，删除多余文字。

② 插入“公司历程”文本框：采用复制操作，切换到上一张幻灯片，选中“公司介绍”文本框，按【Ctrl】+【C】键复制，切换回本幻灯片，按【Ctrl】+【V】键粘贴，将“公司介绍”修改成“公司历程”。

③ 插入水平直线：单击“插入”选项卡中的“形状”按钮，在弹出的下拉列表中选择“直线”，在幻灯片窗格中部拖动鼠标指针从左到右插入一条水平直线，选中该直线，单击“绘图工具”选项卡中的“轮廓”按钮，在弹出的下拉列表中“线型”选择“2.25 磅”，“虚线线型”选择“圆点”，如图 4-75 所示。

④ 插入垂直直线：单击“插入”选项卡中的“形状”按钮，在弹出的下拉列表中选择“直线”，在幻灯片中部适当位置拖动鼠标指针插入一条垂直直线，选中该直线，单击“绘图工具”选项卡中的“轮廓”按钮，在弹出的下拉列表中“线型”选择“2.25 磅”，“虚线线型”选择“圆点”，“箭头”选择“箭头样式 11”，如图 4-76 所示。

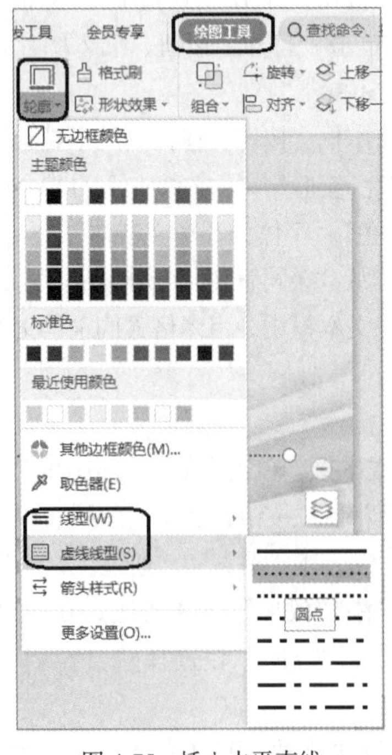

图 4-75　插入水平直线

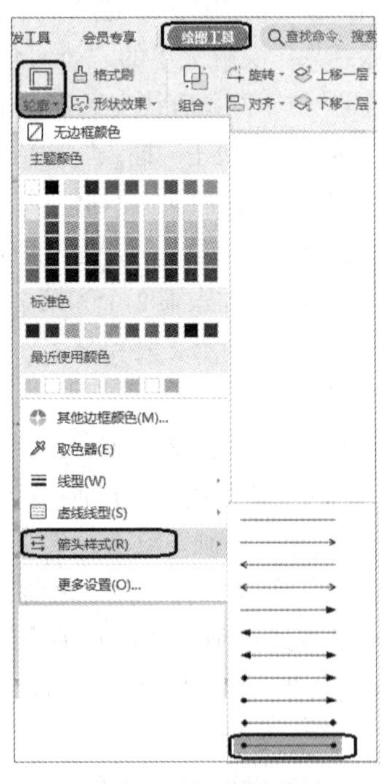

图 4-76　插入垂直直线

⑤ 复制垂直圆点虚线：选中垂直圆点虚线，按【Ctrl】+【C】键复制，按【Ctrl】+【V】键粘贴，产生一条新的垂直圆点虚线，将其移动到适当位置。以同样的操作，再添加 4 条垂直圆点虚线，位置参考图 4-30。

⑥ 插入文本框：单击“插入”选项卡中的“文本框”按钮，在弹出的下拉列表中选择“横向文本框”，拖动鼠标指针在第 1 条垂直圆点虚线的上面插入文本框，从“公司宣传片-实验结果”文件夹下的“1-2 公司历程.txt”中复制第 1 段文字到文本框中，设置文字颜色为“黑色”，字体为“宋体”，大小为“14 磅”，“居中”并“加粗”。

⑦ 复制文本框：选中刚插入的文本框，按【Ctrl】+【C】键复制，按【Ctrl】+【V】键粘贴，产生一个新的文本框，移动到适当位置，将“1-2 公司历程.txt”中第 2 段文字复制到文本框中。以同样的操作，再添加 4 个文本框，位置参考图 4-30。

（15）设置第 5 张幻灯片的动画

① 设置水平直线动画：选中水平圆点虚线，单击右侧工具栏中的“自定义动画”按钮，弹出“自定义动画”窗格，单击“添加效果”下拉按钮，在弹出的列表中选择“擦除”动画效果，在“开始”栏选择“之后”，“方向”栏选择“自左侧”，“速度”栏选择“中速”。

② 设置文本框动画：按住【Shift】键，同时选中第 1 个文本框和第 1 条垂直圆点虚线，单击“添加效果”下拉按钮，在弹出的列表中选择“劈裂”动画效果，在“开始”栏选择“之后”，“方向”栏选择“中央向左右展开”，“速度”栏选择“中速”。

③ 按同样的操作方法设置其他 5 个文本框和 5 条垂直圆点虚线的出现动画。

（16）插入第 6 张幻灯片

① 单击“开始”选项卡中的“新建幻灯片”按钮，插入第 6 张幻灯片，删除多余文字。

② 插入标题“组织架构”文本框：采用复制操作，切换到上一张幻灯片，选中“公司历程”文本框，按【Ctrl】+【C】键复制，切换回本幻灯片，按【Ctrl】+【V】键粘贴，将“公司历程”修改成“组织架构”。

③ 插入组织结构图：单击“插入”选项卡中的“智能”按钮，弹出“选择智能图形”对话框，在左侧列表中选择“层次结构”，在右侧列表中选择第 2 行第 2 列的“层次结构”，如图 4-77 所示。单击“插入”按钮，插入一个组织结构图，调整图形大小，并放在合适位置。

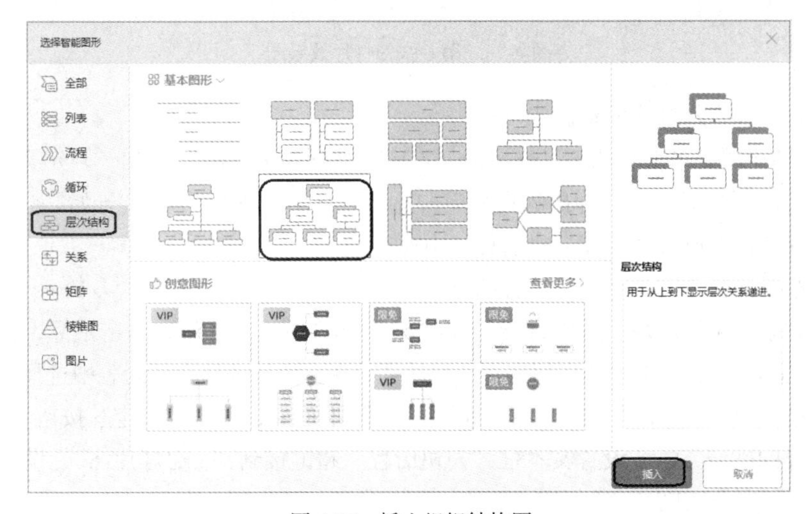

图 4-77　插入组织结构图

④ 在组织结构图的第 1 层文本框中输入文字“董事长”。

⑤ 选中组织结构图中第 2 层第 2 个文本框，单击“设计”选项卡，单击“添加项目”按钮，在弹出的下拉列表中选择“在后面添加项目”，添加一列表项，在 3 个文本框中分别输入“生产副总”“行政副总”“经营副总”，并适当调整各文本框的位置。

⑥ 选中组织结构图中第 3 层第 1 组的第 1 个文本框，单击“添加项目”按钮，在弹出的下拉列表中选择“在后面添加项目”，添加一列表项，在 3 个文本框中分别输入“研发部”“资料部”“生产部”，字体大小调整为“16 磅”，并适当调整各文本框的大小和位置。

⑦ 参照⑥，添加组织结构图中第 3 层第 2 组的两个文本框，分别输入“行政人事部”“信息管理部”，字体大小调整为“16 磅”，并适当调整各文本框的大小和位置。

⑧ 选中组织结构图中第 2 层第 3 个文本框，单击“添加项目”按钮，在弹出的下拉列表中选择“在下方添加项目”，添加第 3 层列表项，参照⑥，在第 3 层第 3 组再添加一个文本框，在两个文本框中分别输入“财务部”“营销部”，字体大小调整为“16 磅”，并适当调整各文本框的大小和位置。整体效果如图 4-78 所示。其中的超链接将在后续步骤设置，下同。

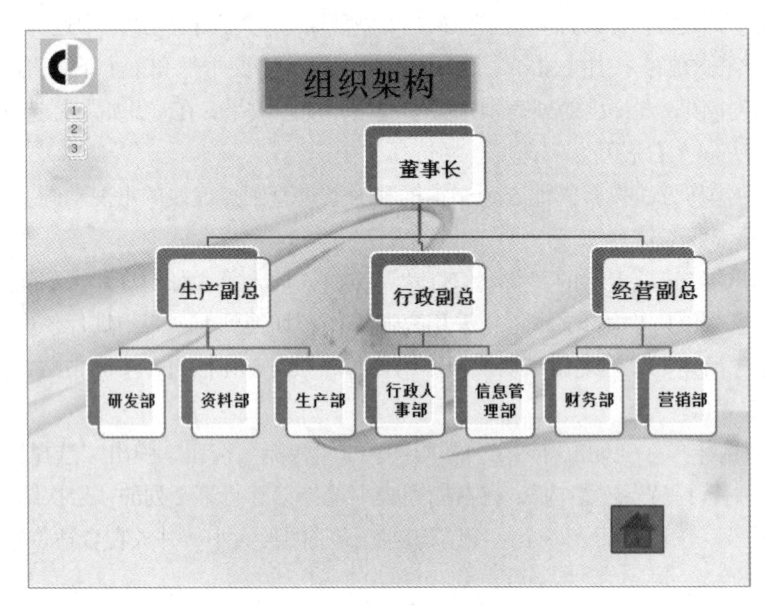

图 4-78　第 6 张幻灯片效果图

（17）设置第 6 张幻灯片的动画

选中组织结构图，单击右侧工具栏中的“自定义动画”按钮，弹出“自定义动画”窗格，单击“添加效果”下拉按钮，在弹出的列表中选择“飞入”动画效果，在“开始”栏选择“之后”，“方向”栏选择“自左侧”，“速度”栏选择“中速”。

（18）为第 1 部分“关于企业”设置超链接

① 切换到第 3 张幻灯片“关于企业”，选择“公司介绍”文本框，右击鼠标，在弹出的快捷菜单中选择“超链接”，弹出“插入超链接”对话框，在左侧“链接到”列表中选择“本文档中的位置”，在“请选择文档中的位置”列表中选择“4.幻灯片 4”，单击“确定”按钮。

② 以同样的操作方法，设置文本框“公司历程”超链接到“5.幻灯片 5”，设置文本框“组织架构”超链接到“6.幻灯片 6”。

③ 切换到第 6 张幻灯片“组织架构”，单击“插入”选项卡中的“形状”按钮，在弹出的下拉列表中选择“动作按钮”中的第 5 个按钮，在幻灯片右下角拖动鼠标指针画出图形，弹出“动作设置”对话框，单击“超链接到”下拉按钮，选择“幻灯片”，弹出“超链接到幻灯片”对话框，选择“2.幻灯片 2”，单击“确定”按钮，设置返回主菜单的超链接。

（19）插入第 7 张幻灯片

① 在任务窗格中选择第 3 张幻灯片，按【Ctrl】+【C】键复制幻灯片。

② 将光标定位到第 6 张幻灯片后面，按【Ctrl】+【V】键粘贴幻灯片，由第 3 张幻灯片复制出第 7 张幻灯片。

③ 将“1”修改成“2”，将文本框中的“关于企业”替换成“产品介绍”，删除其余文本框。

（20）插入第 8 张幻灯片

① 单击“开始”选项卡中的“新建幻灯片”按钮，插入第 8 张幻灯片，删除多余文字。

② 插入六边形：单击“插入”选项卡“插图”组中的“形状”按钮，在弹出的下拉列表中选择“基本形状”组中的“六边形”，在幻灯片窗格中拖动鼠标产生一个六边形，单击“绘图工具”选项卡中的“形状效果”按钮，在弹出的下拉列表中选择“阴影”→“内部居中”，如图 4-79 所示。

③ 将六边形复制两次，按图 4-55 摆放好位置。

④ 插入图片：单击“插入”选项卡中的“图片”按钮，弹出“插入图片”对话框，选择“公司宣传片-实验结果”文件夹下的“产品 1-数据中心交换机.jpg”，单击“打开”按钮，插入图片，调整图片大小和位置，将其放在第 1 个六边形中。

⑤ 插入图片说明文字：单击“插入”选项卡中的“文本框”按钮，在弹出的下拉列表中选择“横向文本框”，拖动鼠标指针在图片下面插入文本框，输入文字“数据中心交换机”，设置文字颜色为“黑色”，字体为“方正姚体”，大小为“16 磅”，“居中”并“加粗”。

⑥ 将六边形、图片和文字组合成一个对象：按住【Shift】键选中第 1 个六边形、图片和文本框，右击鼠标，在弹出的快捷菜单中选择“组合”。

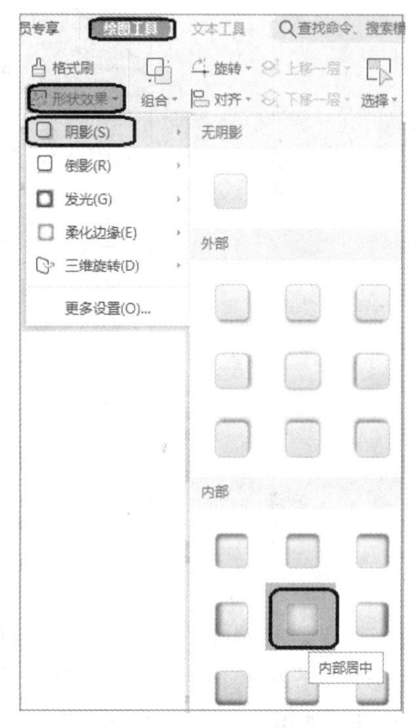

图 4-79 六边形形状效果

⑦ 重复④~⑥，插入图片“产品 2-中小企业交换机.jpg”“产品 3-系列路由器.jpg”和相应文字，效果如图 4-55 所示。

（21）设置第 8 张幻灯片的动画

① 选中第 1 个图片组合，单击“自定义动画”窗格中的“添加效果”下拉按钮，在弹出的列表中选择“盒装”动画效果，在“开始”栏选择“单击时”，“方向”栏选择“外”，“速度”栏选择“中速”。

② 选中第 2 个图片组合，单击“添加效果”下拉按钮，在弹出的列表中选择“盒装”动画效果，在“开始”栏选择“之后”，“方向”栏选择“内”，“速度”栏选择“中速”。

③ 选中第 3 个图片组合，单击“添加效果”下拉按钮，在弹出的列表中选择“盒装”动画效果，在“开始”栏选择“之后”，“方向”栏选择“外”，“速度”栏选择“中速”。

（22）插入第 9 张幻灯片

① 单击“开始”选项卡中的“新建幻灯片”按钮，插入第 9 张幻灯片，删除多余文字。

② 插入图片：单击“插入”选项卡中的“图片”按钮，弹出“插入图片”对话框，选择“公司宣传片-实验结果”文件夹下的“产品 4-视频监控云平台.jpg”，单击“打开”按钮插入图片，调整图片大小和位置。

③ 插入文本框：单击“插入”选项卡中的“文本框”按钮，在弹出的下拉列表中选择“横向文本框”，拖动鼠标指针在图片右边插入文本框，将“公司宣传片-实验结果”文件夹的“2.产品介绍.txt”中的文字复制到文本框中。

④ 文本框转换为智能图形：选择文本框，单击“转智能图形”按钮，在弹出的下拉列表中选择“基本矩阵”，如图 4-80 所示，将文字转换为智能图形。

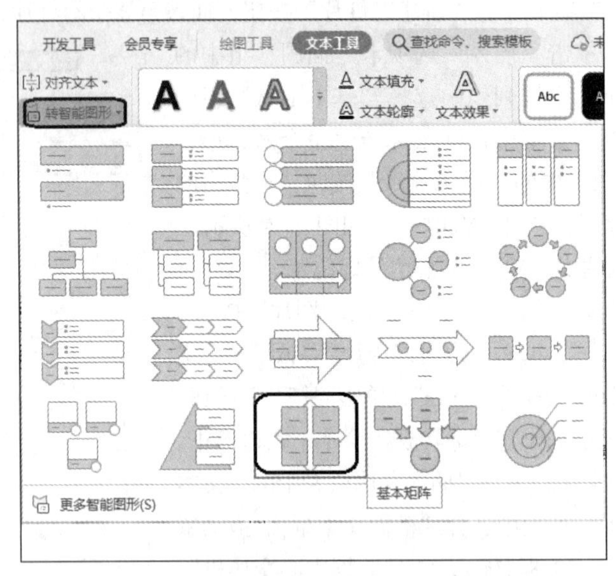

图 4-80　文本框转换为智能图形

⑤ 选择智能图形，单击“设计”选项卡中的“更改颜色”按钮，在弹出的下拉列表中选择“彩色”下的第 1 种颜色，改变智能图形的颜色；设置其中的文字字体为“黑体”，大小为“18 磅”，将其“加粗”，并调整智能图形的大小和位置。效果如图 4-57 所示。

（23）设置第 9 张幻灯片的动画

① 设置图片动画：选中图片，单击“自定义动画”窗格中的“添加效果”下拉按钮，在弹出的列表中选择“劈裂”动画效果，在“开始”栏选择“单击时”，“方向”栏选择“左右向中央收缩”，“速度”栏选择“中速”。

② 设置智能图形动画：选中智能图形，单击“添加效果”下拉按钮，在弹出的列表中选择“十字形扩展”动画效果，在“开始”栏选择“单击时”，“方向”栏选择“外”，“速度”栏选择“中速”。效果如图 4-57 所示。

（24）插入超链接返回主菜单

① 单击“插入”选项卡中的“形状”按钮，在弹出的下拉列表中选择“动作按钮”中的第 5 个按钮，在幻灯片右下角拖动鼠标指针画出图形。

② 弹出“动作设置”对话框，单击对话框中的“超链接到”下拉按钮，选择“幻灯片”，弹出“超

链接到幻灯片”对话框，选择“2.幻灯片 2”，单击“确定”按钮，设置返回主菜单的超链接。

（25）插入第 10 张幻灯片

① 在任务窗格中选择第 7 张幻灯片，按【Ctrl】+【C】键复制幻灯片。

② 将光标定位到第 9 张幻灯片后面，按【Ctrl】+【V】键粘贴幻灯片，由第 7 张幻灯片复制出第 10 张幻灯片。

③ 将“2”修改成“3”，将文本框中的“产品介绍”替换成“市场分析”。

（26）插入第 11 张幻灯片

① 单击“开始”选项卡中的“新建幻灯片”按钮，插入第 11 张幻灯片，删除多余文字。

② 插入表格：单击“插入”选项卡中的“表格”按钮，拖动鼠标指针产生 5 行 3 列的表格，将“公司宣传片-实验结果”文件夹下的“3.市场分析.txt”的数据复制到表格中，调整字体的大小，调整表格的大小和位置。

③ 插入图表：单击“插入”选项卡中的“图表”按钮，弹出“插入图表”对话框，选择“柱形图”中的“簇状柱形图”，如图 4-81 所示。单击“插入”按钮。

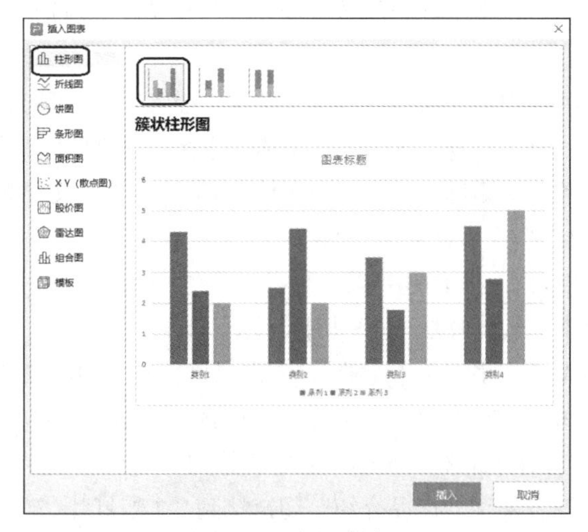

图 4-81 插入图表

④ 选中图表，单击“图表工具”选项卡下的“选择数据”按钮，在弹出的电子表格中将“公司宣传片-实验结果”文件夹下的“3.市场分析.txt”中的数据输入，删除多余的数据，产生一个图表，如图 4-82 所示。

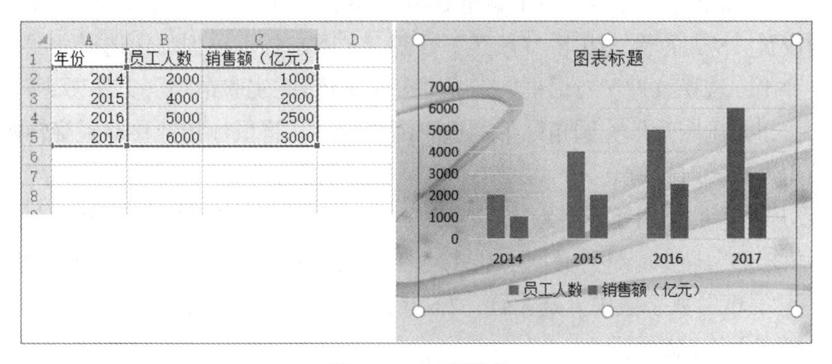

	A	B	C	D
1	年份	员工人数	销售额（亿元）	
2	2014	2000	1000	
3	2015	4000	2000	
4	2016	5000	2500	
5	2017	6000	3000	
6				
7				
8				

图 4-82 创建图表

⑤ 参考图 4-30 调整图表的大小和位置，设置图表标题为“企业经营数据”。

（27）设置第 11 张幻灯片的动画

① 设置表格动画：选中表格，单击“自定义动画”窗格中的“添加效果”下拉按钮，在弹出的列表中选择“轮子”动画效果，在“开始”栏选择“单击时”，“辐射状”栏选择“4 轮辐图案(4)”，“速度”栏选择“中速”。

② 选中图表，单击“自定义动画“窗格中的“添加效果”下拉按钮，在弹出的列表中选择“翻转式由远及近”动画效果，在“开始”栏选择“单击时”，“速度”栏选择“中速”。

（28）插入超链接返回主菜单

参照第（24）步，在幻灯片底部添加一动作按钮，超链接到主菜单“幻灯片 2”。

（29）插入第 12 张幻灯片

① 在任务窗格中选择第 10 张幻灯片，按【Ctrl】+【C】键复制幻灯片。

② 将光标定位到第 11 张幻灯片后面，按【Ctrl】+【V】键粘贴幻灯片，由第 10 张幻灯片复制出第 12 张幻灯片。

③ 将序号替换成“4”，将文本框中的“市场分析”替换成“前景展望”。

（30）插入第 13 张幻灯片

① 单击“开始”选项卡中的“新建幻灯片”按钮，插入第 13 张幻灯片，删除多余文字。

② 插入视频：单击“插入”选项卡中的“视频”按钮，在打开的下拉列表中选择“嵌入本地视频”，弹出“插入视频”对话框，将“公司宣传片-实验结果”文件夹下的“前景展望.wmv”选中，单击“打开”按钮，插入视频文件，调整大小和位置。

（31）编辑主菜单“幻灯片 2”的超链接

① 在任务窗格中单击“幻灯片 2”进行切换。

② 选择图形中的第 1 行文字“关于企业”，右击鼠标，在弹出的快捷菜单中选择“超链接”，弹出“插入超链接”对话框，在左侧“链接到”列表中选择“本文档中的位置”，在“请选择文档中的位置”列表中选择“3.幻灯片 3”，单击“确定”按钮。

③ 以同样的操作，设置文字“产品介绍”超链接到“7.幻灯片 7”，设置文字“市场分析”超链接到“10.幻灯片 10”，设置文字“前景展望”超链接到“12.幻灯片 12”。

（32）插入第 14 张幻灯片

① 单击“开始”选项卡中的“新建幻灯片”按钮，插入第 14 张幻灯片，删除多余文字。

② 插入圆角矩形和图片：单击“插入”选项卡中的“形状”按钮，在弹出的下拉列表中选择“圆角矩形”，拖动鼠标指针画出一个圆角矩形，单击“绘图工具”选项卡，在“高度”“宽度”数字框中，均设置“5.5 厘米”；单击“填充”按钮，在弹出的下拉列表中选择“图片或纹理”→“本地图片”，弹出“选择纹理”对话框，选择“公司宣传片-实验结果”文件夹下的“高楼.jpg”，单击“打开”按钮，用图片填充圆角矩形；选中圆角矩形，将鼠标指针移动到旋转按钮上，按住鼠标左键将圆角矩形顺时针旋转 45° 。

③ 插入图片上方的圆角矩形：单击“插入”选项卡，单击“形状”按钮，在弹出的下拉列表中选择“圆角矩形”，拖动鼠标指针画出一个圆角矩形，放在图片上部；单击“绘图工具”选项卡，在“高度”“宽度”数字框中分别设置“2.6 厘米”“3.3 厘米”；单击“填充”按钮，在弹出的下拉列表中选择“无填充颜色”。

④ 在圆角矩形中输入文字：选中圆角矩形，右击鼠标，在弹出的快捷菜单中选择“编辑文

字”，输入“创新”，设置文字字体为“方正姚体”，大小为“28 磅”，颜色为“黑色”；选中圆角矩形，将鼠标指针移动到旋转按钮上，按住鼠标左键将圆角矩形顺时针旋转 30°，效果参考图 4-30。

⑤ 制作第 2 个圆角矩形：选中刚插入的圆角矩形，按【Ctrl】+【C】键复制，再按【Ctrl】+【V】键粘贴，将复制出的圆角矩形移动到图片左下部；选中该圆角矩形，单击“绘图工具”选项卡，单击“轮廓”按钮，在弹出的下拉列表中选择“其他边框颜色”，弹出“颜色”对话框，在“自定义”选项卡中设置“红色”“绿色”“蓝色”的颜色值分别为“230”“180”“70”，单击“确定”按钮。修改文字“创新”为“合作”；选中圆角矩形，将鼠标指针移动到旋转按钮上，按住鼠标左键将圆角矩形逆时针旋转 30°，效果参考图 4-30。

⑥ 制作第 3 个圆角矩形：选中刚插入的圆角矩形，按【Ctrl】+【C】键复制，再按【Ctrl】+【V】键粘贴，将复制出的圆角矩形移动到图片右下部；选中该圆角矩形，单击“绘图工具”选项卡，单击“轮廓”按钮，在弹出的下拉列表中选择“主题颜色”中的“巧克力黄，着色 6，深色 25%”，单击“确定”按钮；修改文字“合作”为“共赢”；选中圆角矩形，将鼠标指针移动到旋转按钮上，按住鼠标左键旋转图形，使图形水平顺时针倾斜 15°，效果参考图 4-30。

⑦ 插入艺术字：单击“插入”选项卡中的“艺术字”按钮，选择第 1 行第 3 列的艺术字样式，输入文字“谢谢大家!”，调整大小和位置。

（33）设置第 14 张幻灯片的动画

① 选中图片，单击“自定义动画”窗格中的“添加效果”下拉按钮，在弹出的列表中选择“翻转式由远及近”动画效果，在“开始”栏选择“之后”，“速度”栏选择“中速”。

② 选中图片上部的“创新”圆角矩形，单击“自定义动画”窗格中的“添加效果”下拉按钮，在弹出的列表中选择“弹跳”动画效果，在“开始”栏选择“之后”，“速度”栏选择“中速”。

③ 选中图片左下部的“合作”圆角矩形，单击“自定义动画”窗格中的“添加效果”下拉按钮，在弹出的列表中选择“弹跳”动画效果，在“开始”栏选择“之后”，“速度”栏选择“中速”。

④ 选中图片上部的“共赢”圆角矩形，单击“自定义动画”窗格中的“添加效果”下拉按钮，在弹出的列表中选择“弹跳”动画效果，在“开始”栏选择“之后”，“速度”栏选择“中速”。

⑤ 选中艺术字，单击“自定义动画”窗格中的“添加效果”下拉按钮，在弹出的列表中选择“轮子”动画效果，在“开始”栏选择“之后”，“速度”栏选择“中速”。

（34）设置背景音乐

① 在任务窗格中单击第 1 张幻灯片。

② 单击“插入”选项卡中的“音频”按钮，在弹出的下拉列表中选择“嵌入背景音乐”，打开“从当前页插入背景音乐”对话框，选择“公司宣传片-实验结果”文件夹下的“背景音乐.mp3”，单击“打开”按钮，插入音频文件。

③ 选中音频文件图标，单击“音频工具”选项卡，选中“放映时隐藏”复选框和“循环播放，直至停止”复选框，再设置“跨幻灯片播放：至 999 页停止”，如图 4-83 所示。放映时音乐会从第 1 张幻灯片开始，到第 14 张幻灯片结束。

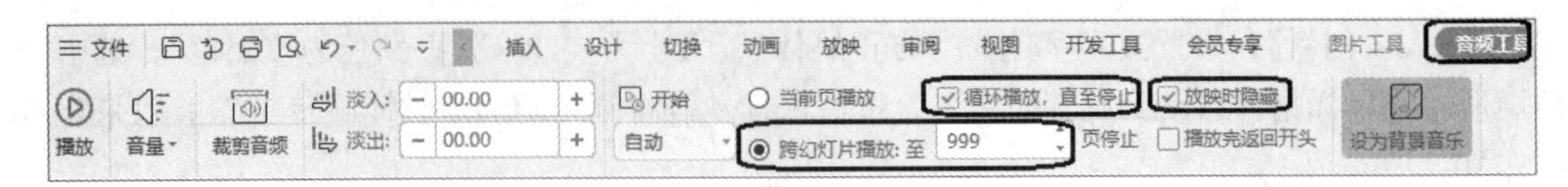

图 4-83 “音频工具”选项卡

（35）观看放映

① 单击“放映”选项卡中的“从头开始”按钮，从第 1 张幻灯片开始播放。

② 随时可按【Esc】键结束放映。

（36）保存演示文稿

单击“文件”选项卡，选择“保存”。

4.2.4 练习

本练习的效果图如图 4-84 所示。

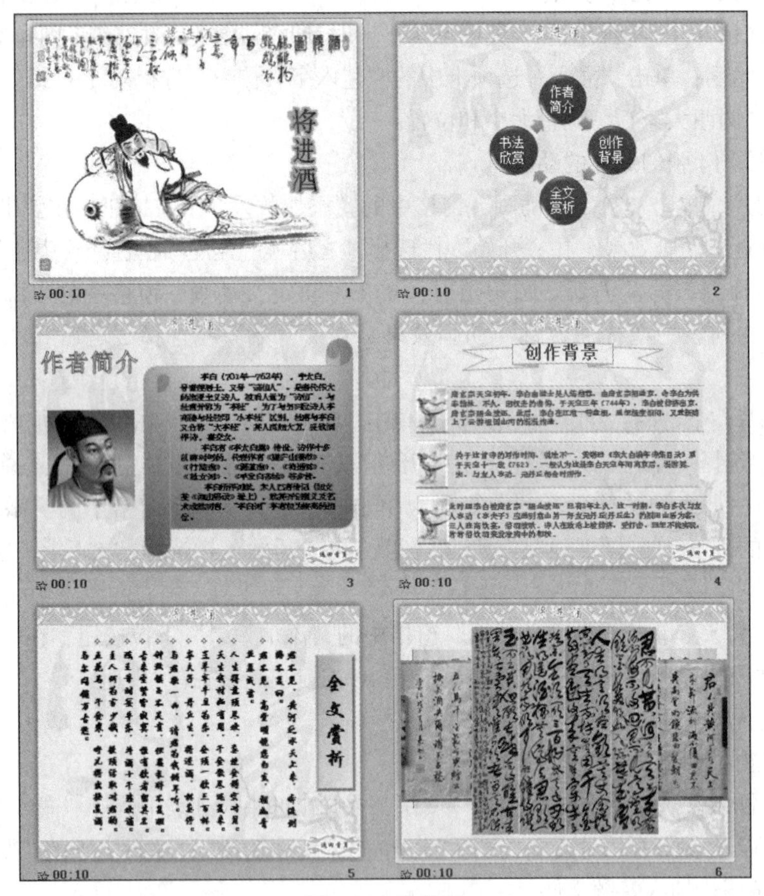

图 4-84 效果图

具体要求如下。

（1）实验准备工作。

① 复制素材。从教学辅助网站下载素材文件“练习 13-课件制作.rar”至本地计算机，并将该压缩文件解压缩。

② 创建实验结果文件夹。在D盘或E盘上新建一个“课件制作-实验结果”文件夹，用于存放结果文件。

（2）新建“课件制作.pptx”文件，设置所有幻灯片应用主题模板“模板.potx”，所有幻灯片切换效果为“百叶窗”。

（3）编辑幻灯片母版，加艺术字标题“将进酒”，字体为“华文行楷”，“36”号字。

（4）设置第1张幻灯片背景为“李白背景图.jpg”，插入竖排艺术字标题“将进酒”，样式为第1行第2列的“填充-蓝色，着色1，阴影”，“文本效果”设置为“发光变体”下的“蓝色，8pt发光，个性色1”，“转换”效果为“弯曲”中的“朝鲜鼓”，进入动画效果为“翻转式由远及近”，持续时间1秒。

（5）插入第2张幻灯片，插入SmartArt图形，形状为“基本循环”，颜色为“彩色填充-个性色1”，SmartArt样式为“优雅”，内容有4项，分别为“作者简介”“创作背景”“全文赏析”“书法欣赏”。它们都在单击鼠标时出现，进入动画效果为“轮子”，内容“逐个”出现，持续时间2秒。

（6）插入第3张幻灯片，左上角插入艺术字“作者简介”，进入动画效果为单击时“自左侧”“飞入”，持续时间1秒。下方插入图片“李白.jpg”，进入动画效果为“旋转”，持续时间2秒。右边插入形状“星与旗帜”中的“横卷形”，进入动画效果为“劈裂”，“中央向左右展开”，持续时间2秒。上面再插入文本框，文字从“作者简介.txt”中复制，字体为“华文中宋”，字号为“18”，按段落进入，动画效果为“劈裂”，“中央向左右展开”，持续时间2秒。

（7）插入第4张幻灯片，插入形状“星与旗帜”中的“上凸带形”，输入文字“创作背景”，单击鼠标时出现，进入动画效果为“随机线条”，持续时间1秒。插入SmartArt图形，形状为“列表”中的“图片条纹”，颜色为“深色1轮廓”（主题颜色），SmartArt样式为“优雅”，将“创作背景.txt”中的3段文字分别复制到3个文本框中，单击鼠标时出现，按段落进入，动画效果为“轮子”，“2轮辐图案”，持续时间2秒。

（8）插入第5张幻灯片，插入竖排文本框，输入“全文赏析”，字体为“华文行楷”，字号为“48”，文本框“形状填充”的颜色为自定义颜色，“红”为“250”，“绿”为“50”，“蓝”为“150”，“渐变-浅色变体-线性对角-左上到右下”，设置“形状效果”为“棱台”“角度”，单击鼠标时出现，进入动画效果为“更多进入效果”中的“华丽型”下的“玩具风车”。再插入一个竖排文本框，将“将进酒全文.txt”复制进来，字体为“华文行楷”，字号为“24”，单击时按段落进入，动画效果为“自顶部”“飞入”，持续时间1秒。

（9）插入第6张幻灯片，插入“书法欣赏1.jpg”，单击鼠标时出现，进入动画效果为“形状”，方向为“缩小”，形状为“圆形”，再次单击鼠标时消失，消失动画效果为“形状”，方向为“放大”，形状为“圆形”；然后插入“书法欣赏2.jpg”，单击鼠标时出现，进入动画效果为“形状”，方向为“缩小”，形状为“圆形”，再次单击鼠标时消失，消失动画效果为“形状”，方向为“放大”，形状为“圆形”。以同样的操作，插入“书法欣赏3.jpg”及同样的动画效果。

（10）为第2张幻灯片中的文字“作者简介”“创作背景”“全文赏析”“书法欣赏”建立超链接，分别指向相应幻灯片。

（11）在第3～5张幻灯片中分别插入图片“返回首页.jpg”，单击图片返回第2张幻灯片，参照图4-84。

（12）为所有幻灯片添加背景音乐“背景音乐.mp3”。

（13）保存演示文稿。

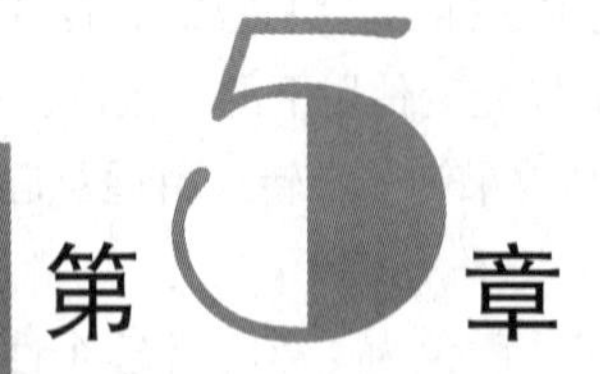

第5章 全国计算机等级考试一级(MS Office)考试大纲及模拟试卷

5.1 考 试 大 纲

5.1.1 基本要求

1. 掌握算法的基本概念。
2. 具有微型计算机的基础知识（包括计算机病毒的防治常识）。
3. 了解微型计算机系统的组成和各部分的功能。
4. 了解操作系统的基本功能和作用，掌握 Windows 7 的基本操作和应用。
5. 了解计算机网络的基本概念和因特网（Internet）的初步知识，掌握 IE 浏览器软件和 Outlook 软件的基本操作和使用。
6. 了解文字处理的基本知识，熟练掌握文字处理软件 Word 2016 的基本操作和应用，熟练掌握一种汉字（键盘）输入方法。
7. 了解电子表格软件的基本知识，掌握电子表格软件 Excel 2016 的基本操作和应用。
8. 了解多媒体演示软件的基本知识，掌握演示文稿制作软件 PowerPoint 2016 的基本操作和应用。

5.1.2 考试内容

1. 计算机基础知识

（1）计算机的发展、类型及其应用领域。
（2）计算机中数据的表示与存储。
（3）多媒体技术的概念与应用。
（4）计算机病毒的概念、特征、分类与防治。
（5）计算机网络的概念、组成和分类；计算机与网络信息安全的概念和防控。

2. 操作系统的功能和使用

（1）计算机软、硬件系统的组成及主要技术指标。
（2）操作系统的基本概念、功能、组成及分类。

（3）Windows 7 操作系统的基本概念和常用术语，文件、文件夹、库等。

（4）Windows 7 操作系统的基本操作和应用。

① 桌面外观的设置，基本的网络配置。

② 资源管理器的操作与应用。

③ 文件、磁盘、显示属性的查看、设置等操作。

④ 中文输入法的安装、删除和选用。

⑤ 对文件、文件夹和关键字的搜索。

⑥ 软、硬件的基本系统工具。

（5）计算机网络的基本概念和因特网的基础知识，主要包括网络硬件和软件，TCP/IP 协议的工作原理，以及网络应用中常见的概念，如域名、IP 地址、DNS 服务等。

（6）浏览器、电子邮件的使用和操作。

3. 文字处理软件的功能和使用

（1）Word 2016 的基本概念，Word 2016 的基本功能、运行环境、启动和退出。

（2）文档的创建、打开、输入、保存等基本操作。

（3）文本的选定、插入与删除、复制与移动、查找与替换等基本编辑技术；多窗口和多文档的编辑。

（4）字体格式设置、文本效果修饰、段落格式设置、文档页面设置、文档背景设置和文档分栏等基本排版技术。

（5）表格的创建、修改；表格的修饰；表格中数据的输入与编辑；数据的排序和计算。

（6）图形和图片的插入；图形的建立和编辑；文本框、艺术字的使用和编辑。

（7）文档的保护和打印。

4. 电子表格软件的功能和使用

（1）电子表格的基本概念和基本功能，Excel 2016 的基本功能、运行环境、启动和退出。

（2）工作簿和工作表的基本概念和基本操作，工作簿和工作表的建立、保存和退出；数据输入和编辑；工作表和单元格的选定、插入、删除、复制、移动；工作表的重命名和工作表窗口的拆分和冻结。

（3）工作表的格式化，包括设置单元格格式、设置列宽和行高、设置条件格式、使用样式、自动套用模式和使用模板等。

（4）单元格绝对地址和相对地址的概念，工作表中公式的输入和复制，常用函数的使用。

（5）图表的建立、编辑、修改和修饰。

（6）数据清单的概念，数据清单的建立，数据清单内容的排序、筛选、分类汇总，数据合并，数据透视表的建立。

（7）工作表的页面设置、打印预览和打印，工作表中链接的建立。

（8）保护和隐藏工作簿和工作表。

5. PowerPoint 的功能和使用

（1）PowerPoint 2016 的基本功能、运行环境、启动和退出。

（2）演示文稿的创建、打开、关闭和保存。

（3）演示文稿视图的使用，幻灯片的基本操作（编辑版式、插入、移动、复制和删除）。

（4）幻灯片的基本制作方法（文本、图片、艺术字、形状、表格等插入及格式化）。

（5）演示文稿主题选用与幻灯片背景设置。

（6）演示文稿放映设计（动画设计、放映方式设计、切换效果设计）。

（7）演示文稿的打包和打印。

5.1.3 考试方式

上机考试，考试时长 90 分钟，满分 100 分。

1. 题型及分值

单项选择题（计算机基础知识和网络的基本知识） 20 分

Windows 7 操作系统的使用 10 分

Word 2016 操作 25 分

Excel 2016 操作 20 分

PowerPoint 2016 操作 15 分

浏览器（IE）的简单使用和电子邮件收发 10 分

2. 考试环境

操作系统：Windows 7。

考试环境：Microsoft Office 2016。

5.2 模拟试卷

5.2.1 试卷一

一、选择题（20 分）

1. 在计算机内部传送、存储、加工处理的数据或指令所采用的形式是________。

   A. 十进制码　B. 二进制码　C. 八进制码　D. 十六进制码

2. 如果在一个非零无符号二进制整数之后添加一个 0，则此数的值为原数的________。

   A. 4 倍　B. 2 倍　C. 1/2　D. 1/4

3. 计算机感染病毒的可能途径之一是________。

   A. 随意运行外来的、未经杀毒软件严格审查的软盘上的软件
   B. 从键盘上输入数据
   C. 电源不稳定
   D. 所使用的软盘表面不清洁

4. 局域网中，提供并管理共享资源的计算机称为________。

   A. 网桥　B. 网关　C. 服务器　D. 客户机

5. 操作系统的主要功能是________。

   A. 对计算机的所有资源进行统一控制和管理，为用户使用计算机提供方便
   B. 对用户的数据文件进行管理，为用户提供管理文件方便
   C. 对源程序进行编译和运行
   D. 对汇编语言程序进行翻译

6. 下列关于 CPU 的叙述中，正确的是________。
   A. CPU 能直接与内存储器交换数据　　B. CPU 主要组成部分是存储器和控制器
   C. CPU 主要用来执行算术运算　　D. CPU 能直接读取硬盘上的数据
7. 存储 1024 个 24×24 点阵的汉字字形码需要的字节数是________。
   A. 7000Byte　　B. 720Byte　　C. 7200Byte　　D. 72KB
8. 英文缩写 CAI 的中文意思是________。
   A. 计算机辅助教学　B. 计算机辅助制造　C. 计算机辅助管理　D. 计算机辅助设计
9. 下列设备组中，完全属于计算机输出设备的一组是________。
   A. 激光打印机、键盘、鼠标器　　B. 喷墨打印机、显示器、键盘
   C. 键盘、鼠标器、扫描仪　　D. 打印机、绘图仪、显示器
10. 下列各组软件中，全部属于应用软件的是________。
    A. 音频播放系统、语言编译系统、数据库管理系统
    B. 文字处理程序、军事指挥程序、UNIX
    C. Word 2016、Photoshop、Windows 7
    D. 导弹飞行系统、军事信息系统、航天信息系统
11. 对声音波形采样时，采样频率越高，声音文件的数据量________。
    A. 越小　　B. 越大　　C. 不变　　D. 无法确定
12. 用来控制、指挥和协调计算机各部件工作的是________。
    A. 鼠标器　　B. 运算器　　C. 控制器　　D. 存储器
13. 实现音频信号数字化最核心的硬件电路是________。
    A. A/D 转换器　　B. D/A 转换器　　C. 数字编码器　　D. 数字解码器
14. 下列选项中，不属于显示器主要技术指标的是________。
    A. 重量　　B. 分辨率　　C. 像素的点距　　D. 显示器的尺寸
15. Internet 中，用于实现域名和 IP 地址转换的是________。
    A. HTTP　　B. SMTP　　C. FTP　　D. DNS
16. 无符号二进制整数 111111 转换成十进制数是________。
    A. 71　　B. 63　　C. 65　　D. 62
17. 要将计算机与局域网连接，至少需要具有的硬件是________。
    A. 集线器　　B. 网关　　C. 路由器　　D. 网卡
18. CPU 的主要性能指标是________。
    A. 字长和时钟主频　　B. 可靠性
    C. 耗电量和效率　　D. 发热量和冷却效率
19. Internet 实现了分布在世界各地的各类网络的互联，其最基础和核心的协议是________。
    A. HTTP　　B. FTP　　C. HTML　　D. TCP/IP
20. 下列各项中，Internet 的非法 IP 地址是________。
    A. 202.196.112.114　　B. 154.255.123.5
    C. 148.256.23.8　　D. 201.24.238.45

二、基本操作（10 分）

1. 将考生文件夹下的 HUI\LAN 文件夹中的文件 NIU.prm 设置为存档和隐藏属性。

2. 将考生文件夹下 HEI\HONG 文件夹中的文件 YANXI.for 删除。

3. 在考生文件夹下 YOUXI 文件夹中新建一个 ZIPAI 文件夹。

4. 将考生文件夹下 TEACHER\WU 文件夹中的 STUDENT 文件夹复制到考生文件夹下的 COACH\GAO 文件夹中，并将该文件夹命名为 GRADUATE。

5. 将考生文件夹下 HUI\MING 文件夹中的 HAO 文件夹移动到考生文件夹下的 LIANG 文件夹中。

三、字处理（25 分）

请用 Word 2016 对考生文件夹下的 WORD.docx 文档中的文字进行编辑和保存，具体要求如下。

1. 将标题段文字设置为楷体四号红色字、绿色边框、黄色底纹、居中。

2. 将正文各段落中的中文字体设置为 12 磅、宋体，西文字体设置为 12 磅、Arial。

3. 将正文第三段移至第二段之前；设置正文各段首行缩进 2 个字符，行间距为 1.2 倍行距。

4. 设置页面上下边距各为 2.5 厘米。

5. 将文中最后 4 行文字转换成一个 4 行 3 列的表格；在第 2 列与第 3 列之间添加一列，并输入该列内容"缓冲器""4""40""80"。

6. 设置表格所有列宽为 2.5 厘米、行高为 0.6 厘米、表格居中。

7. 设置表格第 1 行单元格为黄色底纹；设置所有表格框线为 1 磅红色单实线。

四、电子表格（20 分）

请用 Excel 2016 对考生文件夹下的 EXCEL.xlsx 工作簿中的数据进行编辑和保存，具体要求如下。

1. 将 Sheet1 工作表的 A1:F1 区域合并为一个单元格，内容水平居中。

2. 用公式计算 3 年各月经济增长指数的平均值，保留两位小数。

3. 将 A2:F6 区域的全部框线设置为双线，颜色为蓝色。

4. 将工作表命名为"经济增长指数对比表"。

5. 选取 A2:F5 区域的内容，建立"带数据标记的堆积折线图"，系列产生在"行"，图表标题为"经济增长指数对比图"，图例位置在底部，网格线为分类（X）轴和数值（Y）轴，显示主要网格线，将图表插入 A8:F18 区域。

五、演示文稿（15 分）

请用 PowerPoint 2016 对考生文件夹下的 PPT.pptx 演示文稿进行编辑和保存，具体要求如下。

1. 在第一张幻灯片中，输入主标题文字"发现号航天飞机发射推迟"，设置其字体为黑体，字号为 52 磅，加粗，红色。输入副标题文字"燃料传感器存在故障"，设置其字体为楷体，字号为 32 磅。

2. 将第二张幻灯片的版式设置为"两栏内容"。

3. 将第一张幻灯片的图片移动到第三张幻灯片中。

4. 设置第二张幻灯片的文本动画为"进入-百叶窗、水平"。

5. 将第一张幻灯片背景填充设置为"水滴"纹理。

6. 将所有幻灯片的主题设置为"跋涉"，并设置演示文稿的放映方式为"演讲者放映（全屏幕）"。

六、上网题（10 分）

向李芹同学发一封 E-mail，祝贺他考入苏州大学，并将考生文件夹下的一个贺卡文件 HEKA.txt 作为附件一起发送。具体内容如下。

【收件人】liqin@mail.home.com

【主题】祝贺

【邮件内容】由衷地祝贺你考取苏州大学计算机科学与技术学院。

5.2.2　试卷二

一、选择题（20 分）

1. 现代计算机是根据________提出的原理制造出来的。

   A. 艾仑 • 图灵　　B. 乔治 • 布尔　　C. 冯 • 诺依曼　　D. 莫奇莱

2. 十六进制数 AC 转换为等值的八进制数是________。

   A. 156　　B. 256　　C. 154　　D. 254

3. 由二进制代码表示的机器指令能被计算机________。

   A. 直接执行　　B. 解释后执行　　C. 汇编后执行　　D. 编译后执行

4. 下列关于计算机硬件组成的描述中，错误的是________。

   A. 计算机硬件包括主机与外设两部分
   B. 主机指的就是 CPU
   C. 外设通常指的是外部存储设备和输入/输出设备
   D. 一台计算机中可能有多个处理器，它们都能执行指令

5. 随机存取存储器（RAM）的最大特点是________。

   A. 存储量极大，属于海量存储器
   B. 存储在其中的信息可以永久保留
   C. 一旦断电，存储在其上的信息将全部丢失
   D. 读取数据速度比 U 盘慢

6. 以下说法错误的是________。

   A. 所有键盘的按键数是相同的
   B. 扫描仪的色彩位数表示扫描仪所能产生颜色的范围
   C. 鼠标可以采用 USB 接口与计算机相连
   D. 鼠标按结构可分为机械式鼠标、光机式鼠标、光电鼠标

7. 能管理计算机的硬件和软件资源，为应用程序开发和运行提供高效率平台的是________。

   A. 操作系统　　B. 数据库管理系统　　C. CPU　　D. 专用软件

8. 下列关于计算机网络的叙述中正确的是________。

   A. 计算机组网的目的主要是提高单机运行效率
   B. 网络中所有计算机操作系统必须相同
   C. 构成网络的多台计算机，其硬件配置必须相同
   D. 地理位置分散且功能独立的智能设备也可以接入计算机网络

9. 在 Internet 中用于文件传送的服务是________。

   A. FTP　　B. E-mail　　C. Telnet　　D. WWW

10. 下列传输介质中，抗干扰能力最强的是________。

A. 微波　　B. 同轴电缆　　C. 光纤　　D. 双绞线

11. Internet 使用 TCP/IP 实现了全球范围的计算机网络的互联，连接在 Internet 上的每一台主机都有一个 IP 地址，下面不能作为 IP 地址的是________。

A. 201.109.39.68　　B. 120.34.0.18　　C. 21.18.33.48　　D. 127.0.257.1

12. 杀毒软件能够________。

A. 消除已感染的所有病毒

B. 发现并阻止任何病毒的入侵

C. 杜绝对计算机的侵害

D. 发现病毒入侵的某些迹象并及时清除或提醒操作者

13. 在网上进行银行卡支付时，屏幕上常常弹出一个动态“软键盘”，让用户输入银行账号、密码，其最主要的目的是________。

A. 方便用户操作　　B. 防止“木马”盗取用户输入的信息

C. 提高软件的运行速度　　D. 查杀“木马”病毒

14. 目前广泛使用的 Adobe Acrobat 软件，将文字、排版格式、声音和图像等信息封装在一个文件中，既适合网络传输，也适合电子出版，其文件格式是________。

A. TXT　　B. DOC　　C. HTML　　D. PDF

15. 一幅具有真彩色（24 位）、分辨率为 1024×768 的数字图像，在没有进行数字压缩时，它的数据量大约是________。

A. 900KB　　B. 18MB　　C. 3.75MB　　D. 2.25MB

16. 已知英文字母 m 的 ASCII 码值为 6DH，那么 ASCII 码值为 71H 的英文字母是________。

A. M　　B. j　　C. P　　D. q

17. 汉字国标码（GB 2312—1980）把汉字分成________。

A. 简化字和繁体字两个等级

B. 一级汉字、二级汉字和三级汉字三个等级

C. 一级常用汉字、二级次常用汉字两个等级

D. 常用字、次常用字、罕见字三个等级

18. 在微机中，VGA 属于________。

A. 微机型号　　B. 显示器型号　　C. 显示标准　　D. 打印机型号

19. 某 800 万像素的数码相机，拍摄照片的最高分辨率大约是________。

A. 3200×2400　　B. 2048×1600　　C. 1600×1200　　D. 1024×768

20. 下列说法正确的是________。

A. CPU 可直接处理外存上的信息

B. 计算机可以直接执行高级语言编写的程序

C. 计算机可以直接执行机器语言编写的程序

D. 系统软件是买来的软件，应用软件是自己编写的软件

二、基本操作（10 分）

1. 将考生文件夹下 BNPA 文件夹中的 RONGHE.com 文件复制到考生文件夹下 EDZK 文件夹中，并将该文件命名为 SHAN.bak。

2. 在考生文件夹下 WUE 文件夹中创建名为 PB6.txt 的文件，并设置为只读和存档。

3. 为考生文件夹下 AHEWL 文件夹中的 MNEWS.exe 文件建立名为 RNEW 的快捷方式，并存放在考生文件夹中。

4. 将考生文件夹下 HGACYL 文件夹中的 RLQM.mem 文件移动到考生文件夹下的 XEPO 文件夹中，重命名为 MGCRO.mem。

5. 搜索考生文件夹下的 AUTOE.bat 文件，然后将其删除。

三、字处理（25 分）

请用 Word 2016 对考生文件夹下的 WORD.docx 文档中的文字进行编辑和保存，具体要求如下。

1. 将文中所有错词“背景”替换为“北京”。

2. 将标题段文字设置为 18 磅红色仿宋体、加粗、居中，并添加蓝色双波浪下画线。

3. 设置正文各段落（“6 月 25 日下午……严肃处理。”）左、右各缩进 1 字符、1.2 倍行距、段前间距 0.5 行；设置整篇文档左、右页边距各为 3 厘米。

4. 将文中后 11 行文字转换成一个 11 行 4 列的表格，设置表格居中、表格第一列列宽为 2 厘米、其余各列列宽为 3 厘米、表格行高为 0.6 厘米，表格中所有文字中部居中。

5. 设置表格外框线和第一行与第二行间的内框线为 1.5 磅红色单实线，其余内框线为 0.5 磅红色单实线；分别将表格第一列的第 2～4 行、第 5～7 行、第 8～11 行单元格合并，并将其中的单元格内容（“文科”“理科”“艺术类”）的文字方向更改为“垂直”。

四、电子表格（20 分）

请用 Excel 2016 对考生文件夹下的 EXCEL.xlsx 和 EXC.xlsx 工作簿中的数据进行编辑和保存，具体要求如下。

1. 将 EXCEL.xlsx 中 Sheet1 工作表的 A1:D1 区域合并为一个单元格，内容水平居中。

2. 在 B23 单元格中计算学生的平均身高，如果该学生身高在 160 厘米及以上，在备注行给出“继续锻炼”信息，如果该学生身高在 160 厘米以下，给出“加强锻炼”信息（利用 IF 函数完成）。

3. 将 A2:D23 区域格式设置为套用表格格式“表格式浅色 5”。

4. 将工作表命名为“身高对比表”，并保存文件。

5. 打开工作簿 EXC.xlsx，对工作表“图书销售情况表”内数据清单的内容按主要关键字“经销部门”升序和次要关键字“图书名称”降序排列。

6. 对降序排列的数据进行自动筛选，条件为“销售数量大于或等于 300 并且销售额大于或等于 8000”，工作表名不变，保存文件。

五、演示文稿（15 分）

请用 PowerPoint 2016 对考生文件夹下的 YSWG.pptx 演示文稿进行编辑和保存，具体要求如下。

1. 在第一张幻灯片前插入一版式为“标题幻灯片”的新幻灯片，主标题文字输入“全国 95% 以上乡镇开通宽带”，设置字体为黑体，字号为 63 磅，加粗，蓝色（请用自定义标签的红色 0、绿色 0、蓝色 250）。副标题文字输入“村村通工程”，设置字体为仿宋体，字号为 35 磅。

2. 将第二张幻灯片的版式设置为“两栏内容”。

3. 将第三张幻灯片的图片移动到第二张幻灯片右侧的内容区。

4. 设置第二张幻灯片的文本动画为“进入–左右向中央收缩、劈裂”。

5. 用母版方式在所有幻灯片的右下角插入“通信”类中关键字包含“communications”的剪贴画。

6. 将所有幻灯片的主题设置为“沉稳”，并设置演示文稿的放映方式为“观众自行浏览（窗口）”。

六、上网题（10 分）

向王芳发一封 E-mail，并将考生文件夹下的 Word 文件 splt.doc 作为附件一起发送。具体内容如下。

【收件人】wangfang@js163.com

【抄送】

【主题】操作规范

【邮件内容】发去一个操作规范，具体见附件。

5.2.3 试卷三

一、选择题（20 分）

1. 计算机在实现工业自动化方面的应用主要表现在________。

A. 数据处理　　B. 人工智能　　C. 数值计算　　D. 实时控制

2. 在一个无符号二进制数的右边添上两个 0，形成的数是原数的________倍。

A. 1　　B. 2　　C. 3　　D. 4

3. 十进制数 267 转换成八进制数是________。

A. 326　　B. 410　　C. 314　　D. 413

4. 在计算机的内存储器中，ROM 的功能是________。

A. 临时存放用户的程序和数据　　B. 存放固定不变的程序和数据

C. 预防病毒　　D. 扩充外存储器的功能

5. CPU 不能直接读取和执行存储在________中的指令。

A. Cache　　B. RAM　　C. ROM　　D. 硬盘

6. 显示器的尺寸大小以________为度量依据。

A. 显示屏的面积　　B. 显示屏的宽度　　C. 显示屏的高度　　D. 显示屏对角线的长度

7. 下列关于 DVD 光盘的说法中错误的是________。

A. DVD-ROM 是可写一次可读多次的 DVD 光盘

B. DVD-RAM 是可多次读写的 DVD 光盘

C. DVD-R 是可写一次可读多次的 DVD 光盘

D. DVD 光盘不可以通过 CD 光驱读取

8. 用户购买了一个商品软件，通常就意味着得到了它的________。

A. 修改权　　B. 复制权　　C. 使用权　　D. 版权

9. 下面关于 Windows 操作系统中多任务处理的叙述中，正确的是________。

A. 用户如果只启动一个应用程序工作（如使用 Word 写作），那么该程序就可以自始至终独占 CPU

B. 计算机中有多个处理器，所以操作系统才能同时执行多个任务的处理

C. 后台任务像前台任务一样能得到 CPU 的及时响应

D. CPU 具有多个执行部件，可同时执行多条指令，所以操作系统才能同时进行多个任务的处理

10. 在计算机局域网中，以下资源中________不能被共享。

A. 处理器　B. 键盘　C. 打印机　D. 硬盘

11. 在计算机网络中，不同计算机之间实现通信，要求它们具有统一的________。

A. 通信线路　B. 通信方式　C. 通信协议　D. 通信模式

12. 下面关于 ADSL 接入技术的说法中，错误的是________。

A. ADSL 的含义是非对称数字用户线

B. ADSL 使用普通电话线作为传输介质，最高能够提供 8Mbit/s 的下载速率和 1Mbit/s 的上传速率

C. ADSL 的传输距离可达 5km

D. ADSL 在上网时不能使用电话

13. 以下 IP 地址中可用作某台主机 IP 地址的是________。

A. 62.26.1.256　B. 202.119.24.5　C. 78.0.0.0　D. 223.268.129.1

14. 计算机病毒主要是造成________的破坏。

A. 硬件、软件和数据　B. 硬件和软件

C. 软件和数据　D. 硬件和数据

15. 在未进行数据压缩的情况下，与一幅图像的数据量无关的因素是________。

A. 图像内容　B. 水平分辨率　C. 垂直分辨率　D. 像素深度

16. 1946 年首台通用电子数字计算机 ENIAC 问世后，冯·诺伊曼（Von Neumann）在研制 EDVAC 计算机时，提出两个重要的改进，它们是________。

A. 采用二进制和存储程序控制的概念　B. 引入 CPU 和内存储器的概念

C. 采用机器语言和十六进制　D. 采用 ASCII 编码系统

17. 一个字长为 6 位的无符号二进制数能表示的十进制数值范围是________。

A. 0～64　B. 0～63　C. 1～64　D. 1～63

18. 下列度量单位中，用来度量计算机外部设备传输率的是________。

A. MB/s　B. MIPS　C. GHz　D. MB

19. 操作系统将 CPU 的时间资源划分成极短的时间片，轮流分配给各终端用户，使终端用户各自分享 CPU 的时间片，有独占计算机的感觉，这种操作系统被称为________。

A. 实时操作系统　B. 批处理操作系统　C. 分时操作系统　D. 分布式操作系统

20. “32 位微机”中的 32 位指的是________。

A. 内存容量　B. 微机型号　C. 存储单位　D. 机器字长

二、基本操作（10 分）

1. 在考生文件夹下的 HONG 文件夹中，新建一个 WORD 文件夹。

2. 将考生文件夹下 RED\QI 文件夹中的文件 MAN.xls 移动到考生文件夹下的 FAM 文件夹中，并将该文件重命名为 WOMEN.xls。

3. 搜索考生文件夹下的 APPLE 文件夹，然后将其删除。

4. 将考生文件夹下 SEP\DES 文件夹中的文件 ABC.bmp 复制到考生文件夹下的 SPEAK 文件

夹中。

5. 为考生文件夹下的 BLANK 文件夹建立名为 HOUSE 的快捷方式，存放在考生文件夹下的 CUP 文件夹中。

三、字处理（25 分）

请用 Word 2016 对考生文件夹下的 WORD.docx 文档中的文字进行编辑和保存，具体要求如下。

1. 将文中“最优前五项”与“最差五项”之间的 6 行和“最差五项”后面的 6 行文字分别转换为两个 6 行 3 列的表格。

2. 设置表格居中，表格中所有文字中部居中。

3. 将表格各标题段文字（“最优前五项”与“最差五项”）设置为四号蓝色黑体字、居中，红色边框、黄色底纹。

4. 设置表格所有框线为 1.5 磅蓝色单实线。

5. 设置页眉为“学生满意度调查报告”，格式为小五号宋体字。

6. 插入分页符，将最后一段（“从单项条目上来看……教师的工作量普遍偏大。”）放在第二页，且把此段中的“排在前五位”和“最差五项”文字加下画线（单实线）。

7. 将最后一段（“从单项条目上来看……教师的工作量普遍偏大。”）分成三栏，栏宽相等，栏间加分隔线。

四、电子表格（20 分）

请用 Excel 2016 对考生文件夹下的 EXCEL.xlsx 和 EXC.xlsx 工作簿中的数据进行编辑和保存，具体要求如下。

1. 将 Sheet1 工作表的 A1:D1 区域合并为一个单元格，内容水平居中。

2. 计算“调薪后工资”列的内容（调薪后工资=现工资+现工资×调薪系数），计算现工资和调薪后工资的普遍工资（普遍工资即出现次数最多的工资，置 B18 和 D18 单元格，利用 MODE 函数）。

3. 将 A2:D17 区域格式设置为套用表格格式“表样式浅色 2”。

4. 选取“现工资”列和“调薪后工资”列内容，建立“簇状柱形图”，系列产生在“行”，图表标题为“工资统计图”，设置图表绘图区格式为“白色，背景 1”，图例位置在底部，将图表插入 A20:E34 区域。

5. 将工作表命名为“工资统计表”，并保存文件。

6. 打开工作簿 EXC.xlsx，对工作表“人力资源情况表”内数据清单的内容进行筛选，筛选出各部门学历为硕士或博士、职称为高工的人员情况，工作表不变，保存文件。

五、演示文稿（15 分）

请用 PowerPoint 2016 对考生文件夹下的 YSWG.pptx 演示文稿进行编辑和保存，具体要求如下。

1. 为整个演示文稿应用“穿越”主题，全部幻灯片切换方案为“擦除”，效果选项为“自左侧”。

2. 将第二张幻灯片的版式设置为“两栏内容”。

3. 将第三张幻灯片的图片移动到第二张幻灯片右侧的内容区，设置图片动画效果为“进入/轮子”，效果选项为“2 轮辐图案”。

4. 将第三张幻灯片版式改为“标题和内容”，标题为“公司联系方式”，标题设置为黑体、加粗、59磅字。

5. 内容部分插入3行4列的表格，表格的第1行第1～4列单元格依次输入“部门”“地址”“电话”和“传真”，第1列的第2行和第3行单元格内容分别为“总部”和“中国分部”，其他单元格按第一张幻灯片的相应内容填写。

6. 删除第一张幻灯片，并将第二张幻灯片移为第三张幻灯片。

六、上网题（10分）

向部门经理王强发一封E-mail，并将考生文件夹下的Word文档plan.doc作为附件一起发出，同时抄送总经理杨先生。具体内容如下。

【收件人】wangq@[illegible]163.com

【抄送】yang@[illegible].net.cn

【主题】工作计划

【邮件内容】发去全年工作计划草案，请审阅。具体计划见附件。

5.2.4 试卷四

一、选择题（20分）

1. 电子计算机最主要的特点是________。

A. 高速度　　B. 高精度

C. 存储程序和自动控制　　D. 记忆力强

2. 下列字符中，ASCII码值最小的是________。

A. d　　B. Y　　C. D　　D. I

3. 与十进制数93等值的二进制数是________。

A. 11010011　　B. 1111001　　C. 1011100　　D. 1011101

4. 显示器的显示效果与________有关。

A. 显示卡　　B. 中央处理器　　C. 内存　　D. 硬盘

5. 关机后，计算机ROM中的信息________。

A. 不会丢失　　B. 部分丢失　　C. 全部丢失　　D. 都不是

6. 下列关于USB接口的叙述中，错误的是________。

A. USB是一种高速的串行接口

B. USB符合即插即用规范，连接的设备可以带电插拔

C. 一个USB接口通过扩展可以连接多个设备

D. 鼠标这样的慢速设备，不能使用USB接口

7. 个人计算机存储器系统中的Cache是________。

A. 只读存储器　　B. 高速缓冲存储器

C. 可编程只读存储器　　D. 可擦除可再编程只读存储器

8. 下列设备中可作为输入设备使用的是________。

① 触摸屏；② 传感器；③ 扫描仪；④ 鼠标；⑤ 音箱；⑥ 绘图仪；⑦ 显示器。

A. ①②③④　　B. ①②⑤⑦　　C. ③④⑤⑥　　D. ④⑤⑥⑦

9. 下列操作系统产品中，________是一种“共享软件”，其源代码向世人公开。

A. DOS　　B. Windows　　C. UNIX　　D. Linux

10. 在各类程序设计语言中，相比较而言，________程序的执行效率最高。

A. 机器语言　　B. 汇编语言

C. 面向过程的语言　　D. 面向对象的语言

11. 关于交换机和路由表的说法错误的是________。

A. 广域网中的交换机称为分组交换机或包交换机

B. 每个交换机有一张路由表

C. 交换机的端口有的连接计算机，有的连接其他交换机

D. 路由表中的路由数据是固定不变的

12. HTML 格式的文件________。

A. 是一种简单文本文件

B. 既不是简单文本文件，也不是丰富格式文本文件

C. 是一种丰富格式文本文件

D. 不是文本文件，所以不能被记事本打开

13. 在磁盘上发现病毒后，最彻底的解决办法是________。

A. 删除磁盘上的所有程序　　B. 将磁盘放一段时间后再用

C. 彻底格式化磁盘　　D. 给磁盘加上写保护

14. 在下列 4 种图像文件格式中，目前数码相机所采用的图像文件格式是________。

A. BMP　　B. GIF　　C. JPEG　　D. TIF

15. 对带宽为 300～3400Hz 的语音，若采样频率为 8kHz，量化位数为 8 位，单声道，则其未压缩时的码率约为________。

A. 64kbit/s　　B. 64kB/s　　C. 128kbit/s　　D. 128kB/s

16. 声卡是获取数字声音的重要设备，下列有关声卡的叙述中，错误的是________。

A. 声卡既负责声音的数字化，也负责声音的重建与传播

B. 因为声卡非常复杂，所以只能将其做成独立的 PCI 插卡形式

C. 声卡既处理波形声音，也负责 MIDI 音乐的合成

D. 声卡可以将波形声音和 MIDI 声音混合在一起输出

17. 电子计算机最早的应用领域是________。

A. 数据处理　　B. 科学计算　　C. 工业控制　　D. 文字处理

18. 字长是 CPU 的主要技术性能指标之一，它表示的是________。

A. CPU 的计算结果的有效数字长度　　B. CPU 一次能处理二进制数据的位数

C. CPU 能表示的最大的有效数字位数　　D. CPU 能表示的十进制整数的位数

19. 运算器的完整功能是进行________。

A. 逻辑运算　　B. 算术运算和逻辑运算

C. 算术运算　　D. 逻辑运算和微积分运算

20. 配置 Cache 是为了解决________。

A. 内存与外存之间速度不匹配问题　　B. CPU 与外存之间速度不匹配问题

C. CPU 与内存之间速度不匹配问题　　D. 主机与外部设备之间速度不匹配问题

二、基本操作（10 分）

1. 在考生文件夹下分别创建名为 WTA 和 WTB 的两个文件夹。

2. 搜索考生文件夹下的WORK.ppt文件，将其移动到考生文件夹下的WTA文件夹中。

3. 将考生文件夹下的MIAN\BAO文件夹复制到考生文件夹下。

4. 删除考生文件夹下PCTV文件夹中的HOU文件夹。

5. 将考生文件夹下的WTB文件夹设置成隐藏属性。

三、字处理（25分）

请用Word 2016对考生文件夹下的WORD.docx文档中的文字进行编辑和保存，具体要求如下。

1. 将文中所有错词“猩猩”替换为“行星”。

2. 将标题段（“太阳系”）设置为一号黑体字，深红色（标准色），加粗，居中，文字间距加宽、10磅；设置标题段文字的阴影效果为“外部/左上斜偏移”，映像效果为“映像变体/半映像，8pt偏移量”。

3. 设置正文各段落（“太阳系……抛物线型。”）的中文字体为微软雅黑、西文字体为Arial；设置正文各段落首行缩进2字符、行距20磅；将正文第一段（“太阳系……星际尘埃。”）的缩进格式修改为“无”，并设置该段首字下沉2行、距正文0.2厘米；将正文第二段（“广义上……奥尔特云。”）分为等宽的两栏，栏间添加分隔线。

4. 设置页面上、下、左、右页边距分别为3厘米、3厘米、2.2厘米、2.3厘米，装订线位于左侧1厘米处；为文档添加“空白”样式页眉，并将页眉设置为“奇偶页不同”，奇数页的页眉内容为当前日期（日期格式为“××××年×月×日”），偶数页的页眉内容为页码（页码编号格式为“-1-”“-2-”“-3-”，起始页码为“-3-”）；为页面添加“方框”型页面边框，并设置边框线宽度为10磅、“艺术型”为红色苹果图案；在表题（“太阳系八大行星参数表”）后插入脚注，脚注内容为“数据来源：百度百科”。

5. 将文中最后10行文字转换为10行8列的表格；将第1行和第2行的各列单元格分别合并；用“内置/简明型1”样式修饰表格；设置表格居中，表格中第1行和第2列的内容水平居中，其余内容中部右对齐；设置表格单元格的左、右边距均为0.1厘米；设置表格行高为0.7厘米、第2列列宽为2厘米、其余列列宽为1.8厘米。

6. 为表格添加“橄榄色，强调文字颜色3，淡色80%”底纹；按“体积”列、依据“数字”类型降序排列表格内容。

四、电子表格（20分）

请用Excel 2016对考生文件夹下的EXCEL.xlsx和EXC.xlsx工作簿中的数据进行编辑和保存，具体要求如下。

1. 将EXCEL.xlsx中Sheet1工作表的A1:F1区域合并为一个单元格，内容水平居中。

2. 按表中第2行中各成绩所占总成绩的比例计算“总成绩”列的内容（数值型，保留小数点后1位），按总成绩的降序次序计算“成绩排名”列的内容（利用RANK.EQ函数，降序）。

3. 选取“学号”列（A2:A10）和“总成绩”列（E2:E10）区域的内容建立“簇状棱锥图”，图表标题为“成绩统计图”，不显示图例，设置数据系列格式为纯色填充（紫色，强调文字颜色4，深色25%），将图插入表的A12:D27区域。

4. 将工作表命名为“成绩统计表”，并保存文件。

5. 打开工作簿EXC.xlsx，对工作表“产品销售情况表”内数据清单的内容建立数据透视表，行标签为“季度”，列标签为“产品名称”，求和项为“销售数量”，并置于现工作表的I8:M13区域，工作表名不变，保存文件。

五、演示文稿（15 分）

请用 PowerPoint 2016 对考生文件夹下的 YSWG.pptx 演示文稿进行编辑和保存，具体要求如下。

1. 使用“华丽”主题修饰全文，设置放映方式为“观众自行浏览”。

2. 在第一张幻灯片前插入一张版式为“标题幻灯片”的新幻灯片，主标题为“北京河北山东陕西等地 7 月 6 日最高气温将达 40℃”，副标题为“高温预警”。

3. 将第二张幻灯片的版式设置为“两栏内容”；标题为“高温黄色预警”；将考生文件夹下的图片 PPT1.png 移到右侧内容区；左侧文本设置为黑体、23 磅字。

4. 图片动画设置为“强调/陀螺旋”，效果选项为“数量　半旋转”。

5. 第三张幻灯片前插入版式为“标题和内容”的新幻灯片，标题为“高温防御指南”。

6. 在第三张幻灯片的内容区插入 5 行 2 列的表格，表格样式为“中度样式 2”。第 1 行的第 1 列和第 2 列内容依次为“有关单位和人员”和“高温防御措施”，其他单元格的内容根据第四张幻灯片的内容按顺序依次从上到下填写，例如，第 2 行的第 1 列和第 2 列内容依次为“媒体”和“应加强防暑降温保健知识的宣传；”，表格内文字均设置为 22 磅字，并在备注区插入文本“全社会动员起来防御高温”。

7. 删除第四张幻灯片。

六、上网题（10 分）

给你的好友张龙发送一封主题为“购书清单”的邮件，邮件内容为：“附件中为购书清单，请查收。”同时把附件“购书清单.doc”一起发送给对方。张龙的邮箱地址为 zhanglong@126.com。

5.2.5　试卷五

一、选择题（20 分）

1. ASCII 码用________表示。

　A. 1 字节　　B. 1 位二进制位　　C. 2 字节　　D. 4 字节

2. 在 PC 的外设接口中，适用于连接键盘、鼠标和移动硬盘等的接口是________。

　A. SCCI　　B. IDE　　C. USB　　D. IEEE-1394

3. 以下所列软件中，________是操作系统。

　A. WPS　　B. Excel　　C. PowerPoint　　D. UNIX

4. 二进制数 10111000 和 11001010 进行逻辑“与”运算，结果再与 10100110 进行逻辑“或”运算，最终结果的十六进制形式为________。

　A. A2　　B. DE　　C. AE　　D. 95

5. 下面关于喷墨打印机特点的叙述中，错误的是________。

　A. 能输出彩色图像，打印效果好　　B. 打印时噪声不大

　C. 需要时可以多层套打　　D. 墨水成本高，消耗快

6. U 盘和存储卡都是采用________芯片做成的。

　A. DRAM　　B. SRAM　　C. 闪烁存储器　　D. Cache

7. 程序设计语言分成机器语言、汇编语言和________三大类。

　A. 超文本语言　　B. 高级语言　　C. 自然语言　　D. 标记语言

8. 从用户的角度看，网络上可以共享的资源有________。
A. 打印机、数据、软件等　B. 鼠标器、内存、图像等
C. 传真机、数据、显示器、网卡　D. 调制解调器、打印机、缓存

9. 普通 PC 要连入局域网，需要在该机器内增加________。
A. 传真机　B. 调制解调器　C. 网卡　D. 串行通信卡

10. WWW 浏览器用 URL 指出需要访问的网页，URL 的中文含义是________。
A. 统一资源定位器　B. 统一超链接
C. 统一定位　D. 统一文件

11. 电子邮件地址的一般格式为________。
A. 用户名@域名　B. 域名@用户名　C. IP 地址@域名　D. 域名@IP 地址

12. ________是计算机感染病毒的可能途径。
A. 从键盘输入统计数据　B. 运行外来程序
C. U 盘表面不清洁　D. 机房电源不稳定

13. 目前计算机中用于描述音乐乐曲并由声卡合成出音乐来的语言（规范）为________。
A. MP3　B. JPEG2000　C. XML　D. MIDI

14. 已知 3 个字符为 a、Z 和 8，按它们的 ASCII 码值升序排序，结果是________。
A. a、8、Z　B. 8、a、Z　C. a、Z、8　D. 8、Z、a

15. 区位码输入法的最大优点是________。
A. 只用数码输入，方法简单、容易记忆　B. 易记易用
C. 一字一码，无重码　D. 编码有规律，不易忘记

16. 目前的许多消费电子产品（数码相机、数字电视机等）中都使用了不同功能的微处理器来完成特定的处理任务，计算机的这种应用属于________。
A. 科学计算　B. 实时控制　C. 嵌入式系统　D. 辅助设计

17. 以.wav 为扩展名的文件通常是________。
A. 文本文件　B. 音频信号文件　C. 图像文件　D. 视频信号文件

18. “计算机集成制造系统”的英文简写是________。
A. CAD　B. CAM　C. CIMS　D. ERP

19. 用 MIPS 衡量的计算机性能指标是________。
A. 处理能力　B. 存储容量　C. 可靠性　D. 运算速度

20. 组成计算机指令的两部分是________。
A. 数据和字符　B. 操作码和地址码
C. 运算符和运算数　D. 运算符和运算结果

二、基本操作（10 分）

1. 将考生文件夹下 SMOKE 文件夹中的文件 DRAIN.for 复制到考生文件夹下的 HIFI 文件夹中，并改名为 STONE.for。

2. 将考生文件夹下的 MATER 文件夹中的 INTER.gif 删除。

3. 将考生文件夹下的 DOWN 文件夹移动到考生文件夹下的 MORN 文件夹中。

4. 在考生文件夹下的 LIVE 文件夹中建立一个 VCD 文件夹。

5. 将考生文件夹下 SOLID 文件夹中的文件 PROOF.pas 设置成隐藏属性。

三、字处理（25 分）

请用 Word 2016 对考生文件夹下的 WORD1.docx 和 WORD2.docx 文档中的文字进行编辑和保存，具体要求如下。

1. 打开 WORD1.docx，将文中所有“通讯”替换为“通信”，同时为“通信”添加蓝色（标准色）双波浪下画线。

2. 设置页面纸张大小为“自定义大小”、宽度为 14.8 厘米、高度为 21 厘米；设置纸张方向为“横向”，页面左右边距均为 2.3 厘米、上下边距均为 2.5 厘米、装订线留出 1 厘米；为页面添加内置样式为“红色水果”的艺术型方框，方框宽度为 15 磅。

3. 在页面底端插入“普通数字 2”样式页码，设置页码编号格式为“Ⅰ”“Ⅱ”“Ⅲ”，起始页码为“Ⅱ”。

4. 设置标题段（“60 亿人同时打电话”）为“标题 1”样式；将标题段文字设置为二号、蓝色（RGB 颜色模式：红色 0；绿色 0；蓝色 255）、黑体、加粗、居中、单倍行距、段后间距 1 行。

5. 将正文各段（“15 世纪……绰绰有余。”）中文字体设置为四号楷体、西文字体设置为四号 Arial；各段落首行缩进 2 字符、段前间距 0.5 行；将正文第二段（“无线电短波通信……绰绰有余。”）中的两处“107”中的“7”设置为上标表示形式。将正文第二段（“无线电短波通信……绰绰有余。”）分为等宽的两栏、栏间添加分隔线。

6. 打开 WORD2.docx，将文中后 5 行文字转换为一个 5 行 4 列的表格；设置表格居中，表格中的所有内容水平居中；在表格下方添加 1 行，并在该行第 1 列中输入“平均工资”，计算“基本工资”“职务工资”和“岗位津贴”的平均值，分别填入该行的第 2～4 列单元格；按“基本工资”列依据“数字”类型升序排列表格前 5 行内容。

7. 设置表格各列列宽为 3 厘米、各行行高为 0.7 厘米；设置外框线为蓝色（标准色）0.75 磅双窄线、内框线为绿色（标准色）1 磅单实线；设置表格所有单元格的左、右边距均为 0.25 厘米；为表格第 1 行添加“橄榄色，强调文字颜色 3，淡色 60%”的主题颜色底纹。

四、电子表格（20 分）

请用 Excel 2016 对考生文件夹下的 EXCEL.xlsx 和 EXC.xlsx 工作簿中的数据进行编辑和保存，具体要求如下。

1. 将 EXCEL.xlsx 中 Sheet1 工作表的 A1:E1 区域合并为一个单元格，内容水平居中，计算“销售额”列的内容（销售额=单价×销售数量）。

2. 计算 G4:I8 区域内的各种产品的销售额（利用 SUNIF 函数）、销售额的总计和所占百分比（百分比型，保留小数点后 2 位），将工作表命名为“年度产品销售情况表”。

3. 选取 G4:I17 区域内的“产品名称”列和“所占百分比”列的内容建立“分离型三维饼图”，图表标题为“产品销售图”，插入工作表的 A13:G28 区域。

4. 打开工作簿 EXC.xlsx，利用工作表“图书销售情况表”内数据清单的内容，在现有工作表的 I6:N11 区域内建立数据透视表，行标签为“图书类别”，列标签为“季度”，求和项为“销售额”，工作表名不变，保存文件。

五、演示文稿（15 分）

请用 PowerPoint 2016 对考生文件夹下的 YSWG.pptx 演示文稿进行编辑和保存，具体要求如下。

1. 为整个演示文稿应用“流畅”主题，全体幻灯片切换方式为“旋转”，效果选项为“自底部”，放映方式为“观众自行浏览”。

2. 将第二张幻灯片的版式改为“两栏内容”；标题为“烹煮鸡蛋的常见错误”；将考生文件夹下的图片 PPT1.jpg 插入第二张幻灯片右侧的内容区，图片样式为“金属椭圆”，图片效果为“三维旋转”的“倾斜-倾斜右上”。图片动画设置为“强调/陀螺旋”，效果选项为“逆时针”。左侧文字设置动画“进入/玩具风车”。动画顺序是先文字后图片。

3. 第三张幻灯片前插入版式为“两栏内容”的新幻灯片，标题为“错误的鸡蛋剥壳方法”。将第一张幻灯片的第七段文本移到第三张幻灯片左侧的内容区。将考生文件夹下的图片文件 PPT3.jpg 插入第三张幻灯片右侧的内容区。

4. 第四张幻灯片版式改为“比较”，主标题为“错误的敲鸡蛋方法”，将考生文件夹下的图片文件 PPT2.jpg 插入第三张幻灯片右侧的内容区。

5. 在第一张幻灯片前插入版式为“空白”的新幻灯片，在指定位置（水平：2.3 厘米。自：左上角。垂直：6 厘米。自：左上角）插入形状“星与旗帜/竖卷形”，形状填充为“紫色（标准色）”，高度为 8.6 厘米，宽度为 3 厘米。然后从左至右插入与第一个竖卷形格式大小完全相同的 5 个竖卷形，并参考第二张幻灯片的内容按段落顺序依次将烹煮鸡蛋的常见错误从左至右分别插入各竖卷形，例如，在左数第二个竖卷形中输入文本“大火炒鸡蛋”。6 个竖卷形的动画都设置为“进入/螺旋飞入”。除左边第一个竖卷形外，其他竖卷形动画的“开始”均设置为“上一动画之后”，“持续时间”均设置为 2 秒。

6. 在备注区插入文本“烹煮鸡蛋的其他常见错误”。

六、上网题（10 分）

打开 Outlook，发送一封邮件。

【收件人】zhangpeng1989@163.com

【主题】祝贺你高考成功

【正文内容】小鹏，祝贺你考上自己喜欢的大学，祝愿你学有所成，大学生活快乐，身体健康！今后多联系。

5.3 参考答案

1. 试卷一

1	2	3	4	5	6	7	8	9	10
B	B	A	C	A	A	D	A	D	D
11	12	13	14	15	16	17	18	19	20
B	C	A	A	D	B	D	A	D	C

其余操作步骤略。

2. 试卷二

1	2	3	4	5	6	7	8	9	10
C	D	A	B	C	A	A	D	A	C
11	12	13	14	15	16	17	18	19	20
D	D	B	D	D	D	C	C	A	C

其余操作步骤略。

3. 试卷三

1	2	3	4	5	6	7	8	9	10
D	D	D	B	D	D	A	C	C	B
11	12	13	14	15	16	17	18	19	20
C	D	B	C	A	A	B	A	C	D

其余操作步骤略。

4. 试卷四

1	2	3	4	5	6	7	8	9	10
C	C	D	A	A	D	B	A	D	A
11	12	13	14	15	16	17	18	19	20
D	B	C	C	A	B	B	B	B	C

其余操作步骤略。

5. 试卷五

1	2	3	4	5	6	7	8	9	10
A	C	D	C	C	C	B	A	C	A
11	12	13	14	15	16	17	18	19	20
A	B	D	D	C	C	B	B	D	B

其余操作步骤略。

全国计算机等级考试二级（MS Office）考试大纲及模拟试卷

6.1 考试大纲

6.1.1 公共基础知识

1. 基本要求

（1）掌握计算机系统的基本概念，理解计算机硬件系统和计算机操作系统。

（2）掌握算法的基本概念。

（3）掌握基本数据结构及其操作。

（4）掌握基本排序和查找算法。

（5）掌握逐步求精的结构化程序设计方法。

（6）掌握软件工程的基本方法，具有初步应用相关技术进行软件开发的能力。

（7）掌握数据库的基本知识，了解关系数据库的设计。

2. 考试内容

（1）计算机系统。

① 掌握计算机系统的结构。

② 掌握计算机硬件系统结构，包括 CPU 的功能和组成，存储器分层体系，总线和外部设备。

③ 掌握操作系统的基本组成，包括进程管理、内存管理、目录和文件系统、I/O 设备管理。

（2）基本数据结构与算法。

① 算法的基本概念；算法复杂度的概念和意义（时间复杂度与空间复杂度）。

② 数据结构的定义；数据的逻辑结构与存储结构；数据结构的图形表示；线性结构与非线性结构的概念。

③ 线性表的定义；线性表的顺序存储结构及其插入与删除运算。

④ 栈和队列的定义；栈和队列的顺序存储结构及其基本运算。

⑤ 线性单链表、双向链表与循环链表的结构及其基本运算。

⑥ 树的基本概念；二叉树的定义及其存储结构；二叉树的前序、中序和后序遍历。

⑦ 顺序查找与二分法查找算法；基本排序算法（交换类排序、选择类排序、插入类排序）。

（3）程序设计基础。

① 程序设计方法与风格。

② 结构化程序设计。

③ 面向对象的程序设计方法，对象、方法、属性及继承与多态性。

（4）软件工程基础。

① 软件工程基本概念，软件生命周期概念，软件工具与软件开发环境。

② 结构化分析方法，数据流图，数据字典，软件需求规格说明书。

③ 结构化设计方法，总体设计与详细设计。

④ 软件测试的方法，白盒测试与黑盒测试，测试用例设计，软件测试的实施，单元测试、集成测试和系统测试。

⑤ 程序的调试，静态调试与动态调试。

（5）数据库设计基础。

① 数据库的基本概念：数据库，数据库管理系统，数据库系统。

② 数据模型，实体联系模型及 E-R 图，从 E-R 图导出关系数据模型。

③ 关系代数运算，包括集合运算及选择、投影、连接运算，数据库规范化理论。

④ 数据库设计方法和步骤：需求分析、概念设计、逻辑设计和物理设计的相关策略。

3. 考试方式

（1）公共基础知识不单独考试，与其他二级科目组合在一起，作为二级科目考核内容的一部分。

（2）上机考试，10 道单项选择题，占 10 分。

6.1.2 二级 MS Office 高级应用

1. 基本要求

（1）正确采集信息并能在文字处理软件 Word、电子表格软件 Excel、演示文稿制作软件 PowerPoint 中熟练应用。

（2）掌握 Word 的操作技能，并熟练应用编制文档。

（3）掌握 Excel 的操作技能，并能熟练应用进行数据计算及分析。

（4）掌握 PowerPoint 的操作技能，并熟练应用制作演示文稿。

2. 考试内容

（1）Microsoft Office 应用基础。

① Office 应用界面使用和功能设置。

② Office 各模块之间的信息共享。

（2）Word 的功能和使用。

① Word 的基本功能，文档的创建、编辑、保存、打印和保护等基本操作。

② 设置字体和段落格式、应用文档样式和主题、调整页面布局等排版操作。

③ 文档中表格的制作与编辑。

④ 文档中图形、图像（片）对象的编辑和处理，文本框和文档部件的使用，符号与数学公式的输入与编辑。

⑤ 文档的分栏、分页和分节操作，文档页眉、页脚的设置，文档内容引用操作。

⑥ 文档审阅和修订。

⑦ 利用邮件合并功能批量制作和处理文档。

⑧ 多窗口和多文档的编辑，文档视图的使用。

⑨ 控件和宏功能的简单应用。

⑩ 分析图文素材，并根据需求提取相关信息引用到 Word 文档中。

（3）Excel 的功能和使用。

① Excel 的基本功能，工作簿和工作表的基本操作，工作视图的控制。

② 工作表数据的输入、编辑和修改。

③ 单元格格式化操作、数据格式的设置。

④ 工作簿和工作表的保护、版本比较与分析。

⑤ 单元格的引用，公式、函数和数组的使用。

⑥ 多个工作表的联动操作。

⑦ 迷你图和图表的创建、编辑与修饰。

⑧ 数据的排序、筛选、分类汇总、分组显示和合并计算。

⑨ 数据透视表和数据透视图的使用。

⑩ 数据的模拟分析、运算与预测。

⑪ 控件和宏功能的简单应用。

⑫ 导入外部数据并进行分析，获取和转换数据并进行处理。

⑬ 使用 Power Pivot 管理数据模型的基本操作。

⑭ 分析数据素材，并根据需求提取相关信息引用到 Excel 文档中。

（4）PowerPoint 的功能和使用。

① PowerPoint 的基本功能和基本操作，幻灯片的组织与管理，演示文稿的视图模式和使用。

② 演示文稿中幻灯片的主题应用、背景设置、母版制作和使用。

③ 幻灯片中文本、图形、SmartArt、图像（片）、图表、音频、视频、艺术字等对象的编辑和应用。

④ 幻灯片中对象动画、幻灯片切换效果、链接操作等交互设置。

⑤ 幻灯片放映设置，演示文稿的打包和输出。

⑥ 演示文稿的审阅和比较。

⑦ 分析图文素材，并根据需求提取相关信息引用到 PowerPoint 文档中。

3. 考试方式

上机考试，考试时长 120 分钟，满分 100 分。

（1）题型及分值。

① 单项选择题 20 分（含公共基础知识部分 10 分）。

② Word 操作 30 分。

③ Excel 操作 30 分。

④ PowerPoint 操作 20 分。

（2）考试环境。

① 操作系统：中文版 Windows 7。

② 考试环境：Microsoft Office 2016。

6.2 模拟试卷

6.2.1 试卷一

一、选择题（20 分）

1. 算法分析的目的是________。

   A. 找出数据结构的合理性　　B. 找出算法中输入和输出之间的关系

   C. 分析算法的易懂性和可靠性　　D. 分析算法的效率以求改进

2. 下列数据结构中，能够按照“先进后出”原则存取数据的是________。

   A. 循环队列　　B. 栈　　C. 队列　　D. 二叉树

3. 在面向对象方法中，实现信息隐蔽依靠________。

   A. 对象的继承　　B. 对象的多态　　C. 对象的分类　　D. 对象的封装

4. 软件需求分析阶段的工作，可以分为 4 个方面，即需求获取、需求分析、编写需求规格说明书及________。

   A. 阶段性报告　　B. 需求评审　　C. 总结　　D. 都不正确

5. 关系表中的每一横行称为一个________。

   A. 元组　　B. 字段　　C. 属性　　D. 码

6. 计算机之所以能按人们的意图自动进行工作，最直接的原因是采用了________。

   A. 二进制　　B. 高速电子元件　　C. 程序设计语言　　D. 存储程序控制

7. 用 8 位二进制数能表示的最大的无符号整数等于十进制整数________。

   A. 255　　B. 256　　C. 128　　D. 127

8. 下列关于计算机病毒的叙述中，错误的是________。

   A. 计算机病毒具有潜伏性

   B. 计算机病毒具有传染性

   C. 感染过计算机病毒的计算机具有对该病毒的免疫性

   D. 计算机病毒是一个特殊的寄生程序

9. 在计算机中，每个存储单元都有一个连续的编号，此编号称为________。

   A. 地址　　B. 位置号　　C. 门牌号　　D. 房号

10. 汇编语言是一种________。

    A. 依赖于计算机的低级程序设计语言　　B. 计算机能直接执行的程序设计语言

    C. 独立于计算机的高级程序设计语言　　D. 执行效率最低的程序设计语言

11. 下列关于 CPU 的叙述中，正确的是________。

    A. CPU 能直接读取硬盘上的数据

    B. CPU 能直接与内存储器交换数据

C. CPU 主要组成部分是存储器和控制器

D. CPU 主要用来执行算术运算

12. 小明利用 Word 编辑一份书稿，出版社要求目录和正文的页码分别采用不同的格式，且均从第 1 页开始，最优的操作方法是________。

A. 将目录和正文分别存在两个文档中，分别设置页码

B. 在目录与正文之间插入分节符，在不同的节中设置不同的页码

C. 在目录与正文之间插入分页符，在分页符前后设置不同的页码

D. 在 Word 中不设置页码，将其转换为 PDF 格式时再增加页码

13. 在 PowerPoint 中可以通过分节来组织演示文稿中的幻灯片，在幻灯片浏览视图中选中一节中所有幻灯片的最优方法是________。

A. 单击节名称

B. 按住【Ctrl】键不放，依次单击节中的幻灯片

C. 选择节中的第一张幻灯片，按住【Shift】键不放，再单击节中的最后一张幻灯片

D. 直接拖动鼠标选择节中的所有幻灯片

14. 在 Word 中，邮件合并功能支持的数据源不包括________。

A. Word 数据源　　B. Excel 工作表

C. PowerPoint 演示文稿　　D. HTML 格式文件

15. 在 Excel 2016 中，将单元格 B5 中显示为“#”的数据完整显示出来的最快捷的方法是________。

A. 设置单元格 B5 自动换行　　B. 将单元格 B5 与右侧的单元格 C5 合并

C. 双击 B 列列标的右边框　　D. 将单元格 B5 的字号减小

16. 在利用 PowerPoint 制作演示文稿的过程中，需要将一组已输入的文本转换为相应的 SmartArt 图形，最优的操作方法是________。

A. 先插入指定的 SmartArt 图形，然后通过“剪切/粘贴”功能将每行文本逐一移动到每个图形中

B. 先插入指定的 SmartArt 图形，选择全部文本并通过“剪切/粘贴”功能将其一次性移动到“文本窗格”中

C. 选中文本，在“插入”选项卡上的“插图”组中单击“SmartArt”按钮

D. 选中文本，通过右键快捷菜单中的“转换为 SmartArt 图形”命令进行转换

17. 小谢在 Excel 工作表中计算每个员工的工作年限，每满一年计一年工作年限，最优的操作方法是________。

A. 直接用当前日期减去入职日期，然后除以 365 并向下取整

B. 根据员工的入职时间计算工作年限，然后手动输入工作表

C. 使用 TODAY 函数返回值减去入职日期，然后除以 365 并向下取整

D. 使用 YEAR 函数和 TODAY 函数获取当前年份，然后减去入职年份

18. 在 Internet 上，一台计算机可以作为另一台主机的远程终端，使用该主机的资源，该项服务被称为________。

A. Telnet　　B. BBS　　C. FTP　　D. WWW

19. 用“综合业务数字网”（又称“一线通”）接入 Internet 的优点是上网、通话两不误，它

的英文缩写是________。

A. ADSL　　B. ISDN　　C. ISP　　D. TCP

20. Modem 是计算机通过电话线接入 Internet 所必需的硬件，它的功能是________。

A. 只将数字信号转换为模拟信号　　B. 只将模拟信号转换为数字信号

C. 实现在上网的同时能打电话　　D. 将模拟信号和数字信号互相转换

二、字处理（30 分）

张静是一名大学本科三年级学生，经多方面了解分析，她希望在下个暑期去一家公司实习。为获得难得的实习机会，她打算用 Word 精心制作一份简洁而醒目的个人简历，示例如图 6-1 所示。请用 Word 2016 新建一个空白 Word 文件，并命名为“Word.docx”，保存在考生文件夹中，此后的操作均基于此文件，否则不得分。创建文件所需素材保存在“Word 素材.txt”中。具体要求如下。

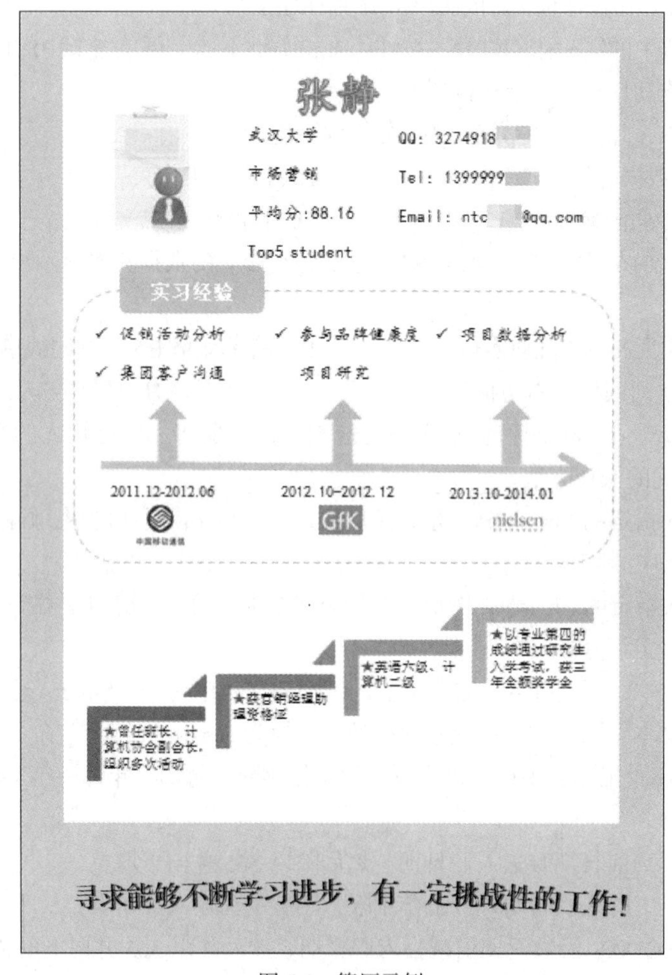

图 6-1　简历示例

1. 调整文档版面，要求纸张大小为 A4，页边距（上、下）为 2.5 厘米，页边距（左、右）为 3.2 厘米。

2. 根据页面布局的需要，在适当位置插入标准色橙色与标准色白色的两个矩形，其中橙色矩形占满A4幅面，文字环绕方式设为“浮于文字上方”，作为简历的背景。

3. 参照图6-1，插入标准色橙色的圆角矩形，并添加文字“实习经验”，插入1个短划线虚线圆角矩形框。

4. 参照图6-1，插入文本框和文字，并调整文字的字体、字号、位置和颜色。其中“张静”应为标准色橙色的艺术字，“寻求能够……”文本效果应为跟随路径的“上弯弧”。

5. 根据页面布局需要，插入考生文件夹下的图片1.png，依据图6-1进行裁剪和调整，并删除图片的剪裁区域；然后根据需要插入图片2.png、3.png、4.png，并调整图片位置。

6. 参照图6-1，在适当位置使用形状中的标准色橙色箭头（提示：其中横向箭头使用线条类型箭头），插入“SmartArt”图形，并进行适当编辑。

7. 参照图6-1，在“促销活动分析”等4处使用项目符号“√”，在“曾任班长”等4处插入符号五角星，颜色为标准色红色。调整各部分的位置、大小、形状和颜色，以展现统一、良好的视觉效果。

三、电子表格（30分）

某停车场计划调整收费标准，拟从原来“不足15分钟按15分钟收费”调整为“不足15分钟不收费”。市场部抽取了历史停车收费记录，期望通过分析掌握收费标准调整对营业额的影响。根据考生文件夹下的“Excel素材.xlsx”文件中的数据信息，帮助市场分析员完成此项工作，具体要求如下。

1. 在考生文件夹下，将“Excel 素材.xlsx”文件另存为“Excel.xlsx”，后续操作均基于此文件，否则不得分。

2. 在“停车收费记录”工作表中，将涉及金额的单元格设置为带货币符号（￥）的会计专用类型格式，并保留2位小数。

3. 参考“收费标准”工作表，利用公式将收费标准金额填入“停车收费记录”工作表的“收费标准”列。

4. 利用“停车收费记录”工作表中“出场日期”列、“出场时间”列与“进场日期”列、“进场时间”列的关系，计算“停放时间”列，该列计算结果的显示方式为“××小时××分钟”。

5. 依据停放时间和收费标准，计算当前收费金额并填入“收费金额”列；计算拟采用新标准后的收费金额并填入“拟收费金额”列；计算拟调整后的收费金额与当前收费金额之间的差值，并填入“收费差值”列。

6. 对“停车收费记录”工作表套用“表样式中等深浅 12”表格格式，并添加“汇总”行，对“收费金额”列、“拟收费金额”列和“收费差值”列进行汇总求和。

7. 在“收费金额”列中，将单次停车收费达到100元的单元格突出显示为黄底红字格式。

8. 新建名为“数据透视分析”的工作表，在该工作表中创建3个数据透视表。位于A3单元格的数据透视表行标签为“车型”，列标签为“进场日期”，求和项为“收费金额”，以分析当前每天的收费情况；位于A11单元格的数据透视表行标签为“车型”，列标签为“进场日期”，求和项为“拟收费金额”，以分析调整收费标准后每天的收费情况；位于A19单元格的数据透视表行标签为“车型”，列标签为“进场日期”，求和项为“收费差值”，以分析调整收费标准后每天的收费变化情况。

四、演示文稿（20分）

根据提供的素材设计演示文稿，具体要求如下。

1. 新建演示文稿，并以“PPT.pptx”为文件名保存在考生文件夹下，后续操作均基于此文件，否则不得分。使每张幻灯片对应表 6-1 中的序号及内容，并为演示文稿选择一种内置主题。

表 6-1　　素材及设计要求

序号	内容	动画类别
1	学习型社会的学习理念	
2	目录	
3	知识的更新速度实在太快，应付这种变化，我们需要学会学习，学习是现代人的第一需要	退出
	一、现代社会知识更新的特点 人类的知识，目前是每 3 年就增长一倍。 知识社会要求其所有成员学会如何学习。 “有教养的人”，就是学会了学习的人	进入
4	知识就像产品一样频繁地更新换代，如果不能以最有效的方法和最高的效率去获取、分析和加工知识，就无法及时地利用这些知识。因此，一个人生活在世上终生都要学习	进入
	“学海无涯”“学无止境”	进入 退出
	二、现代文盲——功能性文盲  联合国重新定义了新世纪的 3 类文盲：第一类是不能读书识字的人，这是传统意义上的老文盲，是扫盲工作的主要对象；第二类是不能识别现代社会符号的人；第三类是不能使用计算机进行学习、交流和管理信息的人	进入
5	为了避免自己成为文盲，唯一切实可行的办法就是时时保持学习的习惯，掌握信息时代的学习方法，把学习当作终生的最基本的生存能力	退出
	三、学习的三重目的 1. 增长知识 2. 提高技能 3. 培养情感	进入
6	结束	

2. 第 1 张为标题幻灯片，有标题“学习型社会的学习理念”、制作单位“计算机教研室”、制作日期（格式：××××年××月××日），并调整、美化。

3. 第 2 张幻灯片为目录页，采用 SmartArt 图形中的垂直框列表来表示演示文稿要介绍的 3 项内容，并为每项内容插入超链接，单击时转到相应幻灯片。

4. 第3～5张幻灯片介绍具体内容，要求包含表6-1中的所有文字，第4张幻灯片包含一幅图片。

5. 演示文稿将用于面对面的教学，应按表6-1中的动画类别设计动画，动画出现的先后顺序应合理。

6. 幻灯片要有4种以上版式。

7. 通过使用字体、字号、颜色等多种手段，突出显示重点内容（素材中加粗部分）。

8. 第6张幻灯片为空白页，修改该页背景颜色，该页中的文字“结束”为艺术字，动画为“动作路径”中的圆形。

6.2.2 试卷二

一、选择题（20分）

1. 下列叙述中正确的是________。
   A. 一个算法的空间复杂度大，则其时间复杂度必定小
   B. 一个算法的空间复杂度大，则其时间复杂度也必定大
   C. 一个算法的时间复杂度大，则其空间复杂度必定小
   D. 上述3种说法都不对
2. 下列关于栈的叙述中，正确的是________。
   A. 栈底元素一定是最后入栈的元素　　B. 栈顶元素一定是最先入栈的元素
   C. 栈操作遵循先进后出的原则　　D. 以上3种说法都不对
3. 结构化程序的基本结构不包括________。
   A. 顺序结构　　B. GOTO跳转
   C. 选择（分支）结构　　D. 重复（循环）结构
4. 程序流程图（PFD）中的箭头代表的是________。
   A. 控制流　　B. 数据流　　C. 调用关系　　D. 组成关系
5. 用树形结构来表示实体之间联系的模型称为________。
   A. 关系模型　　B. 层次模型　　C. 网状模型　　D. 数据模型
6. 在微机中，西文字符所采用的编码是________。
   A. EBCDIC　　B. ASCII码　　C. 国标码　　D. BCD码
7. 一个汉字的国标码需用2字节存储，其每字节的最高二进制位的值分别为________。
   A. 0，0　　B. 1，0　　C. 0，1　　D. 1，1
8. 按计算机应用的分类，办公室自动化（OA）属于________。
   A. 科学计算　　B. 辅助设计　　C. 实时控制　　D. 数据处理
9. 计算机的系统总线是计算机各部件间传递信息的公共通道，它分为________。
   A. 数据总线和控制总线　　B. 地址总线和数据总线
   C. 数据总线、控制总线和地址总线　　D. 地址总线和控制总线
10. 下列说法中，错误的是________。
    A. 硬盘驱动器和盘片是密封在一起的，不能随意更换盘片
    B. 硬盘可以是多张盘片组成的盘片组
    C. 硬盘的主要技术指标除容量外，另一个是转速

D. 硬盘安装在机箱内，属于主机的组成部分

11. 操作系统管理用户数据的单位是________。

A. 扇区　　B. 文件　　C. 磁道　　D. 文件夹

12. 小王需要在 Word 文档中将应用了“标题 1”样式的所有段落格式调整为“段前、段后各 12 磅，单倍行距”，最优的操作方法是________。

A. 将每个段落逐一设置为“段前、段后各 12 磅，单倍行距”

B. 将其中一个段落设置为“段前、段后各 12 磅，单倍行距”，然后利用格式刷功能将格式复制到其他段落

C. 修改“标题 1”样式，将其段落格式设置为“段前、段后各 12 磅，单倍行距”

D. 利用查找替换功能，将“样式：标题 1”替换为“行距为单倍行距，段落间距：段前为 12 磅，段后为 12 磅”

13. Excel 工作表 A1 单元格中存放了 18 位二代身份证号码，其中第 7～10 位表示出生年份。在 A2 单元格中利用公式计算该人的年龄，最优的操作方法是________。

A. =YEAR(TODAY())−MID(A1,6,8)　　B. =YEAR(TODAY())−MID(A1,6,4)

C. =YEAR(TODAY())−MID(A1,7,8)　　D. =YEAR(TODAY())−MID(A1,7,4)

14. 在 Word 中，不能作为文本转换为表格的分隔符的是________。

A. 段落标记　　B. 制表符　　C. @　　D. ##

15. PowerPoint 演示文稿包含 20 张幻灯片，要放映奇数页幻灯片，最优的操作方法是________。

A. 将演示文稿的偶数页幻灯片删除后再放映

B. 将演示文稿的偶数页幻灯片设置为隐藏后再放映

C. 将演示文稿的所有奇数页幻灯片添加到自定义放映方案中，然后放映

D. 设置演示文稿的偶数页幻灯片的换片持续时间为 0.01 秒，自动换片时间为 0 秒，然后放映

16. 在“职工档案表.xlsx”中，希望“性别”列只能从“男”“女”两个值中进行选择，否则系统提示错误信息，最优的操作方法是________。

A. 通过 IF 函数进行判断，控制“性别”列的输入内容

B. 请同事帮忙进行检查，错误内容用红色标记

C. 设置条件格式，标记不符合要求的数据

D. 设置数据有效性，控制“性别”列的输入内容

17. 接入 Internet 的每台主机都有唯一可识别的地址，称为________。

A. TCP 地址　　B. IP 地址　　C. TCP/IP 地址　　D. URL

18. 网络的各个节点均连接到同一条通信线路上，且线路两端有防止信号反射的装置，这种拓扑结构被称为________。

A. 总线型拓扑　　B. 星形拓扑　　C. 树形拓扑　　D. 环形拓扑

19. IPv4 地址和 IPv6 地址的位数分别为________。

A. 4、6　　B. 8、16　　C. 16、24　　D. 32、128

20. 如需在 PowerPoint 演示文档的一张幻灯片后增加一张新幻灯片，最优的操作方法是________。

A. 选择“文件”→“新建”

B. 单击“插入”选项卡中的“插入幻灯片”按钮

C. 单击“视图”选项卡中的“新建窗口”按钮

D. 在普通视图左侧的幻灯片缩略图中按【Enter】键

二、字处理（30分）

某学院即将举行一场“大学生创业指导交流会”，拟邀请一些专家和老师给同学们进行演讲。因此，办公室秘书需要制作一批邀请函，示例如图6-2所示。请按照如下要求，完成邀请函的制作。

1. 在考生文件夹下，将“Word素材.docx”文件另存为“Word.docx”，后续操作均基于此文件，否则不得分。

2. 调整版面，要求设置页面的高度为17厘米，宽度为30厘米，上、下页边距均为2厘米，左、右页边距均为3厘米。

3. 设置邀请函的背景为图片，即考生文件夹中的图片“BG.jpg”。

4. 参照图6-2，设置邀请函中的第一行标题为“黑体”“小初”“蓝色”，第二行标题为“黑体”“小初”“黑色”，正文文字设置为四号字。

5. 参照图6-2，设置标题及正文的对齐方式。

6. 参照图6-2，调整两行标题的行间距为60磅。

7. 在“尊敬的”和“（老师）”文字之间，插入拟邀请的专家和老师的姓名，具体名单在考生文件夹下的“通信录.xlsx”文件中。每页邀请函中只能有一位专家或老师的姓名，所有的邀请函页面另外保存在一个文件中，文件名为“邀请函.docx”。

8. 制作完成后，保存文件“Word.docx”。

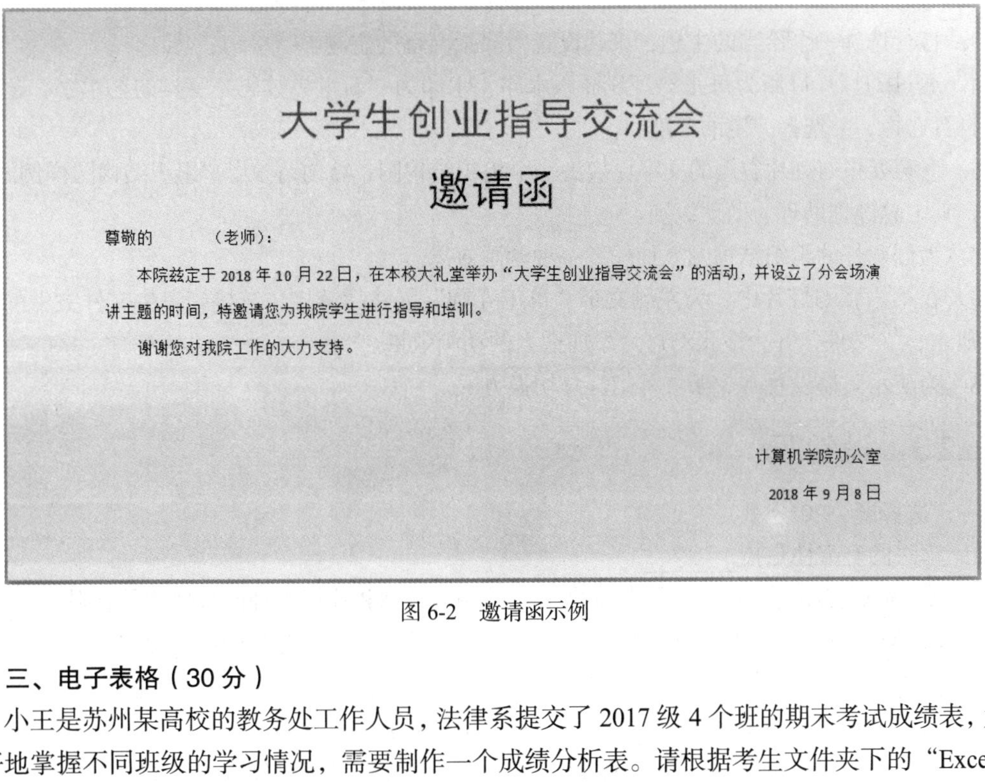

大学生创业指导交流会

邀请函

尊敬的　　　（老师）：

本院兹定于2018年10月22日，在本校大礼堂举办“大学生创业指导交流会”的活动，并设立了分会场演讲主题的时间，特邀请您为我院学生进行指导和培训。

谢谢您对我院工作的大力支持。

计算机学院办公室

2018年9月8日

图6-2　邀请函示例

三、电子表格（30分）

小王是苏州某高校的教务处工作人员，法律系提交了2017级4个班的期末考试成绩表，为了更好地掌握不同班级的学习情况，需要制作一个成绩分析表。请根据考生文件夹下的“Excel素材.xlsx”文件，帮助小王完成成绩分析表的制作。具体要求如下。

1. 将“Excel 素材.xlsx”文件另存为“Excel.xlsx”，后续操作均基于此文件，否则不得分。

2. 在“2017 级法律”工作表的最右侧依次插入“总分”“平均分”和“排名”3 列。根据实际数据情况，将工作表的第 1 行合并居中为一个单元格，并设置合适的字体和字号，使其成为该工作表的标题。对其他数据行套用带标题行的“表样式中等深浅 2”格式。设置所有数据列的对齐方式为居中，“排名”列数据设置为整数，其他“成绩”列数据保留 1 位小数。

3. 利用公式计算“总分”“平均分”和“排名”3 列数据。

4. 将所有成绩不及格的单元格的填充色设置为红色。

5. 根据“学号”列数据，利用公式自动生成“班级”列数据，规则为学号的第 3～4 位为班级代号，01 为“一班”，02 为“二班”，03 为“三班”，04 为“四班”。

6. 基于工作表中的数据，建立一个数据透视表，命名为“班级均分”，将其工作表标签设置为红色。在数据透视表中按照不同的课程分别统计各班各科的成绩平均分，其中行标签为“班级”，所有列的对齐方式为居中，成绩保留 1 位小数。

7. 在“班级均分”工作表中，创建一个显示各课程班级平均分的“簇状柱形图”，其中水平标签为“班级”，图例为课程名称。

四、演示文稿（20 分）

根据提供的素材设计演示文稿，具体要求如下。

1. 将考生文件夹下的“PPT 素材.pptx”文件另存为“PPT.pptx”，后续操作均基于此文件，否则不得分。

2. 将第二张幻灯片设置为“标题和竖排文字”版式，将第四张幻灯片设置为“比较”版式。

3. 自行选择一个恰当的主题，将其设置为演示文稿的主题。

4. 通过幻灯片母版为每张幻灯片插入水印，水印为“新世界数码”字样的艺术字，艺术字类型自行选择，并选择一定的角度。

5. 将第五张幻灯片右侧的文字更换为一个组织结构图，结构请参考“组织结构图样例.docx”文件，其中总经理助理为助理级别。

6. 为创建好的组织结构图添加任意一种动画效果。

7. 在第六张幻灯片中，为左侧文字“员工守则”创建超链接，链接到考生文件夹中的“员工守则.docx”文件，并为该张幻灯片添加适当的动画效果。

8. 为演示文稿设置不少于 3 种幻灯片切换方式。

6.2.3 试卷三

一、选择题（20 分）

1. 算法的有穷性是指________。

   A. 算法程序的运行时间是有限的　　B. 算法程序所处理的数据量是有限的

   C. 算法程序的长度是有限的　　D. 算法只能被有限的用户使用

2. 为了对有序表进行对分查找，要求有序表________。

   A. 只能顺序存储　　B. 只能链式存储

   C. 可以顺序存储也可以链式存储　　D. 可以是任何存储方式

3. 下面对对象概念描述错误的是________。

A. 对象是属性和方法的封装体　　B. 任何对象都必须有继承性

C. 对象间的通信靠消息传递　　D. 操作是对象的动态性属性

4. 软件开发的结构化生命周期方法将软件生命周期划分成________。

A. 定义、开发、运行维护　　B. 设计阶段、编程阶段、测试阶段

C. 总体设计、详细设计、编程调试　　D. 需求分析、功能定义、系统设计

5. SQL 又被称为________。

A. 结构化定义语言 B. 结构化控制语言 C. 结构化查询语言 D. 结构化操纵语言

6. 下列关于计算机病毒的叙述中，正确的是________。

A. 计算机病毒只感染.exe 文件或.com 文件

B. 计算机病毒可通过读写移动存储设备或通过 Internet 进行传播

C. 计算机病毒是通过电网进行传播的

D. 计算机病毒是程序中的逻辑错误造成的

7. 世界上公认的第一台通用电子计算机诞生的年代是________。

A. 20 世纪 30 年代 B. 20 世纪 40 年代 C. 20 世纪 80 年代 D. 20 世纪 90 年代

8. 为防止计算机病毒传染，应该做到________。

A. 无病毒的 U 盘不要与来历不明的 U 盘放在一起

B. 不要复制来历不明 U 盘中的程序

C. 长时间不用的 U 盘要经常格式化

D. U 盘中不要存放可执行程序

9. 用来存储当前正在运行的应用程序和其相应数据的存储器是________。

A. RAM　　B. ROM　　C. 硬盘　　D. CD-ROM

10. 下列说法正确的是________。

A. 进程是一段程序　　B. 进程是一段程序的执行过程

C. 线程是一段子程序　　D. 线程是多个进程的执行过程

11. 以下语言本身不能作为网页开发语言的是________。

A. C++　　B. ASP　　C. JSP　　D. HTML

12. 在 Word 中编辑一篇文稿时，纵向选择一块文本区域的最快捷操作方法是________。

A. 按住【Ctrl】键不放，拖动鼠标分别选择所需的文本

B. 按住【Alt】键不放，拖动鼠标选择所需的文本

C. 按住【Shift】键不放，拖动鼠标选择所需的文本

D. 按【Ctrl】+【Shift】+【F8】键，然后拖动鼠标选择所需的文本

13. Excel 工作表 D 列保存了 18 位身份证号码信息，为了保护个人隐私，需将身份证号码信息的第 9～12 位用“*”表示，以 D2 单元格为例，最优的操作方法是________。

A. =MID(D2,1,8)+"****"+MID(D2,13,6)

B. =CONCATENATE(MID(D2,1,8),"****",MID(D2,13,6))

C. =REPLACE(D2,9,4,"****")

D. =MID(D2,9,4,"****")

14. 在使用 Word 2016 撰写长篇论文时，要使各章内容从新的页面开始，最佳的操作方法

是________。

A. 按【Space】键使插入点定位到新的页面

B. 在每一章结尾处插入一个分页符

C. 按【Enter】键使插入点定位到新的页面

D. 将每一章的标题样式设置为段前分页

15. 需要在一个演示文稿的每张幻灯片左下角相同位置插入学校的校徽图片，最优的操作方法是________。

A. 打开幻灯片母版视图，将校徽图片插在母版中

B. 打开幻灯片普通视图，将校徽图片插在幻灯片中

C. 打开幻灯片放映视图，将校徽图片插在幻灯片中

D. 打开幻灯片浏览视图，将校徽图片插在幻灯片中

16. 如果 Excel 单元格值大于 0，则在本单元格中显示“已完成”；单元格值小于 0，则在本单元格中显示“还未开始”；单元格值等于 0，则在本单元格中显示“正在进行中”。最优的操作方法是________。

A. 使用 IF 函数

B. 通过自定义单元格格式，设置数据的显示方式

C. 使用条件格式命令

D. 使用自定义函数

17. 在 PowerPoint 中，幻灯片浏览视图主要用于________。

A. 对所有幻灯片进行整理编排或次序调整

B. 对幻灯片的内容进行编辑修改及格式调整

C. 对幻灯片的内容进行动画设计

D. 观看幻灯片的播放效果

18. 计算机网络中，若所有的计算机都连接到一个中心节点上，当一个网络节点需要传输数据时，首先传输到中心节点上，然后由中心节点转发到目的节点，这种连接结构被称为________。

A. 总线型结构　B. 环形结构　C. 星形结构　D. 网状结构

19. 一般而言，Internet 环境中的防火墙建立在________。

A. 每个子网的内部　B. 内部子网之间

C. 内部网络与外部网络的交叉点　D. 以上 3 个都不对

20. 广域网中采用的交换技术大多是________。

A. 电路交换　B. 报文交换　C. 分组交换　D. 自定义交换

二、字处理（30 分）

培训部小郑正在为本部门报考会计职称的考生准备相关通知及准考证，利用考生文件夹下提供的相关素材，按下列要求帮助小郑完成文档的编排。

1. 用 Word 2016 新建一个空白 Word 文档，利用文档“准考证素材及示例.docx”中的文本素材并参考其中的示例图制作准考证主文档，以“准考证.docx”为文件名保存在考生文件夹下（.docx 为文件扩展名），以下操作均基于此文件，否则不得分。具体制作要求如下。

（1）准考证表格在水平、垂直方向均位于页面的中间位置。

（2）表格宽度根据页面自动调整，为表格添加任一图案样式的底纹，以不影响阅读其中的文

字为宜。

（3）适当加大表格第一行中标题文本的字号、字符间距。

（4）“考生须知”4 字竖排且水平、垂直方向均在单元格内居中，“考生须知”下的文本自动编号排列。

2. 为指定的考生每人生成一份准考证，要求如下。

（1）在主文档“准考证.docx”中，将表格中的红色文字替换成相应的考生信息，考生信息保存在考生文件夹下的 Excel 文档“考生名单.xlsx”中。

（2）标题中的考试级别信息根据考生所报考科目自动生成；“考试科目”为“高级会计实务”时，考试级别为“高级”，否则为“中级”。

（3）在考试时间栏中，令中级 3 个科目名称（素材中的蓝色文本）均等宽占用 6 个字符宽度。

（4）表格中的文本均设为微软雅黑体、黑色，并选用适当的字号。

（5）在“贴照片处”插入考生照片（提示：只有部分考生有照片）。

（6）为属“门头沟区”且报考中级全部 3 个科目（中级会计实务、财务管理、经济法）或报考高级科目（高级会计实务）的考生每人生成一份准考证，并以“个人准考证.docx”为文件名保存到考生文件夹下，同时保存主文档“准考证.docx”的编辑结果。

3. 打开考生文件夹下的文档“Word 素材.docx”，将其另存为“Word.docx”，以下所有的操作均基于此文件，否则不得分。

（1）将文档中的所有手动换行符替换为段落标记。

（2）在文号与通知标题之间插入高 2 磅、宽 40%、标准色红色、居中排列的横线。

（3）用文档“样式模板.docx”中的样式“标题”“标题 1”“标题 2”“标题 3”“正文”“项目符号”“编号”替换文档中的同名样式。

（4）参考素材文档中的示例图将其中的蓝色文本转换为一个流程图，选择适当的颜色及样式，之后将示例图删除。

（5）将文档最后的两个附件标题分别超链接到考生文件夹下的同名文档。修改超链接的格式，使其访问前为标准色紫色，访问后为标准色红色。

（6）在文档的最后以图标形式将“个人准考证.docx”嵌入当前文档，任何情况下单击该图标即可开启相关文档。

三、电子表格（30 分）

销售经理小李通过 Excel 制作了销售情况统计表，根据下列要求帮助小李对数据进行整理和分析。

1. 在考生文件夹下，将“Excel 素材.xlsx”文件另存为“Excel.xlsx”（.xlsx 为文件扩展名），后续操作均基于此文件，否则不得分。

2. 自动调整表格区域的列宽、行高，将第 1 行的行高设置为第 2 行行高的 2 倍；设置表格区域各单元格内容水平垂直居中，并更改文本“鹏程公司销售情况表格”的字体、字号；对数据区域套用表格格式“表样式中等深浅 27”，表包含标题。

3. 对工作表进行页面设置，指定纸张大小为 A4、横向，调整整个工作表为 1 页宽、1 页高，并在整个页面水平居中。

4. 对表格数据区域中所有空白单元格填充数字 0（共 21 个单元格）。

5. 将“咨询日期”的月、日均显示为 2 位，例如，“2014/1/5”应显示为“2014/01/05”，并依据日期、时间先后顺序对工作表排序。

6. 在“咨询商品编码”与“预购类型”之间插入新列，列标签为“商品单价”，利用公式将工作表“商品单价”中对应的价格填入该列。

7. 在“成交数量”与“销售经理”之间插入新列，列标签为“成交金额”，根据“成交数量”和“商品单价”，利用公式计算并填入“成交金额”。

8. 为销售数据插入数据透视表。数据透视表放置到一个名为“商品销售透视表”的新工作表中，数据透视表行标签为“咨询商品编码”，列标签为“预购类型”，对“成交金额”求和。

9. 打开“月统计表”工作表，利用公式计算每位销售经理每月的成交金额，并填入对应位置，同时计算“总和”列、“总计”行。

10. 在工作表“月统计表”的 G3:M20 区域中，插入与“销售经理成交金额按月统计表”数据对应的二维“堆积柱形图”，横坐标为“销售经理”，纵坐标为“金额”，并为每月添加数据标签。

四、演示文稿（20 分）

在某动物保护组织就职的张宇要制作一份介绍世界动物日的 PowerPoint 演示文稿。根据下列要求，完成演示文稿的制作。

1. 在考生文件夹下新建一个空白演示文稿，将其命名为“PPT.pptx”（.pptx 为文件扩展名），后续操作均基于此文件，否则不得分。

2. 将幻灯片大小设置为“全屏显示（16：9）”，然后按照如下要求修改幻灯片母版。

（1）将幻灯片母版名称修改为“世界动物日”；母版标题应用“填充-白色，轮廓-强调文字颜色 1”的艺术字样式，文本轮廓颜色为“蓝色，强调文字颜色 1”，字体为“微软雅黑”，并应用加粗效果；母版各级文本字体设置为“方正姚体”，文字颜色为“蓝色，强调文字颜色 1”。

（2）使用“图片 1.png”作为标题幻灯片版式的背景。

（3）新建名为“世界动物日 1”的自定义版式，在该版式中插入“图片 2.png”，并对齐幻灯片左侧边缘；调整标题占位符的宽度为 17.6 厘米，将其置于图片右侧；在标题占位符下方插入内容占位符，宽度为 17.6 厘米，高度为 9.5 厘米，并与标题占位符左对齐。

（4）依据“世界动物日 1”版式创建名为“世界动物日 2”的新版式，在“世界动物日 2”版式中将内容占位符的宽度调整为 10 厘米（保持与标题占位符左对齐）；在内容占位符右侧插入宽度为 7.2 厘米、高度为 9.5 厘米的图片占位符，并与左侧的内容占位符顶端对齐，与上方的标题占位符右对齐。

3. 演示文稿共包含 7 张幻灯片，所涉及的文字内容保存在“文字素材.docx”文档中，具体所对应的幻灯片参见“完成效果.docx”文档所示样例。其中第 1 张幻灯片的版式为“标题幻灯片”，第 2 张幻灯片、第 4～7 张幻灯片的版式为“世界动物日 1”，第 3 张幻灯片的版式为“世界动物日 2”；所有幻灯片中的文字字体保持与母版中的设置一致。

4. 将第 2 张幻灯片中的项目符号列表转换为 SmartArt 图形，布局为“垂直曲形列表”，图形中的字体为“方正姚体”；为 SmartArt 图形中包含文字内容的 5 个形状分别建立超链接，链接到后面对应内容的幻灯片。

5. 在第 3 张幻灯片右侧的图片占位符中插入图片“图片 3.jpg”；对左侧的文字内容和右侧的图片添加“淡出”动画效果，并设置在放映时左侧文字内容先自动出现，在动画播放完毕且延迟 1 秒后，右侧图片再自动出现。

6. 将第 4 张幻灯片中的文字转换为 8 行 2 列的表格，适当调整表格的行高、列宽及表格样式；设置文字字体为“方正姚体”，字体颜色为“白色，背景 1”；应用图片“表格背景.jpg”作为表格的背景。

7. 在第 7 张幻灯片的内容占位符中插入视频“动物相册.wmv”，并使用图片“图片 1.png”作为视频剪辑的预览图像。

8. 在第 1 张幻灯片中插入“背景音乐.mid”文件作为第 1～6 张幻灯片的背景音乐（即第 6 张幻灯片放映结束后背景音乐停止），放映时隐藏图标。

9. 为演示文稿中的所有幻灯片应用一种恰当的切换效果，并设置第 1～6 张幻灯片的自动换片时间为 10 秒，第 7 张幻灯片的自动换片时间为 50 秒。

10. 为演示文稿插入幻灯片编号，编号从 1 开始，标题幻灯片中不显示编号。

11. 删除“标题幻灯片”“世界动物日 1”“世界动物日 2”之外的其他幻灯片版式。

6.3 参考答案

1. 试卷一

1	2	3	4	5	6	7	8	9	10
D	B	D	B	A	D	A	C	A	A
11	12	13	14	15	16	17	18	19	20
B	B	A	C	C	D	C	A	A	D

其余操作步骤略。

2. 试卷二

1	2	3	4	5	6	7	8	9	10
D	C	B	A	B	B	D	D	C	D
11	12	13	14	15	16	17	18	19	20
B	C	D	D	C	D	B	A	D	D

其余操作步骤略。

3. 试卷三

1	2	3	4	5	6	7	8	9	10
A	A	B	A	C	B	B	B	A	B
11	12	13	14	15	16	17	18	19	20
A	B	C	D	A	B	A	C	C	C

其余操作步骤略。